**科技部科技基础性工作专项资助**
**项目名称**：青藏高原低涡、切变线年鉴的研编
**项目编号**：2006FY220300

# 青藏高原低涡切变线年鉴 1998

李跃清　郁淑华　彭　骏　张虹娇　徐会明　肖递祥　屠妮妮　高文良　顾清源　编著

科学出版社
北　京

## 内 容 简 介

青藏高原低涡、切变线是影响我国灾害性天气的重要天气系统。本书根据对1998年高原低涡、切变线的系统分析，得出该年高原低涡、切变线的编号，名称，日期对照表，概况，影响简表，影响地区分布表，中心位置资料表及活动路径图，高原低涡、切变线移出高原的影响系统；计算得出该年高原低涡、切变线影响降水的各次高原低涡、切变线过程的总降水量图、总降水日数图。

本书可供气象、水文、水利、农业、林业、环保、航空、军事、地质、国土、民政、高原山地等方面的科技人员参考，也可作为相关专业教师、研究生、本科生的基本资料。

**审图号**：GS(2007)1573号

**图书在版编目(CIP)数据**

青藏高原低涡切变线年鉴. 1998 / 李跃清等编著. —北京：科学出版社，2010

ISBN 978-7-03-029079-3

Ⅰ. ①青… Ⅱ. ①李… Ⅲ. ①青藏高原－灾害性天气－天气分析－1998－年鉴 Ⅳ. ①P44-54

中国版本图书馆CIP数据核字(2010)第187663号

责任编辑：罗 吉

责任校对：张怡君 / 责任印制：钱玉芬

科学出版社出版

北京东黄城根北街16号

邮政编码：100717

http://www.sciencep.com

北京佳信达欣艺术印刷有限公司 印刷

科学出版社编务公司排版制作

科学出版社发行 各地新华书店经销

*

2010年10月第 一 版 开本：A4（880×1230）

2010年10月第一次印刷 印张：15 1/2

印数：1－1 400 字数：600 000

**定价：380.00元**

# 前　言

高原低涡、切变线是青藏高原上生成的特有的天气系统，其发生、发展和移动过程中常常伴随暴雨、洪涝等气象灾害。我国夏季多发暴雨洪涝、泥石流滑坡灾害，在很大程度上与高原低涡、切变线东移出青藏高原密切相关。高原低涡、切变线的活动不仅影响青藏高原地区，而且还东移影响我国青藏高原以东下游广大地区。高原低涡、切变线是影响我国的主要灾害性天气系统之一。

新中国成立以来，随着青藏高原观测站网的建立、卫星资料的应用，以及我国第一、第二次青藏高原大气科学试验的开展，关于高原低涡、切变线的研究工作也取得了一定成绩，使我国高原低涡、切变线的科学研究、业务预报水平不断提高，为防灾减灾、公共安全做出了很大贡献。

为了进一步适应农业、工业、国防和科学技术现代化的需要，满足广大气象台（站）及科研、教学、国防、经济建设等部门的要求，更好地掌握高原低涡、切变线的活动规律，系统地认识高原低涡、切变线发生、发展的基本特征，提高科学研究水平和预报技术能力，做好主要气象灾害的防御工作，在科技部的支持下，由中国气象局成都高原气象研究所负责，四川省气象台参加，组织人员，开展了青藏高原低涡、切变线年鉴的研编工作。

经过项目组的共同努力，以及有关省、自治区、直辖市气象局的大力协助，《青藏高原低涡、切变线年鉴》顺利完成。并且，它的整编出版，将为我国青藏高原低涡、切变线研究和应用提供基础性保障，推动我国灾害性天气研究与业务的深入发展，发挥对国家经济繁荣、社会进步、公共安全的气象支撑作用。

本年鉴由中国气象局成都高原气象研究所李跃清、郁淑华、彭骏、屠妮妮，四川省专业气象台张虹娇，四川省气象台顾清源、肖递祥，成都市气象局徐会明和雅安市气象局高文良等完成。

本册《青藏高原低涡、切变线年鉴（1998）》的内容主要包括高原低涡、切变线概况、路径、东移出青藏高原的影响系统以及高原低涡、切变线引起的降水等资料图表。

# Foreword

The Tibetan Plateau Vortex (TPV) and Shear Line (SL) are unique weather systems generated over the Qinghai-Xizang Plateau. The rain storms, floods and other meteorological disasters usually occur during the generation, development and movement of the TPV. In China, the regular happening mud-rock flow and land-slip disaster in summer has close relationship with the TPV which moved out of the Plateau. The movements of the TPV and SL not only influence the Qinghai-Xizang Plateau region, but also influence the east vast region of the Plateau. The TPV and SL are two of the most disastrous weather systems that influence China.

After the foundation of P.R.China, the researches on TPV and SL and the operational prediction works have gotten obvious achievements along with the establishment of the observatory station net, the applying of the satellite data, and the development of the first and the second Tibetan Plateau experiment of atmospheric sciences. All these have great contributions to preventing and reducing the happening of the weather disaster and the public safety.

In order to safisty the modernization demands of the agriculture, industry, national defence and scientific technology, and to meet the requirements of the vast meteorological stations, colleges, national defence administrations and economic bureaus, the Chengdu Institute of Plateau Meteorology did the researches on the *yearbook of vortex and shear over Qinghai-Xizang Plateau* under the support from the Ministry of Science and Technology of P.R.China. Also,this task is achieved with the helps from the researchers in Sichuan Provincial Meteorologcal Station. This task improves the understanding of the characteristics of the moving TPV and SL, get thorough recognition of the generation and development of TPV and SL, and improve abilities of the research works and operational predictions to prevent the meteorological disasters.

With the research group's efforts and the great support from related meteorological bureaus of provinces, autonomous region and cities, the TPV and SL Yearbook completed successfully. The yearbook offers a basic summary to TPV and SL research works, improves the catastrophic weather research and operational prediction.Also, it is useful to the economy glory, advance of society and public safety.

*The TPV and SL yearbook* is accomplished by Li Yueqing, Yu Shuhua, Peng Jun and Tu Nini from Institute of Plateau Meteorology, Zhang Hongjiao from Sichuan Provincial Speciality Meteorology Station Gu Qingyuan and Xiao Dixiang from Sichuan Provincial Meteorological Station. Xu Huiming from Chengdu Meteorological Station and Gao Wenliang from Yaan Meteorological Station, Sichuan Province.

*The TPV and SL Yearbook* is mainly composed of figures and charts of survey, tracks, weather systems that move out of the Plateau Vortex and influenced rainfall of TPV and SL.

# 说　明

本年鉴主要整编青藏高原上生成的低涡、切变线的位置、路径及青藏高原低涡、切变线引起的降水量、降水日数等基本资料，分为两大部分，即高原低涡和高原切变线。

高原低涡指500hPa等压面上反映的生成于青藏高原、有闭合等高线的低压或有三个站风向呈气旋式环流的低涡。

高原切变线指500hPa等压面上反映在青藏高原上，温度梯度小、三站风向对吹的辐合线或二站风向对吹的辐合线长度大于5个经（纬）距。

冬半年指1~4月和11~12月，夏半年指5~10月。

本年鉴所用时间一律为北京时间。

## 高原低涡

### ●高原低涡概况

高原低涡移出高原是指低涡中心移出海拔≥3000m的青藏高原区域。

高原低涡编号是以字母“C”开头，按年份的后两位数与当年低涡顺序两位数组成。

高原低涡移出几率指某月移出高原的高原低涡个数与该年高原低涡个数之比。

高原低涡月移出率指某月移出高原的高原低涡个数与该年移出高原的高原低涡个数之比。

高原东（西）部低涡移出几率指某月移出高原的高原东（西）部低涡个数与该年高原东（西）部低涡个数之比。

高原东（西）部低涡月移出率指某月移出高原的高原东（西）部低涡个数与该年移出高原的高原东（西）部低涡个数之比。

高原东、西部低涡指低涡中心位置分别在92.5°E东、西。

高原低涡中心位势高度最小值频率分布指按各时次低涡500hPa等压面上位势高度（单位为位势什米）最小值统计的频率分布。

### ●高原低涡中心位置资料表

“中心强度”指在500hPa等压面上低涡中心位势高度，单位为位势什米。

### ●高原低涡纪要表

“生成点”指高原低涡活动路径的起始点，因资料所限，故此点不一定是真正的源地。

高原低涡活动的生成点、移出高原的地点，一般精确到县、市。

“转向”指路径总的趋向由偏东方向移动转为偏西方向移动。

“内折向”指高原低涡在青藏高原区域内转向；“外转向”指高原低涡在青藏高原区域以东转向。

### ●高原低涡降水

高原低涡和其他天气系统共同造成的降水，仍列入整编。

“总降水量图”指一次高原低涡活动过程中在我国引起的降水总量分布图。一般按0.1mm、10mm、25mm、50mm、100mm等级，以色标示出，绘出降水区外廓线，一般标注其最大的总降水量数值。

“总降水日数图”指一次高原低涡活动过程中在我国引起的降水总量≥0.1mm的降水日数区域分布图。

# 高原切变线

## ●高原切变线概况

高原切变线移出高原是指切变线中点移出海拔≥3000m的青藏高原区域。

高原切变线编号是以字母“S”开头，按年份的后两位数与当年切变线顺序两位数组成。

高原切变线移出几率指某月移出高原的高原切变线个数与该年高原切变线个数之比。

高原切变线月移出率指某月移出高原的高原切变线个数与该年移出高原的高原切变线个数之比。

高原东（西）部切变线移出几率指某月移出高原的高原东（西）部切变线个数与该年高原东（西）部切变线个数之比。

高原东（西）部切变线月移出率指某月移出高原的高原东(西)部切变线个数与该年移出高原的高原东(西)部切变线个数之比。

高原东、西部切变线指切变线中点位置分别在92.5°E东、西。

高原切变线两侧最大风速频率分布指按各时次分别在切变线附近的南、北侧最大风速统计的频率分布。

## ●高原切变线位置资料表

高原切变线位置一般以起点、中点、终点的经/纬度位置表示。

“拐点”指高原切变线上东、西或北、南二段的切线的夹角≥30°的切变线上弯曲点。

## ●高原切变线纪要表

“生成位置”指高原切变线活动路径的起始位置，因资料所限，故此位置不一定是真正的源地。

高原切变线活动的生成位置、移出高原的位置，一般精确到县、市。

“移向”以高原切变线中点连线的趋向。“多次折向”指路径由出现在2次以上偏东方向移动转为偏西方向移动。

“内向反”指高原切变线在青藏高原区域内由偏东方向移动转为偏西方向移动。

“外向反”指高原切变线在青藏高原区域以东由偏东方向移动转为偏西方向移动。

## ●高原切变线降水

高原切变线和其他天气系统共同造成的降水，仍列入整编。

“总降水量图”指一次高原切变线过程中在我国引起的降水总量分布图。一般按0.1mm、10mm、25mm、50mm、100mm等级，以色标示出，绘出降水区外廓线，一般标注其最大的总降水量数值。

“总降水日数图”指一次高原切变线过程中在我国引起的降水总量≥0.1mm的降水日数区域分布图。

# 目 录
# Contents


前言

Foreword

说明

## 第一部分 高原低涡

1998年高原低涡概况（表1~表10） 2~6

高原低涡纪要表 7~9

高原低涡对我国影响简表 10~15

1998年高原低涡编号、名称、日期对照表 16

高原低涡路径图 17~35

**青藏高原低涡降水资料** 37

① C9801 3月7~9日

总降水量图 38

总降水日数图 39

② C9802 3月24日

总降水量图 40

总降水日数图 41

③ C9803 4月13日

总降水量图 42

总降水日数图 43

④ C9804 4月14日

总降水量图 44

总降水日数图 45

⑤ C9805 4月16~20日

总降水量图 46

总降水日数图 47

⑥ C9806 4月20日

总降水量图 48

总降水日数图 49

⑦ C9807 4月22日

总降水量图 50

总降水日数图 51

⑧ C9808 5月11日

总降水量图 52

总降水日数图 53

目　录
# Contents


⑨ C9809　5月28日

总降水量图　54

总降水日数图　55

⑩ C9810　6月3日

总降水量图　56

总降水日数图　57

⑪ C9811　6月4~5日

总降水量图　58

总降水日数图　59

⑫ C9812　6月5~7日

总降水量图　60

总降水日数图　61

⑬ C9813　6月8~9日

总降水量图　62

总降水日数图　63

⑭ C9814　6月10日

总降水量图　64

总降水日数图　65

⑮ C9815　6月30日

总降水量图　66

总降水日数图　67

⑯ C9816　7月5~6日

总降水量图　68

总降水日数图　69

⑰ C9817　7月7日

总降水量图　70

总降水日数图　71

⑱ C9818　7月8~10日

总降水量图　72

总降水日数图　73

⑲ C9819　7月14日

总降水量图　74

总降水日数图　75

⑳ C9820　7月15~16日

总降水量图　76

总降水日数图　77

㉑ C9821　7月17~18日

总降水量图　78

总降水日数图　79

㉒ C9822　7月20日

总降水量图　80

总降水日数图　81

㉓ C9823　7月21~22日

总降水量图　82

总降水日数图　83

㉔ C9824　7月22日

总降水量图　84

总降水日数图　85

# 目　录 Contents


㉕ C9825　7月24日

总降水量图　86

总降水日数图　87

㉖ C9826　7月26日

总降水量图　88

总降水日数图　89

㉗ C9827　7月27~28日

总降水量图　90

总降水日数图　91

㉘ C9828　8月4~5日

总降水量图　92

总降水日数图　93

㉙ C9829　8月7~8日

总降水量图　94

总降水日数图　95

㉚ C9830　8月11日

总降水量图　96

总降水日数图　97

㉛ C9831　8月18~20日

总降水量图　98

总降水日数图　99

㉜ C9832　8月19日

总降水量图　100

总降水日数图　101

㉝ C9833　8月23日

总降水量图　102

总降水日数图　103

㉞ C9834　8月27~28日

总降水量图　104

总降水日数图　105

㉟ C9835　8月27日

总降水量图　106

总降水日数图　107

㊱ C9836　8月28日

总降水量图　108

总降水日数图　109

㊲ C9837　9月2日

总降水量图　110

总降水日数图　111

㊳ C9838　9月3~4日

总降水量图　112

总降水日数图　113

㊴ C9839　10月3日

总降水量图　114

总降水日数图　115

㊵ C9840　12月9日

总降水量图　116

总降水日数图　117

高原低涡中心位置资料表　118~121

# 目　录
# Contents

## 第二部分 高原切变线


1998年高原切变线概况（表11~表20） 124~129
高原切变线纪要表 130~132
高原切变线对我国影响简表 133~137
1998年高原切变线编号、名称、日期对照表 138
高原切变线路径图 139~159

**青藏高原切变线降水资料** 161
① S9801 2月20日
总降水量图 162
总降水日数图 163
② S9802 2月22日
总降水量图 164
总降水日数图 165
③ S9803 3月2日
总降水量图 166
总降水日数图 167
④ S9804 3月8日
总降水量图 168
总降水日数图 169
⑤ S9805 3月28日
总降水量图 170
总降水日数图 171
⑥ S9806 4月5日
总降水量图 172
总降水日数图 173

# 目　录
# Contents

⑦ S9807　4月14日
总降水量图　174
总降水日数图　175
⑧ S9808　4月21日
总降水量图　176
总降水日数图　177
⑨ S9809　5月2日
总降水量图　178
总降水日数图　179
⑩ S9810　5月5日
总降水量图　180
总降水日数图　181
⑪ S9811　5月23~24日
总降水量图　182
总降水日数图　183
⑫ S9812　5月27日
总降水量图　184
总降水日数图　185
⑬ S9813　5月28日
总降水量图　186
总降水日数图　187
⑭ S9814　5月30~31日
总降水量图　188
总降水日数图　189
⑮ S9815　6月23~24日
总降水量图　190
总降水日数图　191
⑯ S9816　6月29~30日
总降水量图　192
总降水日数图　193
⑰ S9817　7月8日
总降水量图　194
总降水日数图　195
⑱ S9818　7月11日
总降水量图　196
总降水日数图　197

# 目　录
# Contents

⑲ S9819 7月18日
总降水量图 198
总降水日数图 199
⑳ S9820 7月26~27日
总降水量图 200
总降水日数图 201
㉑ S9821 7月29日
总降水量图 202
总降水日数图 203
㉒ S9822 8月2~3日
总降水量图 204
总降水日数图 205
㉓ S9823 8月10~11日
总降水量图 206
总降水日数图 207
㉔ S9824 8月11日
总降水量图 208
总降水日数图 209
㉕ S9825 8月23日
总降水量图 210
总降水日数图 211
㉖ S9826 8月27~28日
总降水量图 212
总降水日数图 213
㉗ S9827 9月13~14日
总降水量图 214
总降水日数图 215
㉘ S9828 9月16日
总降水量图 216
总降水日数图 217
㉙ S9829 9月25日
总降水量图 218
总降水日数图 219
㉚ S9830 9月30日
总降水量图 220
总降水日数图 221
㉛ S9831 10月20日
总降水量图 222
总降水日数图 223
㉜ S9832 11月10日
总降水量图 224
总降水日数图 225
高原切变线位置资料表 226~234

第一部分

# 高原低涡

# Tibetan Plateau Vortex

# 1998年 高原低涡概况

1998年发生在青藏高原上的低涡共有40个，其中在青藏高原东部生成的低涡共有37个，在青藏高原西部生成的低涡共有3个（表1~表3）。

1998年初生高原低涡出现在3月上旬，最后一个高原低涡生成于12月上旬（表1）。从月际分布看，主要集中在6~8月，占了2/3以上（表1）。移出高原的青藏高原低涡主要集中在7月、8月，占了一半以上（表4）。此外，本年度1~2月、11月没有高原低涡生成，其余各月均有高原低涡生成，各月生成高原低涡的个数差异较大，具体详见表1。

1998年青藏高原低涡源地大多数在青藏高原东部。移出高原的青藏高原低涡共有14个，其中13个高原低涡生成于青藏高原东部（表4~表6），移出高原的地点主要集中在四川、甘肃及内蒙古、重庆、湖北，其中，甘肃最多，有7个，四川有4个，内蒙古、重庆、湖北各有1个（表7）。

本年度高原低涡中心位势高度最小值以584~587位势什米的频率最多，占了35.96%（表8）。夏半年，高原低涡中心位势高度最小值以584~587位势什米的频率为最多，占了47.06%（表9）；冬半年，高原低涡中心位势高度最小值在572~579位势什米内，占47.59%（表10）。

全年40次高原低涡过程有39次造成降水，除影响青藏高原以外，对我国其余地区有影响的高原低涡共有32个。其中11个高原低涡造成过程降水量在100mm以上，造成过程降水量在150mm

以上的高原低涡有6个，它们是C9815、C9818、C9822、C9823、C9828、C9831低涡，分别在四川米易、四川南江、四川自贡、湖北黄石、四川攀枝花、四川安县，造成过程降水量分别为154mm、222.4mm、189.8mm、631.2mm、165.5mm、347.1mm，降水日数分别是1天、3天、1天、2天、2天、3天。

1998年影响我国降水强的主要是C9818、C9823高原低涡，其中C9818高原低涡影响我国降水的区域主要分布在黄河河套地区。7月8日在高原中部玉树生成的C9818高原低涡，中心位势高度为581位势什米，低涡形成后向东北移，低涡加强，9日08时中心位势高度为579位势什米；以后继续向东北移，10日08时移出高原进入内蒙古，中心强度为581位势什米，随后低涡减弱消亡。受其影响，四川北部、山西西南部、陕西普降大到暴雨，其中黄河河套地区降大暴雨，降水日数为2~3天。西藏、青海、宁夏、甘肃和内蒙古南部、河南西部也普降小到中雨。C9823高原低涡影响我国降水的区域主要分布在长江中上游。7月21日生成在高原东部石渠的C9823高原低涡，中心位势高度为582位势什米，低涡形成后稍向东北方向移动，后转向东南移；于22日20时移出高原至重庆涪陵，低涡强度没有变化，中心强度仍为582位势什米，随后低涡减弱消失。受其影响，四川、湖北、贵州、重庆有成片暴雨区，其中湖北降特大暴雨，降水日数为2天。西藏、青海、甘肃、湖南、陕西、云南、广西也降了小到中雨。

1998年对我国长江上游降水影响最大的高原低涡是8月18日生成于高原北部格尔木的C9831高原低涡，中心位势高度为584位势什米，该高原低涡先向东南移，后转东北移又转向东南移；19日20时移到高原东部，低涡强度有些加强，中心位势高度为583位势什米；20日08时低涡转向东北移，移出高原至甘肃，低涡强度略有减弱，中心位势高度为584位势什米，随后减弱消亡。受其影响，四川、陕西、甘肃有成片大到暴雨区，其中四川降特大暴雨，降水日数为2~3天，西藏、青海、宁夏、河南、湖北、云南也降了小到中雨。

表1　高原低涡出现次数

| 月<br>年 | 1 | 2 | 3 | 4 | 5 | 6 | 7 | 8 | 9 | 10 | 11 | 12 | 合计 |
|---|---|---|---|---|---|---|---|---|---|---|---|---|---|
| 1998 | 0 | 0 | 2 | 5 | 2 | 6 | 12 | 9 | 2 | 1 | 0 | 1 | 40 |
| 几率 / % | 0.00 | 0.00 | 5.00 | 12.5 | 5.00 | 15.00 | 30.00 | 22.50 | 5.00 | 2.50 | 0.00 | 2.50 | 100 |

表2　高原东部低涡出现次数

| 月<br>年 | 1 | 2 | 3 | 4 | 5 | 6 | 7 | 8 | 9 | 10 | 11 | 12 | 合计 |
|---|---|---|---|---|---|---|---|---|---|---|---|---|---|
| 1998 | 0 | 0 | 1 | 4 | 2 | 6 | 12 | 8 | 2 | 1 | 0 | 1 | 37 |
| 几率 / % | 0.00 | 0.00 | 2.70 | 10.81 | 5.41 | 16.22 | 32.43 | 21.62 | 5.41 | 2.70 | 0.00 | 2.70 | 100 |

表3　高原西部低涡出现次数

| 月<br>年 | 1 | 2 | 3 | 4 | 5 | 6 | 7 | 8 | 9 | 10 | 11 | 12 | 合计 |
|---|---|---|---|---|---|---|---|---|---|---|---|---|---|
| 1998 | 0 | 0 | 1 | 1 | 0 | 0 | 0 | 1 | 0 | 0 | 0 | 0 | 3 |
| 几率 / % | 0.00 | 0.00 | 33.33 | 33.33 | 0.00 | 0.00 | 0.00 | 33.33 | 0.00 | 0.00 | 0.00 | 0.00 | 99.99 |

### 表4 高原低涡移出高原次数

| 年＼月 | 1 | 2 | 3 | 4 | 5 | 6 | 7 | 8 | 9 | 10 | 11 | 12 | 合计 |
|---|---|---|---|---|---|---|---|---|---|---|---|---|---|
| 1998 | 0 | 0 | 1 | 1 | 0 | 2 | 4 | 4 | 2 | 0 | 0 | 0 | 14 |
| 移出几率 / % | 0.00 | 0.00 | 2.5 | 2.5 | 0.00 | 5.0 | 10 | 10 | 5.0 | 0.00 | 0.00 | 0.00 | 35 |
| 月移出率 / % | 0.00 | 0.00 | 7.14 | 7.14 | 0.00 | 14.29 | 28.57 | 28.57 | 14.29 | 0.00 | 0.00 | 0.00 | 100 |

### 表5 高原东部低涡移出高原次数

| 年＼月 | 1 | 2 | 3 | 4 | 5 | 6 | 7 | 8 | 9 | 10 | 11 | 12 | 合计 |
|---|---|---|---|---|---|---|---|---|---|---|---|---|---|
| 1998 | 0 | 0 | 1 | 0 | 0 | 2 | 4 | 4 | 2 | 0 | 0 | 0 | 13 |
| 移出几率 / % | 0.00 | 0.00 | 2.7 | 0.00 | 0.00 | 5.41 | 10.81 | 10.81 | 5.41 | 0.00 | 0.00 | 0.00 | 35.14 |
| 月移出率 / % | 0.00 | 0.00 | 7.69 | 0.00 | 0.00 | 15.38 | 30.77 | 30.77 | 15.38 | 0.00 | 0.00 | 0.00 | 99.99 |

### 表6 高原西部低涡移出高原次数

| 年＼月 | 1 | 2 | 3 | 4 | 5 | 6 | 7 | 8 | 9 | 10 | 11 | 12 | 合计 |
|---|---|---|---|---|---|---|---|---|---|---|---|---|---|
| 1998 | 0 | 0 | 0 | 1 | 0 | 0 | 0 | 0 | 0 | 0 | 0 | 0 | 1 |
| 移出几率 / % | 0.00 | 0.00 | 0.00 | 33.33 | 0.00 | 0.00 | 0.00 | 0.00 | 0.00 | 0.00 | 0.00 | 0.00 | 33.33 |
| 月移出率 / % | 0.00 | 0.00 | 0.00 | 100 | 0.00 | 0.00 | 0.00 | 0.00 | 0.00 | 0.00 | 0.00 | 0.00 | 100 |

## 表7 高原低涡移出高原的地区分布

| 地区 / 年 | 新疆 | 甘肃 | 内蒙古 | 四川 | 陕西 | 重庆 | 贵州 | 云南 | 湖北 | 合计 |
|---|---|---|---|---|---|---|---|---|---|---|
| 1998 | | 7 | 1 | 4 | | 1 | | | 1 | 14 |
| 出高原率 / % | | 50 | 7.14 | 28.57 | | 7.14 | | | 7.14 | 99.99 |

## 表8 高原低涡中心位势高度最小值频率分布

| 中心位势高度 / 位势什米 | 591<br>\|<br>588 | 587<br>\|<br>584 | 583<br>\|<br>580 | 579<br>\|<br>576 | 575<br>\|<br>572 | 571<br>\|<br>568 | 567<br>\|<br>564 | 563<br>\|<br>560 | 559<br>\|<br>556 | 555<br>\|<br>552 | 合计 |
|---|---|---|---|---|---|---|---|---|---|---|---|
| 1998年 / % | 4.49 | 35.96 | 24.72 | 13.48 | 11.24 | 2.25 | 0.00 | 1.12 | 4.49 | 2.25 | 100 |

## 表9 夏半年高原低涡中心位势高度最小值频率分布

| 中心位势高度 / 位势什米 | 591<br>\|<br>588 | 587<br>\|<br>584 | 583<br>\|<br>580 | 579<br>\|<br>576 | 575<br>\|<br>572 | 571<br>\|<br>568 | 567<br>\|<br>564 | 563<br>\|<br>560 | 559<br>\|<br>556 | 555<br>\|<br>552 | 合计 |
|---|---|---|---|---|---|---|---|---|---|---|---|
| 1998年 / % | 5.88 | 47.06 | 29.41 | 13.24 | 4.41 | 0.00 | 0.00 | 0.00 | 0.00 | 0.00 | 100 |

## 表10 冬半年高原低涡中心位势高度最小值频率分布

| 中心位势高度 / 位势什米 | 591<br>\|<br>588 | 587<br>\|<br>584 | 583<br>\|<br>580 | 579<br>\|<br>576 | 575<br>\|<br>572 | 571<br>\|<br>568 | 567<br>\|<br>564 | 563<br>\|<br>560 | 559<br>\|<br>556 | 555<br>\|<br>552 | 合计 |
|---|---|---|---|---|---|---|---|---|---|---|---|
| 1998年 / % | 0.00 | 0.00 | 9.52 | 14.29 | 33.3 | 9.52 | 0.00 | 4.8 | 19.05 | 9.50 | 100 |

# 高原低涡纪要表

| 序号 | 编号 | 中英文名称 | 起止日期(月.日) | 中心最小位势高度/位势什米 | 发现点经纬度 | 移出高原的地点 | 移出高原时间 | 移出高原中心位势高度/位势什米 | 路径趋向 | 影响低涡移出高原的天气系统 |
|---|---|---|---|---|---|---|---|---|---|---|
| 1 | C9801 | 格尔木, Geermu | 3.7~3.9 | 555 | 36°N, 95°E | 临夏 | 3.8[8] | 559 | 东行转东南行出高原 | 西风槽前部 |
| 2 | C9802 | 乌图美仁, Wutumeiren | 3.24 | 560 | 37°N, 91.8°E | | | | 原地生消 | |
| 3 | C9803 | 红原, Hongyuan | 4.13 | 571 | 33°N, 102°E | | | | 原地生消 | |
| 4 | C9804 | 丁青, Dingqing | 4.14 | 573 | 32°N, 95.5°E | | | | 原地生消 | |
| 5 | C9805 | 双湖, Shuanghu | 4.16~4.20 | 572 | 31.8°N, 88.5°E | 雷波 | 4.19[8] | 575 | 东行转东南行内折向东北行出高原 | 切变流场 |
| 6 | C9806 | 扎多, Zhaduo | 4.20 | 575 | 32.5°N, 93.7°E | | | | 原地生消 | |
| 7 | C9807 | 久治, Jiuzhi | 4.22 | 572 | 33.4°N, 101.4°E | | | | 原地生消 | |
| 8 | C9808 | 冷湖, Lenghu | 5.11 | 572 | 38.5°N, 92.5°E | | | | 原地生消 | |
| 9 | C9809 | 白玉, Baiyu | 5.28 | 579 | 31.7°N, 98°E | | | | 原地生消 | |
| 10 | C9810 | 班玛, Banma | 6.3 | 579 | 32.8°N, 100.3°E | | | | 原地生消 | |
| 11 | C9811 | 德格, Dege | 6.4~6.5 | 581 | 32°N, 99°E | | | | 东南行 | |
| 12 | C9812 | 治多, Zhiduo | 6.5~6.7 | 574 | 33.8°N, 95.6°E | 华家岭 | 6.6[20] | 579 | 东南行转东北行出高原 | 北槽南涡 |
| 13 | C9813 | 小金, Xiaojin | 6.8~6.9 | 580 | 31.3°N, 101.4°E | | | | 西南行 | |

## 高原低涡纪要表（续-1）

| 序号 | 编号 | 中英文名称 | 起止日期(月.日) | 中心最小位势高度/位势什米 | 发现点经纬度 | 移出高原的地点 | 移出高原时间 | 移出高原中心位势高度/位势什米 | 路径趋向 | 影响低涡移出高原的天气系统 |
|---|---|---|---|---|---|---|---|---|---|---|
| 14 | C9814 | 玛多, Maduo | 6.10 | 577 | 35.2°N, 97°E | 景泰 | $6.10^{20}$ | 577 | 东北行出高原 | 切变流场 |
| 15 | C9815 | 班玛, Banma | 6.30 | 584 | 32.8°N, 100°E | | | | 原地生消 | |
| 16 | C9816 | 昂欠, Angqian | 7.5~7.6 | 580 | 32.3°N, 95.6°E | | | | 东行 | |
| 17 | C9817 | 托托河, Tuotuohe | 7.7 | 579 | 33.6°N, 93.5°E | 岷县 | $7.7^{20}$ | 582 | 东行出高原 | 北槽南涡 |
| 18 | C9818 | 玉树, Yushu | 7.8~7.10 | 579 | 33.8°N, 96.5°E | 吉兰太 | $7.10^{8}$ | 581 | 东北行出高原 | 西风槽前部 |
| 19 | C9819 | 扎多, Zhaduo | 7.14 | 584 | 33.5°N, 95°E | | | | 原地生消 | |
| 20 | C9820 | 昂欠, Angqian | 7.15~7.16 | 585 | 32.5°N, 95.6°E | | | | 东南行 | |
| 21 | C9821 | 隆子, Longzi | 7.17~7.18 | 585 | 28.3°N, 92.5°E | 会理 | $7.17^{20}$ | 588 | 东南行出高原 | 切变流场 |
| 22 | C9822 | 玛多, Maduo | 7.20 | 582 | 35°N, 96.5°E | | | | 东南行 | |
| 23 | C9823 | 石渠, Shiqu | 7.21~7.22 | 582 | 32.6°N, 98.8°E | 涪陵 | $7.22^{20}$ | 582 | 东北行转东南行出高原 | 切变流场 |
| 24 | C9824 | 嘉黎, Jiali | 7.22 | 584 | 30°N, 92.5°E | | | | 原地生消 | |
| 25 | C9825 | 日德, Ride | 7.24 | 581 | 35.4°N, 100.5°E | | | | 原地生消 | |
| 26 | C9826 | 久治, Jiuzhi | 7.26 | 584 | 33°N, 101.5°E | | | | 原地生消 | |
| 27 | C9827 | 曲麻莱, Qumalai | 7.27~7.28 | 586 | 34.7°N, 95.6°E | | | | 北行转东南行 | |

高原低涡纪要表（续-2）

| 序号 | 编号 | 中英文名称 | 起止日期(月.日) | 中心最小位势高度/位势什米 | 发现点经纬度 | 移出高原的地点 | 移出高原时间 | 移出高原中心位势高度/位势什米 | 路径趋向 | 影响低涡移出高原的天气系统 |
|---|---|---|---|---|---|---|---|---|---|---|
| 28 | C9828 | 索县, Suoxian | 8.4~8.5 | 584 | 32.3°N, 93.5°E | 天水 | $8.5^{20}$ | 584 | 东北行转东南行内折向东北行出高原 | 切变线 |
| 29 | C9829 | 扎多, Zhaduo | 8.7~8.8 | 584 | 32.3°N, 95°E | | | | 东北行 | |
| 30 | C9830 | 嘉黎, Jiali | 8.11 | 583 | 30.4°N, 93.3°E | | | | 原地生消 | |
| 31 | C9831 | 格尔木, Geermu | 8.18~8.20 | 583 | 35.5°N, 94.4°E | 岷县 | $8.20^{8}$ | 584 | 东南行转东北行多次折向出高原 | 竖切变线 |
| 32 | C9832 | 嘉黎, Jiali | 8.19 | 584 | 31°N, 93.5°E | | | | 原地生消 | |
| 33 | C9833 | 康定, Kangding | 8.23 | 588 | 30°N, 102.1°E | 峨眉 | $8.23^{20}$ | 589 | 东北行出高原 | 切变流场 |
| 34 | C9834 | 扎多, Zhaduo | 8.27~8.28 | 585 | 32.9°N, 94.2°E | 平武 | $8.28^{20}$ | 585 | 东北行转东南行出高原 | 切变流场 |
| 35 | C9835 | 木里, Muli | 8.27 | 587 | 27.5°N, 101.2°E | | | | 原地生消 | |
| 36 | C9836 | 那曲, Naqu | 8.28 | 584 | 32°N, 92°E | | | | 东北行 | |
| 37 | C9837 | 玛多, Maduo | 9.2 | 581 | 34.5°N, 98°E | 天水 | $9.2^{20}$ | 584 | 东行出高原 | 切变线 |
| 38 | C9838 | 共和, Gonghe | 9.3~9.4 | 582 | 35.8°N, 100.5°E | 郧县 | $9.4^{20}$ | 582 | 东行转东南行出高原 | 切变流场 |
| 39 | C9839 | 丁青, Dingqing | 10.3 | 580 | 32.3°N, 95°E | | | | 原地生消 | |
| 40 | C9840 | 玛多, Maduo | 12.9 | 569 | 35°N, 98°E | | | | 原地生消 | |

## 高原低涡对我国影响简表

| 序号 | 编号 | 简述活动的情况 | 高原低涡对我国的影响 | | | |
|---|---|---|---|---|---|---|
| | | | 项目 | 日期（月.日） | 概况 | 极值 |
| 1 | C9801 | 高原北部东行转东南行出高原 | 降水 | 3.7~3.9 | 宁夏，河南，江苏，安徽，上海，甘肃、青海、陕西、湖北、四川、重庆大部，西藏东部，山西、山东南部和浙江北部地区降水总量为0.1~80mm，降水日数为1~3天。其中，湖北、河南、江苏、安徽有成片大于25mm降水区，降水日数为2~3天 | 湖北老河口 79.7mm（3天） |
| 2 | C9802 | 高原北部生消 | 降水 | 3.24 | 西藏北部，青海、甘肃南部局部地区降水量为0.1~3mm，降水日数为1天 | 甘肃肃北 2.7mm（1天） |
| 3 | C9803 | 高原东部生消 | 降水 | 4.13 | 西藏东部、青海南部、四川西半部地区降水量为0.1~18mm，降水日数为1天 | 西藏波密 17.4mm（1天） |
| 4 | C9804 | 高原中部生消 | 降水 | 4.14 | 西藏东部、青海东南部、四川西北部地区降水量为0.1~10mm，降水日数为1天 | 四川道孚 9.4mm（1天） |
| 5 | C9805 | 高原中部东行转东南行折向东北行出高原 | 降水 | 4.16~4.20 | 云南，贵州，广西，广东，福建，上海，西藏东半部，四川西、南部，湖南西、东南部，江西大部，浙江南、东北部地区降水总量为0.1~63mm，降水日数为1~5天。其中，四川、云南、贵州有成片大于10mm降水区，降水日数为2~5天 | 云南江城 62.2mm（5天） |
| 6 | C9806 | 高原中部生消 | 降水 | 4.20 | 西藏北至南部地区降水量为0.1~5mm，降水日数为1天 | 西藏申扎 4.4mm（1天） |
| 7 | C9807 | 高原东部生消 | 降水 | 4.22 | 西藏东北部，青海东南部，四川、湖北西部，重庆大部地区降水量为0.1~28mm，降水日数为1天 | 湖北鹤峰 27.7mm（1天） |
| 8 | C9808 | 高原北部生消 | 降水 | 5.11 | 西藏东部，四川中、北部，青海南半部和甘肃西南部地区降水量为0.1~25mm，降水日数为1天 | 四川中江 24.4mm（1天） |

## 高原低涡对我国影响简表（续-1）

| 序号 | 编号 | 简述活动的情况 | 高原低涡对我国的影响 | | | |
|---|---|---|---|---|---|---|
| | | | 项目 | 日期(月.日) | 概况 | 极值 |
| 9 | C9809 | 高原东南部生消 | 降水 | 5.28 | 西藏东、南部，青海南部和四川西、西北部地区降水量为0.1~34mm，降水日数为1天 | 四川九寨沟 33.6mm（1天） |
| 10 | C9810 | 高原东部生消 | 降水 | 6.3 | 西藏东南部、青海南部、四川大部、云南北部和贵州西北部降水量为0.1~60mm，降水日数为1天 | 贵州赤水 59.1mm（1天） |
| 11 | C9811 | 高原东部东南行 | 降水 | 6.4~6.5 | 西藏东部、青海南部、四川西部和云南北部地区降水总量为0.1~27mm，降水日数为1~2天 | 四川木里 27mm（2天） |
| 12 | C9812 | 高原中部东南行转东北行出高原 | 降水 | 6.5~6.7 | 四川，重庆，陕西，西藏东半部，西藏东半部，青海、甘肃、山西大部，宁夏南部，河南、湖北西部，贵州西、北部和云南北部降水总量为0.1~85mm，降水日数为1~3天 | 四川长宁 82.3mm（3天） |
| 13 | C9813 | 高原东部西南行 | 降水 | 6. 8~6.9 | 西藏东部，青海东、南部，四川大部，重庆、甘肃西部和云南北部地区降水总量为0.1~40mm，降水日数为1~2天 | 四川腾冲 38.5mm（2天） |
| 14 | C9814 | 高原东北部东北行出高原 | 降水 | 6.10 | 西藏东部，青海、四川大部，甘肃北部，宁夏中部和陕西东南部降水量为0.1~20mm，降水日数为1天 | 四川理塘 18.2mm（1天） |
| 15 | C9815 | 高原东部生消 | 降水 | 6.30 | 西藏东部，青海东南部，四川、重庆大部，贵州西北部和云南北部地区降水量为0.1~155mm，降水日数为1天 | 四川米易 154mm（1天） |
| 16 | C9816 | 高原中部东行 | 降水 | 7.5~7.6 | 西藏东半部，青海南半部、东北部，四川西北部和甘肃中部降水总量为0.1~40mm，降水日数为2天 | 甘肃迭部 38mm（2天） |

## 高原低涡对我国影响简表（续-2）

| 序号 | 编号 | 简述活动的情况 | 高原低涡对我国的影响 | | | |
|---|---|---|---|---|---|---|
| | | | 项目 | 日期（月.日） | 概况 | 极值 |
| 17 | C9817 | 高原中部东行出高原 | 降水 | 7.7 | 西藏中部、东半部，青海中部至南半部，陕西、四川大部，甘肃、宁夏南部，山西西南部，重庆北部，河南西部和湖北西北部地区降水量为0.1~125mm，降水日数为1天 | 四川南江 124mm（1天） |
| 18 | C9818 | 高原中部东北行出高原 | 降水 | 7.8~7.10 | 西藏中部、东半部，青海，宁夏，陕西，四川北半部，甘肃大部，内蒙古、山西西南部和河南西部地区降水总量为0.1~225mm，降水日数为2~3天。其中，四川、陕西、山西有成片大于25mm降水区域，降水日数为2~3天 | 四川南江 222.4mm（3天） |
| 19 | C9819 | 高原中部生消 | 降水 | 7.14 | 西藏北部至南部、青海大部、甘肃北部至中部和四川西北部地区降水量为0.1~45mm，降水日数为1天 | 甘肃肃北 43.8mm（1天） |
| 20 | C9820 | 高原中部东南行 | 降水 | 7.15~7.16 | 西藏中部、东半部，青海南、东南部，云南大部，四川西半部、北部和甘肃南部地区降水总量为0.1~145mm，降水日数为2天。其中，四川、云南成片大于25mm降水区域，降水日数为2天 | 四川会理 144.5mm（2天） |
| 21 | C9821 | 高原南部东南行出高原后转南行 | 降水 | 7.17~7.18 | 西藏南部至东部，四川西南、北部，云南大部和贵州西部地区降水总量为0.1~90mm，降水日数为1~2天 | 贵州盘西 86.2mm（2天） |
| 22 | C9822 | 高原中部东南行 | 降水 | 7.20 | 西藏东半部，青海、四川、重庆大部，甘肃、陕西南部，湖北西部，贵州北部地区降水量为0.1~190mm，降水日数为1天。其中，四川、湖北有成片暴雨区，降水日数为1天 | 四川自贡 189.8mm（1天） |

## 高原低涡对我国影响简表（续-3）

| 序号 | 编号 | 简述活动的情况 | 高原低涡对我国的影响 | | | |
|---|---|---|---|---|---|---|
| | | | 项目 | 日期（月.日） | 概况 | 极值 |
| 23 | C9823 | 高原东部东北行转东南行出高原 | 降水 | 7.21~7.22 | 西藏东半部，青海东南、南部，甘肃、陕西南部，四川，湖北，贵州，重庆，湖南大部，云南东北部和广西北部地区降水总量为0.1~640mm，降水日数为1~2天。其中，四川、湖北、贵州、重庆有成片大于50mm降水区，降水日数为1~2天 | 湖北黄石 631.2mm（2天） |
| 24 | C9824 | 高原南部生消 | 降水 | 7.22 | 西藏中部地区降水量为0.1~15mm，降水日数为1天 | 西藏班戈 14.5mm（1天） |
| 25 | C9825 | 高原东北部生消 | 降水 | 7.24 | 西藏东北部，青海东南、南、东北部，甘肃南、中部，四川西、西北部地区降水量为0.1~35mm，降水日数为1天 | 四川稻城 31.7mm（1天） |
| 26 | C9826 | 高原东部生消 | 降水 | 7.26 | 西藏、青海东南部，甘肃南部，陕西、重庆西南部，四川大部和云南北部地区降水量为0.1~45mm，降水日数为1天 | 重庆垫江 44.3mm（1天） |
| 27 | C9827 | 高原中部北行转东南行 | 降水 | 7.27~7.28 | 西藏东部，青海南、东、东北部，甘肃中、南部，四川西、西北部地区降水总量为0.1~25mm，降水日数为1~2天 | 四川红原 23.1mm（2天） |
| 28 | C9828 | 高原中部东北行转东南行内折向东北行出高原 | 降水 | 8.4~8.5 | 西藏中部、东半部，青海南半部，甘肃、宁夏南部，陕西、重庆西南部，四川，贵州西部和云南西北部地区降水总量为0.1~170mm，降水日数为1~2天。其中，西藏、青海、四川、云南有成片大于10mm降水区，降水日数为1~2天 | 四川攀枝花 165.5mm（2天） |

## 高原低涡对我国影响简表（续-4）

| 序号 | 编号 | 简述活动的情况 | 高原低涡对我国的影响 | | | |
|---|---|---|---|---|---|---|
| | | | 项目 | 时间（月.日） | 概况 | 极值 |
| 29 | C9829 | 高原中部东北行 | 降水 | 8.7~8.8 | 西藏东半部，青海南、东、东北部，甘肃中、南部，四川西、西北部和云南西北部地区降水量为0.1~45mm，降水日数为1~2天 | 四川理塘 40.3mm（2天） |
| 30 | C9830 | 高原南部生消 | 降水 | 8.11 | 西藏中部、东半部，青海南部地区降水量为0.1~35mm，降水日数为1天 | 西藏加查 34.8mm（1天） |
| 31 | C9831 | 高原北部东南行转东北行多次折向出高原 | 降水 | 8.18~8.20 | 西藏中部、东半部，青海、四川、宁夏、陕西大部，甘肃南半部，河南西部和湖北、云南西北部地区降水总量为0.1~350mm，降水日数为1~3天。其中，四川、陕西、甘肃有成片大于50mm降水区，降水日数为1~3天 | 四川安县 347.1mm（3天） |
| 32 | C9832 | 高原南部生消 | 降水 | 8.19 | 西藏中部、东部，青海南部地区降水量为0.1~45mm，降水日数为1天 | 西藏日喀则 44.5mm（1天） |
| 33 | C9833 | 高原东南部东北行出高原 | 降水 | 8.23 | 四川北部至南部、甘肃南部、陕西西南部和云南西北部地区降水量为0.1~125mm，降水日数为1天 | 四川资阳 125mm（1天） |
| 34 | C9834 | 高原中部东北行转东南行出高原 | 降水 | 8.27~8.28 | 西藏中部、东半部，四川，重庆，青海大部，陕西南部，甘肃中、南部，湖北西部，贵州北部和云南西北部地区降水量为0.1~130mm，降水日数为1~2天。其中，四川、重庆、贵州有成片大于25mm降水区，降水日数为2天 | 四川荥县 128.6mm（2天） |

## 高原低涡对我国影响简表（续-5）

| 序号 | 编号 | 简述活动的情况 | 高原低涡对我国的影响 | | | |
|---|---|---|---|---|---|---|
| | | | 项目 | 时间（月.日） | 概况 | 极值 |
| 35 | C9835 | 高原东南部生消 | 降水 | 8.27 | 四川南部和云南北、西部地区降水量为0.1~130mm，降水日数为1天 | 四川荣县 126.9mm（1天） |
| 36 | C9836 | 高原中部东北行 | 降水 | 8.28 | 西藏中部、东部和青海南部地区降水量为0.1~25mm，降水日数为1天 | 西藏林芝 23.8mm（1天） |
| 37 | C9837 | 高原东部东行出高原 | 降水 | 9.2 | 西藏中部、东半部，青海大部，四川，重庆，甘肃、陕西南部，湖北西部和云南、贵州北部地区降水量为0.1~65mm，降水日数为1天 | 四川南部 64.1mm（1天） |
| 38 | C9838 | 高原东北部东行转东南行出高原 | 降水 | 9.3~9.4 | 西藏中部、东半部，青海西南、中、东半部，四川，重庆，甘肃南部，陕西中、南部，湖北南半部，安徽西南部，贵州、湖南、江西北部和云南西北部地区降水量为0.1~90mm，降水日数为1~2天 | 湖南长沙 89.3mm（2天） |
| 39 | C9839 | 高原中部生消 | 降水 | 10.3 | 西藏北部至南部，青海南、东南、中部和四川西北部地区降水量为0.1~20mm，降水日数为1天 | 西藏墨竹工卡 16.7mm（1天） |
| 40 | C9840 | 高原东北部生消 | 降水 | 12.9 | 无降水 | 无 |

1998年高原低涡编号、名称、日期对照表

| 未移出高原的高原东部涡 | 未移出高原的高原西部涡 | 移出高原的高原低涡 |
|---|---|---|
| ③ C9803红原，Hongyuan | ② C9802乌图美仁，Wutumeiren | ① C9801格尔木，Geermu |
| 4.13 | 3.24 | 3.7~3.9 |
| ④ C9804丁青，Dingqing | ㊱ C9836那曲，Naqu | ⑤ C9805双湖，Shuanghu |
| 4.14 | 8.28 | 4.16~4.20 |
| ⑥ C9806扎多，Zhaduo | | ⑫ C9812治多，Zhiduo |
| 4.20 | | 6.5~6.7 |
| ⑦ C9807久治，Jiuzhi | | ⑭ C9814玛多，Maduo |
| 4.22 | | 6.10 |
| ⑧ C9808冷湖，Lenghu | | ⑰ C9817托托河，Tuotuohe |
| 5.11 | | 7.7 |
| ⑨ C9809白玉，Baiyu | | ⑲ C9818玉树，Yushu |
| 5.28 | | 7.8~7.10 |
| ⑩ C9810班玛，Banma | | ㉑ C9821隆子，Longzi |
| 6.3 | | 7.17~7.18 |
| ⑪ C9811德格，Dege | | ㉓ C9823石渠，Shiqu |
| 6.4~6.5 | | 7.21~7.22 |
| ⑬ C9813小金，Xiaojin | | ㉘ C9828索县，Suoxian |
| 6.8~6.9 | | 8.4~8.5 |
| ⑮ C9815班玛，Banma | | ㉛ C9831格尔木，Geermu |
| 6.30 | | 8.18~8.20 |
| ⑯ C9816昂欠，Angqian | | ㉝ C9833康定，Kangding |
| 7.5~7.6 | | 8.23 |
| ⑲ C9819扎多，Zhaduo | | ㉞ C9834扎多，Zhaduo |
| 7.14 | | 8.27~8.28 |
| ⑳ C9820昂欠，Angqian | | ㊲ C9837玛多，Maduo |
| 7.15~7.16 | | 9.2 |

1998年高原低涡编号、名称、日期对照表（续）

| 未移出高原的高原东部涡 | 移出高原的高原低涡 |
|---|---|
| ㉒ C9822玛多，Maduo | ㊳ C9838共和，Gonghe |
| 7.20 | 9.3~9.4 |
| ㉔ C9824嘉黎，Jiali | |
| 7.22 | |
| ㉕ C9825日德，Ride | |
| 7.24 | |
| ㉖ C9826久治，Jiuzhi | |
| 7.26 | |
| ㉗ C9827曲麻莱，Qumalai | |
| 7.27~7.28 | |
| ㉙ C9829扎多，Zhaduo | |
| 8.7~8.8 | |
| ㉚ C9830嘉黎，Jiali | |
| 8.11 | |
| ㉜ C9832嘉黎，Jiali | |
| 8.19 | |
| ㉟ C9835木里，Muli | |
| 8.27 | |
| ㊴ C9839丁青，Dingqing | |
| 10.3 | |
| ㊵ C9840玛多，Maduo | |
| 12.9 | |
| | |
| | |
| | |
| | |

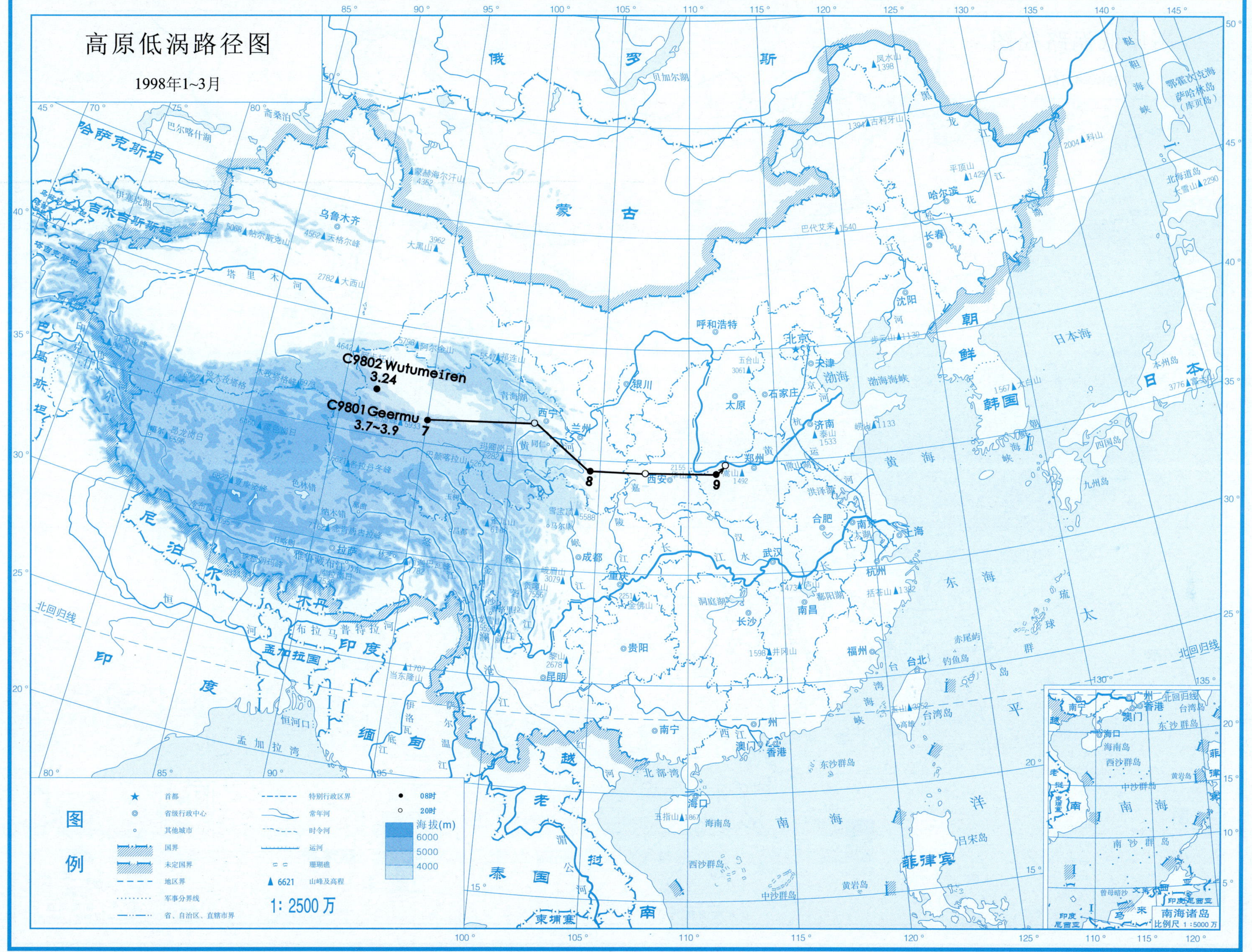

高原低涡路径图
1998年1~3月
C9802 Wutumeiren
3.24
C9801 Geermu
3.7~3.9
7
8
9
图例
首都
省级行政中心
其他城市
国界
未定国界
地区界
军事分界线
省、自治区、直辖市界
特别行政区界
常年河
时令河
运河
珊瑚礁
6621 山峰及高程
08时
20时
海拔(m)
6000
5000
4000
1: 2500万
南海诸岛
比例尺 1:5000万

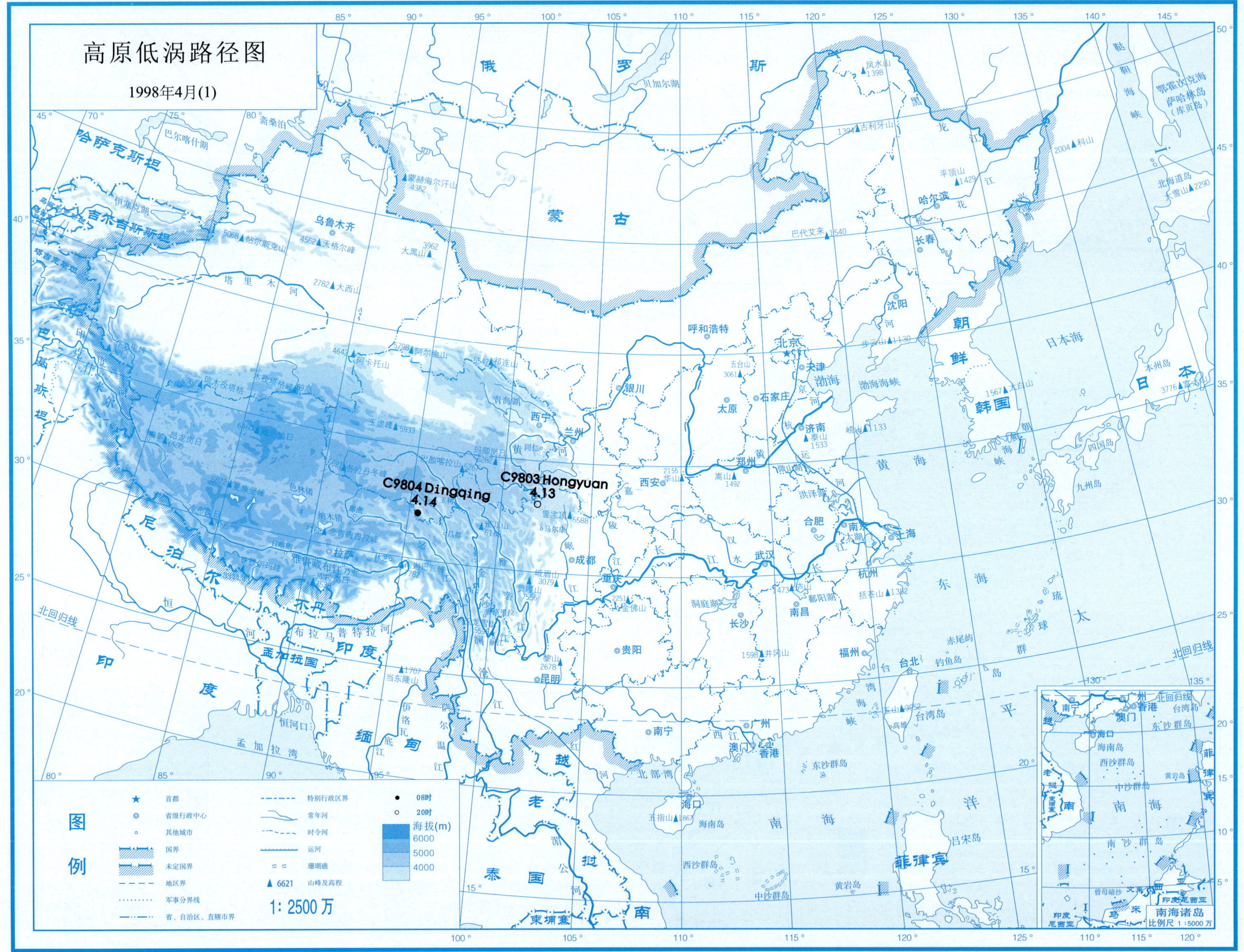
高原低涡路径图
1998年4月(1)
C9804 Dingqing
4.14
C9803 Hongyuan
4.13
图例
首都
省级行政中心
其他城市
国界
未定国界
地区界
军事分界线
省、自治区、直辖市界
特别行政区界
常年河
时令河
运河
珊瑚礁
6621 山峰及高程
08时
20时
海拔(m)
6000
5000
4000
1: 2500 万
南海诸岛
比例尺 1:5000 万

高原低涡路径图
1998年4月(2)
C9505 Shuanghu
4.16~4.20
16
17
18
19
20
图例
首都
省级行政中心
其他城市
国界
未定国界
地区界
军事分界线
省、自治区、直辖市界
特别行政区界
常年河
时令河
运河
珊瑚礁
6621 山峰及高程
08时
20时
海拔(m)
6000
5000
4000
1: 2500 万
南海诸岛
比例尺 1:5000 万
俄 罗 斯
蒙 古
哈萨克斯坦
吉尔吉斯斯坦
尼 泊 尔
不丹
印 度
孟加拉国
缅 甸
老 挝
泰 国
越 南
柬埔寨
朝 鲜
韩国
日 本
菲律宾
北京
天津
上海
重庆
乌鲁木齐
拉萨
西宁
兰州
银川
呼和浩特
太原
石家庄
济南
郑州
西安
成都
武汉
合肥
南京
杭州
南昌
长沙
贵阳
昆明
南宁
广州
福州
台北
香港
澳门
海口
哈尔滨
长春
沈阳
渤海
黄 海
东 海
南 海
日本海
北回归线

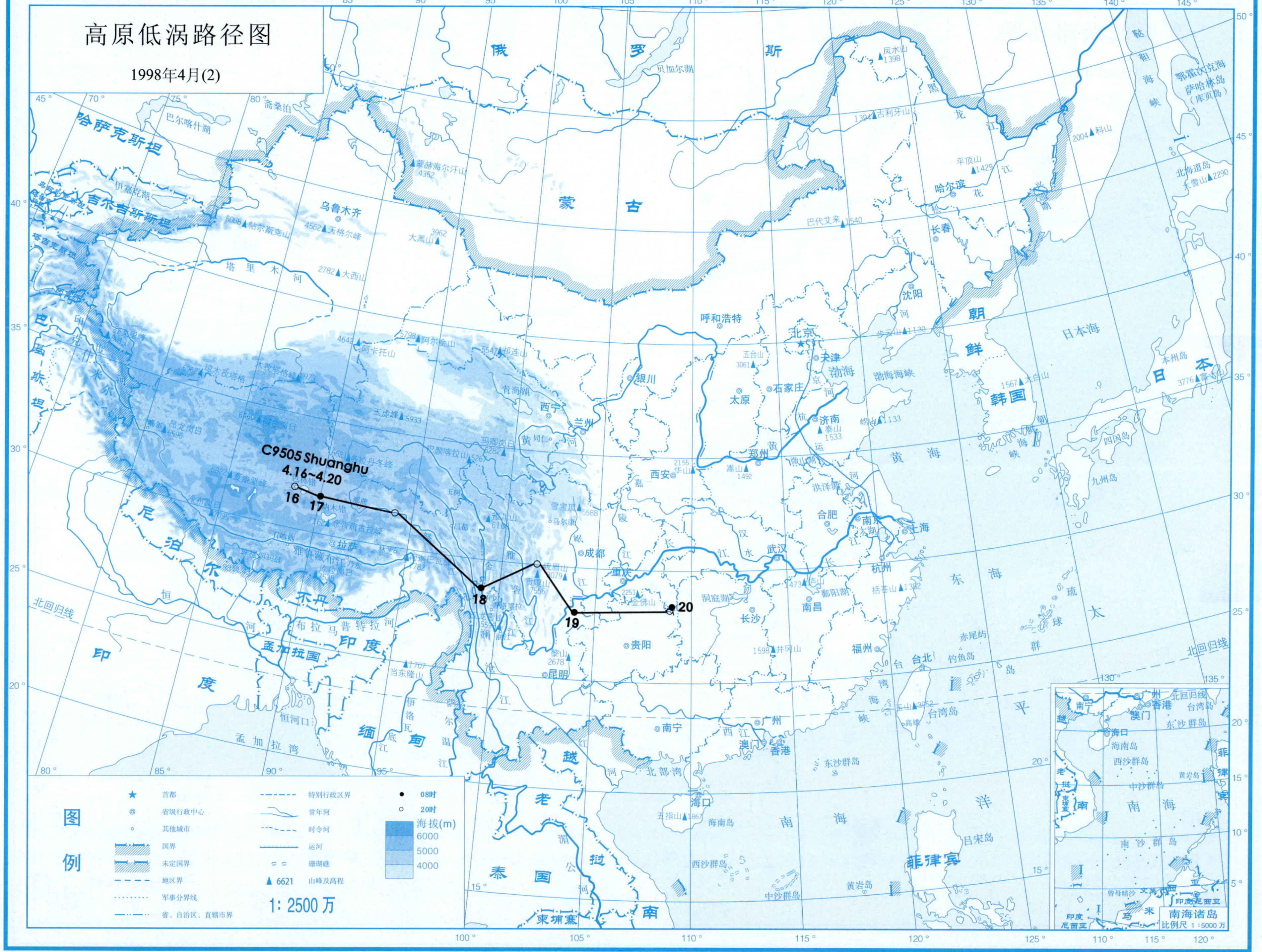

高原低涡 第1部分

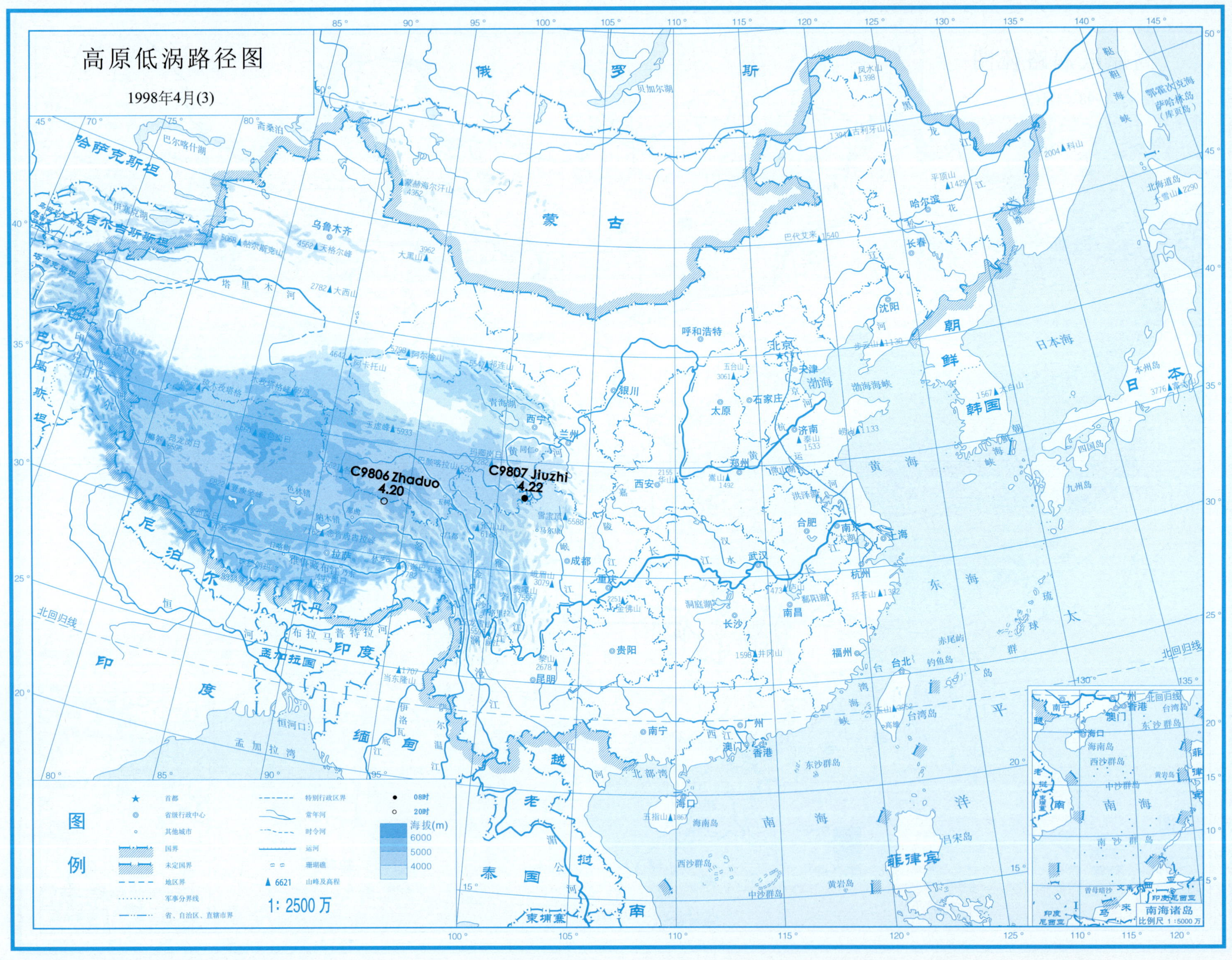
高原低涡路径图
1998年4月(3)
C9806 Zhaduo
4.20
C9807 Jiuzhi
4.22
图例
首都
省级行政中心
其他城市
国界
未定国界
地区界
军事分界线
省、自治区、直辖市界
特别行政区界
常年河
时令河
运河
珊瑚礁
6621 山峰及高程
08时
20时
海拔(m)
6000
5000
4000
1:2500万
南海诸岛
比例尺 1:5000万
俄罗斯
蒙古
哈萨克斯坦
吉尔吉斯斯坦
印度
尼泊尔
不丹
孟加拉国
缅甸
泰国
老挝
越南
柬埔寨
朝鲜
韩国
日本
菲律宾
日本海
黄海
东海
南海
太平洋
孟加拉湾
北回归线

# 高原低涡路径图

1998年5月

C9808 Lenghu
5.11

C9809 Baiyu
5.28

图例

| 符号 | 说明 | 符号 | 说明 | 符号 | 说明 |
| --- | --- | --- | --- | --- | --- |
| ★ | 首都 | | 特别行政区界 | ● | 08时 |
| ◎ | 省级行政中心 | | 常年河 | ○ | 20时 |
| ○ | 其他城市 | | 时令河 | | 海拔(m) 6000 5000 4000 |
| | 国界 | | 运河 | | |
| | 未定国界 | | 珊瑚礁 | | |
| | 地区界 | ▲ 6621 | 山峰及高程 | | |
| | 军事分界线 | | | | |
| | 省、自治区、直辖市界 | | | | |

1: 2500万

南海诸岛
比例尺 1:5000万

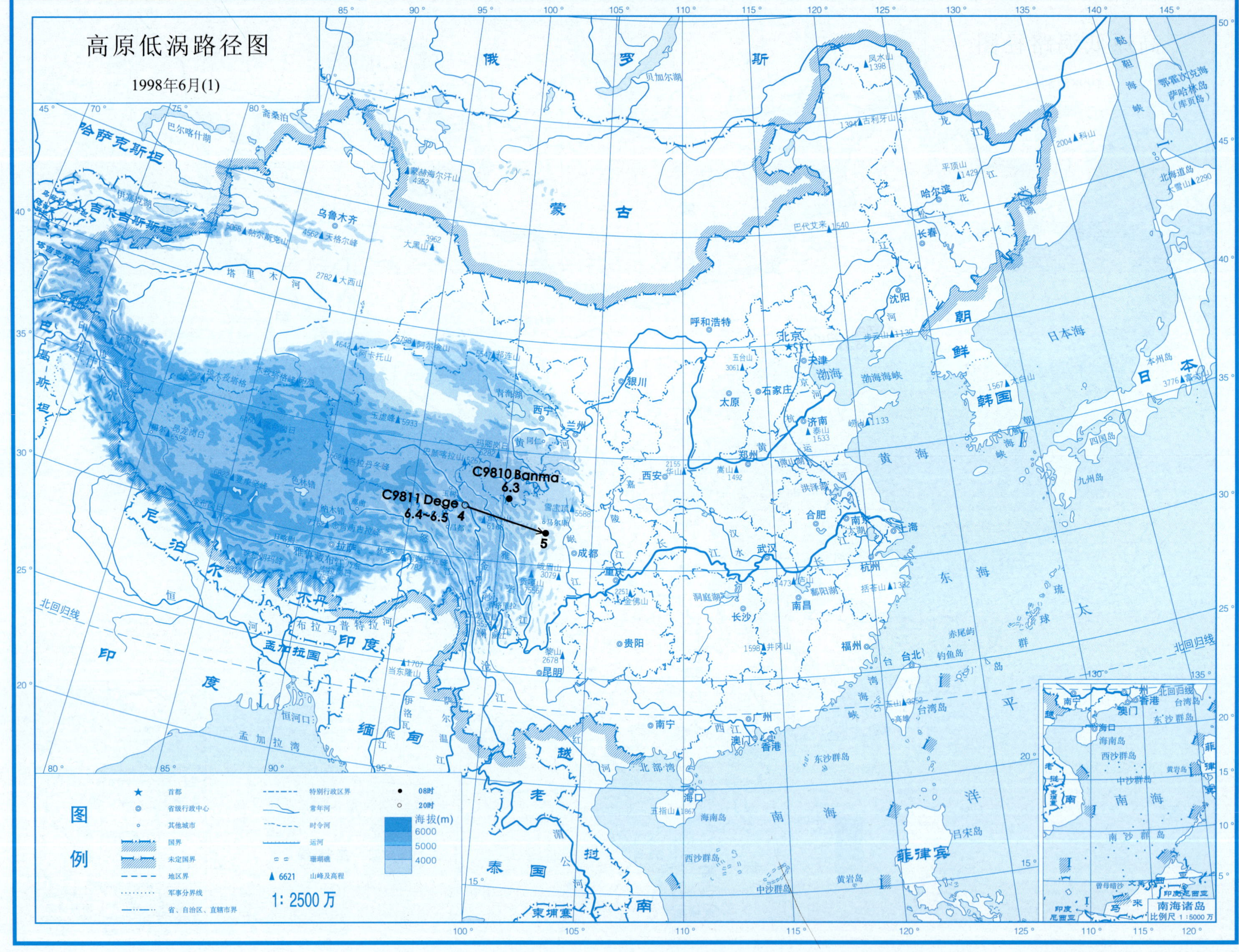

高原低涡路径图
1998年6月(1)
C9810 Banma
6.3
C9811 Dege
6.4~6.5
4
5
图例
首都
省级行政中心
其他城市
国界
未定国界
地区界
军事分界线
省、自治区、直辖市界
特别行政区界
常年河
时令河
运河
珊瑚礁
山峰及高程
08时
20时
海拔(m)
6000
5000
4000
1: 2500万
南海诸岛
比例尺 1:5000万

# 高原低涡路径图

1998年6月(2)

C9812 Zhiduo
6.5~6.7

5
6
7

图例

| | | | | | |
|---|---|---|---|---|---|
| ★ | 首都 | | 特别行政区界 | ● | 08时 |
| ◎ | 省级行政中心 | | 常年河 | ○ | 20时 |
| ○ | 其他城市 | | 时令河 | | 海拔(m) |
| | 国界 | | 运河 | | 6000 |
| | 未定国界 | | 珊瑚礁 | | 5000 |
| | 地区界 | ▲ 6621 | 山峰及高程 | | 4000 |
| | 军事分界线 | | | | |
| | 省、自治区、直辖市界 | | | | |

1：2500万

南海诸岛
比例尺 1：5000万

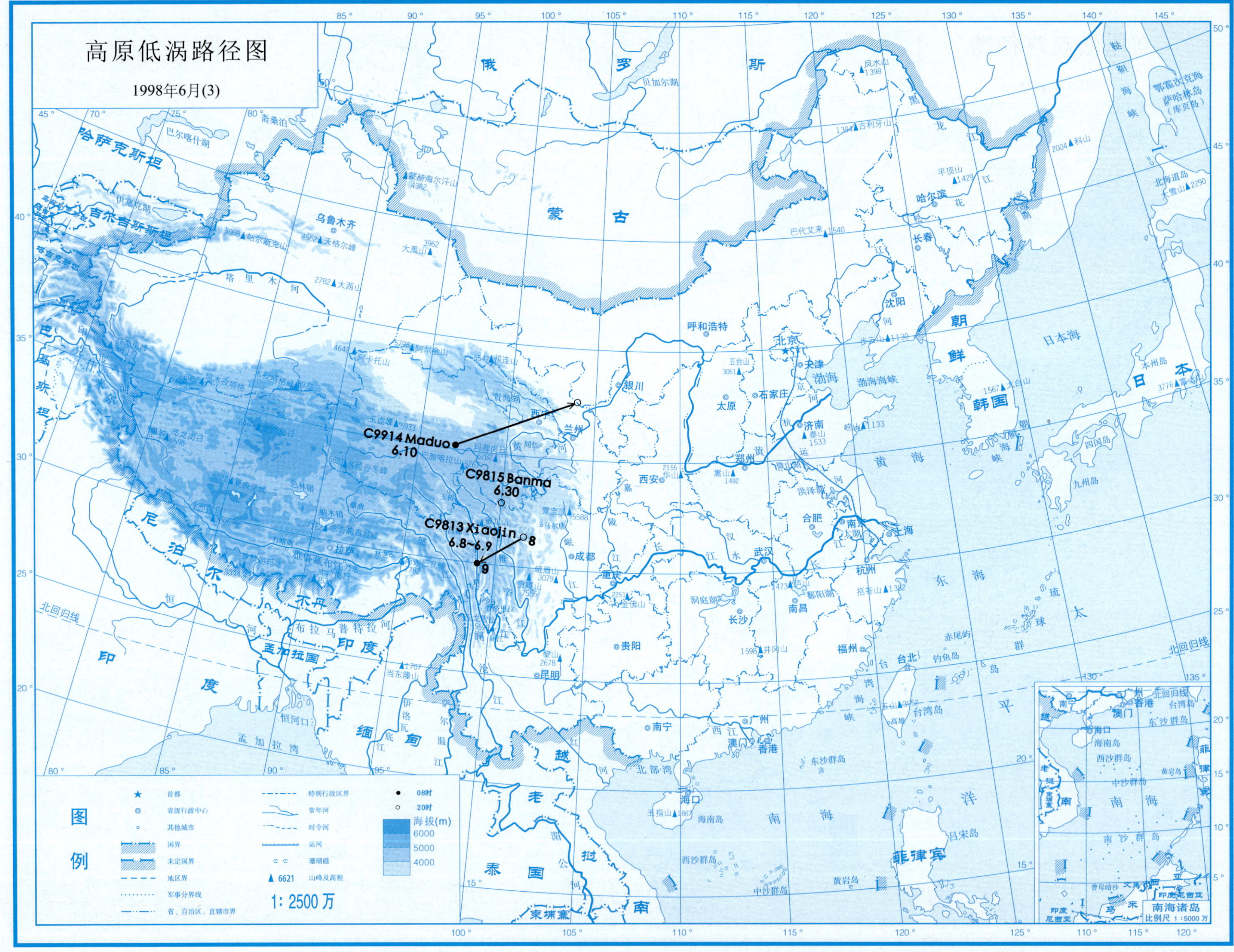

高原低涡路径图
1998年6月(3)
C9914 Maduo
6.10
C9815 Banma
6.30
C9813 Xiaojin
6.8~6.9
8
9
图例
首都
省级行政中心
其他城市
国界
未定国界
地区界
军事分界线
省、自治区、直辖市界
特别行政区界
常年河
时令河
运河
珊瑚礁
6621 山峰及高程
08时
20时
海拔(m)
6000
5000
4000
1: 2500万
南海诸岛
比例尺 1:5000万

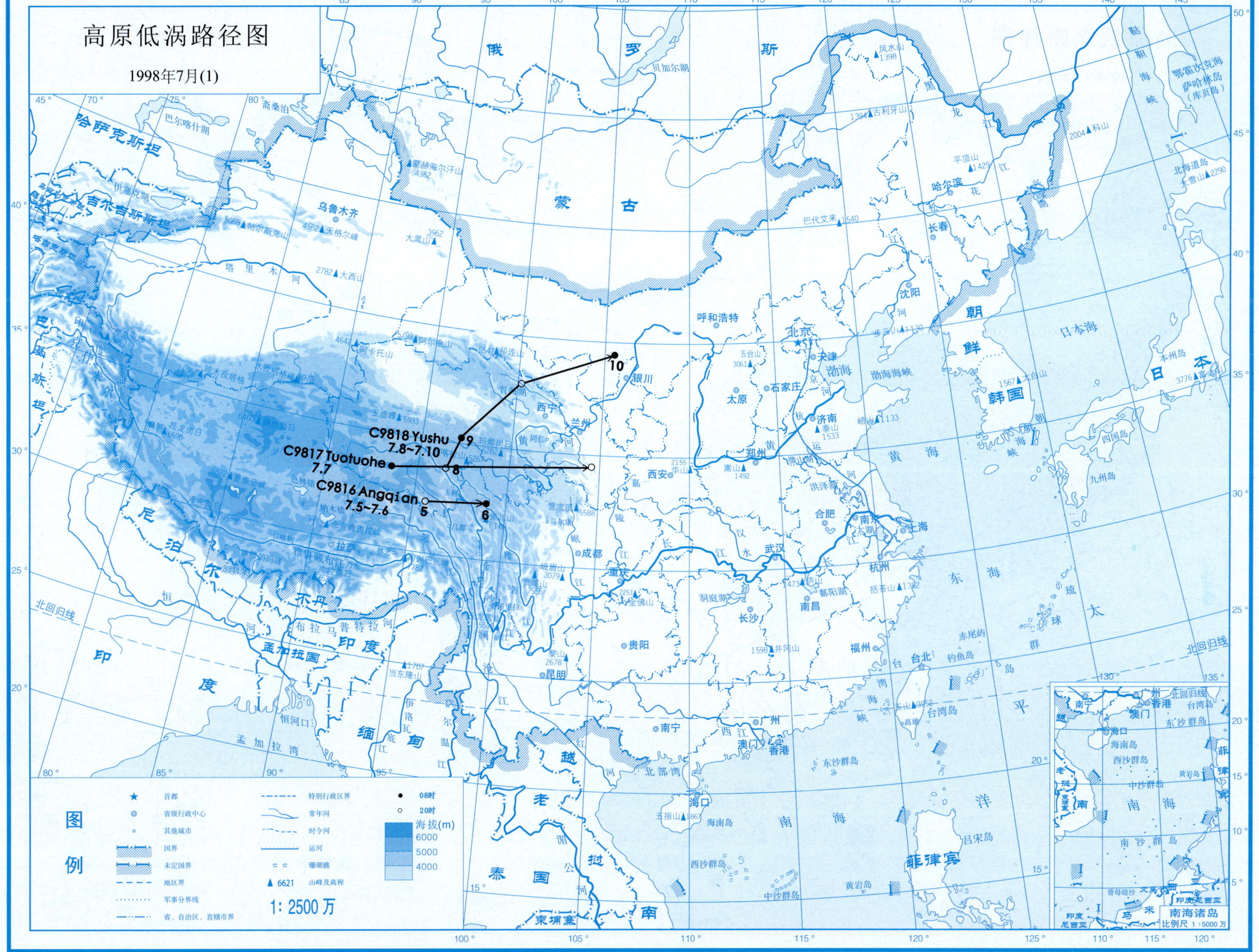


Page...26

高原低涡 第1部分

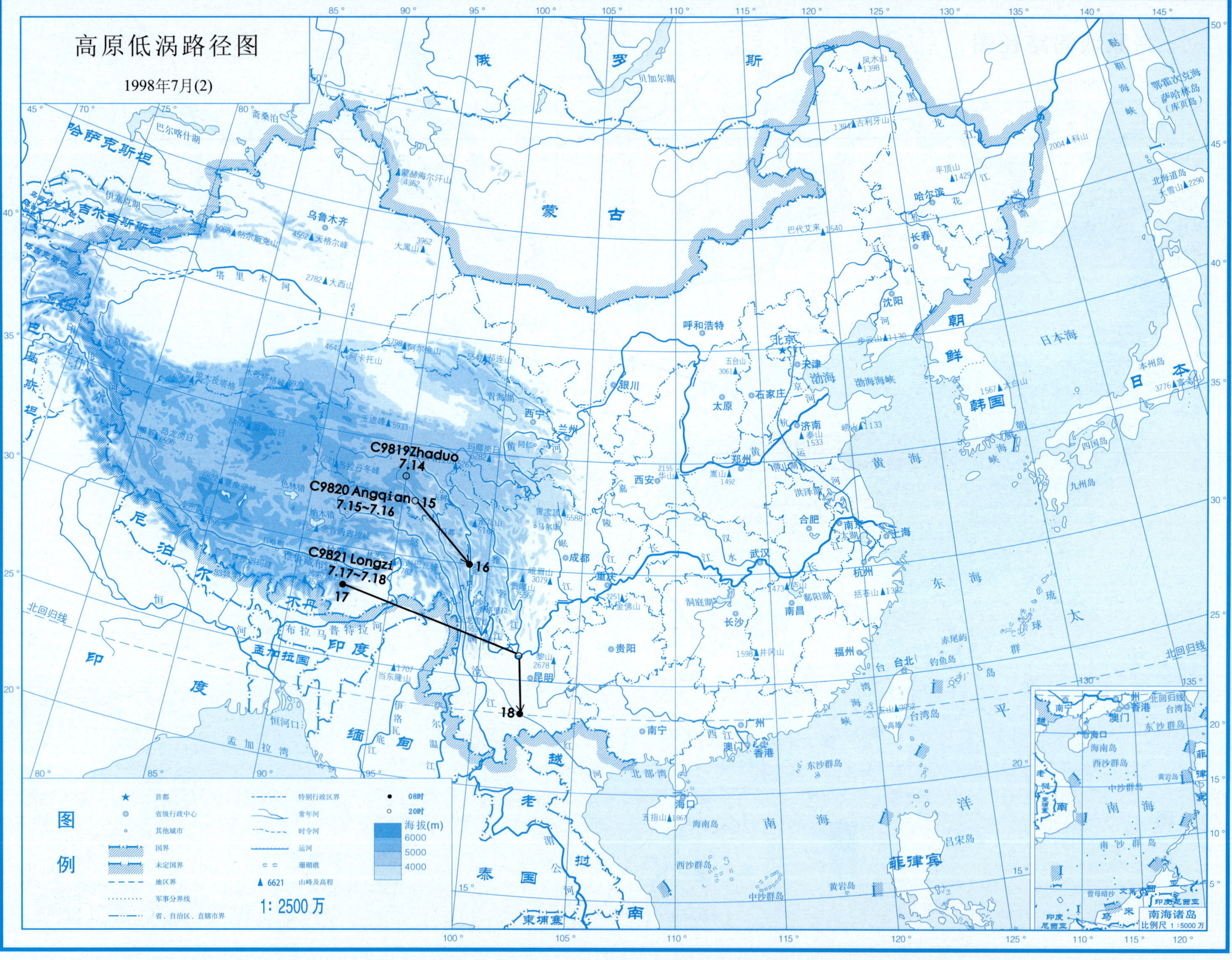

高原低涡路径图
1998年7月(2)
C9819Zhaduo
7.14
C9820 Angqian
15
7.15~7.16
16
C9821 Longzi
7.17~7.18
17
18
图例
首都
省级行政中心
其他城市
国界
未定国界
地区界
军事分界线
省、自治区、直辖市界
特别行政区界
常年河
时令河
运河
珊瑚礁
6621 山峰及高程
08时
20时
海拔(m)
6000
5000
4000
1: 2500 万
南海诸岛
比例尺 1:5000 万

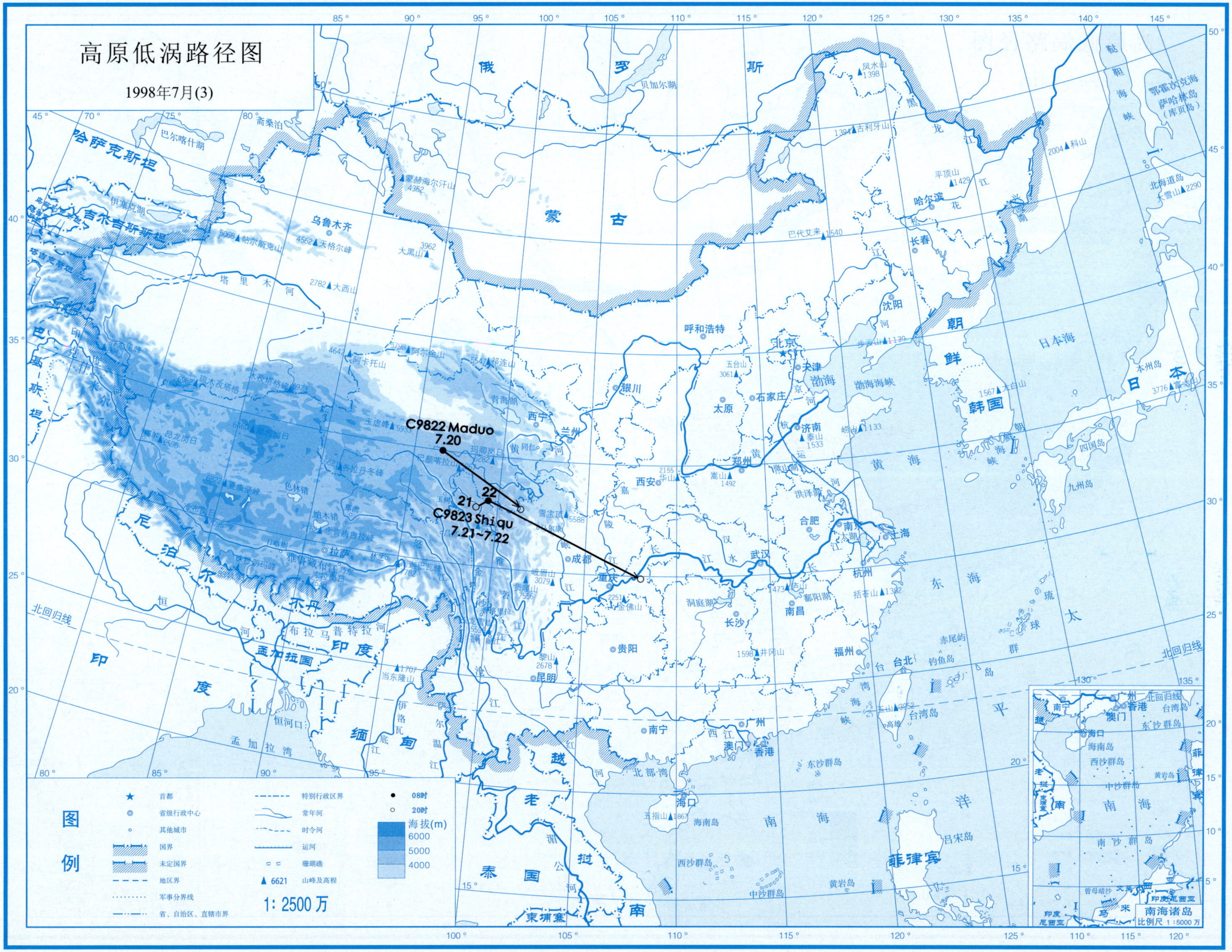

# 高原低涡路径图

1998年7月(3)

C9822 Maduo
7.20

22
21

C9823 Shiqu
7.21~7.22

图例

★ 首都
◎ 省级行政中心
○ 其他城市
国界
未定国界
地区界
军事分界线
省、自治区、直辖市界
特别行政区界
常年河
时令河
运河
珊瑚礁
▲ 6621 山峰及高程
● 08时
○ 20时
海拔(m)
6000
5000
4000

1: 2500 万

南海诸岛
比例尺 1：5000 万

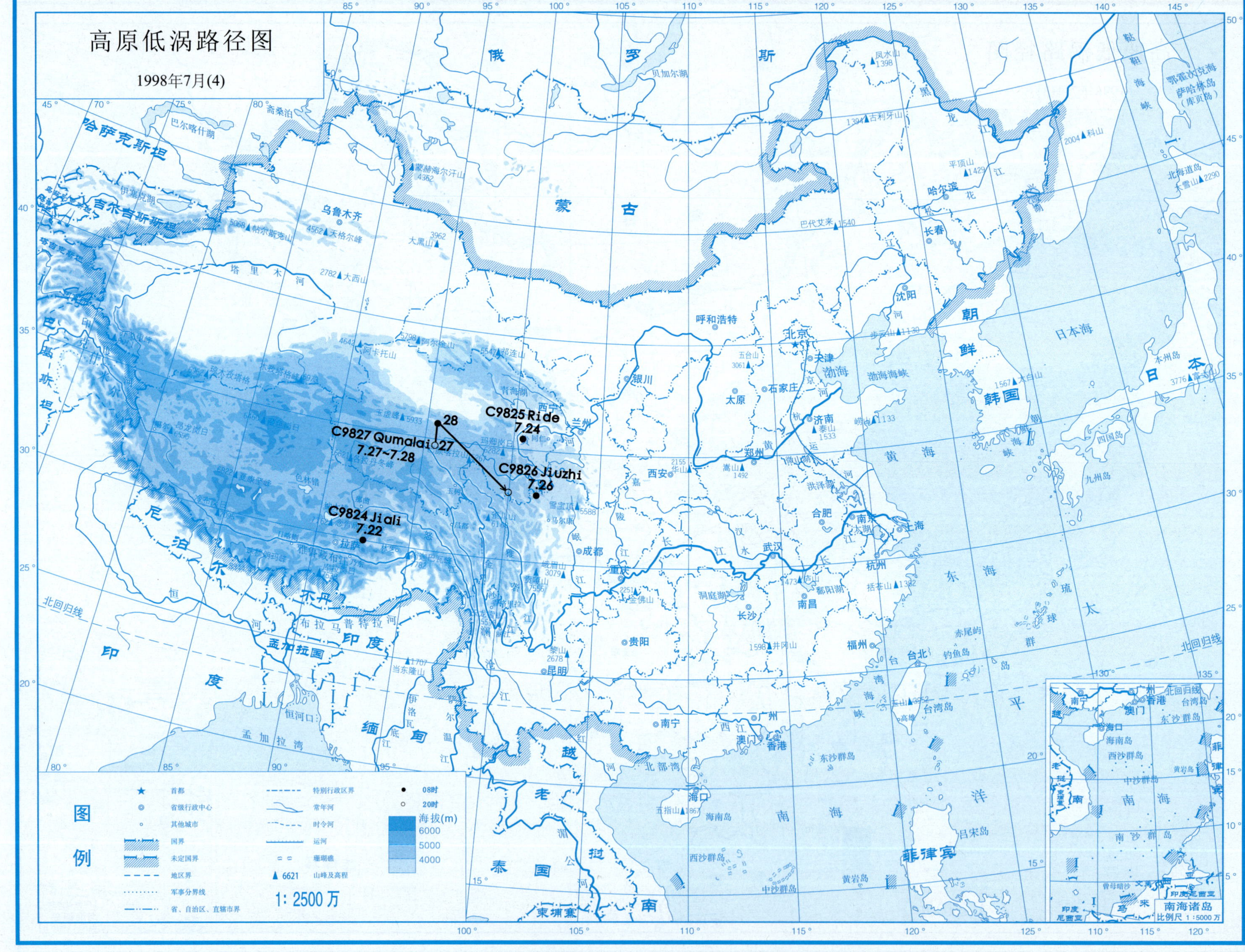
高原低涡路径图
1998年7月(4)
C9825 Ride
7.24
C9827 Qumalai 27
7.27~7.28
28
C9826 Jiuzhi
7.26
C9824 Jiali
7.22
图例
首都
省级行政中心
其他城市
国界
未定国界
地区界
军事分界线
省、自治区、直辖市界
特别行政区界
常年河
时令河
运河
珊瑚礁
山峰及高程
08时
20时
海拔(m)
6000
5000
4000
1: 2500 万
南海诸岛
比例尺 1:5000 万

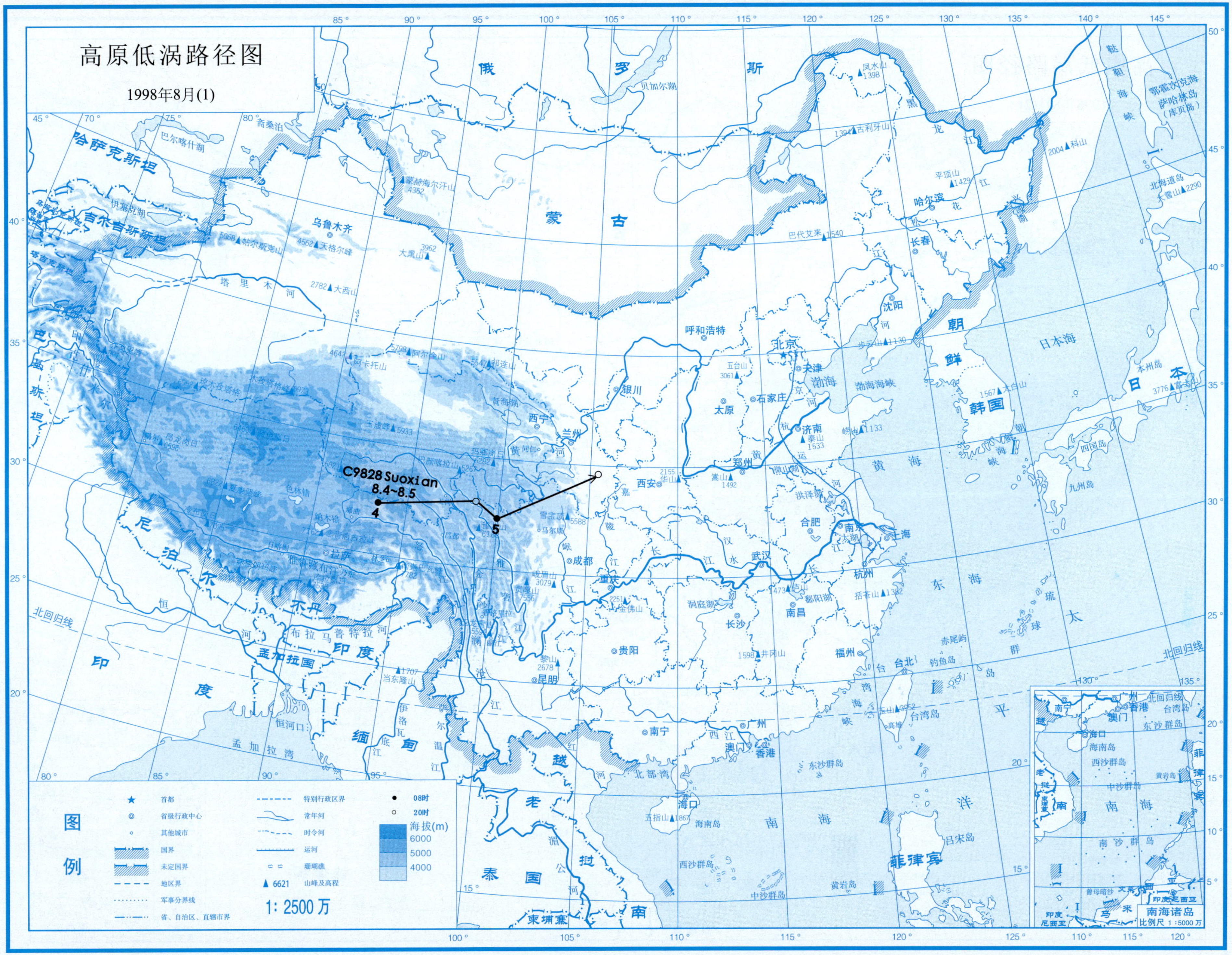

# 高原低涡路径图

1998年8月(1)

C9828 Suoxian
8.4~8.5
4
5

图例

★ 首都
◎ 省级行政中心
○ 其他城市
国界
未定国界
地区界
军事分界线
省、自治区、直辖市界
特别行政区界
常年河
时令河
运河
珊瑚礁
▲ 6621 山峰及高程
● 08时
○ 20时
海拔(m)
6000
5000
4000

1: 2500 万

南海诸岛
比例尺 1 : 5000 万

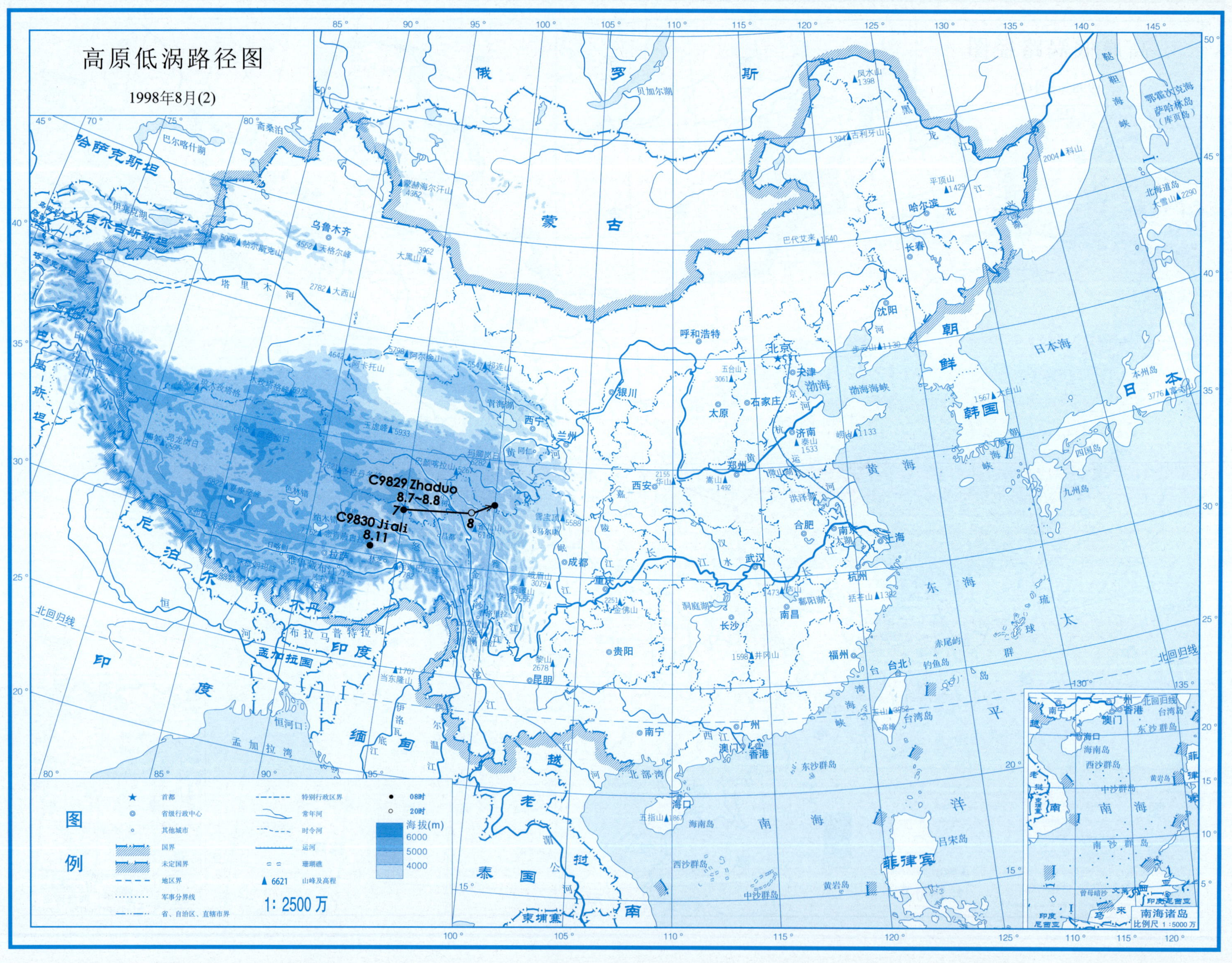

高原低涡路径图
1998年8月(2)
C9829 Zhaduo
8.7~8.8
7
8
C9830 Jiali
8.11
图例
首都
省级行政中心
其他城市
国界
未定国界
地区界
军事分界线
省、自治区、直辖市界
特别行政区界
常年河
时令河
运河
珊瑚礁
6621 山峰及高程
08时
20时
海拔(m)
6000
5000
4000
1: 2500 万
南海诸岛
比例尺 1:5000 万

# 高原低涡路径图

1998年8月(3)

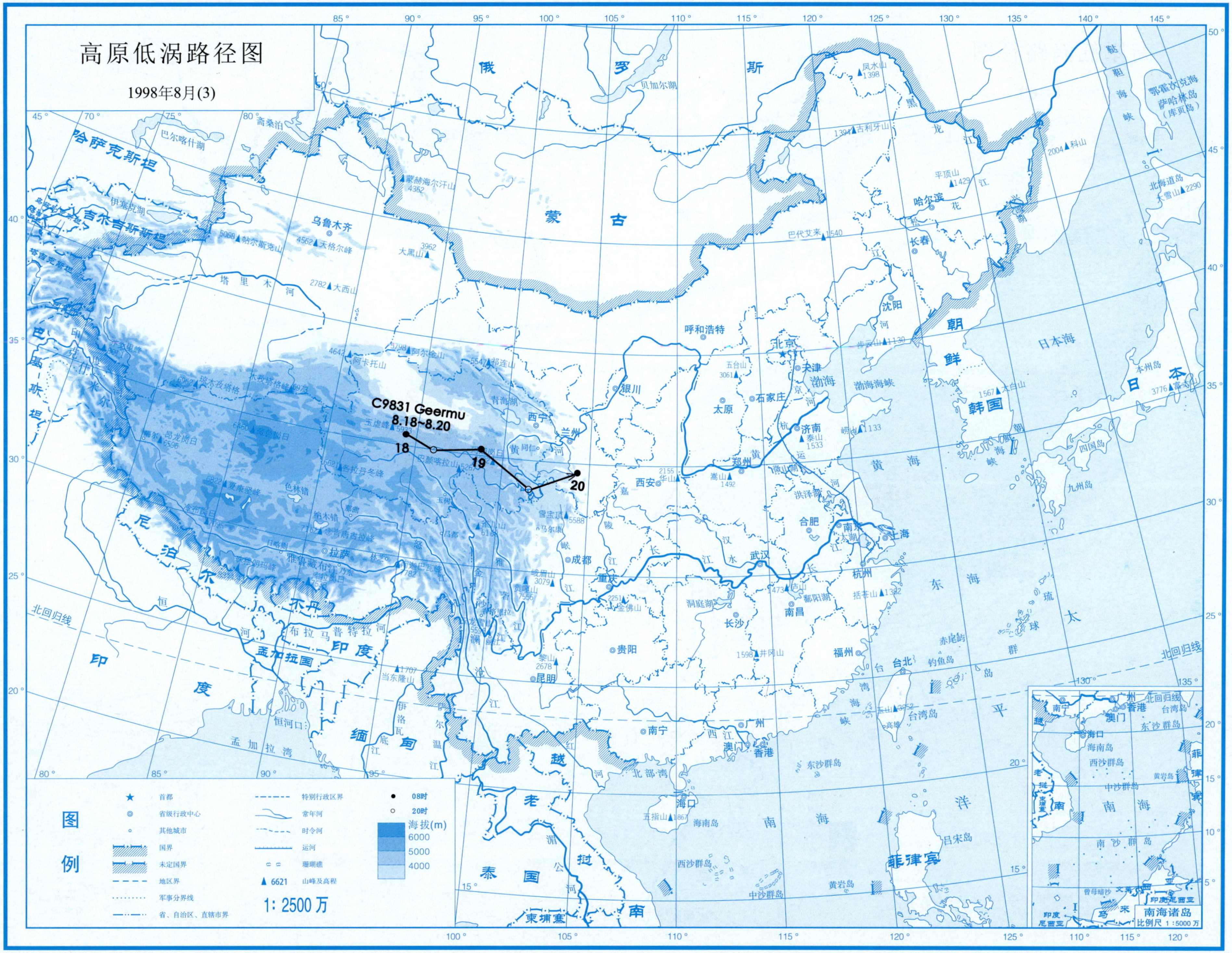

C9831 Geermu
8.18~8.20
18
19
20

图例

- ★ 首都
- ◎ 省级行政中心
- ○ 其他城市
- 国界
- 未定国界
- 地区界
- 军事分界线
- 省、自治区、直辖市界
- 特别行政区界
- 常年河
- 时令河
- 运河
- 珊瑚礁
- ▲ 6621 山峰及高程
- ● 08时
- ○ 20时

海拔(m)
6000
5000
4000

1: 2500万

南海诸岛
比例尺 1 :5000万

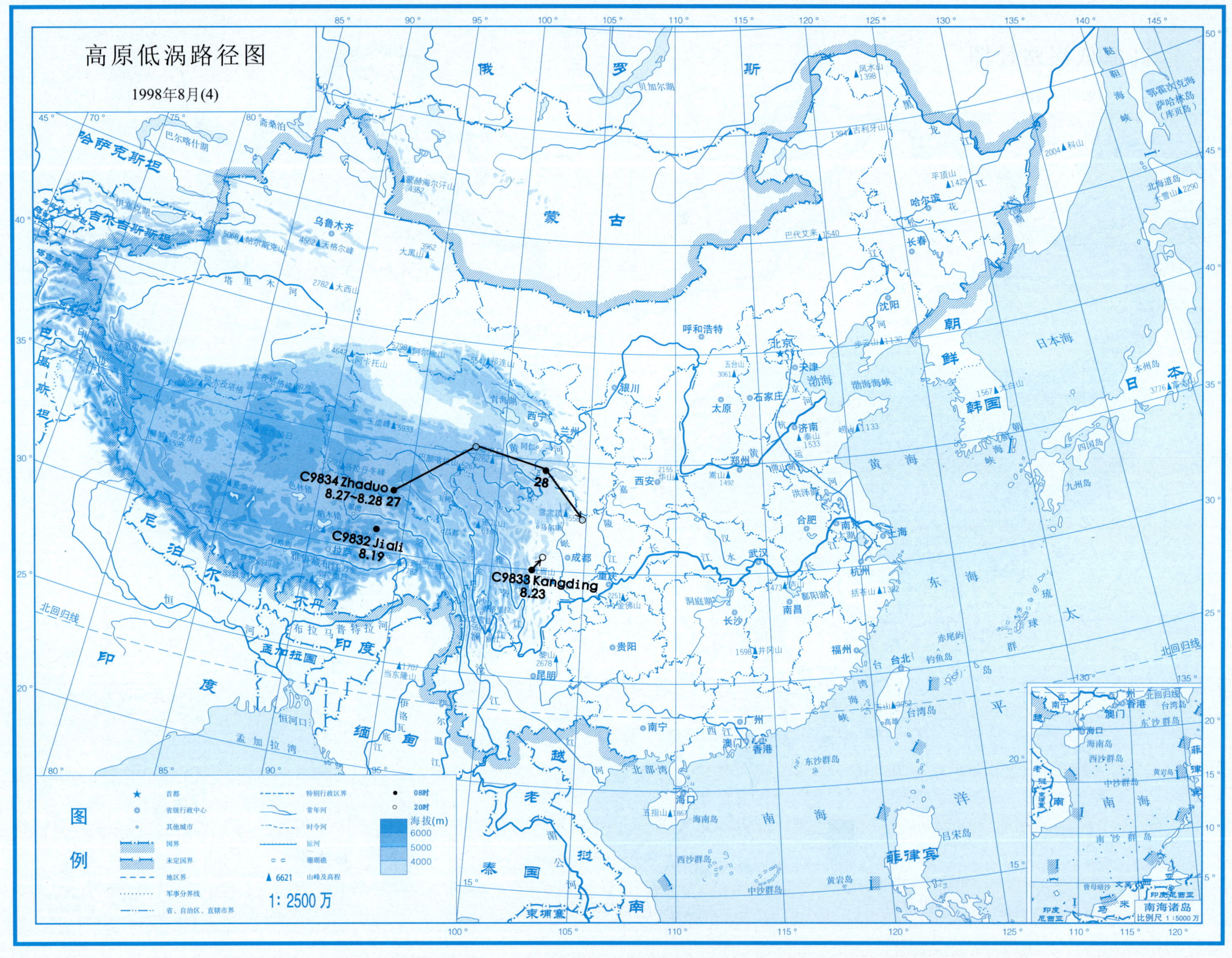
高原低涡路径图
1998年8月(4)
C9834 Zhaduo
8.27~8.28 27
28
C9832 Jiali
8.19
C9833 Kangding
8.23
图例
1: 2500万

# 高原低涡路径图

1998年8月(5)

C9836 Naqu
8.28

C9835 Muli
8.27

**图例**

| 符号 | 含义 | 符号 | 含义 | 符号 | 含义 |
|---|---|---|---|---|---|
| ★ | 首都 | —·—·— | 特别行政区界 | ● | 08时 |
| ◎ | 省级行政中心 | | 常年河 | ○ | 20时 |
| ○ | 其他城市 | | 时令河 | | 海拔(m) 6000 5000 4000 |
| | 国界 | | 运河 | | |
| | 未定国界 | | 珊瑚礁 | | |
| - - - | 地区界 | ▲ 6621 | 山峰及高程 | | |
| ······ | 军事分界线 | | | | |
| —··—·· | 省、自治区、直辖市界 | | | | |

1：2500万

南海诸岛 比例尺 1：5000万

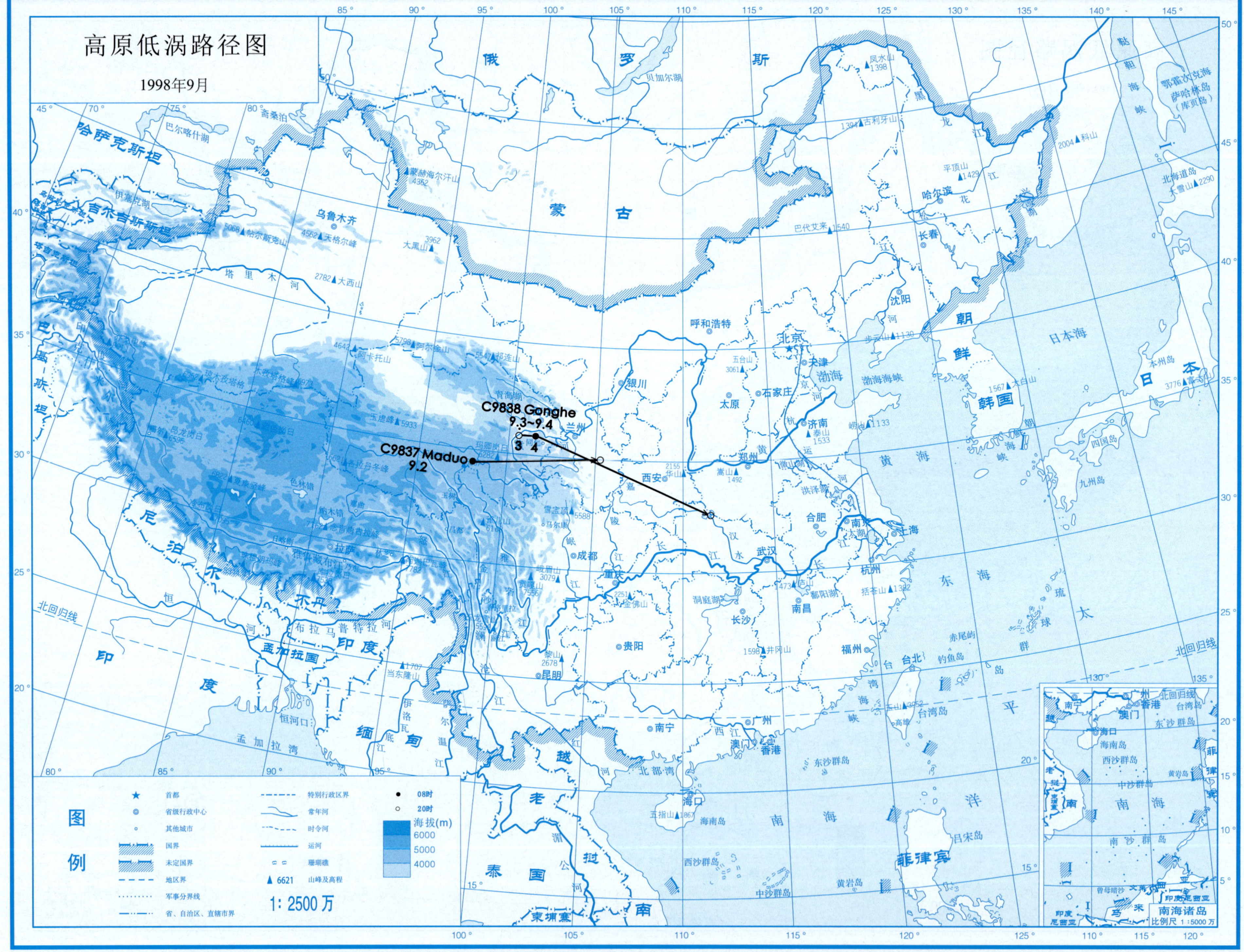
高原低涡路径图
1998年9月
C9838 Gonghe
9.3~9.4
3
4
C9837 Maduo
9.2
图例
首都
省级行政中心
其他城市
国界
未定国界
地区界
军事分界线
省、自治区、直辖市界
特别行政区界
常年河
时令河
运河
珊瑚礁
山峰及高程
08时
20时
海拔(m)
6000
5000
4000
1：2500万
南海诸岛
比例尺 1：5000 万

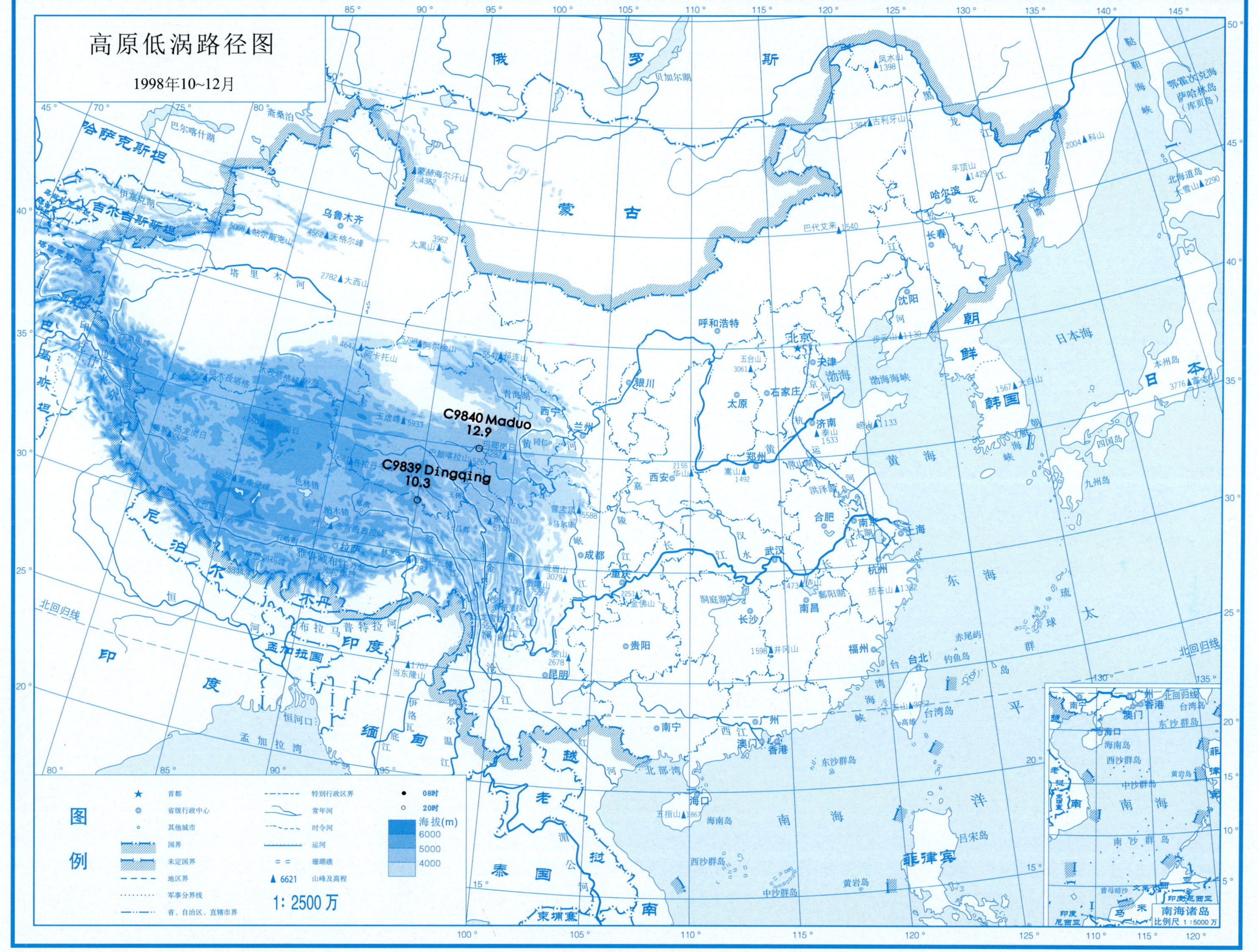

高原低涡路径图
1998年10~12月
C9840 Maduo
12.9
C9839 Dingqing
10.3
图例
首都
省级行政中心
其他城市
国界
未定国界
地区界
军事分界线
省、自治区、直辖市界
特别行政区界
常年河
时令河
运河
珊瑚礁
6621 山峰及高程
08时
20时
海拔(m)
6000
5000
4000
1: 2500万
南海诸岛
比例尺 1:5000万

# 青藏高原低涡降水资料

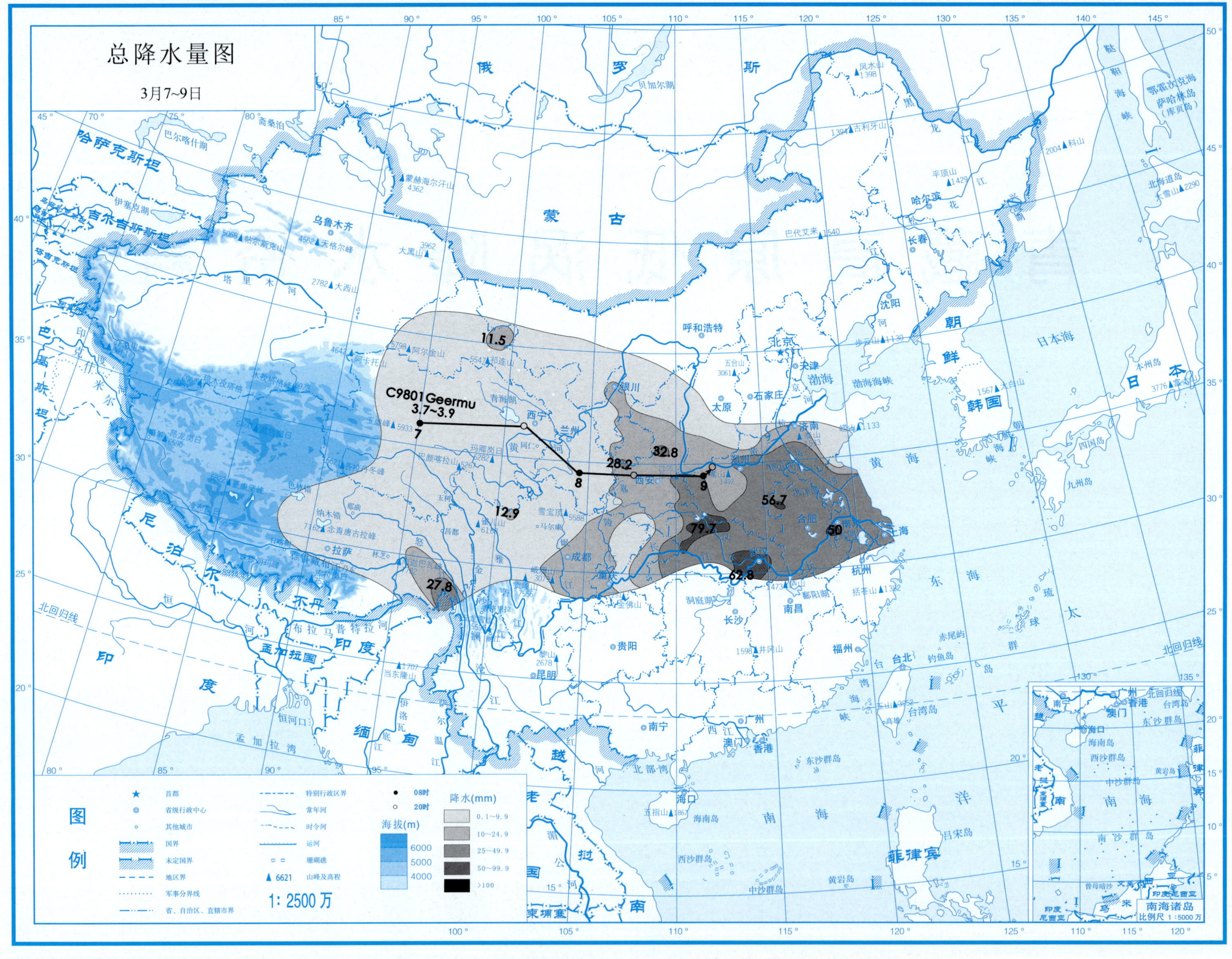
总降水量图
3月7~9日
C9801 Geermu
3.7~3.9
7
8
9
11.5
12.9
27.8
28.2
32.8
56.7
79.7
62.8
50
图例
首都
省级行政中心
其他城市
国界
未定国界
地区界
军事分界线
省、自治区、直辖市界
特别行政区界
常年河
时令河
运河
珊瑚礁
6621 山峰及高程
08时
20时
海拔(m)
6000
5000
4000
降水(mm)
0.1~9.9
10~24.9
25~49.9
50~99.9
>100
1: 2500 万
南海诸岛
比例尺 1:5000 万
俄 罗 斯
蒙 古
哈萨克斯坦
吉尔吉斯斯坦
印 度
尼 泊 尔
不 丹
孟加拉国
缅 甸
越 南
老 挝
朝 鲜
韓国
日 本
菲律宾
北京
天津
石家庄
太原
呼和浩特
银川
西宁
兰州
西安
济南
合肥
上海
杭州
南昌
长沙
福州
台北
广州
香港
澳门
南宁
海口
贵阳
昆明
重庆
成都
拉萨
乌鲁木齐
沈阳
长春
哈尔滨
黄 海
东 海
日本海
南 海
渤海
北回归线

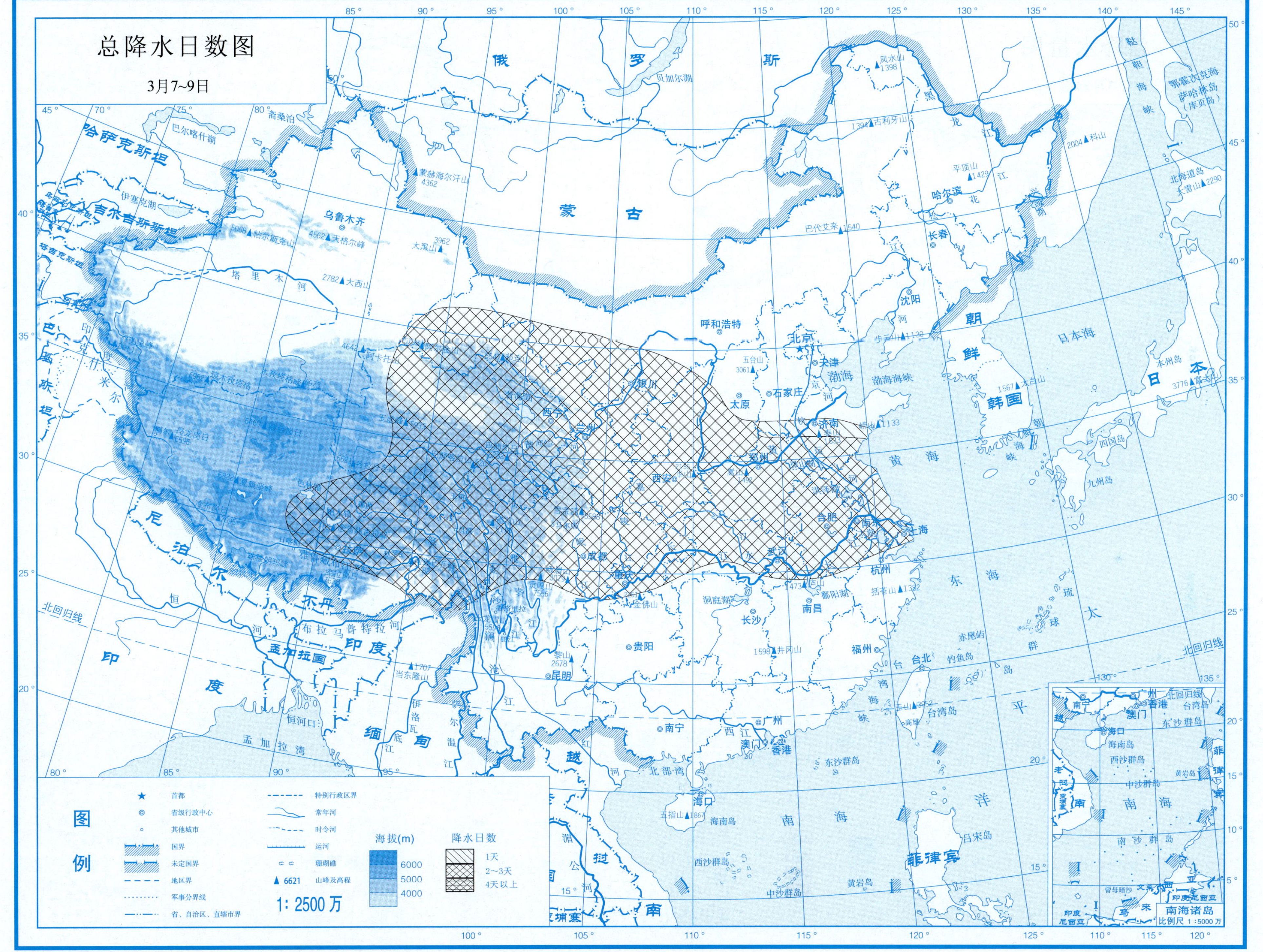
总降水日数图
3月7~9日
图例
首都
省级行政中心
其他城市
国界
未定国界
地区界
军事分界线
省、自治区、直辖市界
特别行政区界
常年河
时令河
运河
珊瑚礁
山峰及高程
1:2500万
海拔(m)
6000
5000
4000
降水日数
1天
2~3天
4天以上
南海诸岛
比例尺 1:5000万

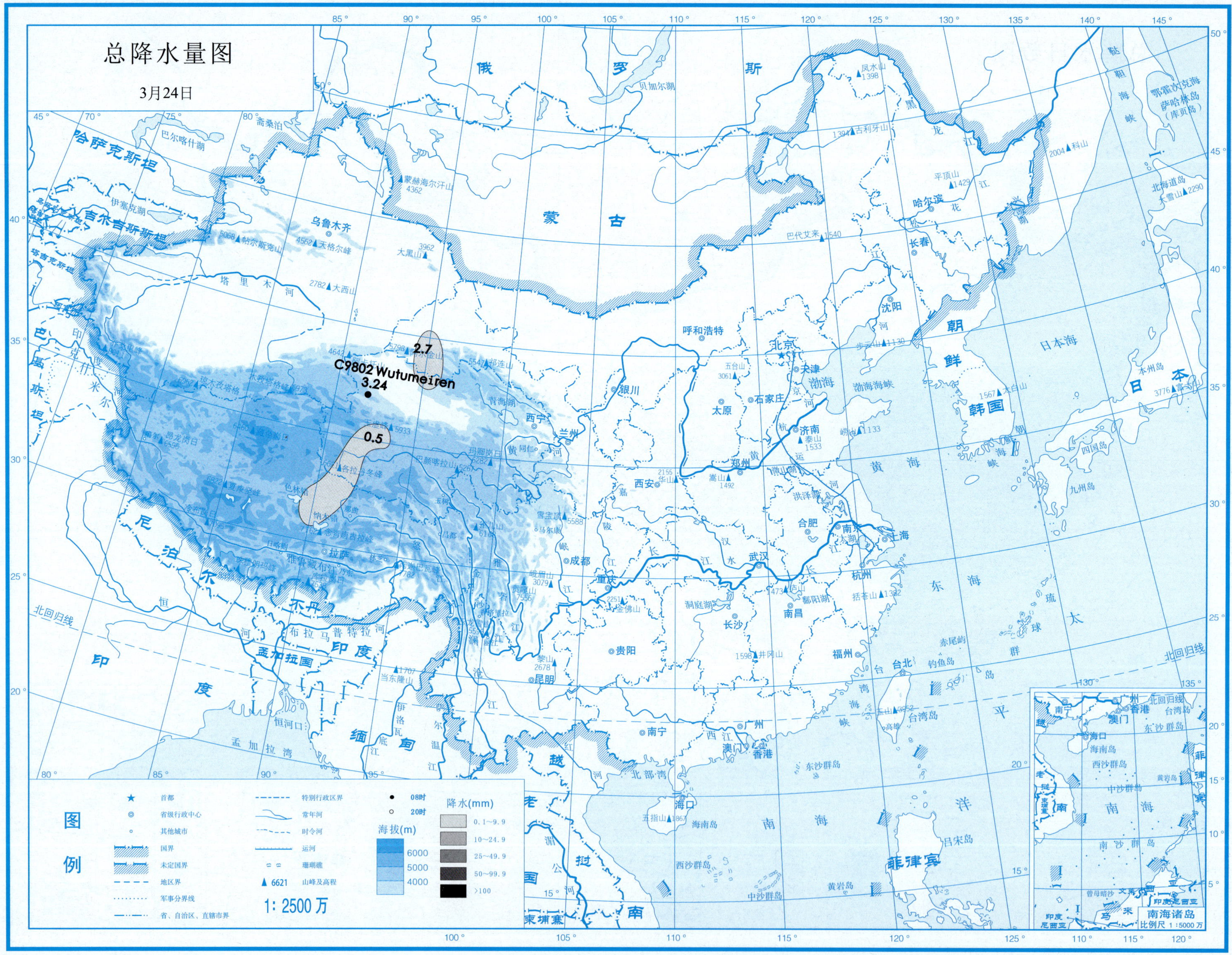
总降水量图
3月24日
2.7
C9802 Wutumeiren
3.24
0.5
图例
首都
省级行政中心
其他城市
国界
未定国界
地区界
军事分界线
省、自治区、直辖市界
特别行政区界
常年河
时令河
运河
珊瑚礁
6621 山峰及高程
1:2500万
海拔(m)
6000
5000
4000
08时
20时
降水(mm)
0.1~9.9
10~24.9
25~49.9
50~99.9
>100
南海诸岛
比例尺 1:5000万

# 总降水日数图

3月24日

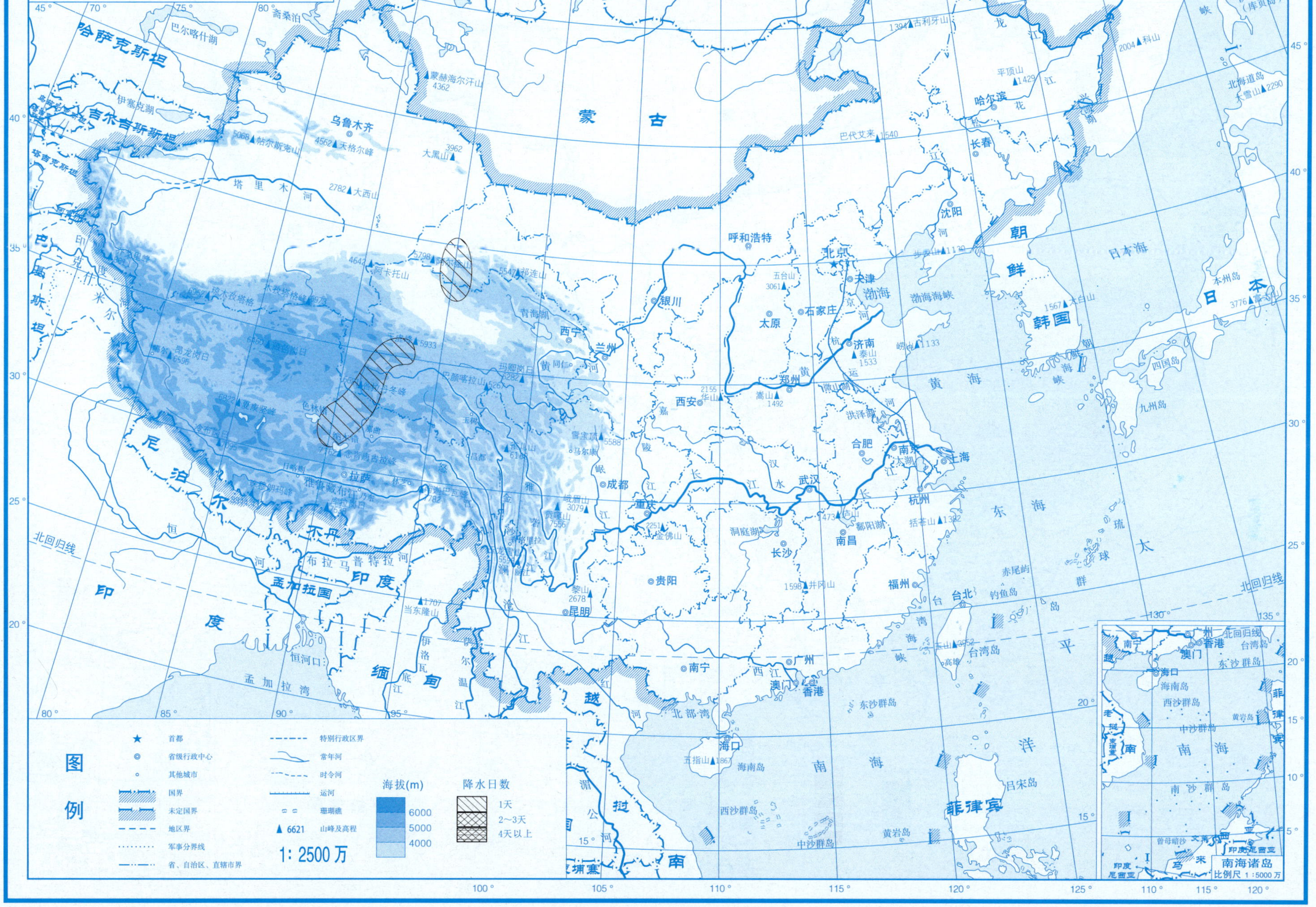

图例

首都
省级行政中心
其他城市
国界
未定国界
地区界
军事分界线
省、自治区、直辖市界
特别行政区界
常年河
时令河
运河
珊瑚礁
▲6621 山峰及高程

1: 2500 万

海拔(m)
6000
5000
4000

降水日数
1天
2～3天
4天以上

南海诸岛
比例尺 1:5000 万

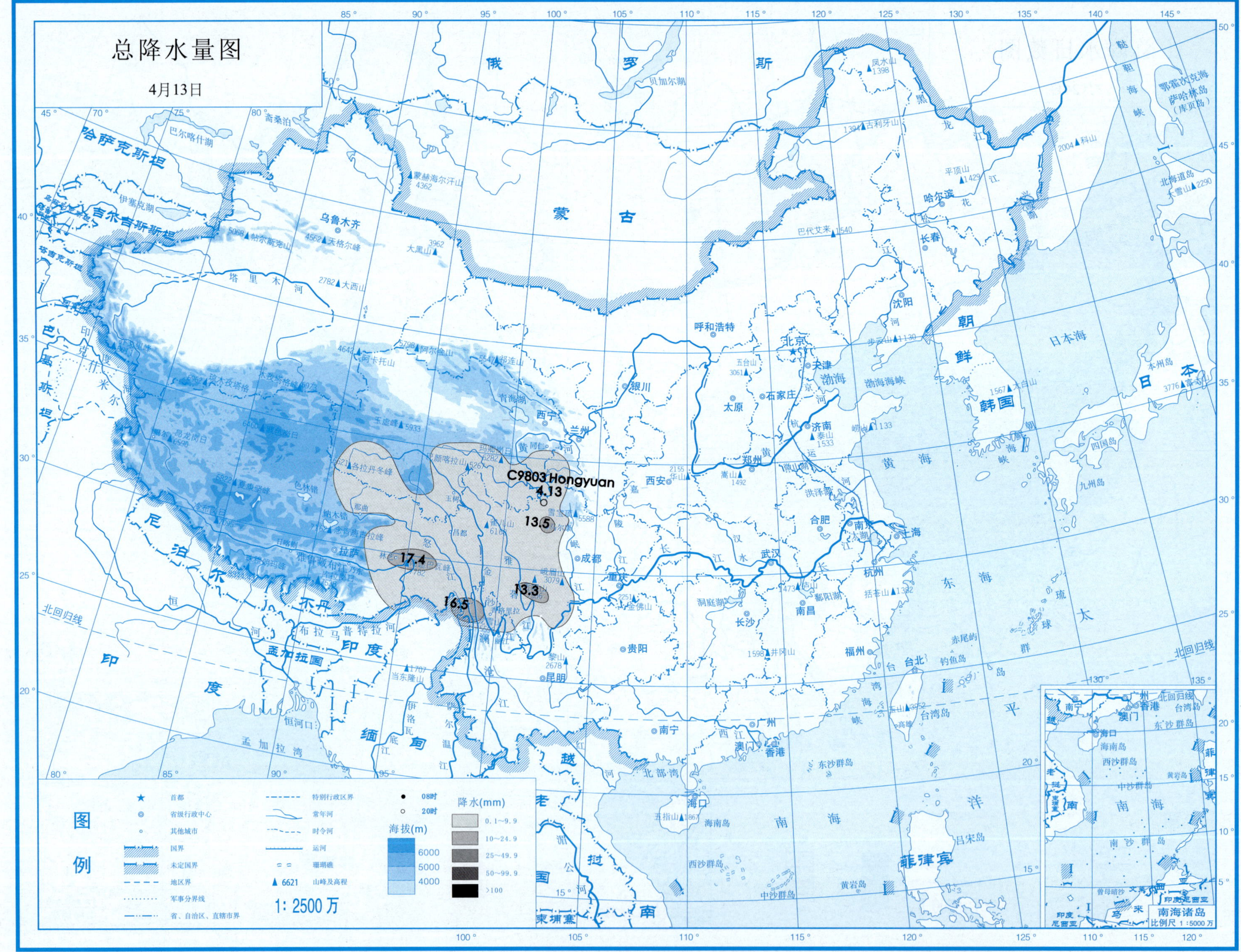
总降水量图
4月13日
C9803 Hongyuan
4.13
13.5
17.4
13.3
16.5
图例
首都
省级行政中心
其他城市
国界
未定国界
地区界
军事分界线
省、自治区、直辖市界
特别行政区界
常年河
时令河
运河
珊瑚礁
6621 山峰及高程
1: 2500万
08时
20时
海拔(m)
6000
5000
4000
降水(mm)
0.1～9.9
10～24.9
25～49.9
50～99.9
>100
南海诸岛
比例尺 1:5000万

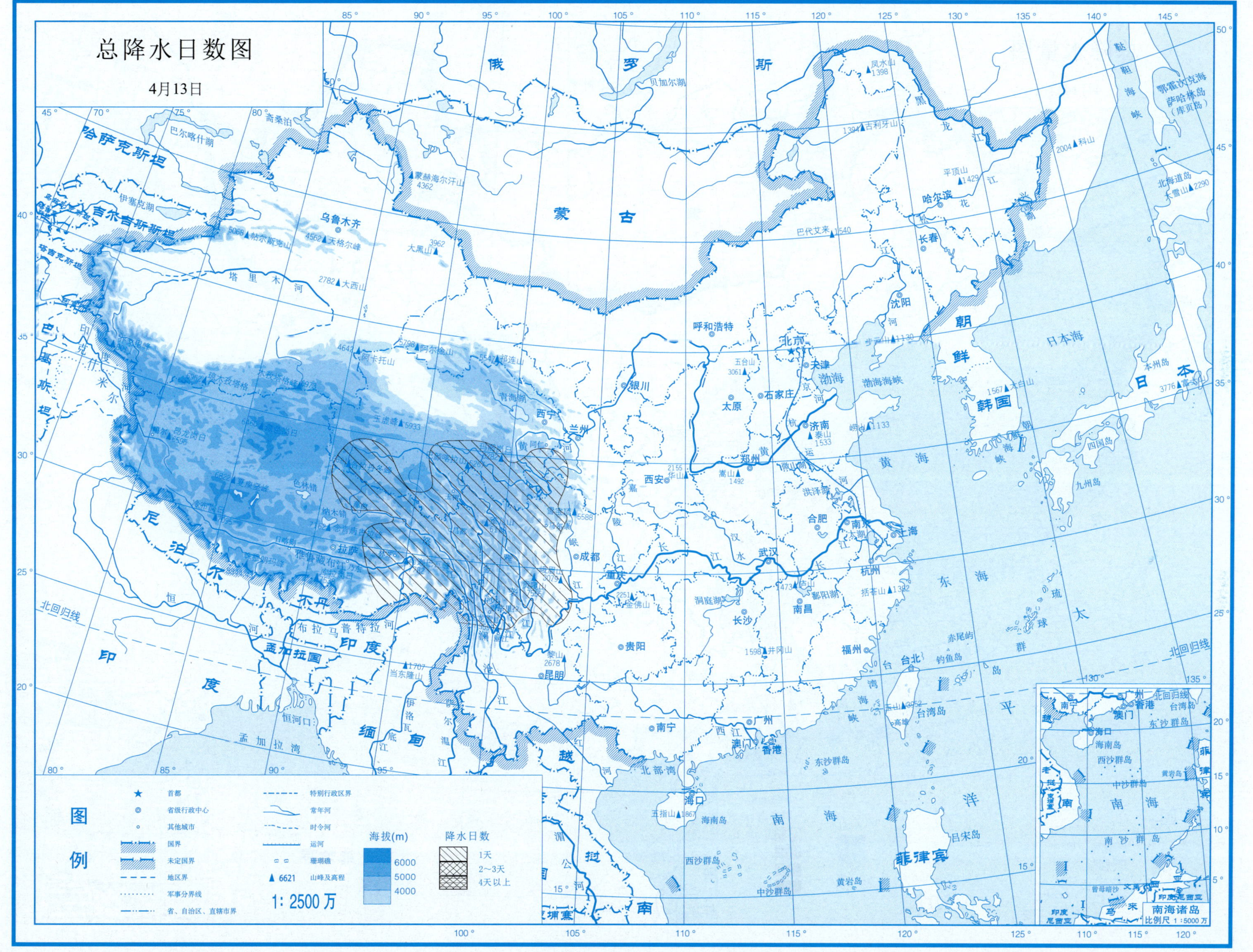
总降水日数图
4月13日
图例
首都
省级行政中心
其他城市
国界
未定国界
地区界
军事分界线
省、自治区、直辖市界
特别行政区界
常年河
时令河
运河
珊瑚礁
▲6621 山峰及高程
1: 2500万
海拔(m)
6000
5000
4000
降水日数
1天
2~3天
4天以上
南海诸岛
比例尺 1:5000万

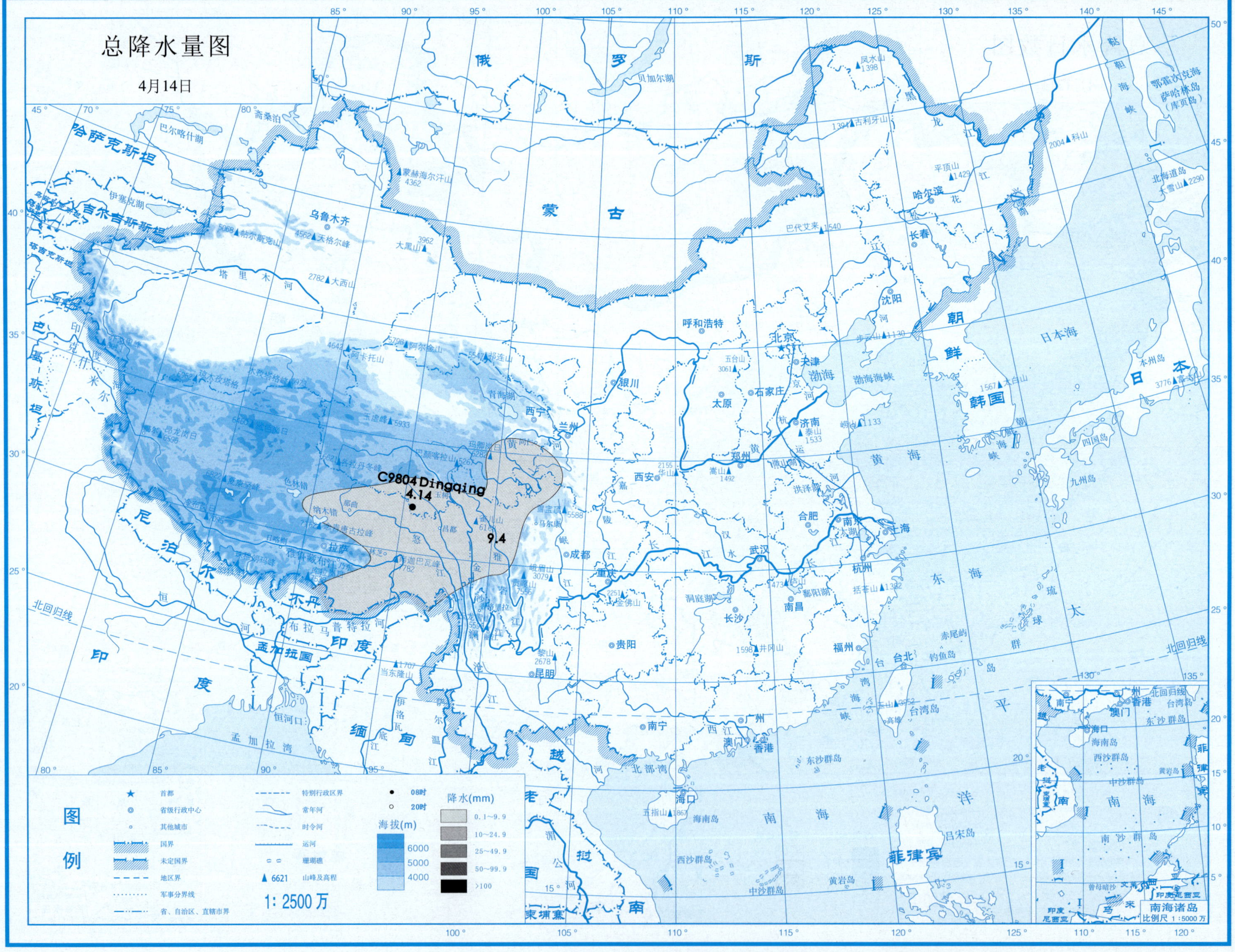
总降水量图
4月14日
C9804 Dingqing
4.14
9.4
图例
首都
省级行政中心
其他城市
国界
未定国界
地区界
军事分界线
省、自治区、直辖市界
特别行政区界
常年河
时令河
运河
珊瑚礁
6621 山峰及高程
1: 2500 万
08时
20时
海拔(m)
6000
5000
4000
降水(mm)
0.1~9.9
10~24.9
25~49.9
50~99.9
>100
南海诸岛
比例尺 1:5000 万

# 总降水日数图

4月14日

图例

- ★ 首都
- 省级行政中心
- 其他城市
- 国界
- 未定国界
- 地区界
- 军事分界线
- 省、自治区、直辖市界
- 特别行政区界
- 常年河
- 时令河
- 运河
- 珊瑚礁
- ▲6621 山峰及高程

海拔(m)：6000、5000、4000

降水日数：1天、2～3天、4天以上

1：2500万

南海诸岛 比例尺 1：5000万

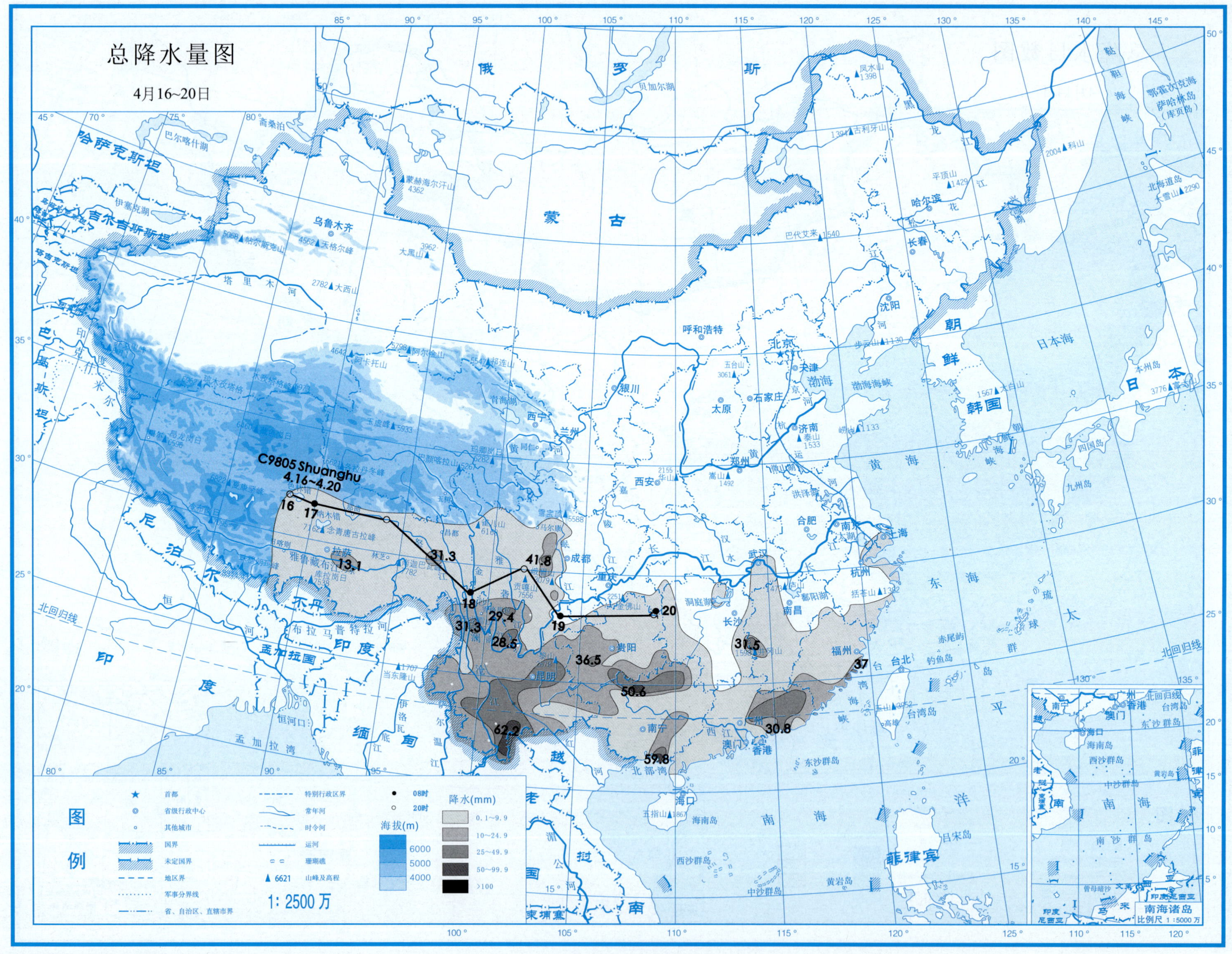
总降水量图
4月16~20日
C9805 Shuanghu
4.16~4.20
16
17
18
19
20
31.3
41.8
13.1
29.4
31.3
28.5
36.5
50.6
62.2
57.8
31.5
37
30.8
图例
首都
省级行政中心
其他城市
国界
未定国界
地区界
军事分界线
省、自治区、直辖市界
特别行政区界
常年河
时令河
运河
珊瑚礁
6621 山峰及高程
08时
20时
海拔(m)
6000
5000
4000
降水(mm)
0.1~9.9
10~24.9
25~49.9
50~99.9
>100
1: 2500 万
南海诸岛
比例尺 1:5000万

# 总降水日数图

4月16~20日

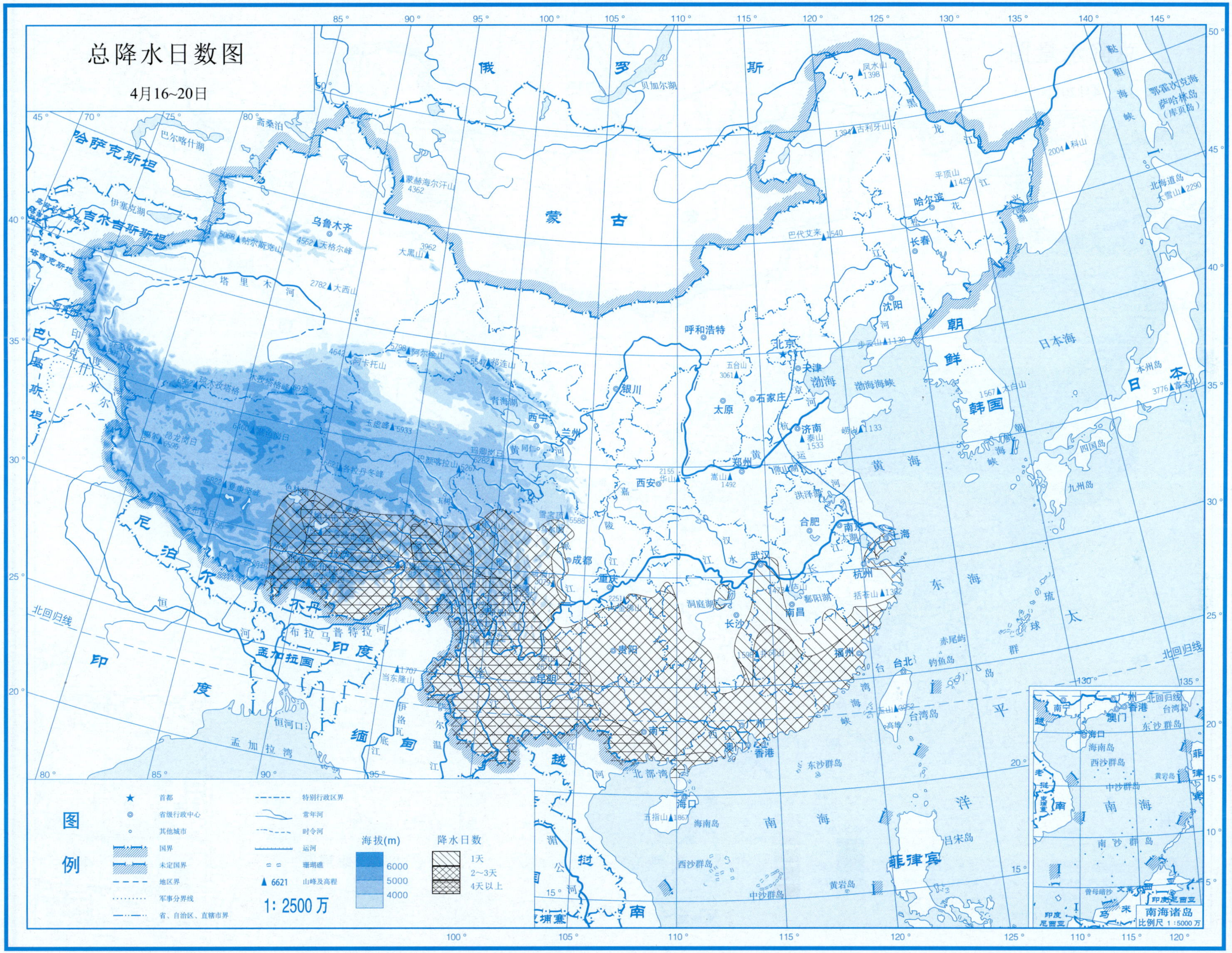

图例

| 符号 | 含义 | 符号 | 含义 |
|---|---|---|---|
| ★ | 首都 | | 特别行政区界 |
| ◎ | 省级行政中心 | | 常年河 |
| ∘ | 其他城市 | | 时令河 |
| | 国界 | | 运河 |
| | 未定国界 | | 珊瑚礁 |
| | 地区界 | ▲6621 | 山峰及高程 |
| | 军事分界线 | | |
| | 省、自治区、直辖市界 | | |

海拔(m)：6000　5000　4000

降水日数：1天　2~3天　4天以上

1:2500万

南海诸岛 比例尺 1:5000万

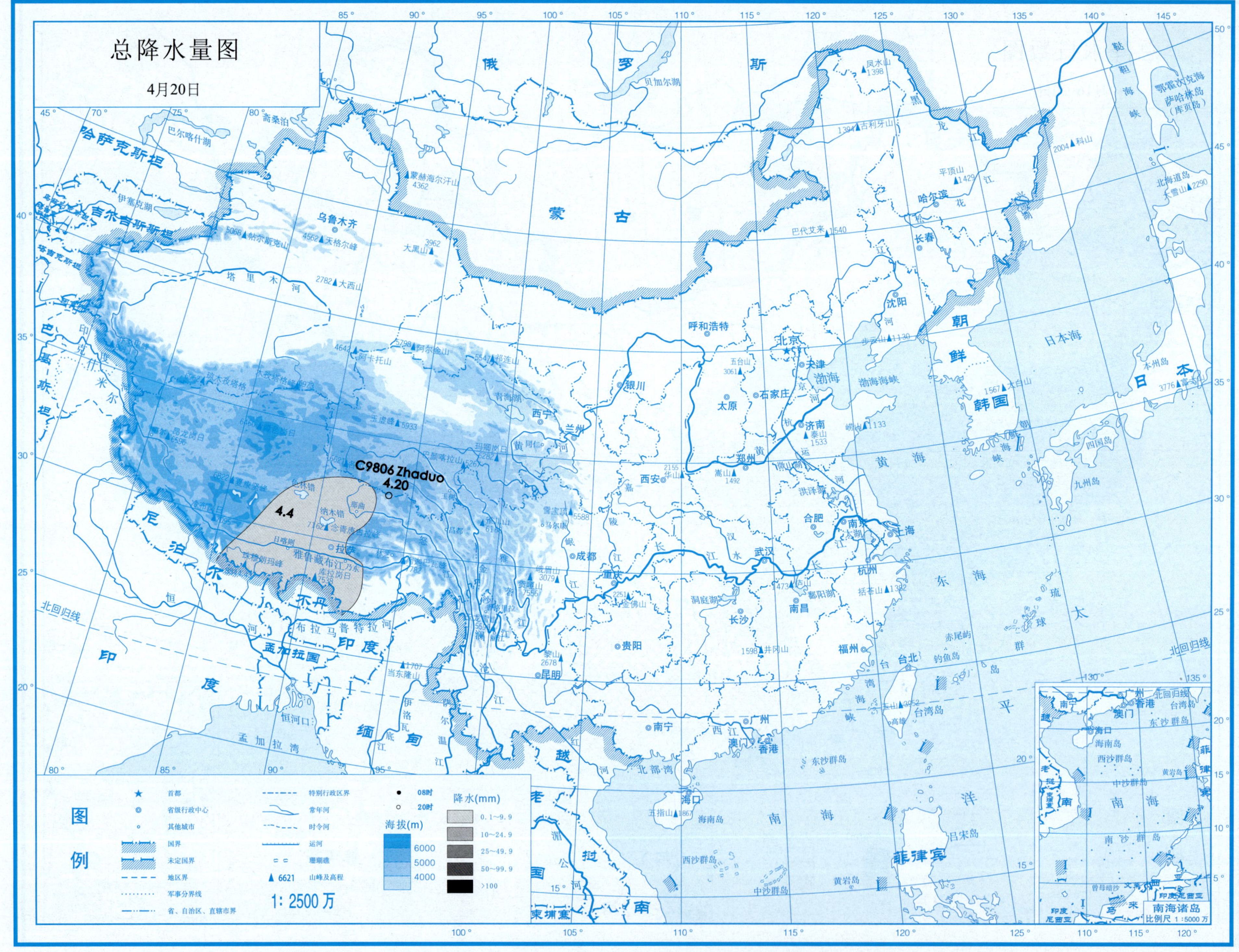
总降水量图
4月20日
C9806 Zhaduo
4.20
4.4
图例
首都
省级行政中心
其他城市
国界
未定国界
地区界
军事分界线
省、自治区、直辖市界
特别行政区界
常年河
时令河
运河
珊瑚礁
6621 山峰及高程
1: 2500 万
08时
20时
海拔(m)
6000
5000
4000
降水(mm)
0.1~9.9
10~24.9
25~49.9
50~99.9
>100
南海诸岛
比例尺 1:5000 万

# 总降水日数图

4月20日

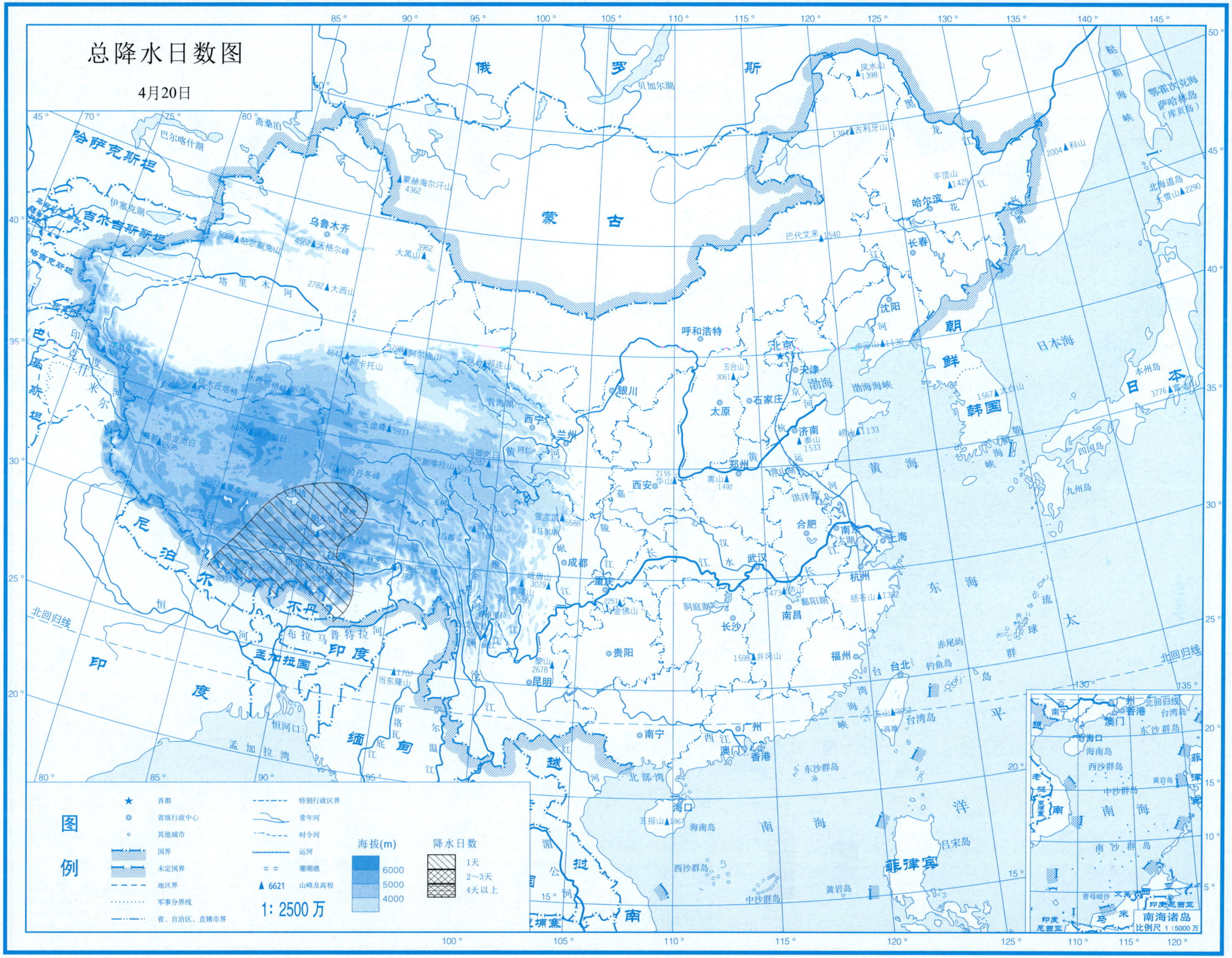

## 图例

| 符号 | 含义 |
|---|---|
| ★ | 首都 |
| ◎ | 省级行政中心 |
| ○ | 其他城市 |
|  | 国界 |
|  | 未定国界 |
|  | 地区界 |
|  | 军事分界线 |
|  | 省、自治区、直辖市界 |
|  | 特别行政区界 |
|  | 常年河 |
|  | 时令河 |
|  | 运河 |
|  | 珊瑚礁 |
| ▲ 6621 | 山峰及高程 |

1: 2500万

海拔(m)：6000、5000、4000

降水日数：1天；2～3天；4天以上

南海诸岛 比例尺 1：5000万



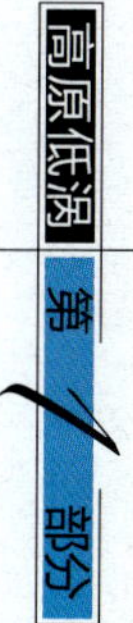

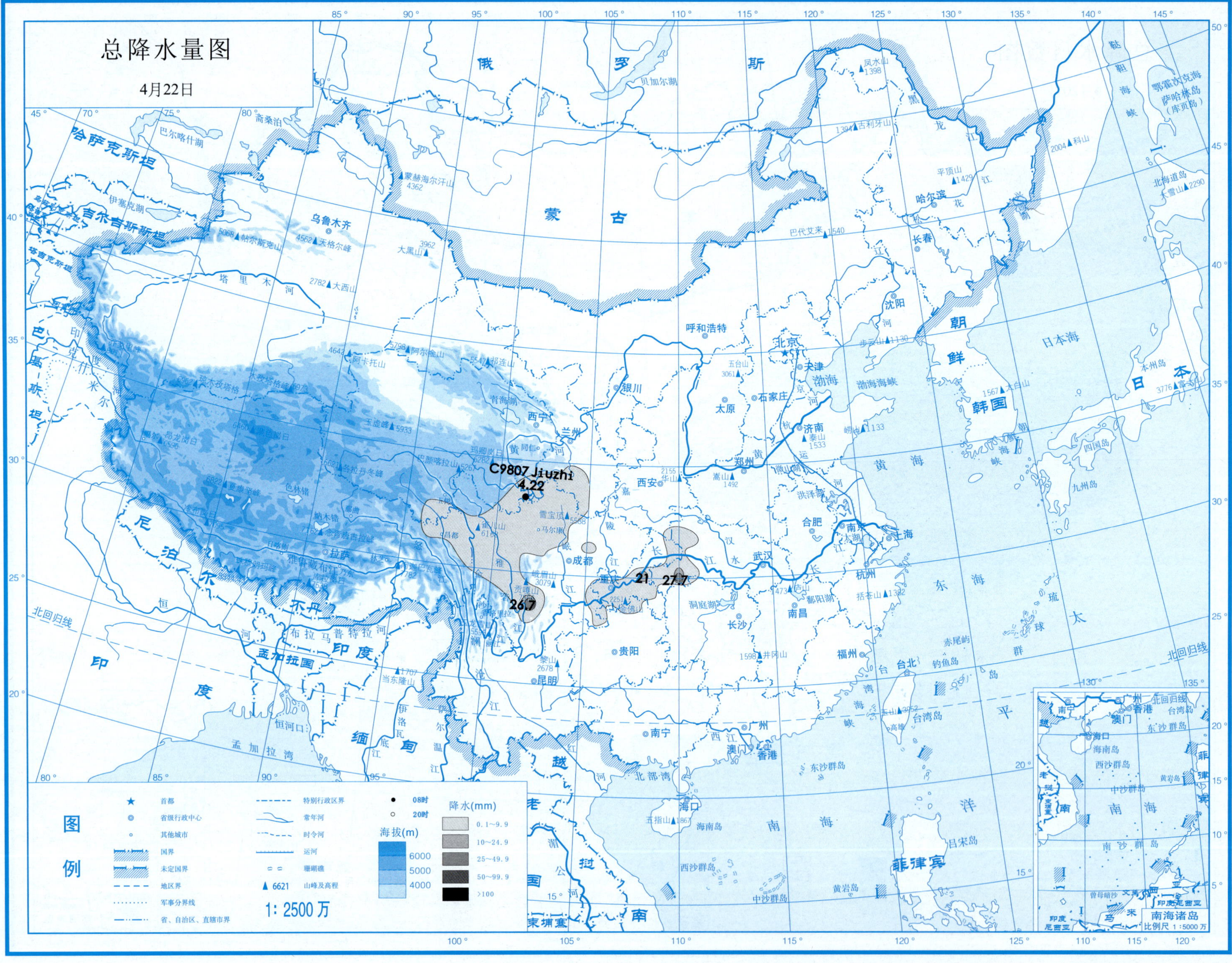
总降水量图
4月22日
C9807 Jiuzhi
4.22
26.7
21
27.7
图例
首都
省级行政中心
其他城市
国界
未定国界
地区界
军事分界线
省、自治区、直辖市界
特别行政区界
常年河
时令河
运河
珊瑚礁
6621 山峰及高程
1: 2500 万
08时
20时
海拔(m)
6000
5000
4000
降水(mm)
0.1~9.9
10~24.9
25~49.9
50~99.9
>100
南海诸岛
比例尺 1:5000 万

# 总降水日数图

4月22日

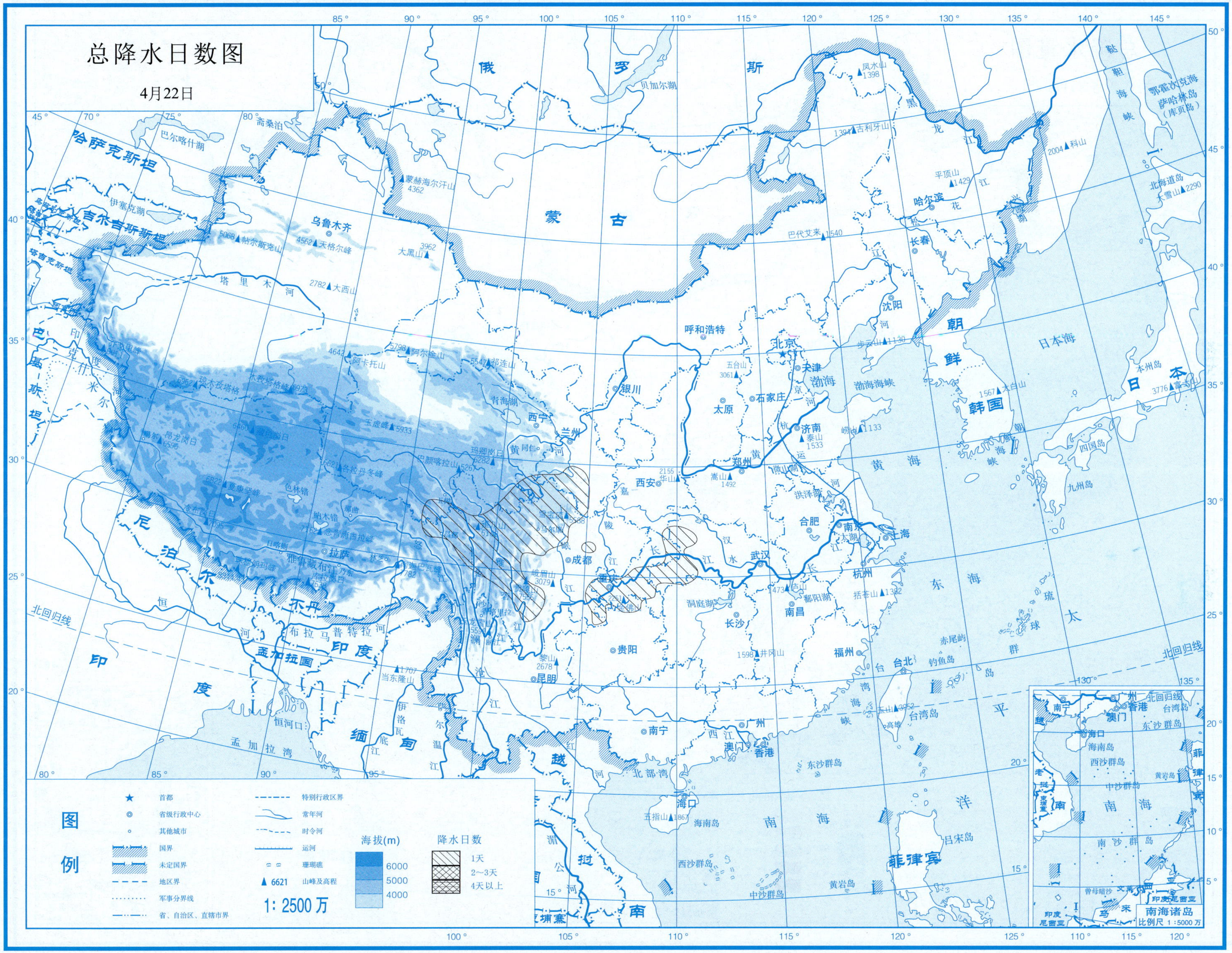

图例
首都
省级行政中心
其他城市
国界
未定国界
地区界
军事分界线
省、自治区、直辖市界
特别行政区界
常年河
时令河
运河
珊瑚礁
6621 山峰及高程
海拔(m)
6000
5000
4000
降水日数
1天
2～3天
4天以上
1: 2500 万
南海诸岛
比例尺 1:5000 万
俄罗斯
蒙古
哈萨克斯坦
吉尔吉斯斯坦
塔吉克斯坦
巴基斯坦
印度
尼泊尔
不丹
孟加拉国
缅甸
越南
老挝
柬埔寨
菲律宾
朝鲜
韩国
日本
北京
天津
上海
重庆
成都
拉萨
乌鲁木齐
西宁
兰州
银川
呼和浩特
太原
石家庄
济南
郑州
西安
合肥
南京
杭州
武汉
长沙
南昌
福州
台北
广州
香港
澳门
南宁
贵阳
昆明
海口
哈尔滨
长春
沈阳
渤海
黄海
东海
南海
日本海
太平洋
北回归线

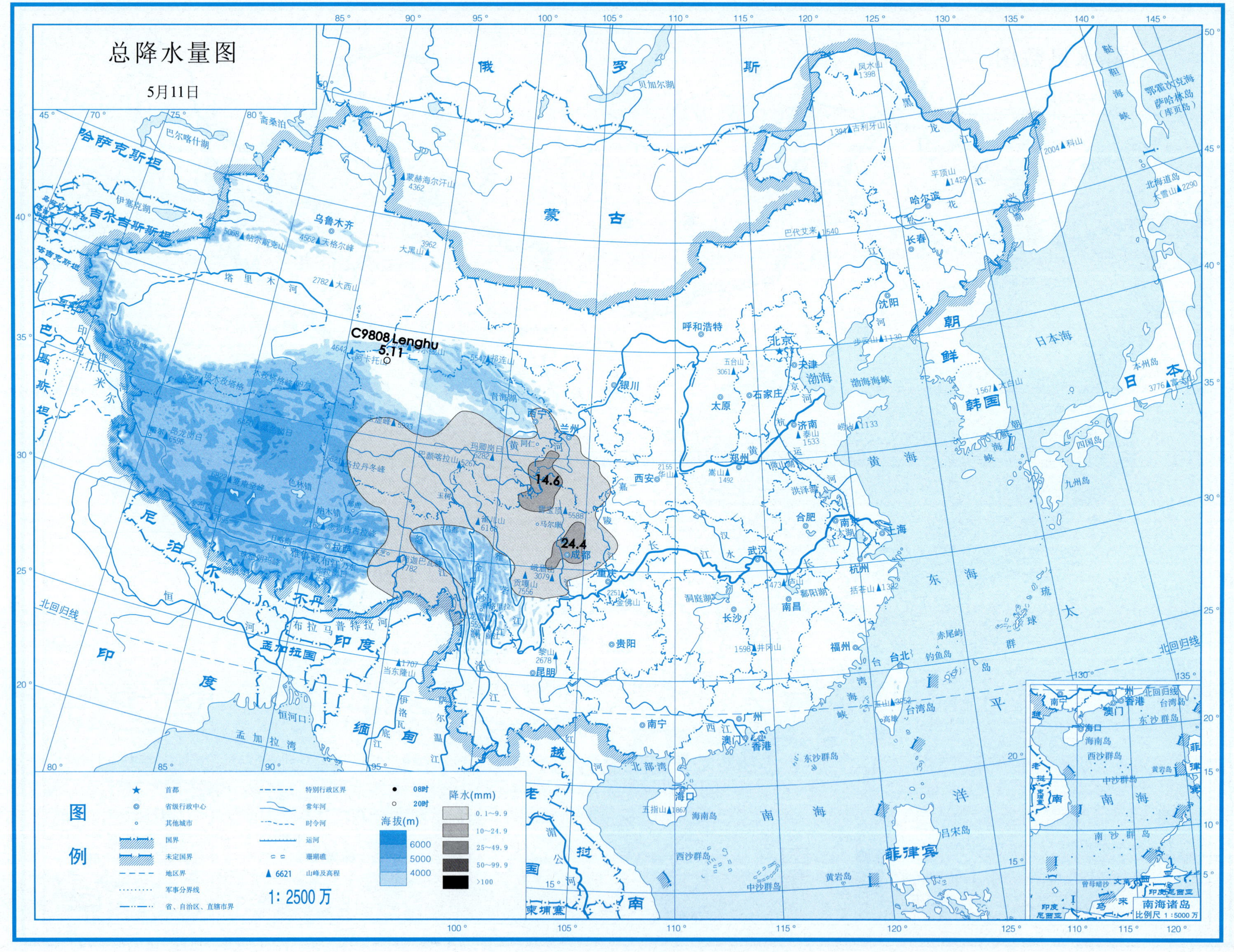
总降水量图
5月11日
C9808 Lenghu
5.11
14.6
24.4
图例
首都
省级行政中心
其他城市
国界
未定国界
地区界
军事分界线
省、自治区、直辖市界
特别行政区界
常年河
时令河
运河
珊瑚礁
6621 山峰及高程
08时
20时
海拔(m)
6000
5000
4000
降水(mm)
0.1~9.9
10~24.9
25~49.9
50~99.9
>100
1: 2500 万
南海诸岛
比例尺 1:5000 万

# 总降水日数图

5月11日

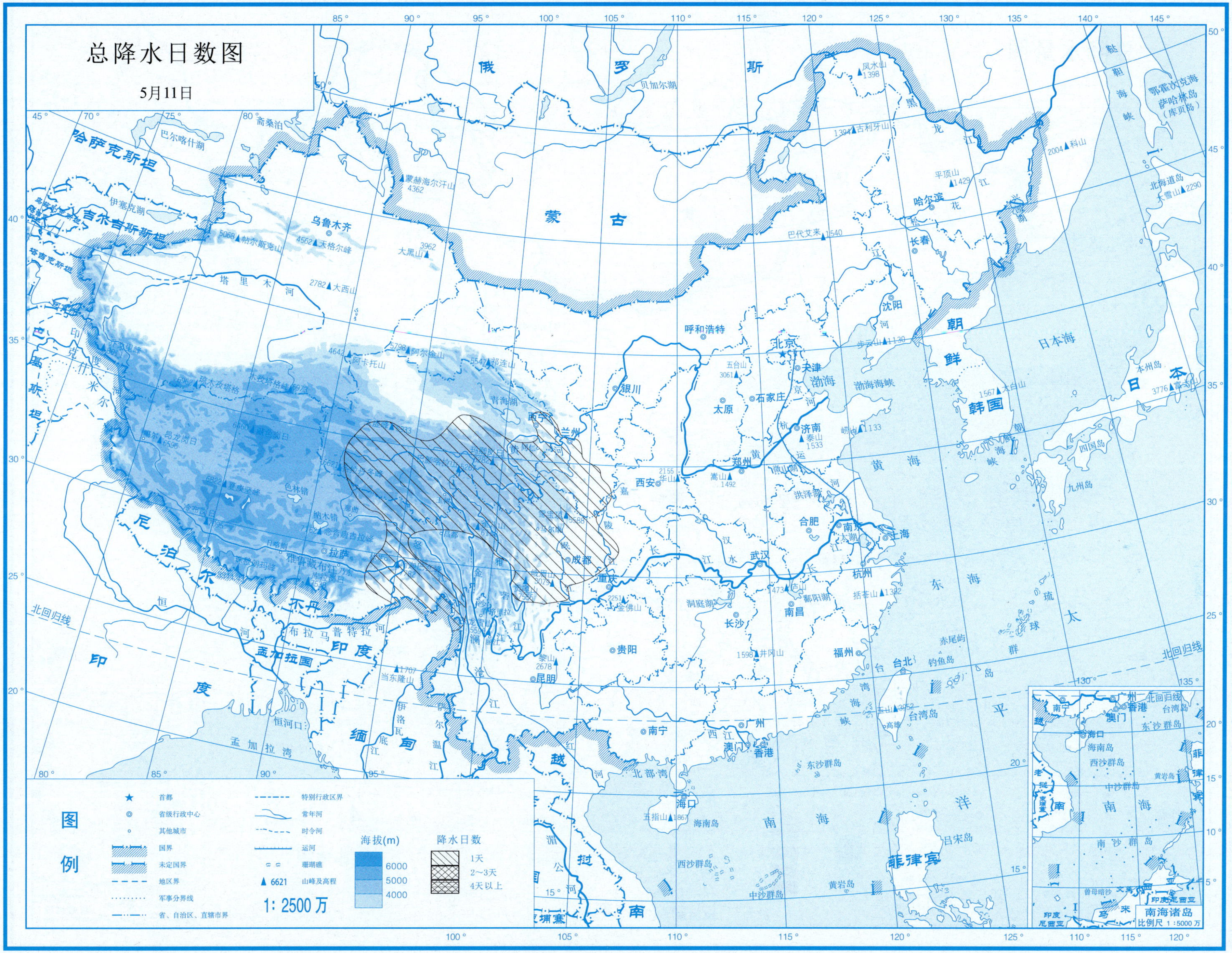

图例
首都
省级行政中心
其他城市
国界
未定国界
地区界
军事分界线
省、自治区、直辖市界
特别行政区界
常年河
时令河
运河
珊瑚礁
▲6621 山峰及高程
1:2500万
海拔(m)
6000
5000
4000
降水日数
1天
2~3天
4天以上
俄罗斯
蒙古
哈萨克斯坦
吉尔吉斯斯坦
印度
尼泊尔
不丹
孟加拉国
缅甸
越南
朝鲜
韩国
日本
菲律宾
北京
天津
上海
重庆
乌鲁木齐
拉萨
西宁
兰州
成都
西安
郑州
武汉
南京
杭州
合肥
长沙
南昌
福州
台北
贵阳
昆明
南宁
广州
香港
澳门
海口
济南
石家庄
太原
呼和浩特
银川
沈阳
长春
哈尔滨
渤海
黄海
东海
南海
日本海
太平洋
北回归线
南海诸岛
比例尺 1:5000万

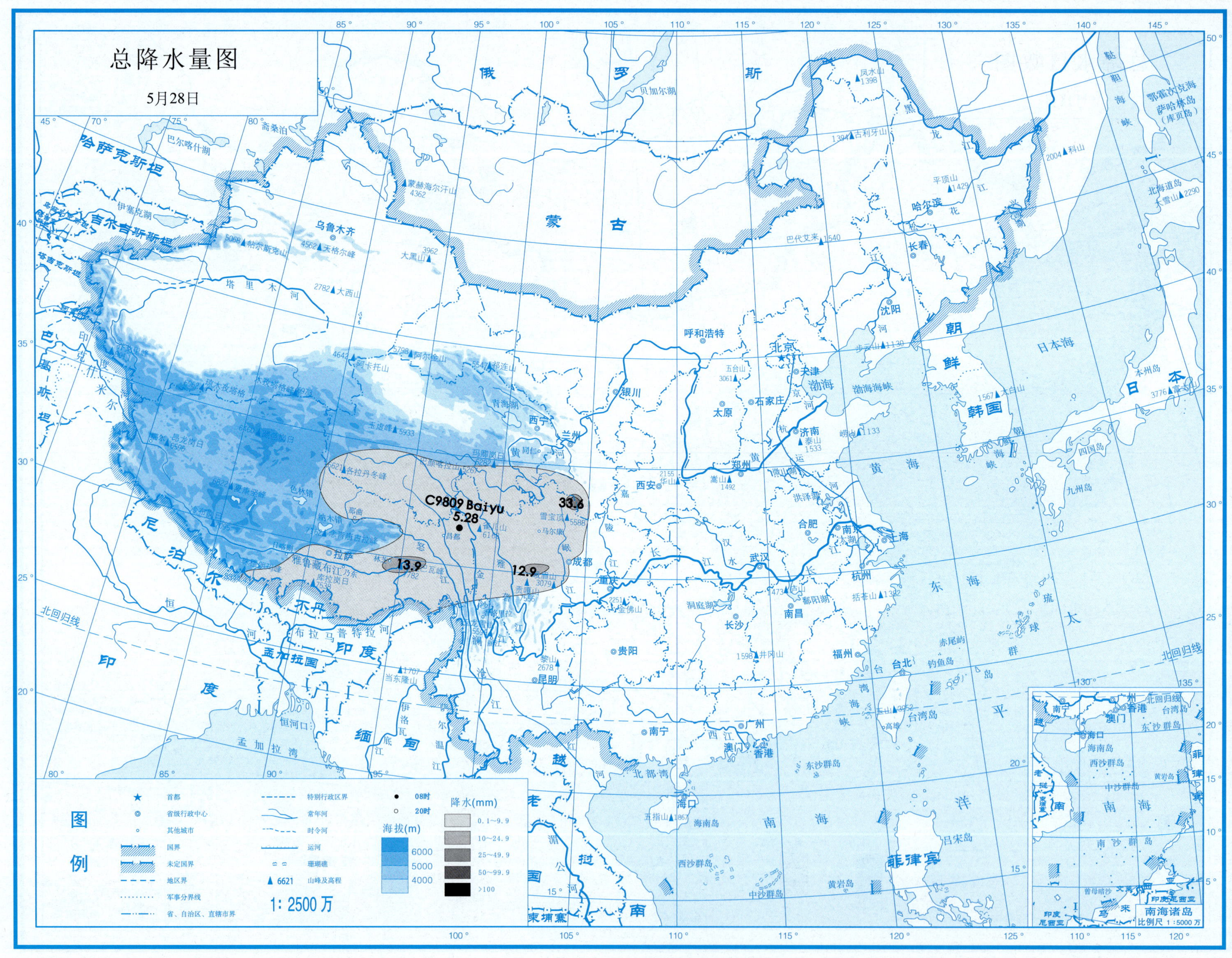
总降水量图
5月28日
C9809 Baiyu
5.28
33.6
13.9
12.9
图例
首都
省级行政中心
其他城市
国界
未定国界
地区界
军事分界线
省、自治区、直辖市界
特别行政区界
常年河
时令河
运河
珊瑚礁
6621 山峰及高程
1: 2500万
08时
20时
海拔(m)
6000
5000
4000
降水(mm)
0.1~9.9
10~24.9
25~49.9
50~99.9
>100
南海诸岛
比例尺 1:5000万

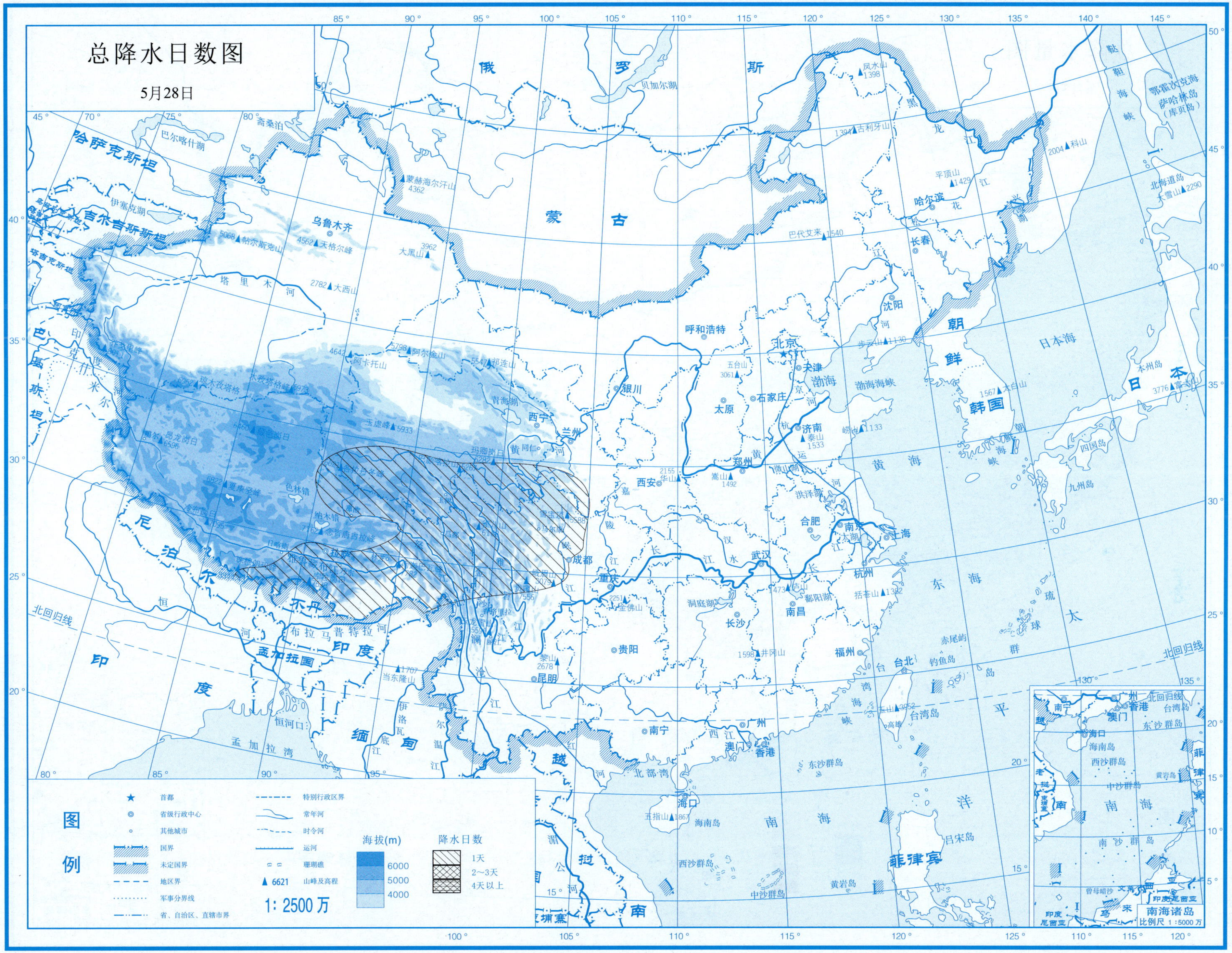

总降水日数图
5月28日
图例
首都
省级行政中心
其他城市
国界
未定国界
地区界
军事分界线
省、自治区、直辖市界
特别行政区界
常年河
时令河
运河
珊瑚礁
6621 山峰及高程
海拔(m)
6000
5000
4000
降水日数
1天
2~3天
4天以上
1:2500万
俄罗斯
蒙古
哈萨克斯坦
吉尔吉斯斯坦
塔吉克斯坦
巴基斯坦
印度
尼泊尔
不丹
孟加拉国
缅甸
老挝
越南
泰国
柬埔寨
菲律宾
朝鲜
韩国
日本
北京
天津
石家庄
太原
呼和浩特
沈阳
长春
哈尔滨
济南
郑州
西安
银川
兰州
西宁
乌鲁木齐
成都
重庆
贵阳
昆明
南宁
广州
长沙
武汉
南昌
合肥
南京
上海
杭州
福州
台北
海口
香港
澳门
渤海
黄海
东海
南海
日本海
太平洋
北回归线
南海诸岛
比例尺 1:5000万



高原低涡 第1部分

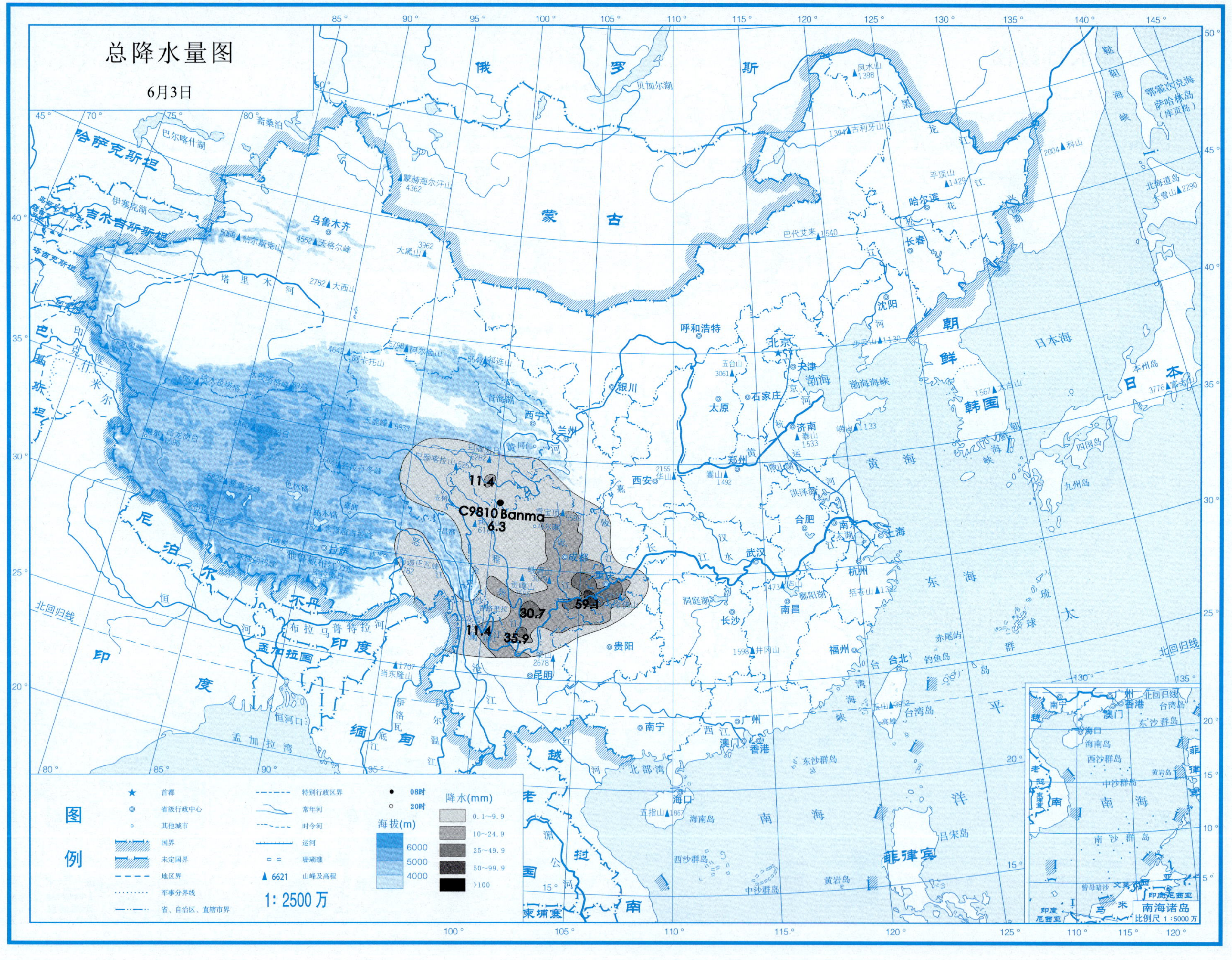
总降水量图
6月3日
C9810 Banma
11.4
6.3
30.7
59.1
11.4
35.9
图例
首都
省级行政中心
其他城市
国界
未定国界
地区界
军事分界线
省、自治区、直辖市界
特别行政区界
常年河
时令河
运河
珊瑚礁
6621 山峰及高程
08时
20时
海拔(m)
6000
5000
4000
降水(mm)
0.1~9.9
10~24.9
25~49.9
50~99.9
>100
1: 2500万
南海诸岛
比例尺 1:5000万

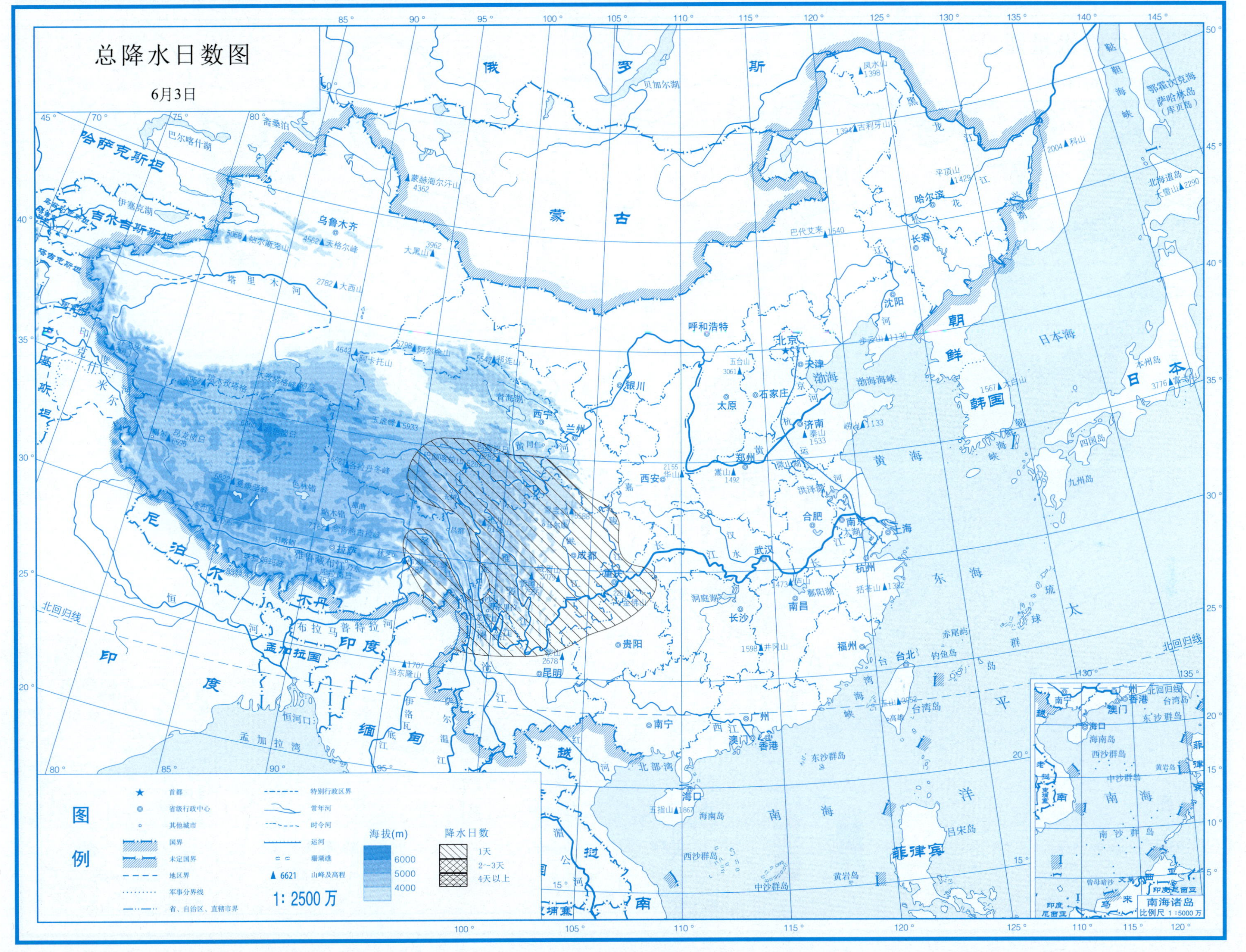

总降水日数图
6月3日
图例
首都
省级行政中心
其他城市
国界
未定国界
地区界
军事分界线
省、自治区、直辖市界
特别行政区界
常年河
时令河
运河
珊瑚礁
6621 山峰及高程
1: 2500 万
海拔(m)
6000
5000
4000
降水日数
1天
2~3天
4天以上
南海诸岛
比例尺 1:5000 万

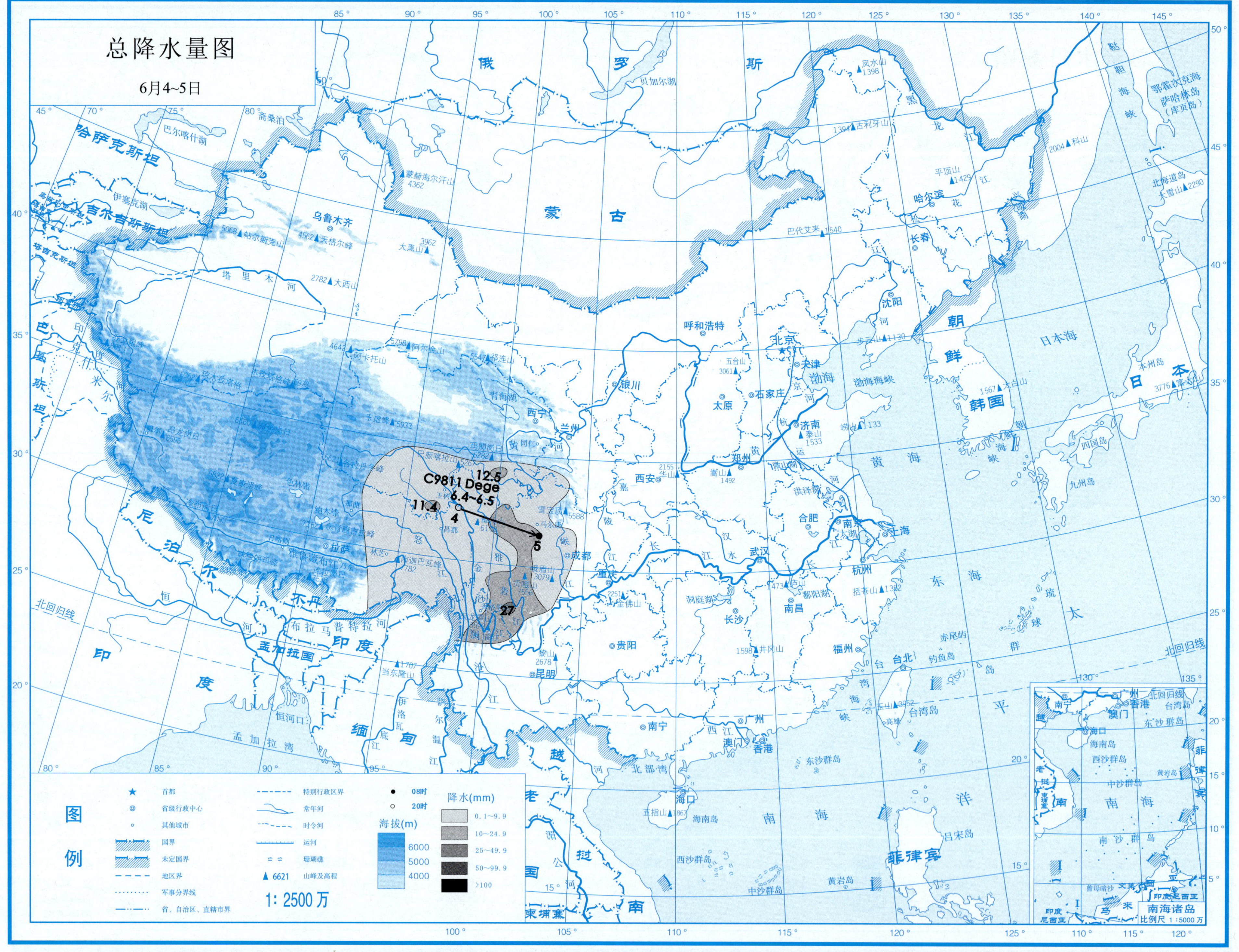

总降水量图
6月4~5日
C9811 Dege
6.4~6.5
12.5
11.4
27
4
5
图例
首都
省级行政中心
其他城市
国界
未定国界
地区界
军事分界线
省、自治区、直辖市界
特别行政区界
常年河
时令河
运河
珊瑚礁
山峰及高程
08时
20时
海拔(m)
6000
5000
4000
降水(mm)
0.1~9.9
10~24.9
25~49.9
50~99.9
>100
1: 2500 万
南海诸岛
比例尺 1:5000 万

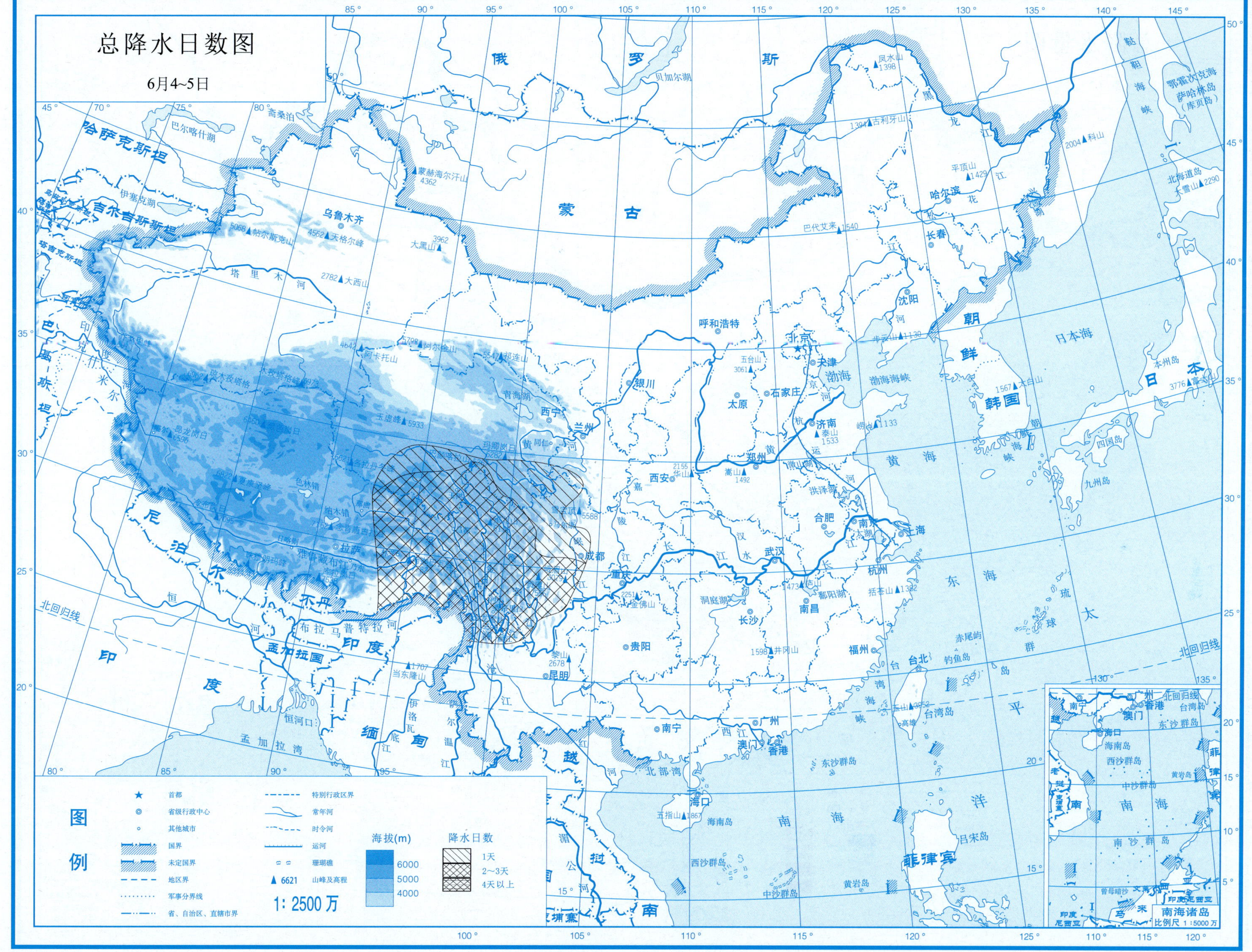
总降水日数图
6月4~5日
图例
首都
省级行政中心
其他城市
国界
未定国界
地区界
军事分界线
省、自治区、直辖市界
特别行政区界
常年河
时令河
运河
珊瑚礁
6621 山峰及高程
1：2500万
海拔(m)
6000
5000
4000
降水日数
1天
2~3天
4天以上
南海诸岛
比例尺 1：5000万

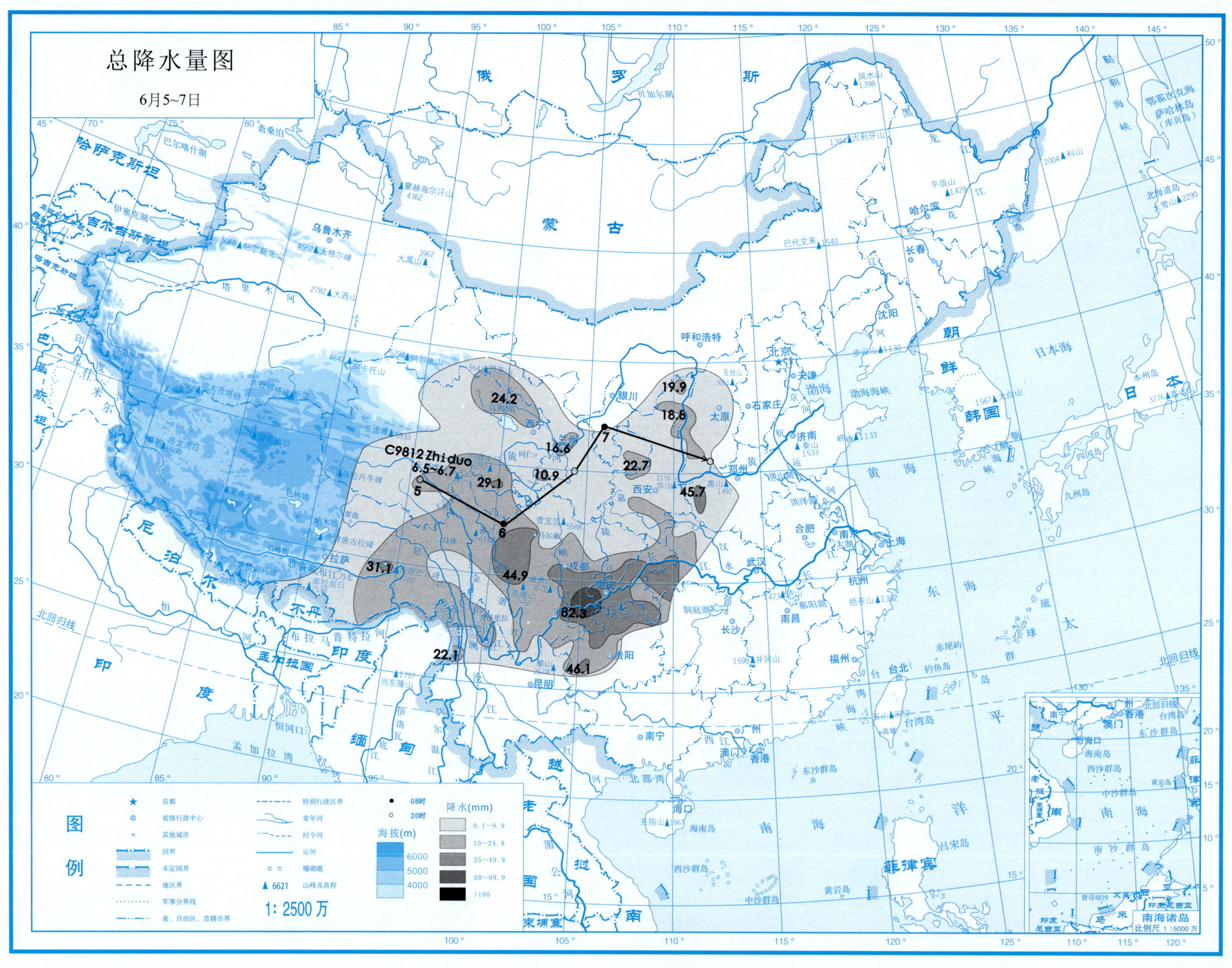
总降水量图
6月5~7日
C9812 Zhiduo
6.5~6.7
5
6
7
24.2
19.9
18.8
16.6
10.9
22.7
29.1
45.7
31.1
44.9
82.3
22.1
46.1
图例
首都
省级行政中心
其他城市
国界
未定国界
地区界
军事分界线
省、自治区、直辖市界
特别行政区界
常年河
时令河
运河
珊瑚礁
6621 山峰及高程
1: 2500 万
08时
20时
海拔(m)
6000
5000
4000
降水(mm)
0.1~9.9
10~24.9
25~49.9
50~99.9
>100
南海诸岛
比例尺 1：5000 万

# 总降水日数图

6月5~7日

图例

- ★ 首都
- ◎ 省级行政中心
- ◦ 其他城市
- 国界
- 未定国界
- 地区界
- 军事分界线
- 省、自治区、直辖市界
- 特别行政区界
- 常年河
- 时令河
- 运河
- 珊瑚礁
- ▲ 6621 山峰及高程

1：2500万

| 海拔(m) |
|---|
| 6000 |
| 5000 |
| 4000 |

| 降水日数 |
|---|
| 1天 |
| 2~3天 |
| 4天以上 |

南海诸岛 比例尺 1：5000万

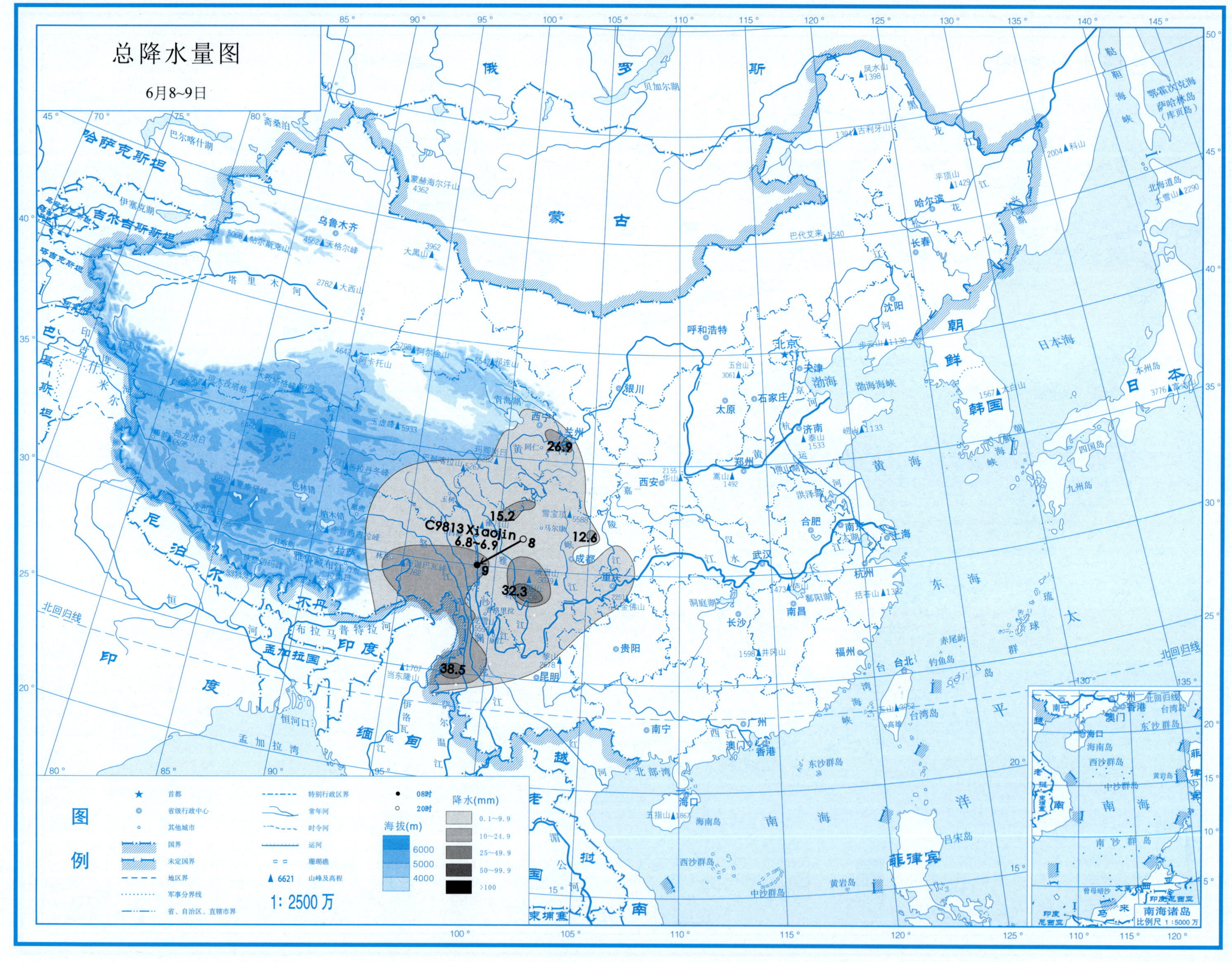
总降水量图
6月8~9日
C9813 Xiaolin
6.8~6.9
8
9
26.9
15.2
12.6
32.3
38.5
图例
首都
省级行政中心
其他城市
国界
未定国界
地区界
军事分界线
省、自治区、直辖市界
特别行政区界
常年河
时令河
运河
珊瑚礁
6621 山峰及高程
1: 2500万
08时
20时
海拔(m)
6000
5000
4000
降水(mm)
0.1~9.9
10~24.9
25~49.9
50~99.9
>100
南海诸岛
比例尺 1:5000万

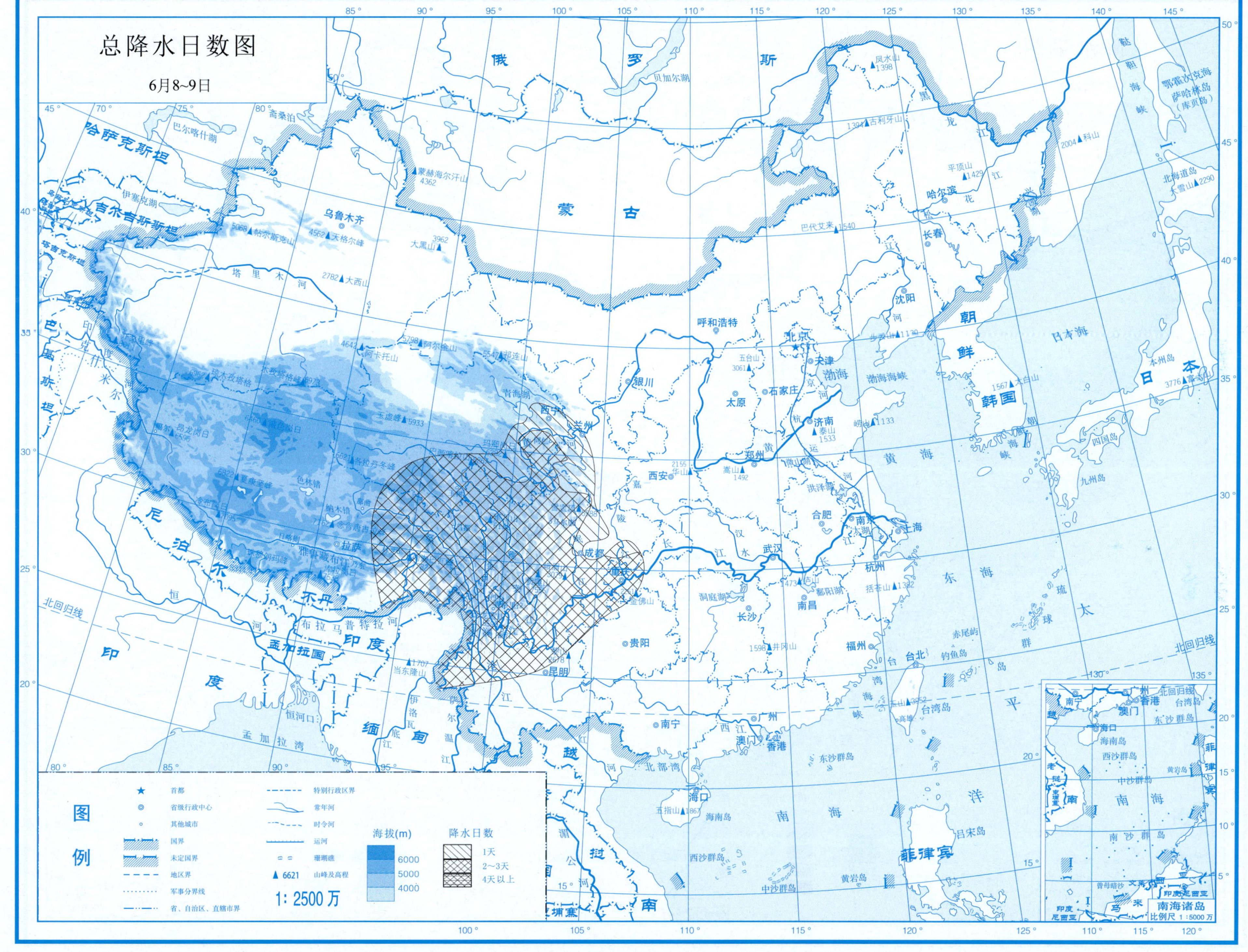
总降水日数图
6月8~9日
图例
首都
省级行政中心
其他城市
国界
未定国界
地区界
军事分界线
省、自治区、直辖市界
特别行政区界
常年河
时令河
运河
珊瑚礁
6621 山峰及高程
1:2500万
海拔(m)
6000
5000
4000
降水日数
1天
2~3天
4天以上
俄罗斯
蒙古
哈萨克斯坦
吉尔吉斯斯坦
塔吉克斯坦
巴基斯坦
尼泊尔
不丹
印度
孟加拉国
缅甸
越南
老挝
泰国
柬埔寨
菲律宾
朝鲜
韩国
日本
北京
天津
石家庄
太原
呼和浩特
沈阳
长春
哈尔滨
济南
郑州
西安
银川
兰州
西宁
乌鲁木齐
拉萨
成都
重庆
贵阳
昆明
南宁
广州
香港
澳门
海口
长沙
武汉
合肥
南京
上海
杭州
南昌
福州
台北
贝加尔湖
巴尔喀什湖
伊塞克湖
塔里木河
黄河
长江
汉水
渤海
黄海
东海
南海
日本海
太平洋
北部湾
孟加拉湾
台湾海峡
北回归线
南海诸岛
比例尺 1:5000万

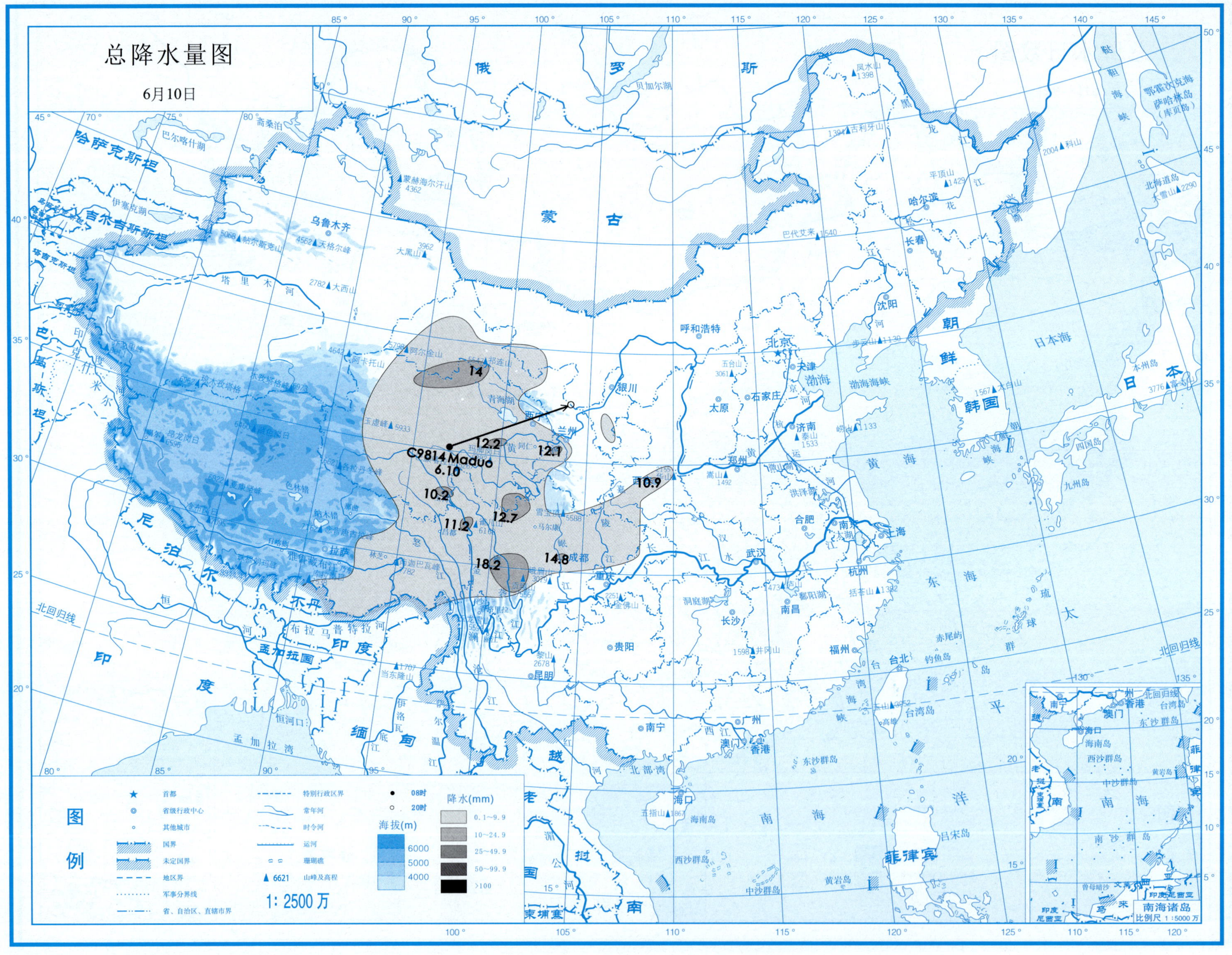
总降水量图
6月10日
C9814 Maduo
6.10
14
12.2
12.1
10.9
10.2
11.2
12.7
18.2
14.8
图例
首都
省级行政中心
其他城市
国界
未定国界
地区界
军事分界线
省、自治区、直辖市界
特别行政区界
常年河
时令河
运河
珊瑚礁
6621 山峰及高程
1: 2500 万
08时
20时
海拔(m)
6000
5000
4000
降水(mm)
0.1～9.9
10～24.9
25～49.9
50～99.9
>100
南海诸岛
比例尺 1:5000 万

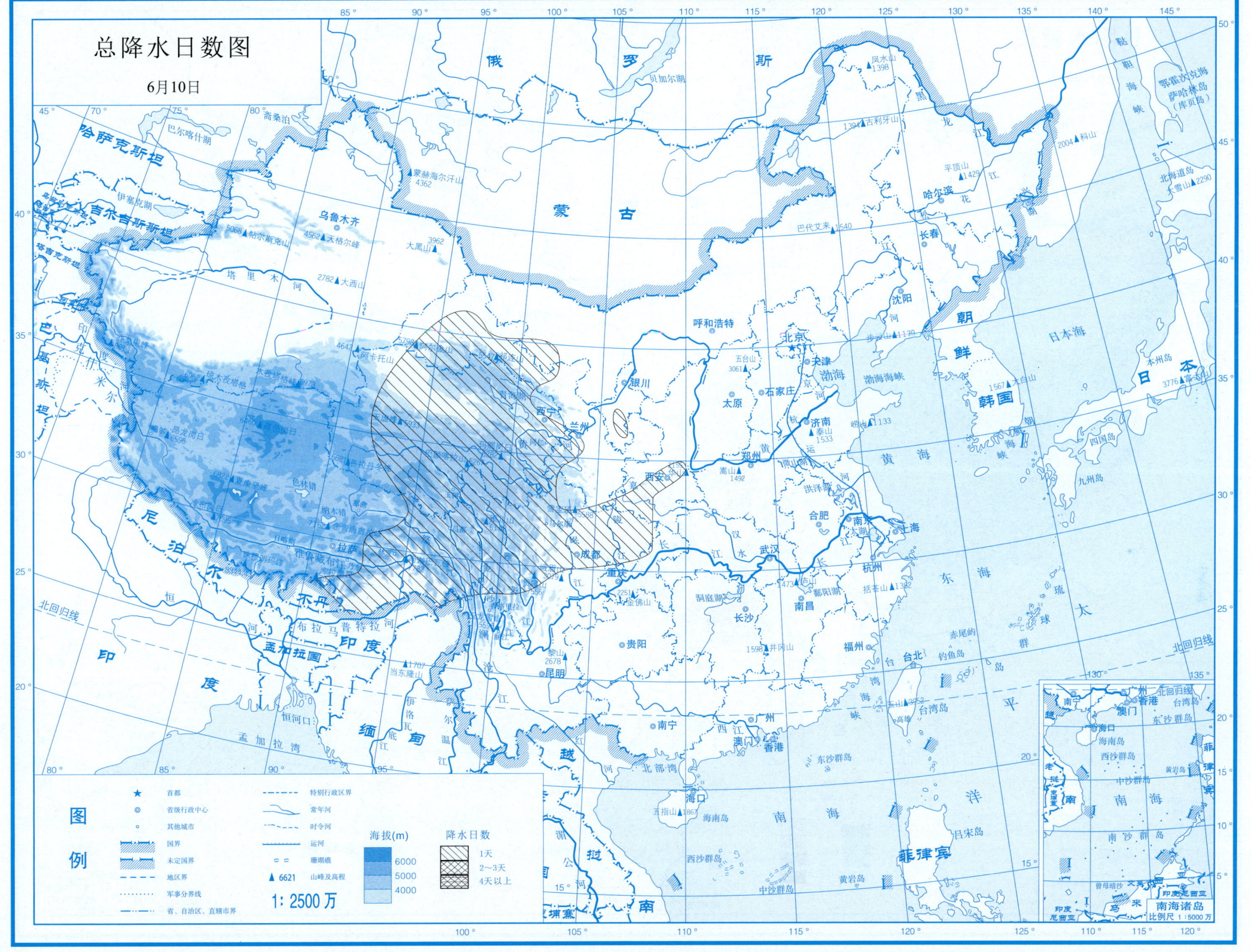
总降水日数图
6月10日
图例
首都
省级行政中心
其他城市
国界
未定国界
地区界
军事分界线
省、自治区、直辖市界
特别行政区界
常年河
时令河
运河
珊瑚礁
6621 山峰及高程
1: 2500 万
海拔(m)
6000
5000
4000
降水日数
1天
2～3天
4天以上
南海诸岛
比例尺 1：5000 万

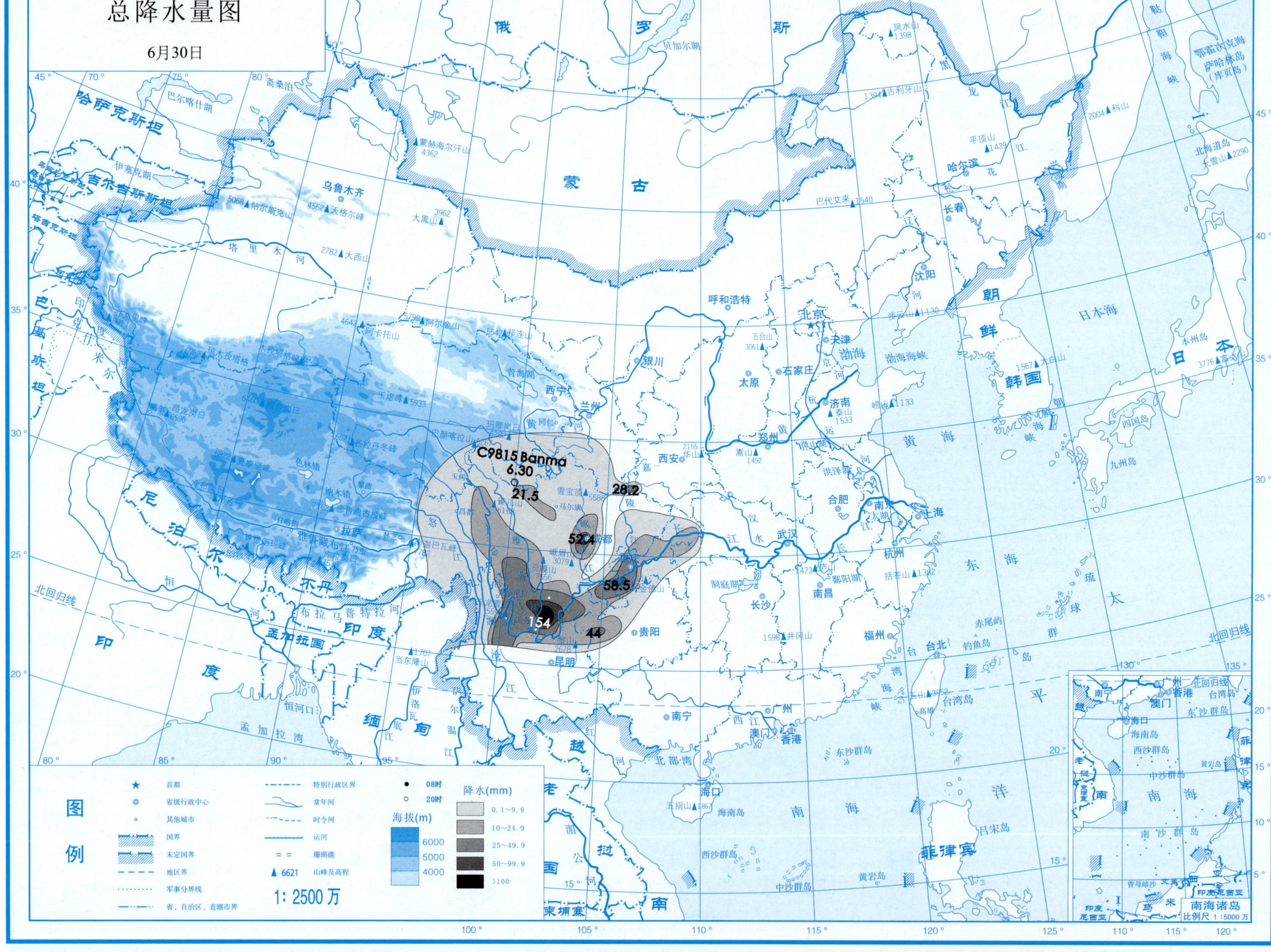
总降水量图
6月30日
C9815 Banma
6.30
21.5
28.2
52.4
58.5
154
44
图例
首都
省级行政中心
其他城市
国界
未定国界
地区界
军事分界线
省、自治区、直辖市界
特别行政区界
常年河
时令河
运河
珊瑚礁
6621 山峰及高程
08时
20时
海拔(m)
6000
5000
4000
降水(mm)
0.1~9.9
10~24.9
25~49.9
50~99.9
>100
1: 2500 万
南海诸岛
比例尺 1:5000 万

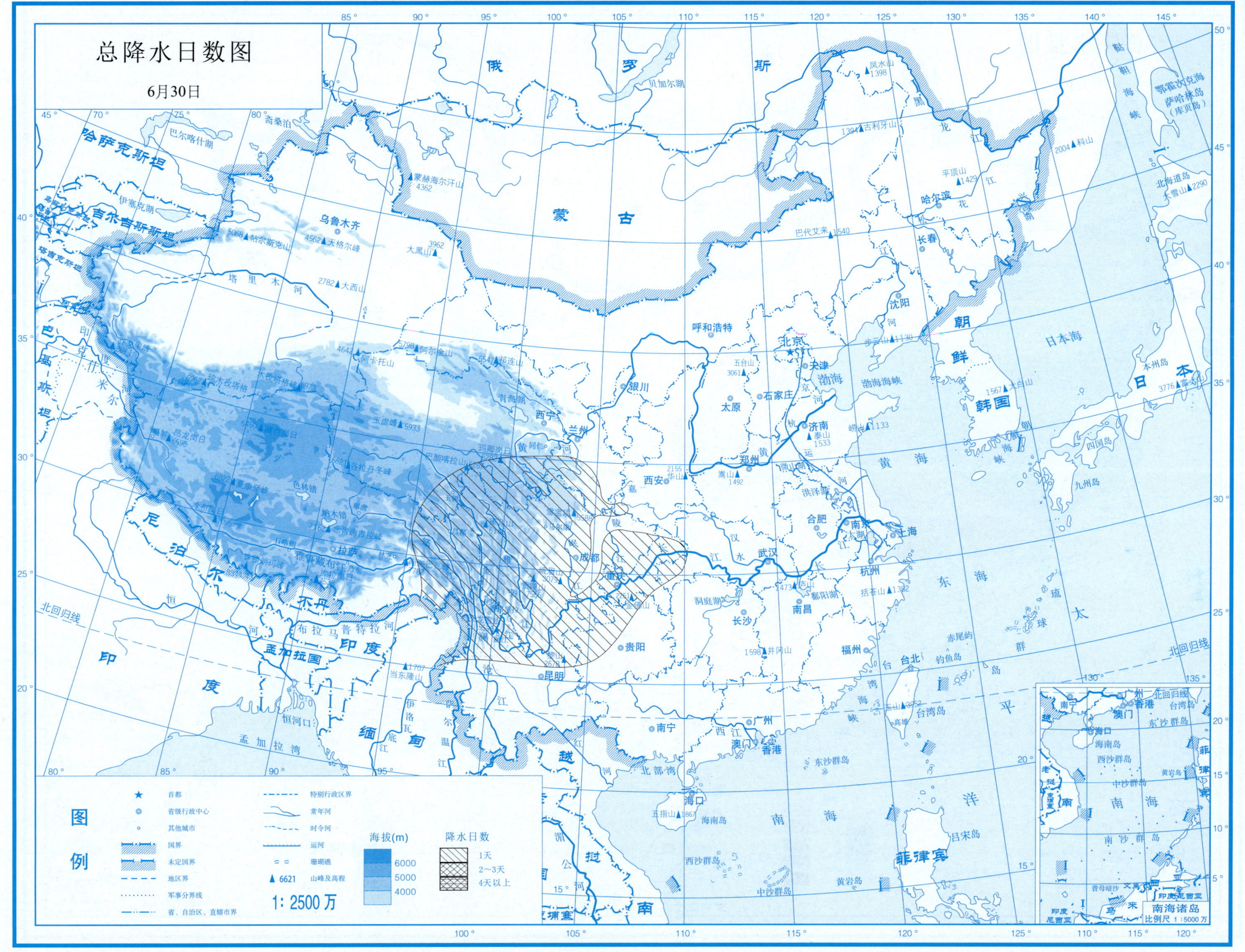
总降水日数图
6月30日
图例
首都
省级行政中心
其他城市
国界
未定国界
地区界
军事分界线
省、自治区、直辖市界
特别行政区界
常年河
时令河
运河
珊瑚礁
6621 山峰及高程
1: 2500 万
海拔(m)
6000
5000
4000
降水日数
1天
2~3天
4天以上
俄 罗 斯
蒙 古
哈萨克斯坦
吉尔吉斯斯坦
塔吉克斯坦
尼 泊 尔
不丹
孟加拉国
印 度
缅 甸
越
朝 鲜
韩国
日 本
日本海
黄 海
东 海
南 海
太 平 洋
菲律宾
乌鲁木齐
呼和浩特
北京
天津
银川
太原
石家庄
济南
西宁
兰州
西安
郑州
合肥
南京
上海
成都
重庆
武汉
杭州
长沙
南昌
福州
台北
贵阳
昆明
南宁
广州
澳门
香港
海口
沈阳
长春
哈尔滨
北回归线
南海诸岛
比例尺 1 : 5000 万

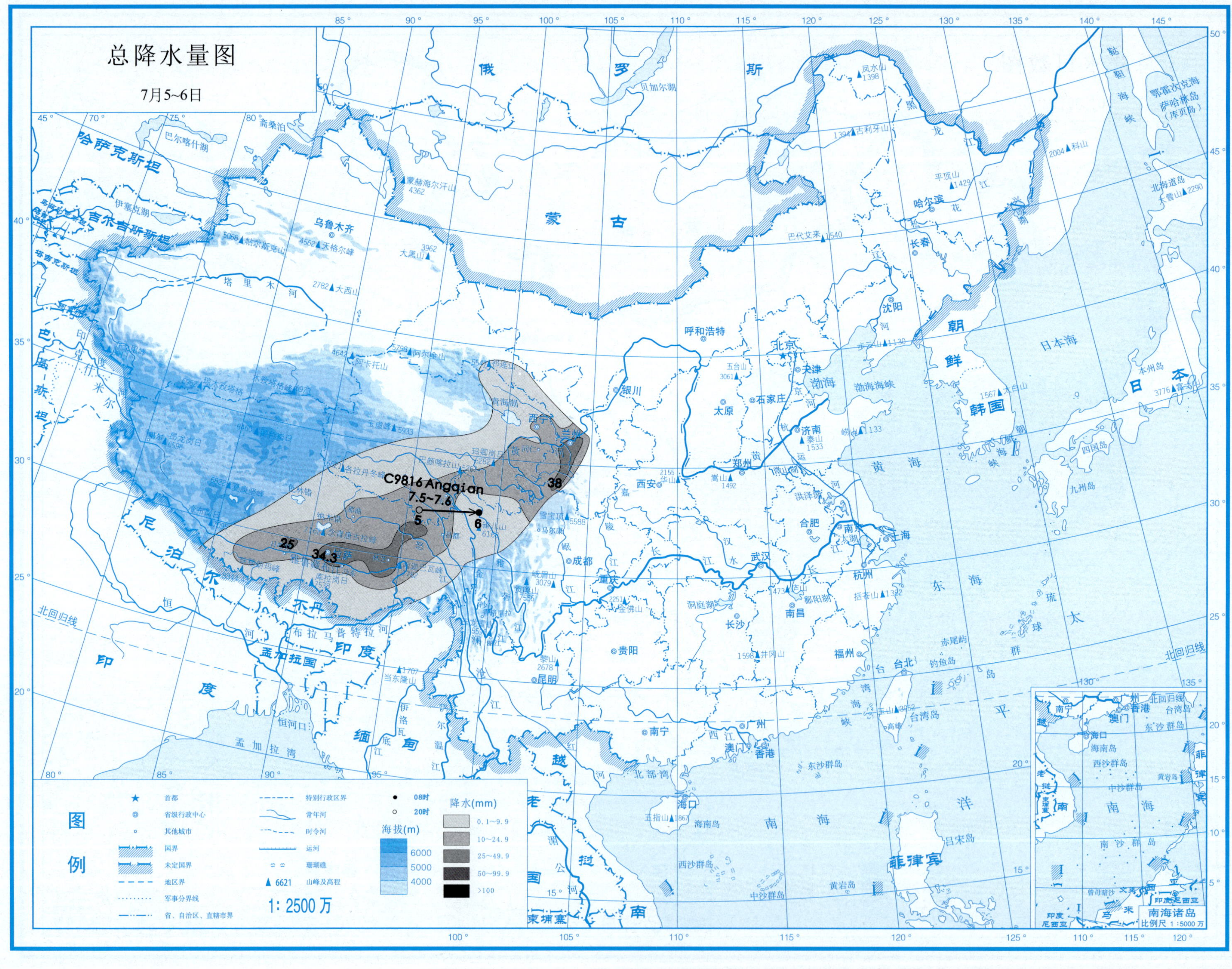

总降水量图
7月5~6日
C9816 Angqian
7.5~7.6
5
6
25
34.3
38
图例
首都
省级行政中心
其他城市
国界
未定国界
地区界
军事分界线
省、自治区、直辖市界
特别行政区界
常年河
时令河
运河
珊瑚礁
6621 山峰及高程
1: 2500 万
08时
20时
海拔(m)
6000
5000
4000
降水(mm)
0.1~9.9
10~24.9
25~49.9
50~99.9
>100
南海诸岛
比例尺 1:5000 万

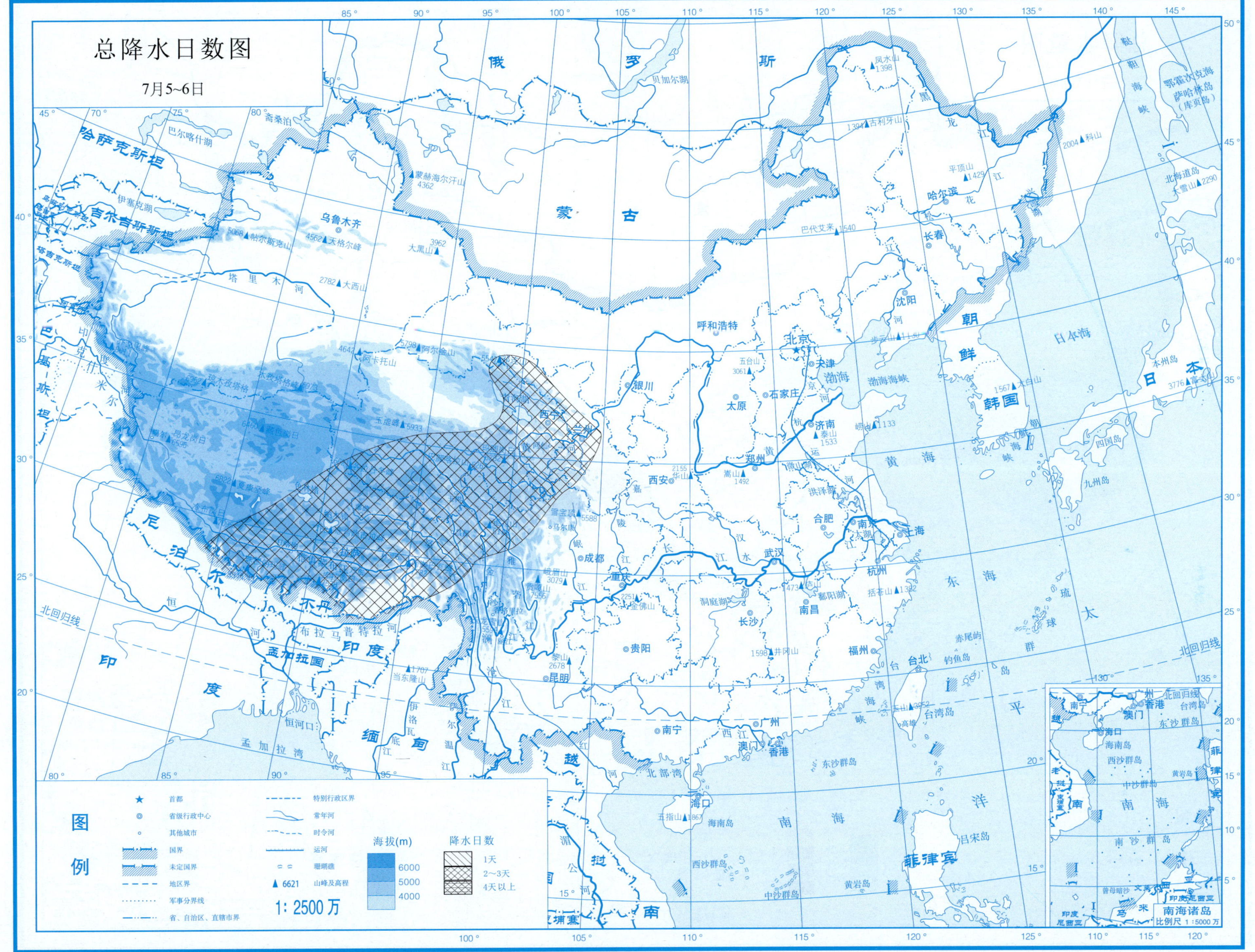
总降水日数图
7月5~6日
图例
首都
省级行政中心
其他城市
国界
未定国界
地区界
军事分界线
省、自治区、直辖市界
特别行政区界
常年河
时令河
运河
珊瑚礁
6621 山峰及高程
1: 2500万
海拔(m)
6000
5000
4000
降水日数
1天
2~3天
4天以上
南海诸岛
比例尺 1:5000万

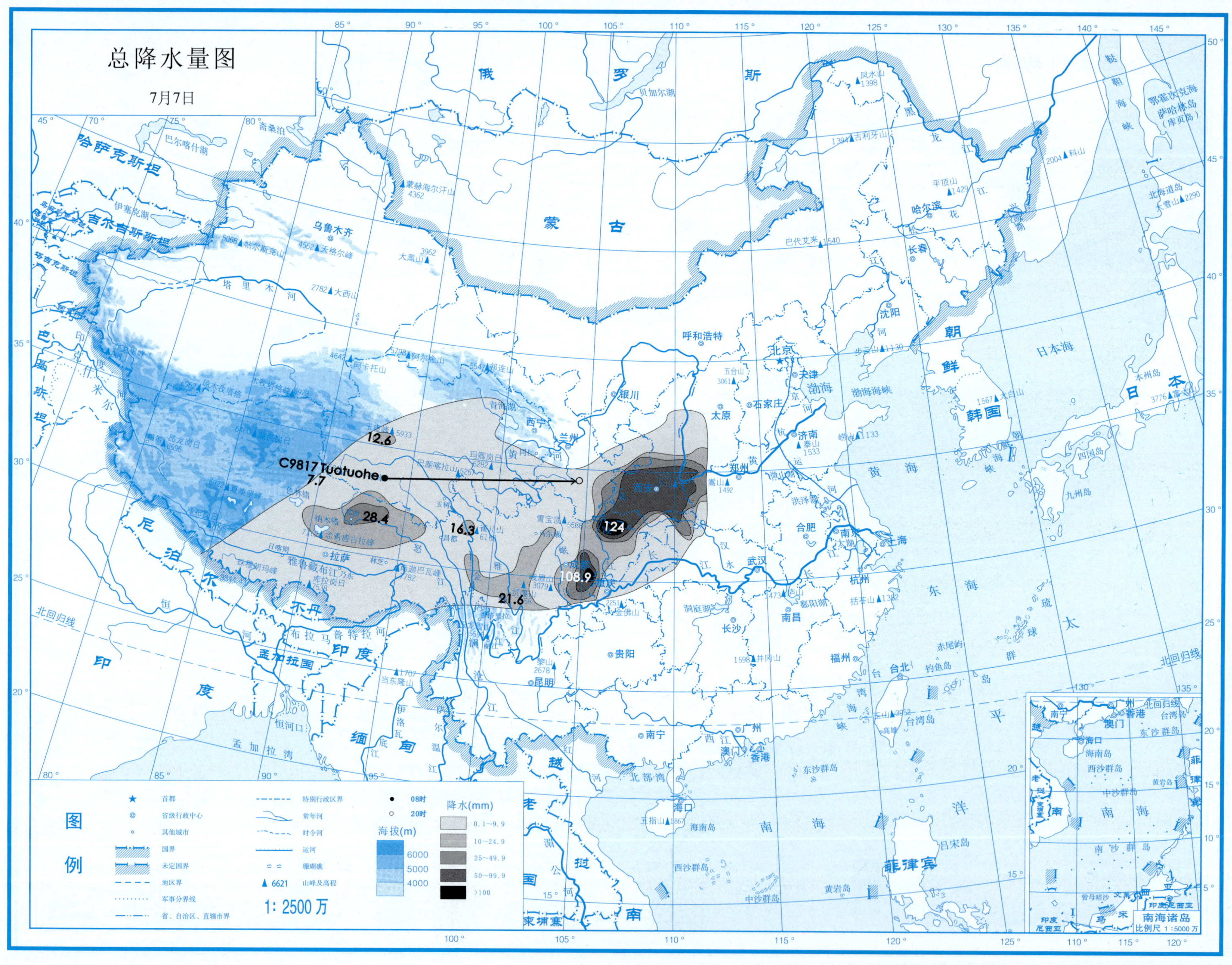

总降水量图
7月7日
C9817 Tuatuohe
7.7
12.6
28.4
16.3
21.6
108.9
124
图例
首都
省级行政中心
其他城市
国界
未定国界
地区界
军事分界线
省、自治区、直辖市界
特别行政区界
常年河
时令河
运河
珊瑚礁
6621 山峰及高程
1: 2500 万
08时
20时
海拔(m)
6000
5000
4000
降水(mm)
0.1~9.9
10~24.9
25~49.9
50~99.9
>100
南海诸岛
比例尺 1:5000 万

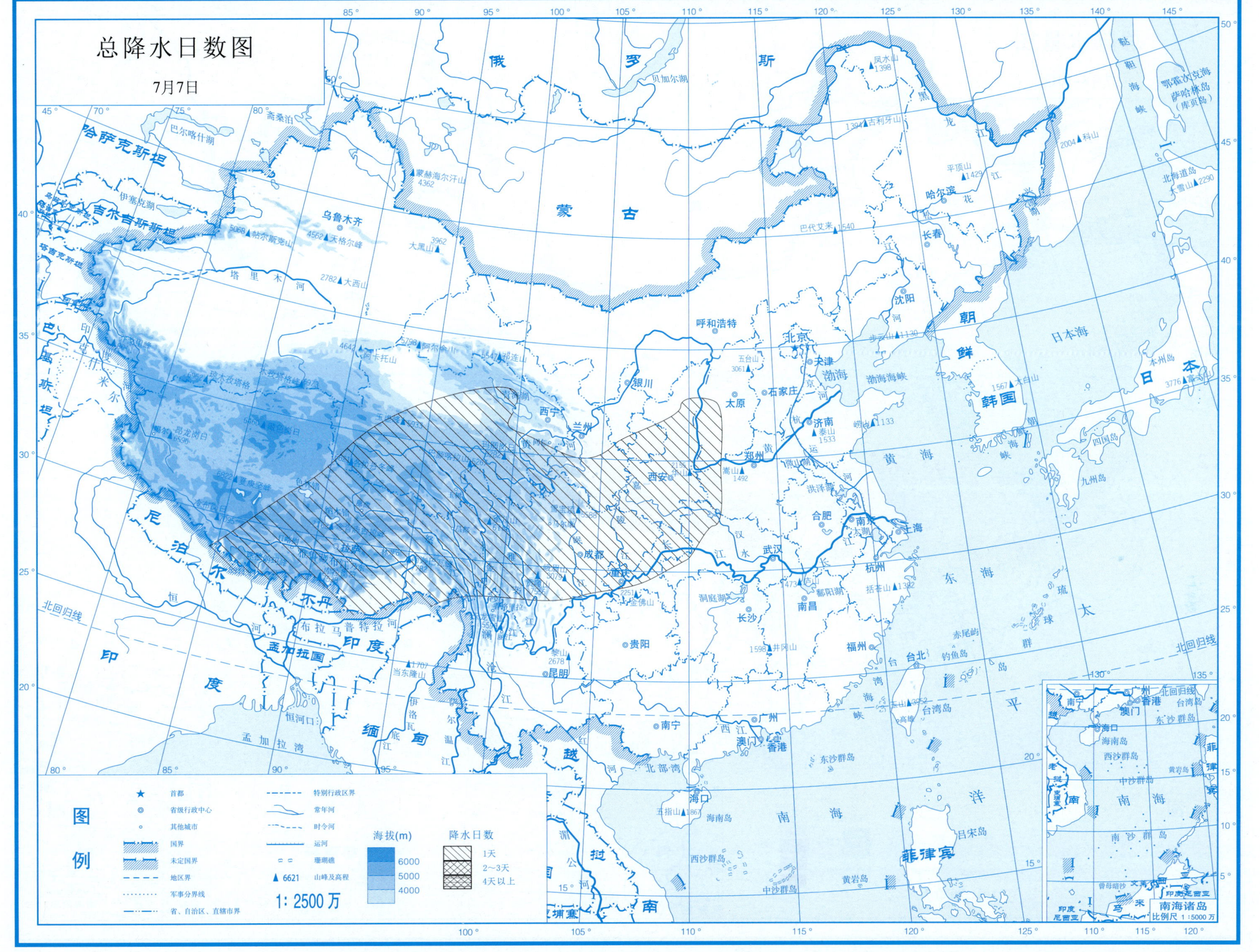
总降水日数图
7月7日
图例
首都
省级行政中心
其他城市
国界
未定国界
地区界
军事分界线
省、自治区、直辖市界
特别行政区界
常年河
时令河
运河
珊瑚礁
6621 山峰及高程
海拔(m)
6000
5000
4000
降水日数
1天
2～3天
4天以上
1: 2500万
南海诸岛
比例尺 1：5000万

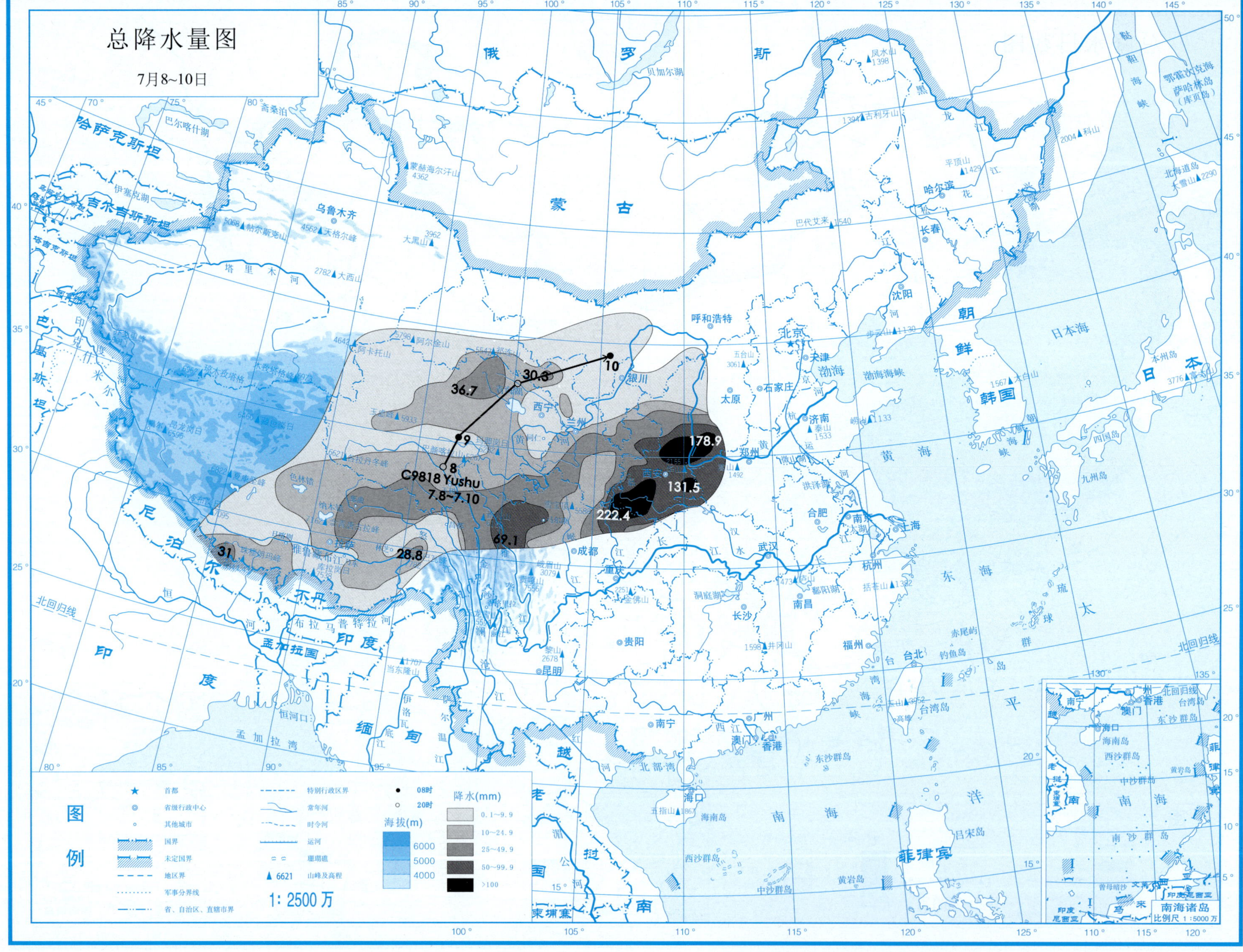
总降水量图
7月8~10日
C9818 Yushu
7.8~7.10
8
9
10
36.7
30.3
178.9
131.5
222.4
69.1
31
28.8
图例
首都
省级行政中心
其他城市
国界
未定国界
地区界
军事分界线
省、自治区、直辖市界
特别行政区界
常年河
时令河
运河
珊瑚礁
6621 山峰及高程
1: 2500 万
08时
20时
海拔(m)
6000
5000
4000
降水(mm)
0.1~9.9
10~24.9
25~49.9
50~99.9
>100
南海诸岛
比例尺 1:5000 万

# 总降水日数图

7月8~10日

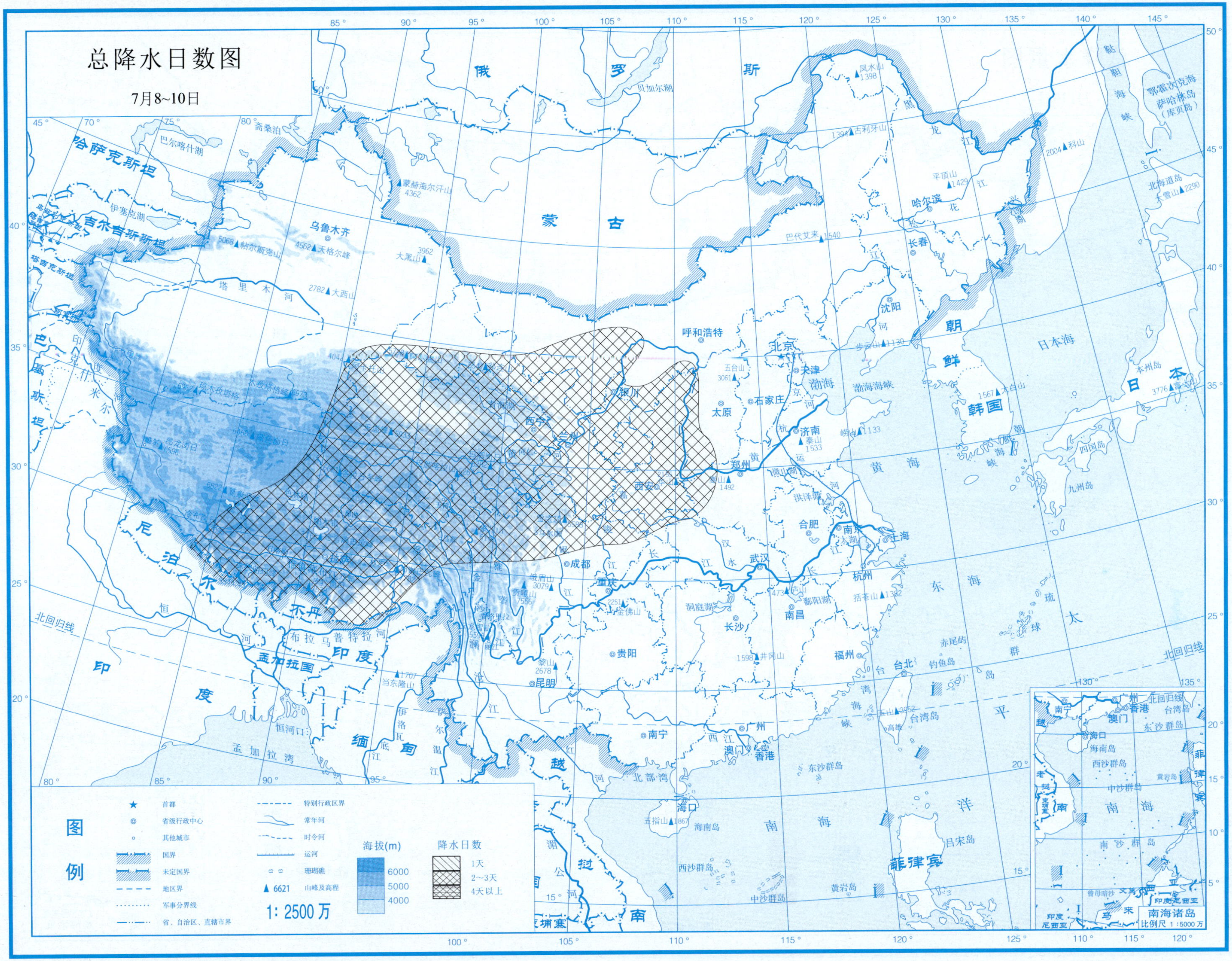

图例
首都
省级行政中心
其他城市
国界
未定国界
地区界
军事分界线
省、自治区、直辖市界
特别行政区界
常年河
时令河
运河
珊瑚礁
山峰及高程
海拔(m)
6000
5000
4000
降水日数
1天
2~3天
4天以上
1:2500万
俄罗斯
蒙古
哈萨克斯坦
吉尔吉斯斯坦
朝鲜
韩国
日本
尼泊尔
不丹
孟加拉国
印度
缅甸
越南
菲律宾
渤海
黄海
东海
南海
太平洋
日本海
南海诸岛
比例尺 1:5000万

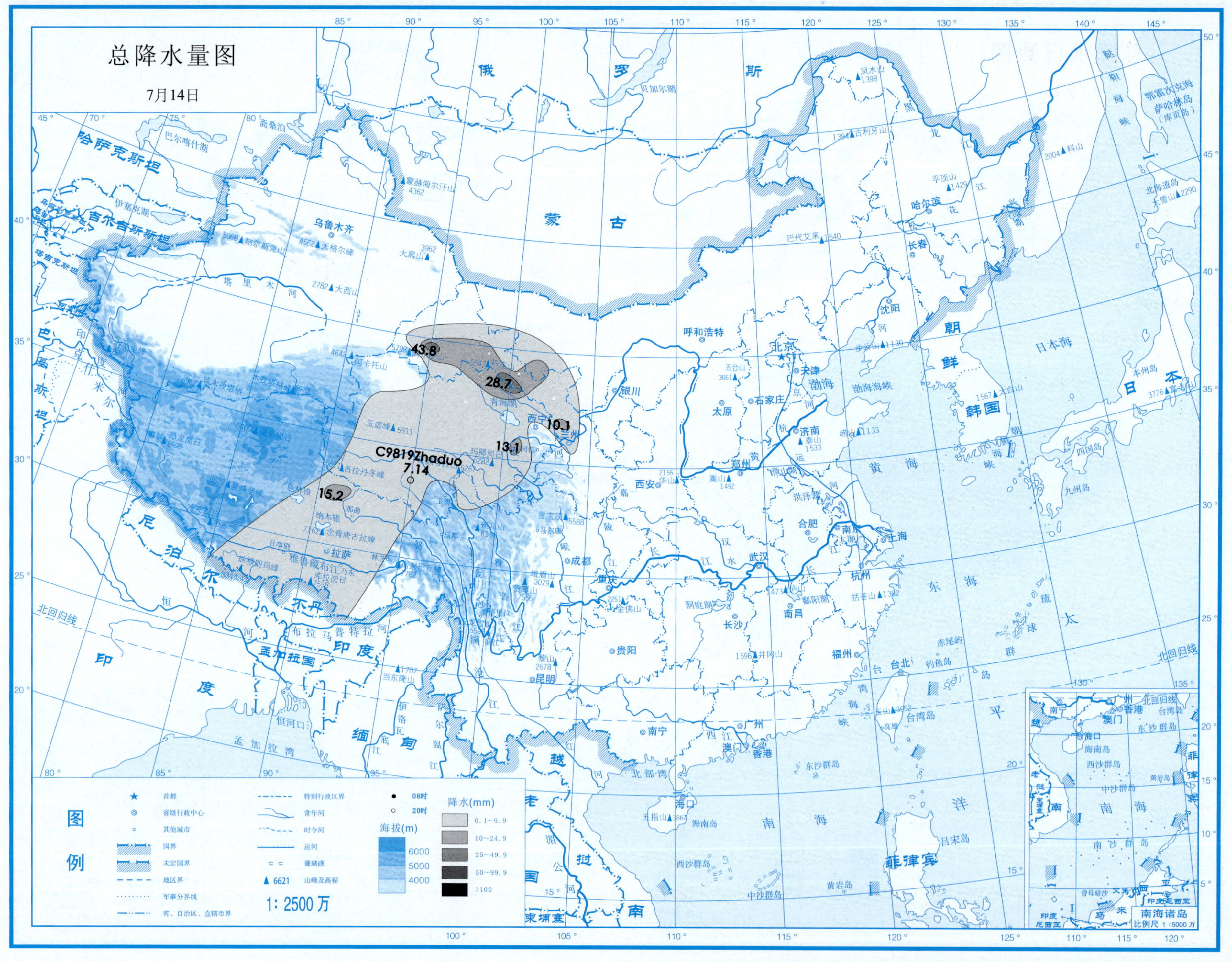
总降水量图
7月14日
43.8
28.7
10.1
13.1
C9819Zhaduo
7.14
15.2
图例
首都
省级行政中心
其他城市
国界
未定国界
地区界
军事分界线
省、自治区、直辖市界
特别行政区界
常年河
时令河
运河
珊瑚礁
6621 山峰及高程
08时
20时
海拔(m)
6000
5000
4000
降水(mm)
0.1~9.9
10~24.9
25~49.9
50~99.9
>100
1: 2500万
南海诸岛
比例尺 1:5000万

# 总降水日数图

7月14日

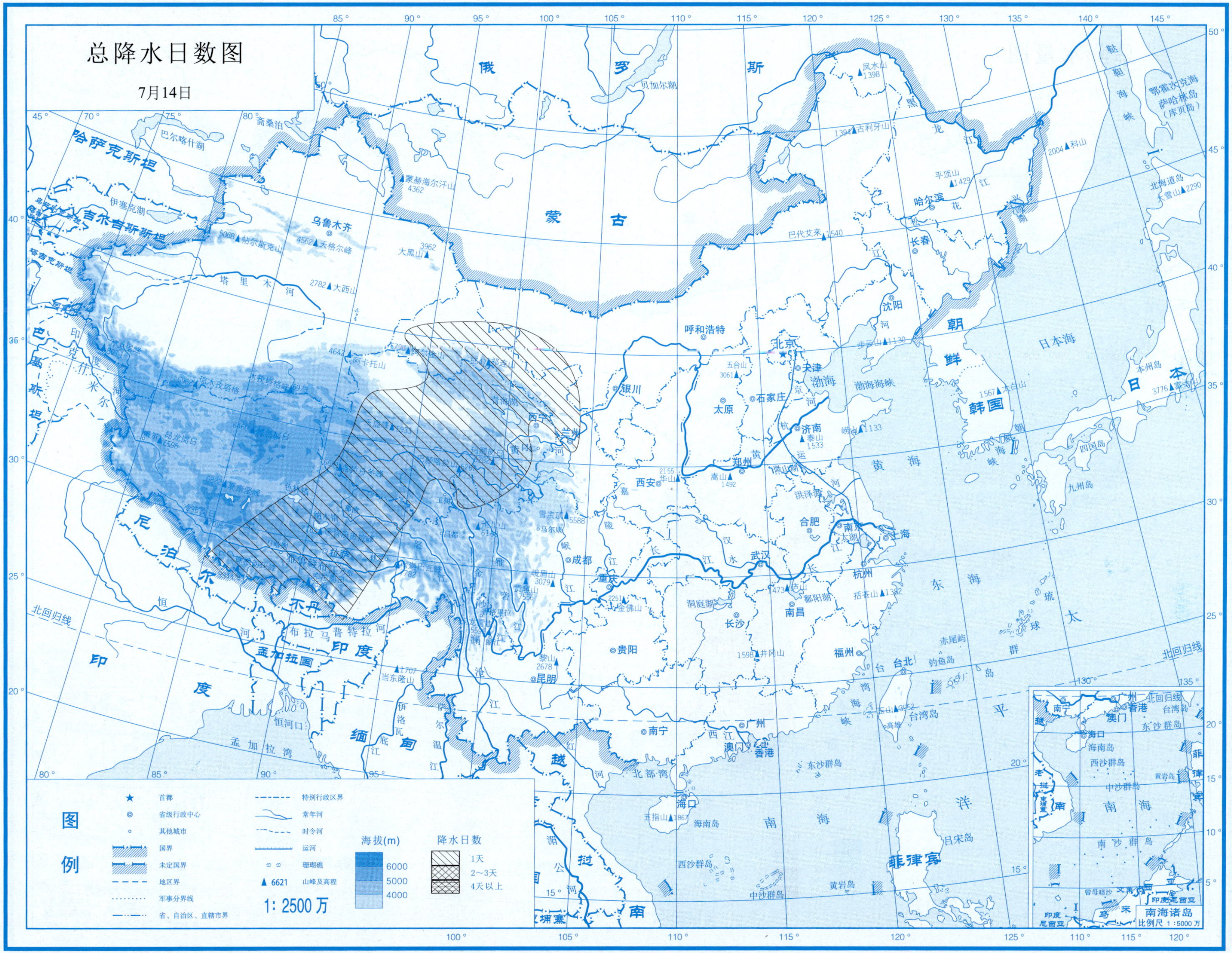

图例

| 符号 | 说明 | 符号 | 说明 |
|---|---|---|---|
| ★ | 首都 | | 特别行政区界 |
| ◎ | 省级行政中心 | | 常年河 |
| ∘ | 其他城市 | | 时令河 |
| | 国界 | | 运河 |
| | 未定国界 | | 珊瑚礁 |
| | 地区界 | ▲ 6621 | 山峰及高程 |
| | 军事分界线 | | |
| | 省、自治区、直辖市界 | | |

1: 2500万

海拔(m)

6000
5000
4000

降水日数

1天
2~3天
4天以上

南海诸岛
比例尺 1:5000万

Page...75

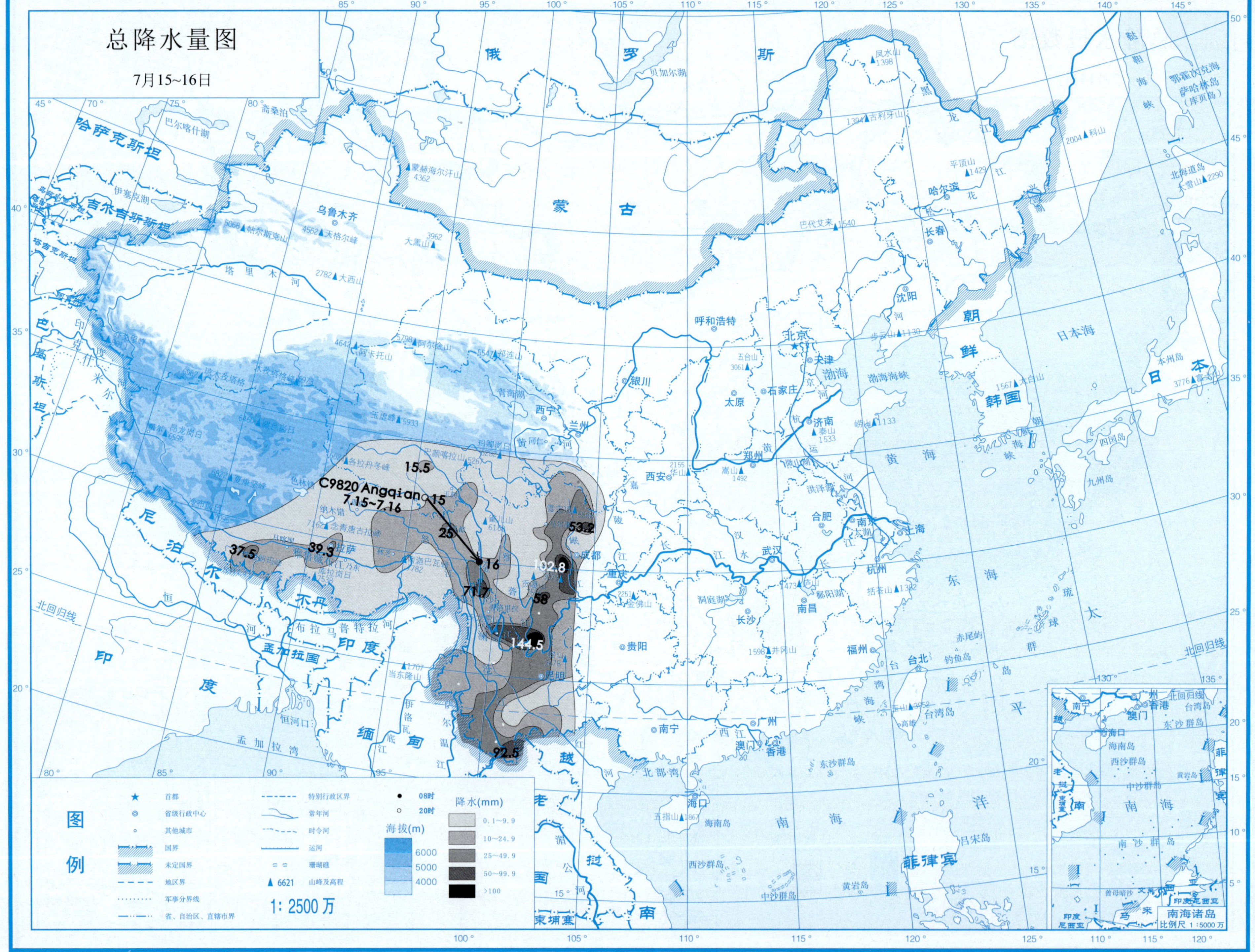

总降水量图
7月15~16日
C9820 Angqian
7.15~7.16
15.5
15
25
16
37.5
39.3
71.7
102.8
53.2
58
144.5
92.5
图例
首都
省级行政中心
其他城市
国界
未定国界
地区界
军事分界线
省、自治区、直辖市界
特别行政区界
常年河
时令河
运河
珊瑚礁
6621 山峰及高程
08时
20时
降水(mm)
0.1~9.9
10~24.9
25~49.9
50~99.9
>100
海拔(m)
6000
5000
4000
1: 2500万
南海诸岛
比例尺 1:5000万

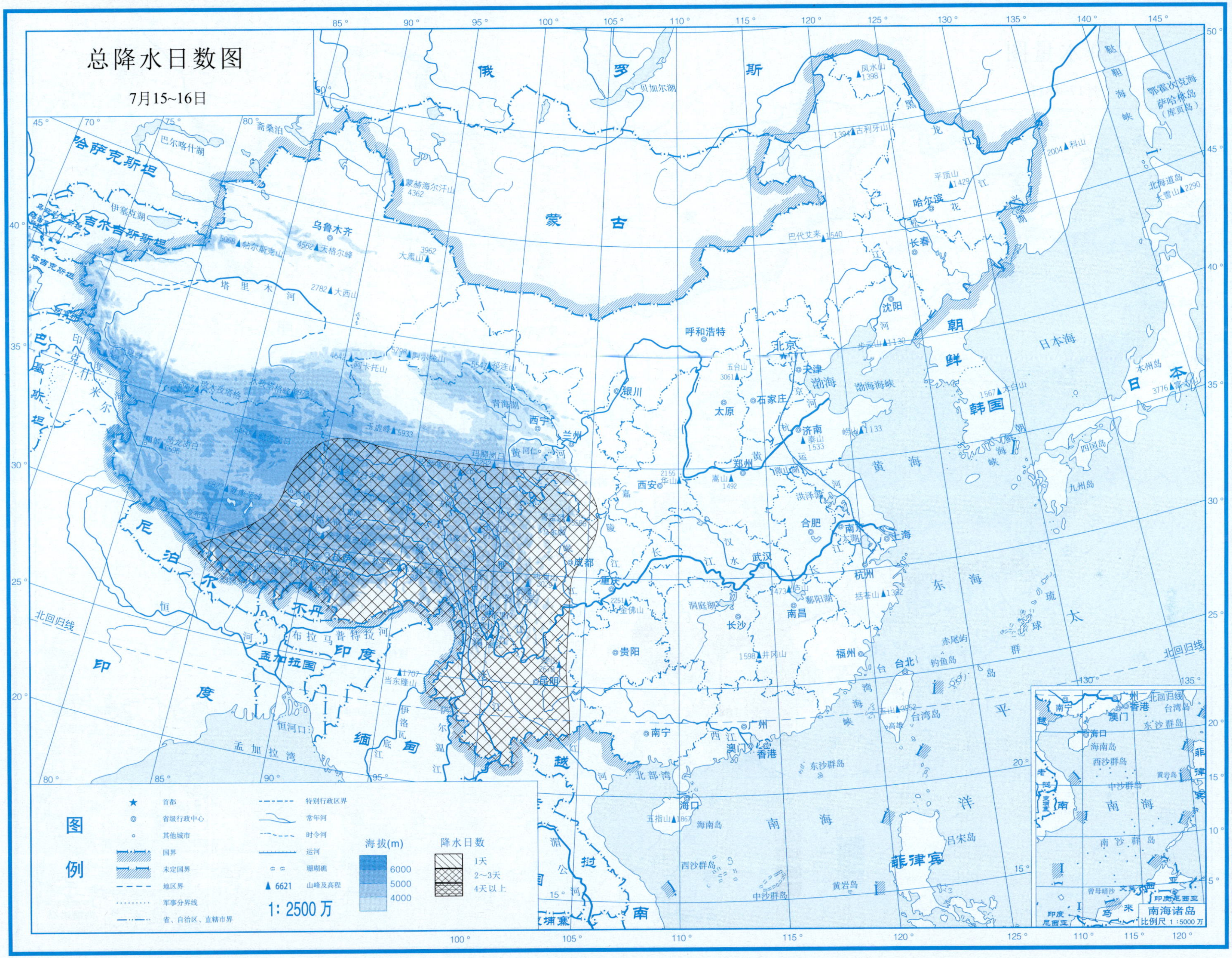

总降水日数图
7月15~16日
图例
首都
省级行政中心
其他城市
国界
未定国界
地区界
军事分界线
省、自治区、直辖市界
特别行政区界
常年河
时令河
运河
珊瑚礁
6621 山峰及高程
1：2500万
海拔(m)
6000
5000
4000
降水日数
1天
2~3天
4天以上
俄罗斯
蒙古
哈萨克斯坦
吉尔吉斯斯坦
塔吉克斯坦
巴基斯坦
印度
尼泊尔
不丹
孟加拉国
缅甸
越南
老挝
柬埔寨
朝鲜
韩国
日本
菲律宾
北京
天津
呼和浩特
银川
太原
石家庄
济南
郑州
西安
西宁
兰州
成都
重庆
贵阳
昆明
南宁
长沙
武汉
合肥
南京
上海
杭州
南昌
福州
台北
广州
香港
澳门
海口
乌鲁木齐
沈阳
长春
哈尔滨
渤海
黄海
东海
南海
日本海
太平洋
北回归线
南海诸岛
比例尺 1：5000万

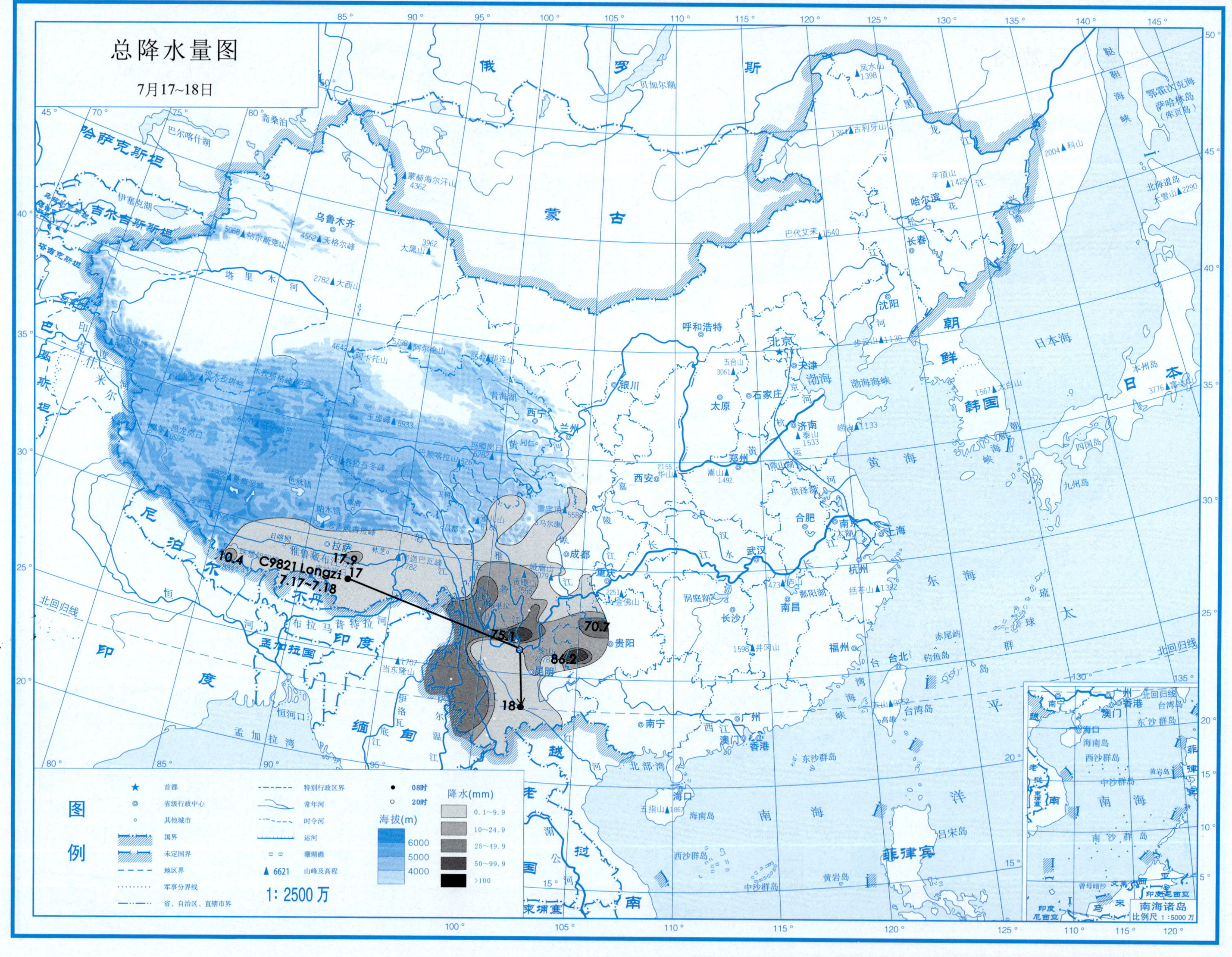
总降水量图
7月17~18日
C9821 Longzi
7.17~7.18
10.4
17.9
17
75.1
70.7
86.2
18
图例
首都
省级行政中心
其他城市
国界
未定国界
地区界
军事分界线
省、自治区、直辖市界
特别行政区界
常年河
时令河
运河
珊瑚礁
6621 山峰及高程
1: 2500 万
08时
20时
海拔(m)
6000
5000
4000
降水(mm)
0.1~9.9
10~24.9
25~49.9
50~99.9
>100
南海诸岛
比例尺 1:5000 万

# 总降水日数图

7月17~18日

图例

| 符号 | 说明 |
|---|---|
| ★ | 首都 |
| ◎ | 省级行政中心 |
| ∘ | 其他城市 |
| | 国界 |
| | 未定国界 |
| | 地区界 |
| | 军事分界线 |
| | 省、自治区、直辖市界 |
| | 特别行政区界 |
| | 常年河 |
| | 时令河 |
| | 运河 |
| | 珊瑚礁 |
| ▲ 6621 | 山峰及高程 |

1：2500 万

海拔(m)：6000、5000、4000

降水日数：1天、2~3天、4天以上

南海诸岛 比例尺 1：5000 万

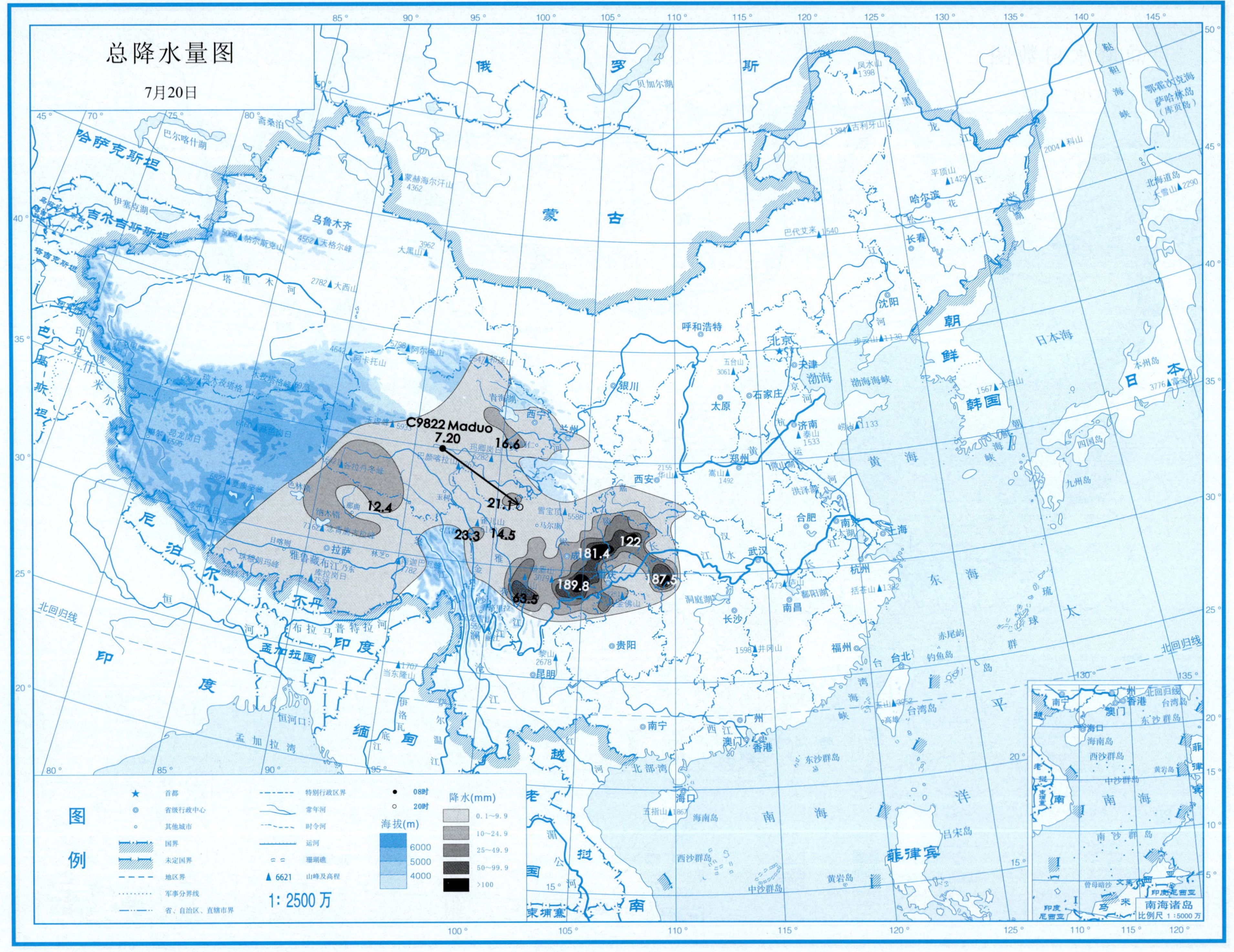
总降水量图
7月20日
C9822 Maduo
7.20
16.6
12.4
21.1
23.3
14.5
181.4
122
189.8
187.5
63.5
图例
首都
省级行政中心
其他城市
国界
未定国界
地区界
军事分界线
省、自治区、直辖市界
特别行政区界
常年河
时令河
运河
珊瑚礁
6621 山峰及高程
08时
20时
降水(mm)
0.1~9.9
10~24.9
25~49.9
50~99.9
>100
海拔(m)
6000
5000
4000
1:2500万
南海诸岛
比例尺 1:5000万

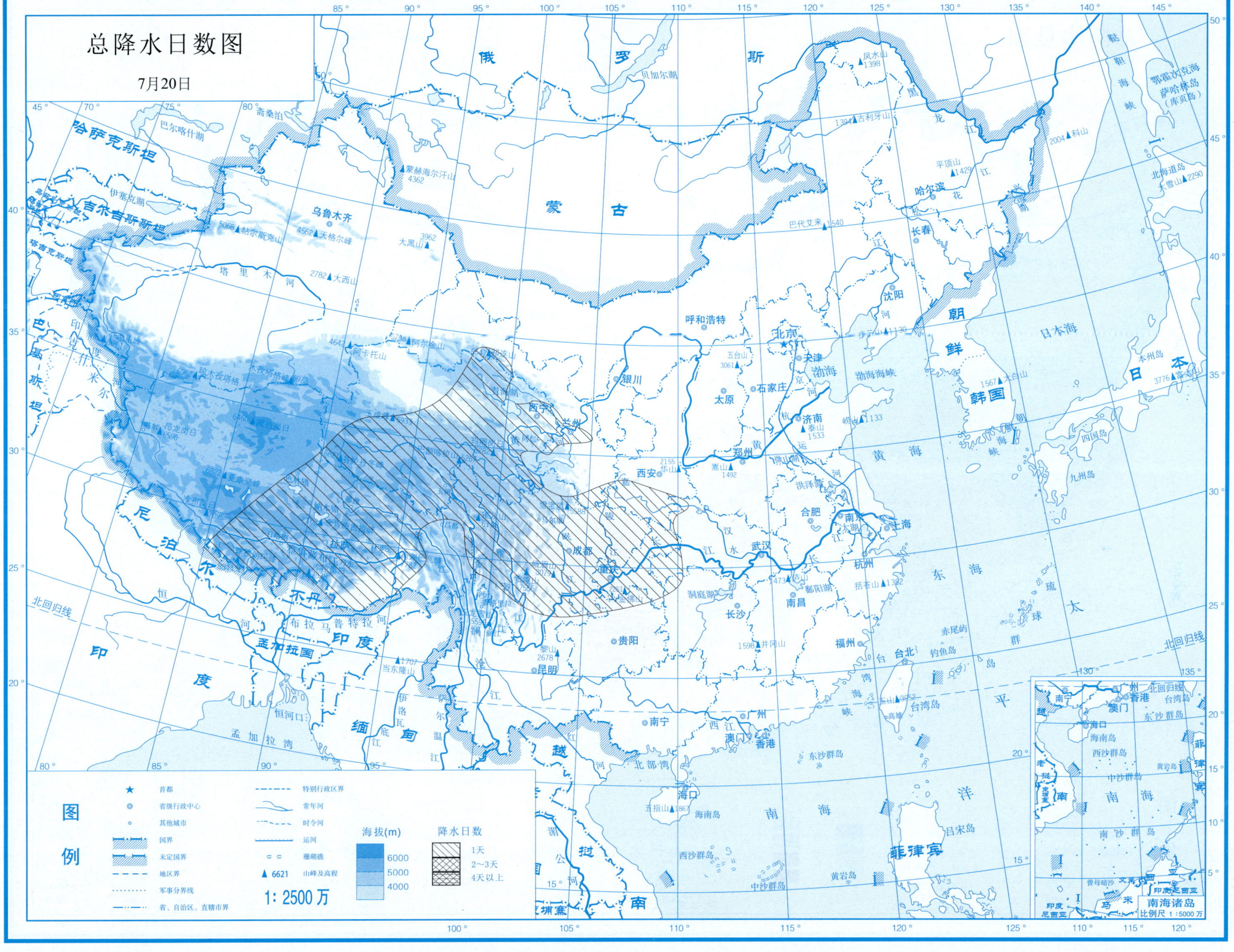


Page...81

高原低涡

第1部分

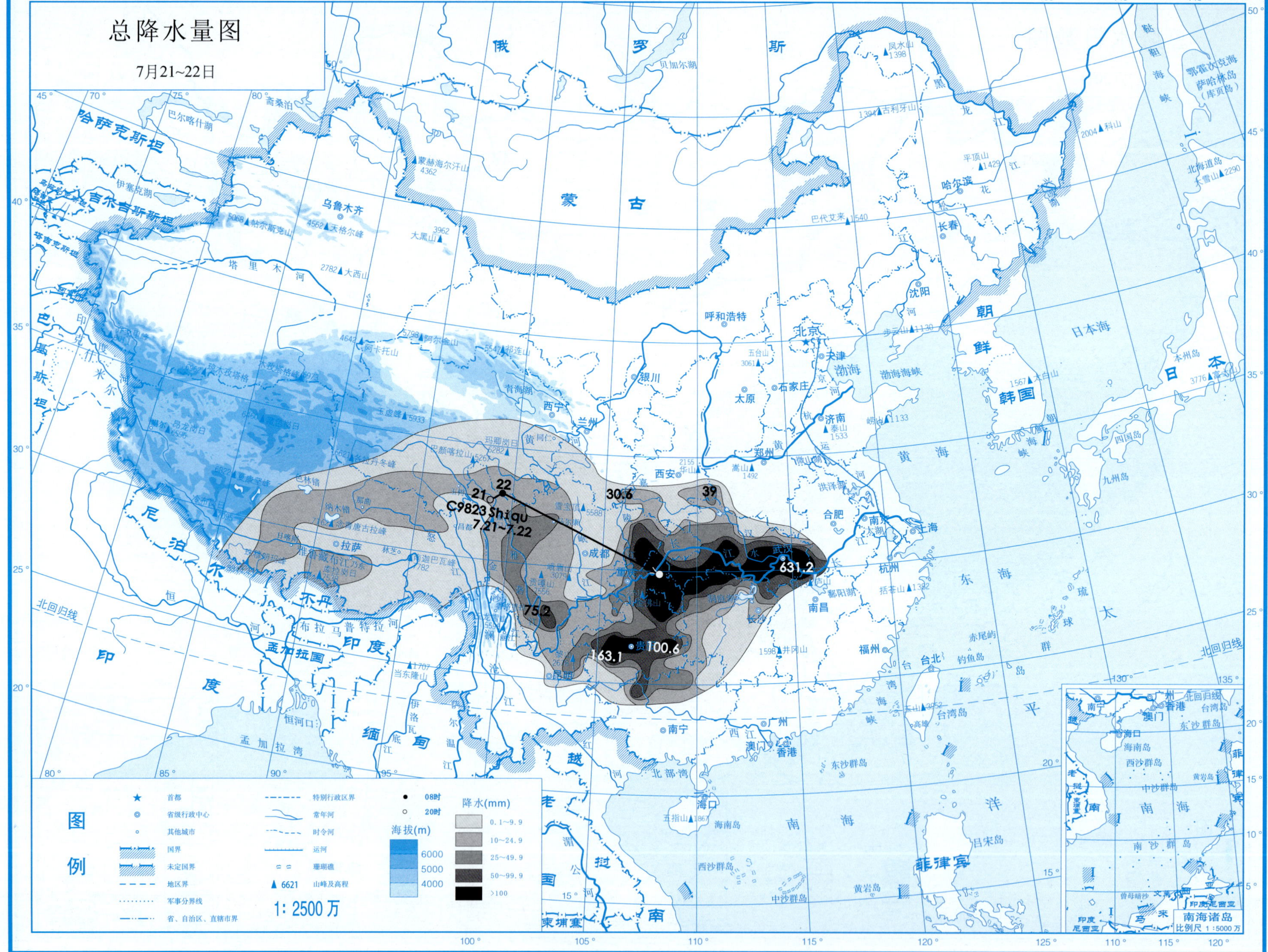
总降水量图
7月21~22日
22
21
C9823 Shiqu
7.21~7.22
30.6
39
631.2
75.2
163.1
100.6
图例
首都
省级行政中心
其他城市
国界
未定国界
地区界
军事分界线
省、自治区、直辖市界
特别行政区界
常年河
时令河
运河
珊瑚礁
6621 山峰及高程
08时
20时
海拔(m)
6000
5000
4000
降水(mm)
0.1~9.9
10~24.9
25~49.9
50~99.9
>100
1: 2500 万
南海诸岛
比例尺 1:5000 万

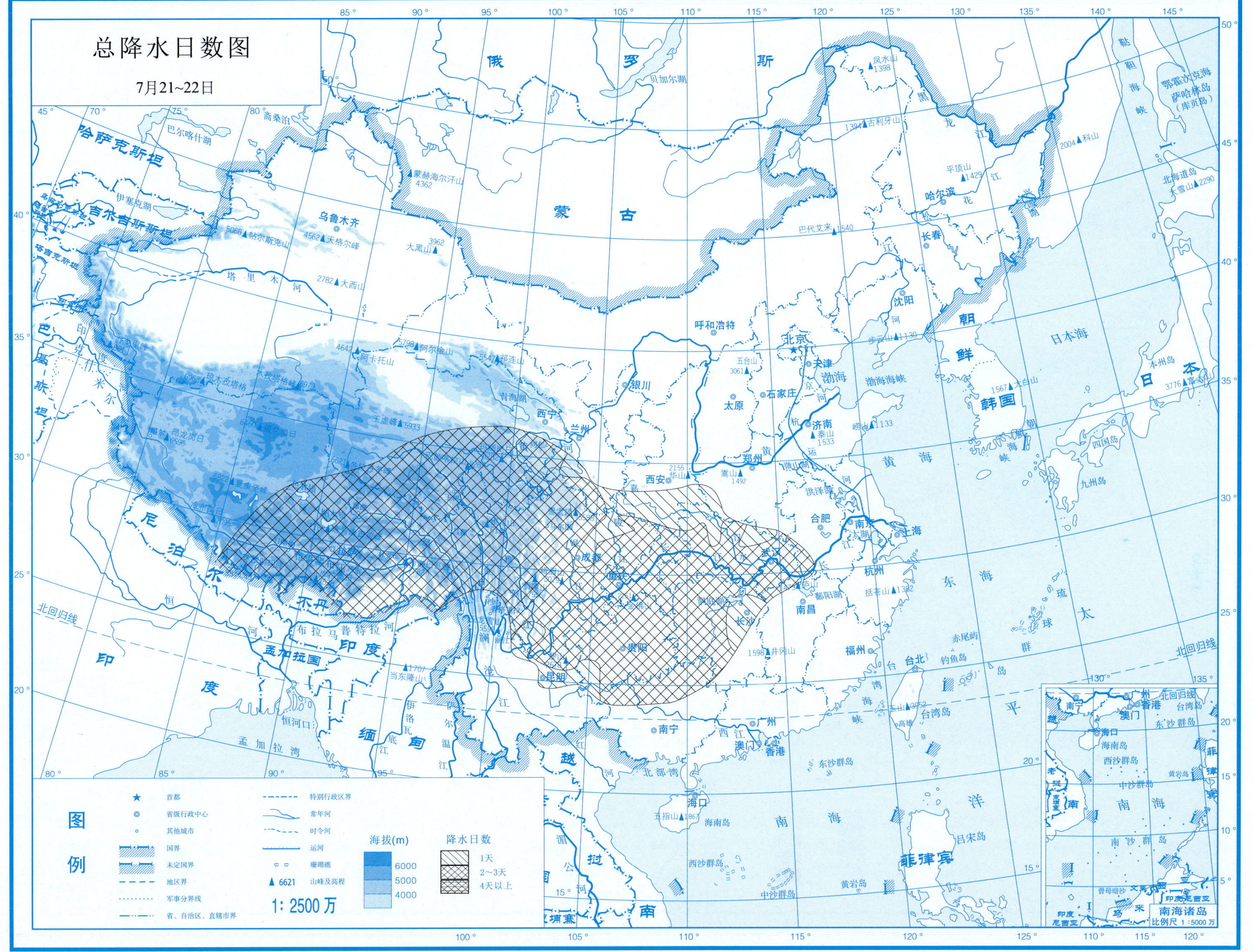

总降水日数图
7月21~22日
图例
首都
省级行政中心
其他城市
国界
未定国界
地区界
军事分界线
省、自治区、直辖市界
特别行政区界
常年河
时令河
运河
珊瑚礁
6621 山峰及高程
海拔(m)
6000
5000
4000
降水日数
1天
2~3天
4天以上
1: 2500 万
南海诸岛
比例尺 1:5000 万

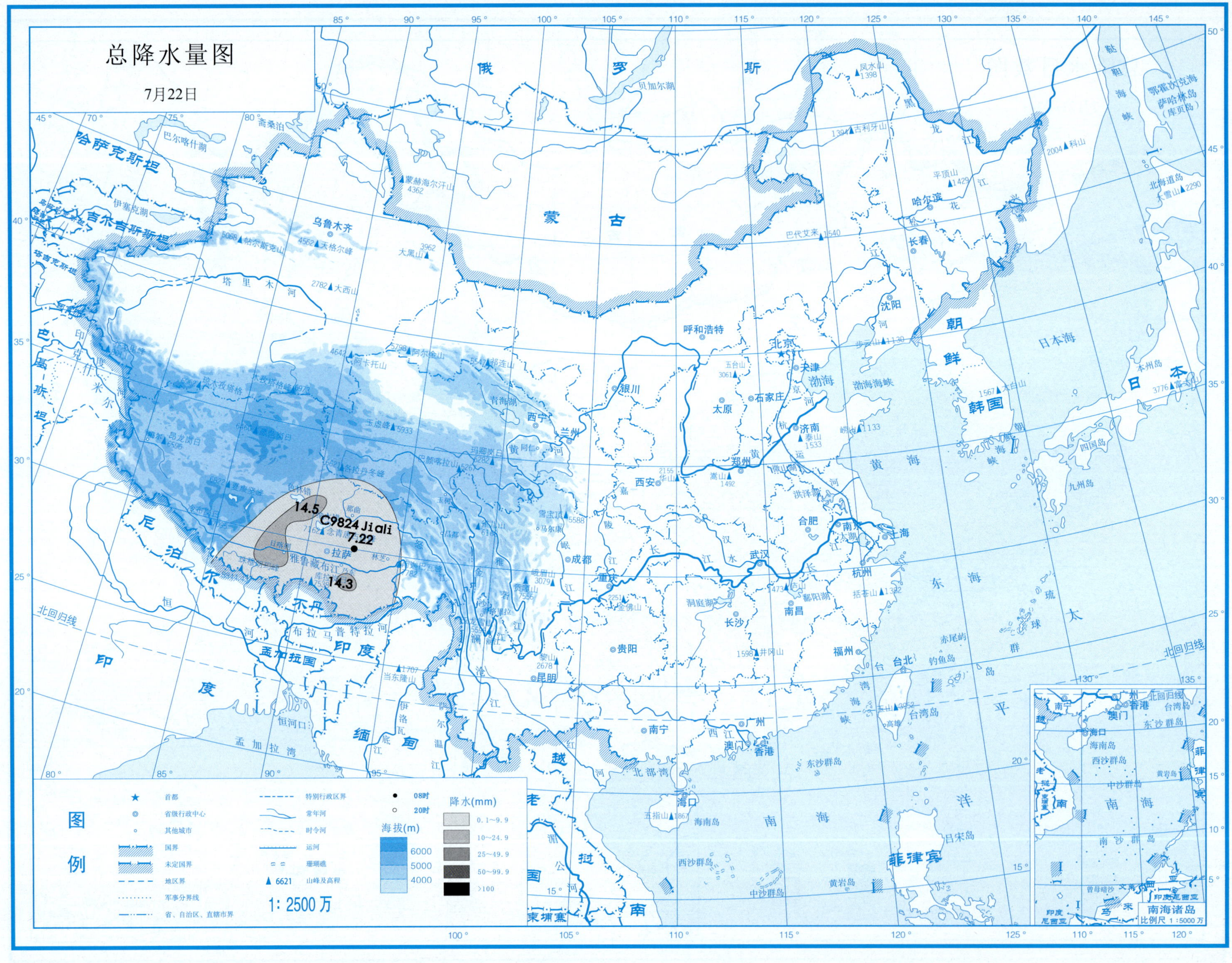
总降水量图
7月22日
C9824 Jiali
7.22
14.5
14.3
图例
首都
省级行政中心
其他城市
国界
未定国界
地区界
军事分界线
省、自治区、直辖市界
特别行政区界
常年河
时令河
运河
珊瑚礁
6621 山峰及高程
1: 2500万
08时
20时
海拔(m)
6000
5000
4000
降水(mm)
0.1~9.9
10~24.9
25~49.9
50~99.9
>100
南海诸岛
比例尺 1:5000万

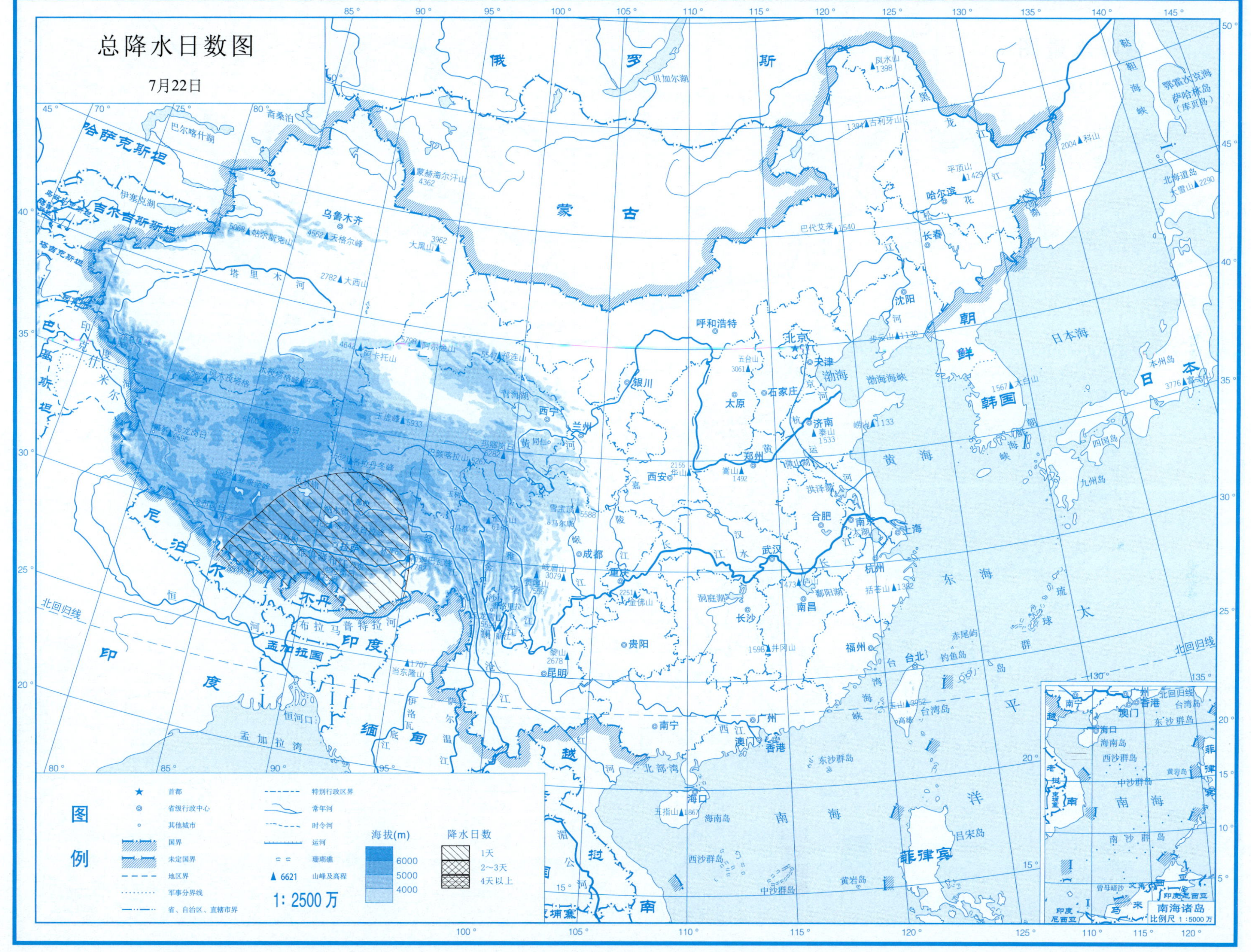


Page...85

高原低涡 第1部分

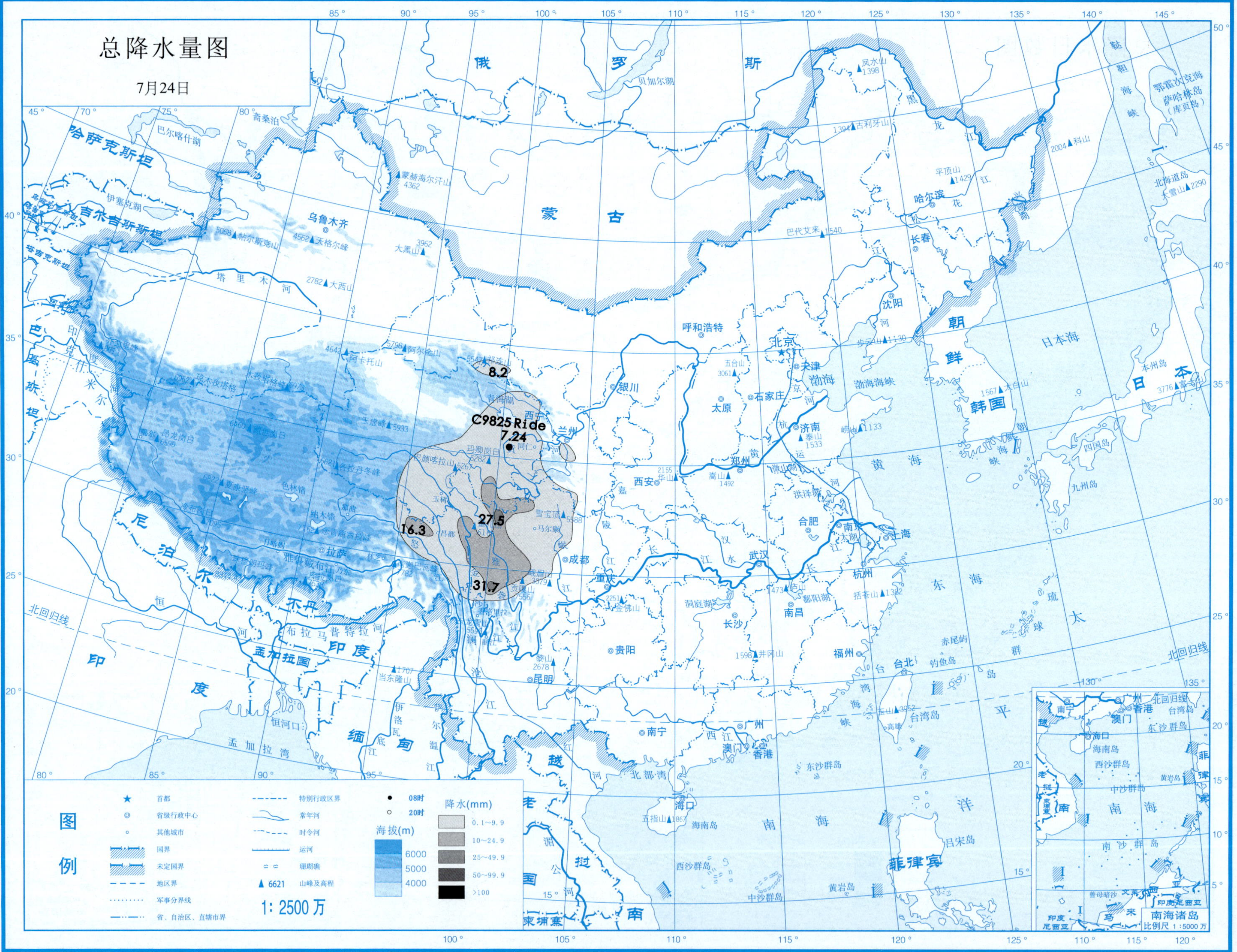

总降水量图
7月24日
C9825 Ride
7.24
8.2
27.5
16.3
31.7
俄
罗
斯
蒙
古
哈萨克斯坦
吉尔吉斯斯坦
塔吉克斯坦
巴
基
斯
坦
尼
泊
尔
不丹
孟加拉国
印度
印
度
缅
甸
老
挝
越
南
泰
国
柬埔寨
朝
鲜
韩国
日
本
菲律宾
贝加尔湖
巴尔喀什湖
伊塞克湖
斋桑泊
乌鲁木齐
兰州
西宁
银川
呼和浩特
北京
天津
石家庄
太原
济南
郑州
西安
合肥
南京
上海
杭州
武汉
成都
重庆
长沙
南昌
福州
台北
贵阳
昆明
南宁
广州
澳门
香港
海口
拉萨
哈尔滨
长春
沈阳
黄海
东海
渤海
日本海
南海
南海诸岛
比例尺 1:5000万
北回归线
图例
首都
省级行政中心
其他城市
国界
未定国界
地区界
军事分界线
省、自治区、直辖市界
特别行政区界
常年河
时令河
运河
珊瑚礁
6621 山峰及高程
08时
20时
海拔(m)
6000
5000
4000
降水(mm)
0.1~9.9
10~24.9
25~49.9
50~99.9
>100
1: 2500 万

# 总降水日数图

7月24日

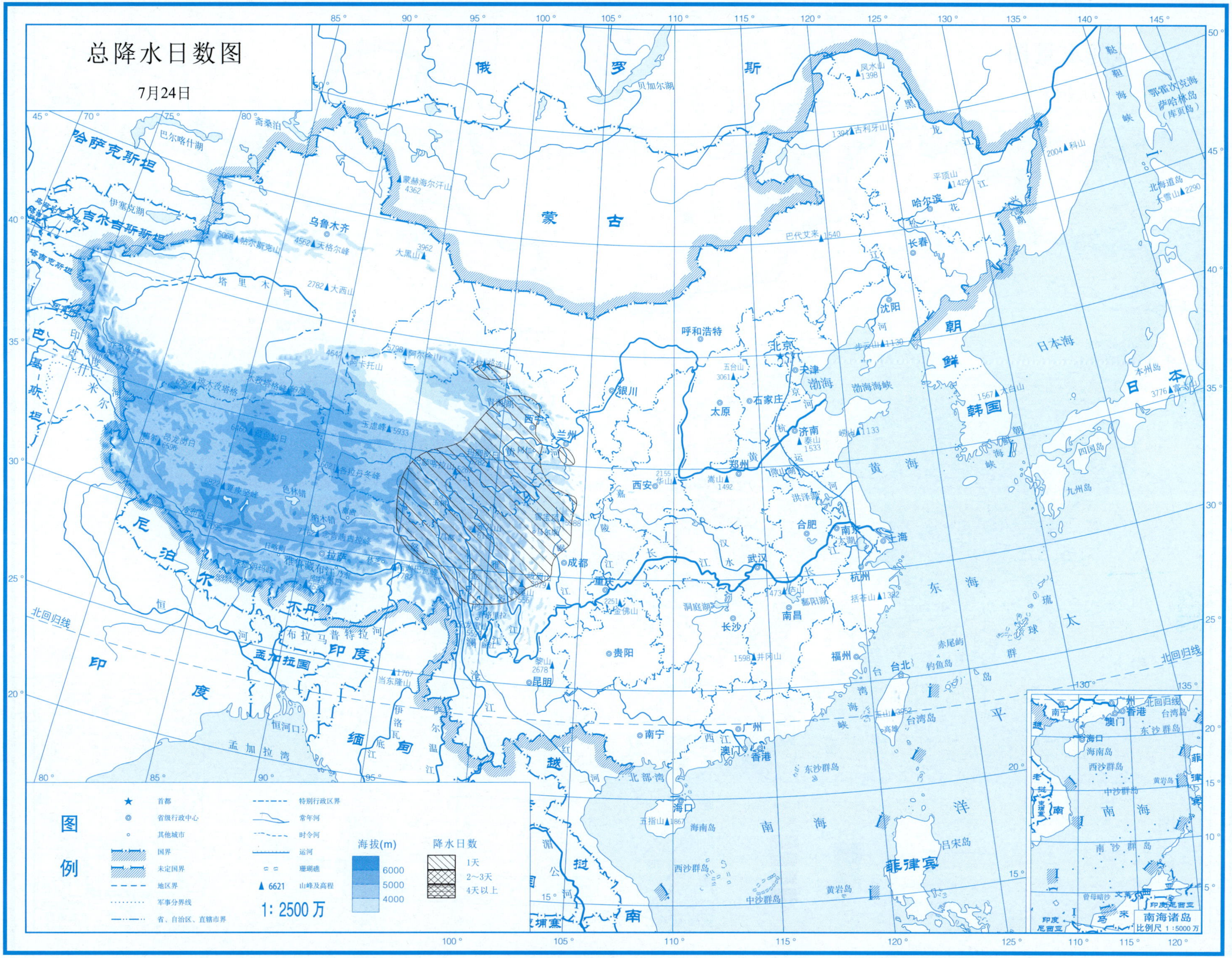

图例

| 符号 | 说明 | 符号 | 说明 |
|---|---|---|---|
| ★ | 首都 | | 特别行政区界 |
| ◎ | 省级行政中心 | | 常年河 |
| ○ | 其他城市 | | 时令河 |
| | 国界 | | 运河 |
| | 未定国界 | | 珊瑚礁 |
| | 地区界 | ▲ 6621 | 山峰及高程 |
| | 军事分界线 | | |
| | 省、自治区、直辖市界 | | |

海拔(m)：6000、5000、4000

降水日数：1天、2~3天、4天以上

1: 2500 万

南海诸岛 比例尺 1：5000 万

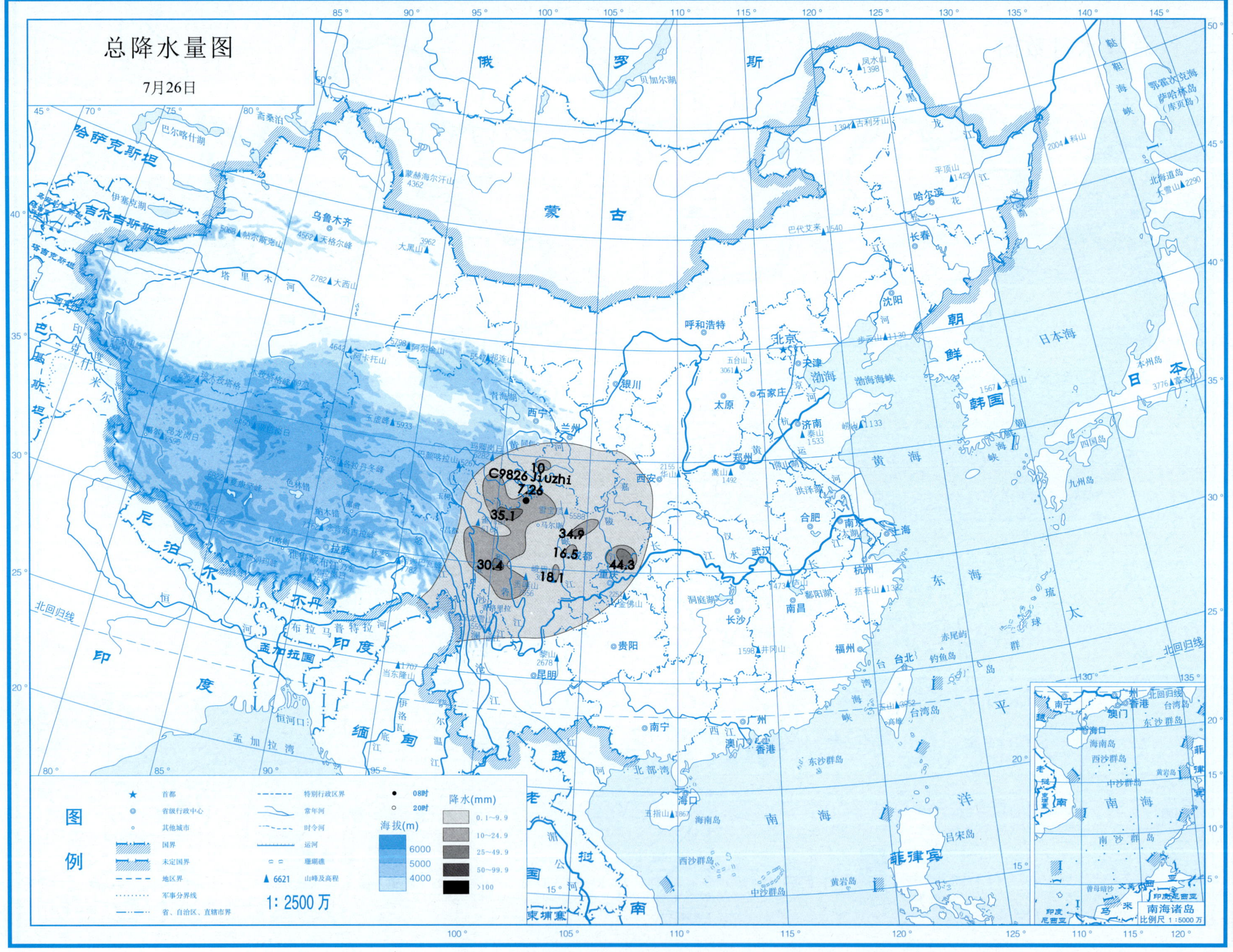
总降水量图
7月26日
C9826 Jiuzhi
7.26
10
35.1
34.9
16.5
30.4
18.1
44.3
图例
首都
省级行政中心
其他城市
国界
未定国界
地区界
军事分界线
省、自治区、直辖市界
特别行政区界
常年河
时令河
运河
珊瑚礁
6621 山峰及高程
1: 2500 万
08时
20时
海拔(m)
6000
5000
4000
降水(mm)
0.1~9.9
10~24.9
25~49.9
50~99.9
>100
南海诸岛
比例尺 1:5000 万

# 总降水日数图

7月26日

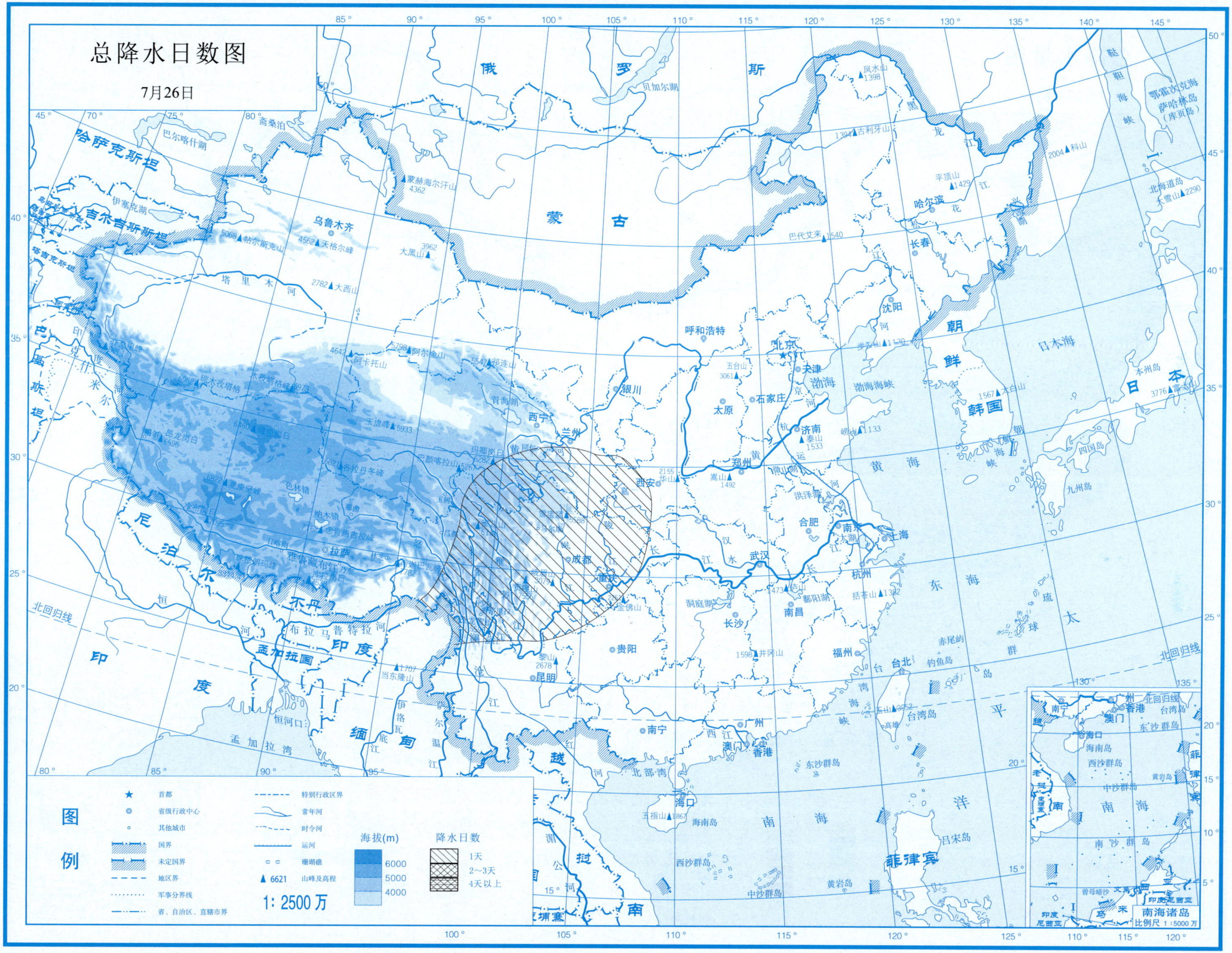

图例

- ★ 首都
- ◎ 省级行政中心
- ○ 其他城市
- 国界
- 未定国界
- 地区界
- 军事分界线
- 省、自治区、直辖市界
- 特别行政区界
- 常年河
- 时令河
- 运河
- 珊瑚礁
- ▲ 6621 山峰及高程

1: 2500 万

海拔(m)

- 6000
- 5000
- 4000

降水日数

- 1天
- 2~3天
- 4天以上

南海诸岛 比例尺 1:5000 万



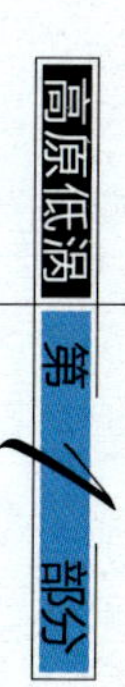

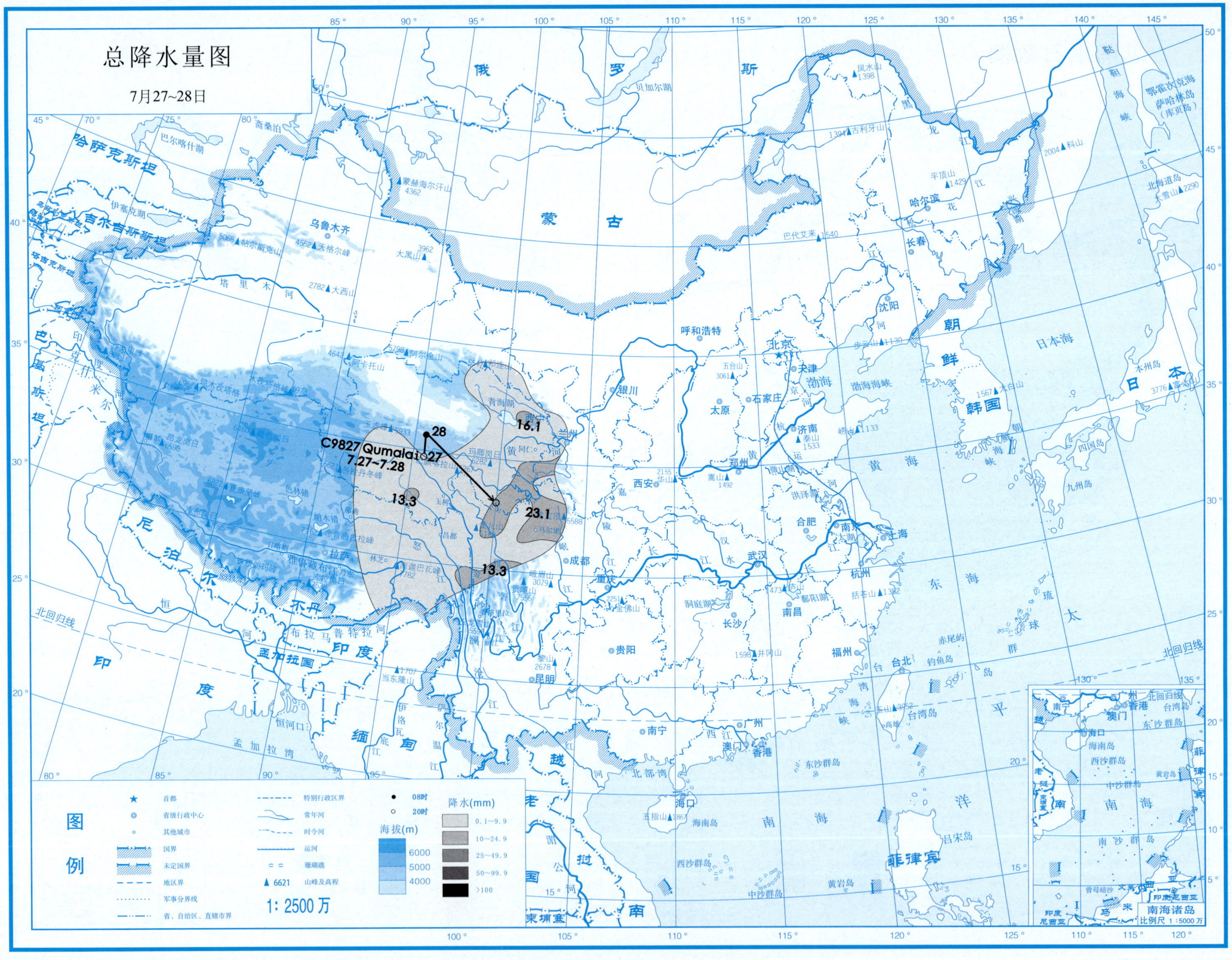
总降水量图
7月27~28日
C9827 Qumalai
7.27~7.28
28
27
16.1
13.3
23.1
13.3
图例
首都
省级行政中心
其他城市
国界
未定国界
地区界
军事分界线
省、自治区、直辖市界
特别行政区界
常年河
时令河
运河
珊瑚礁
6621 山峰及高程
08时
20时
降水(mm)
0.1~9.9
10~24.9
25~49.9
50~99.9
>100
海拔(m)
6000
5000
4000
1: 2500万
南海诸岛
比例尺 1:5000万

# 总降水日数图

7月27~28日

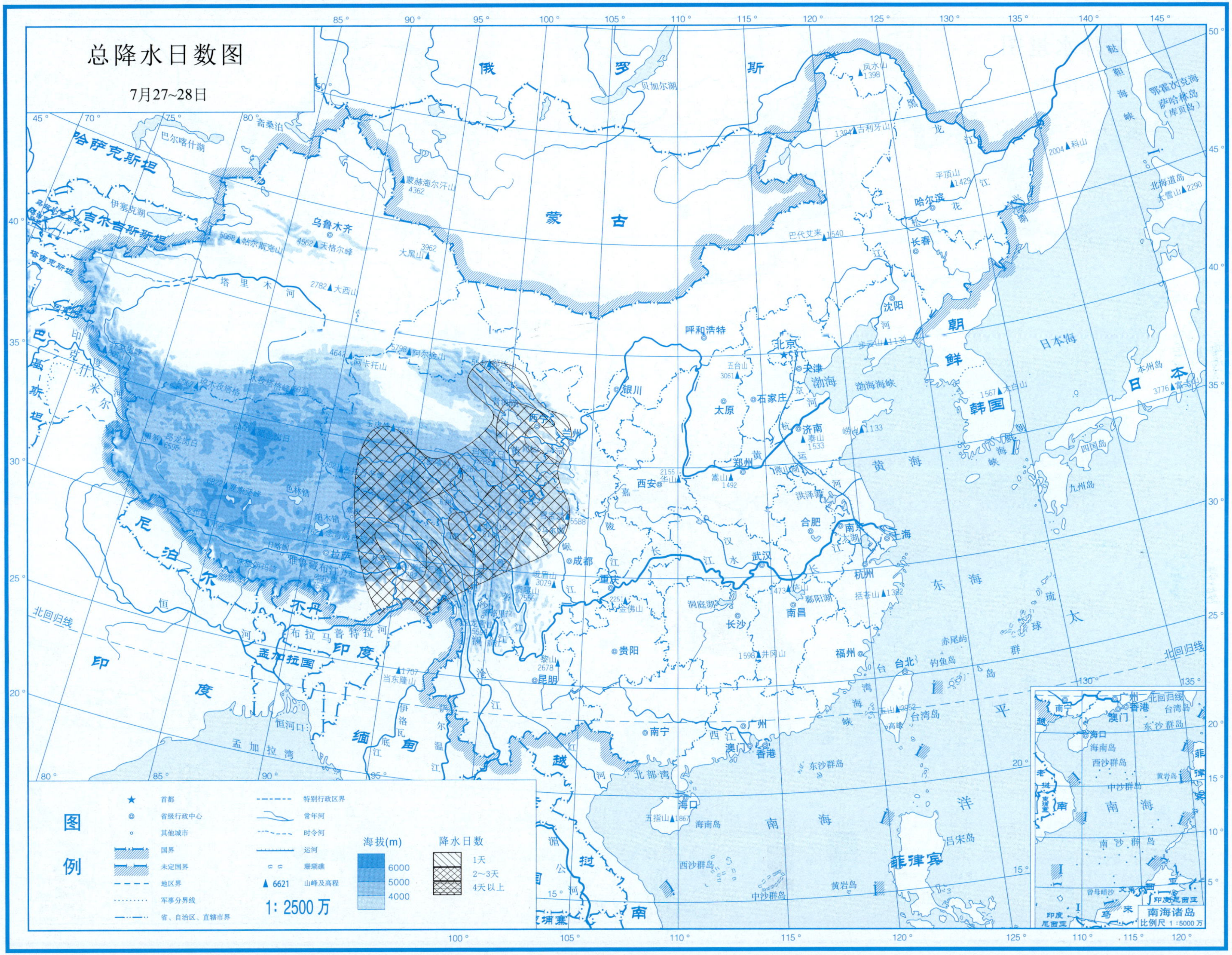

图例

★ 首都
◎ 省级行政中心
○ 其他城市
国界
未定国界
地区界
军事分界线
省、自治区、直辖市界
特别行政区界
常年河
时令河
运河
珊瑚礁
▲ 6621 山峰及高程

1：2500万

海拔(m)
6000
5000
4000

降水日数
1天
2~3天
4天以上

南海诸岛
比例尺 1：5000万

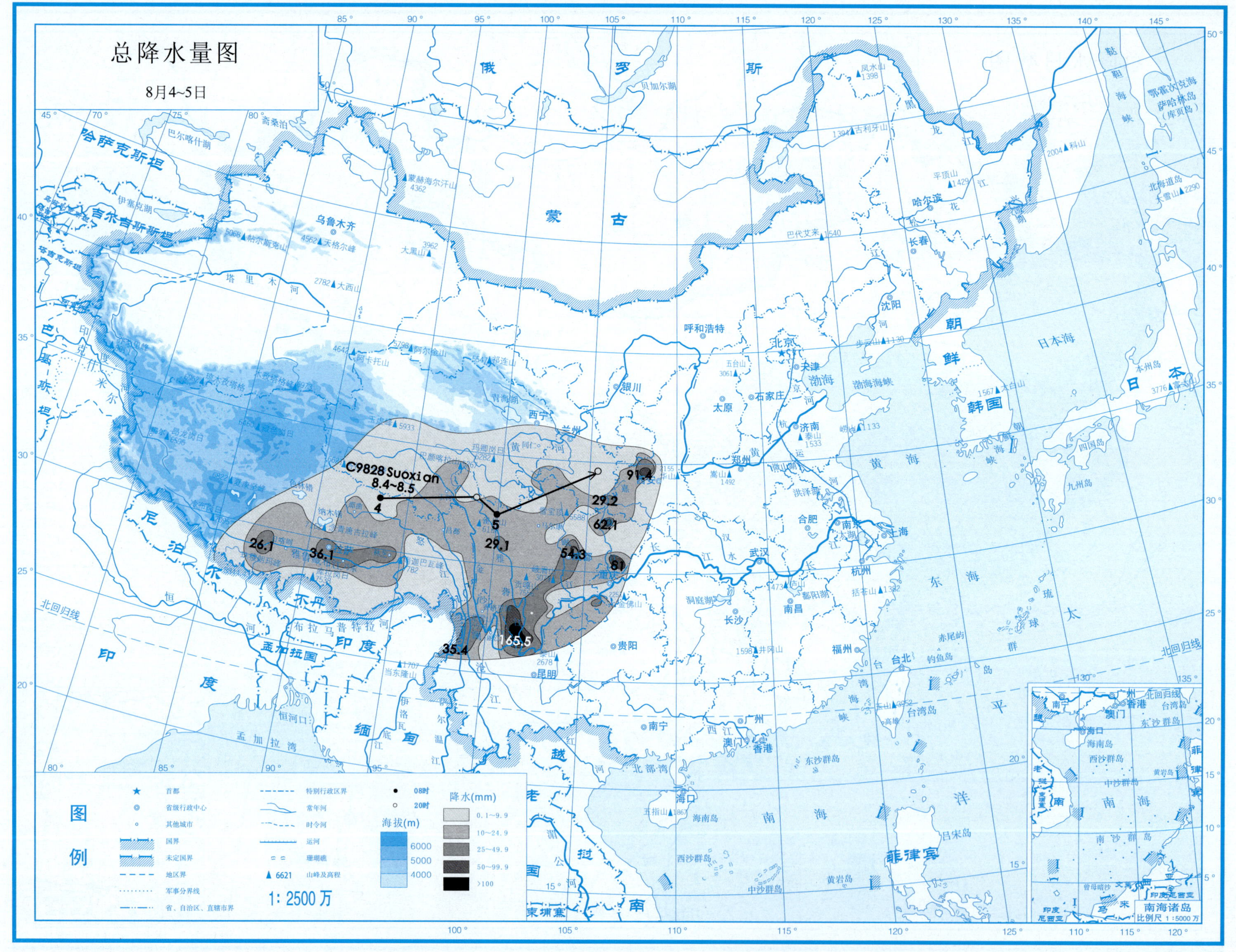
总降水量图
8月4~5日
C9828 Suoxian
8.4~8.5
4
5
26.1
36.1
29.1
29.2
62.1
91.4
54.3
81
35.4
165.5
图例
首都
省级行政中心
其他城市
国界
未定国界
地区界
军事分界线
省、自治区、直辖市界
特别行政区界
常年河
时令河
运河
珊瑚礁
6621 山峰及高程
08时
20时
海拔(m)
6000
5000
4000
降水(mm)
0.1~9.9
10~24.9
25~49.9
50~99.9
>100
1: 2500 万
南海诸岛
比例尺 1:5000 万

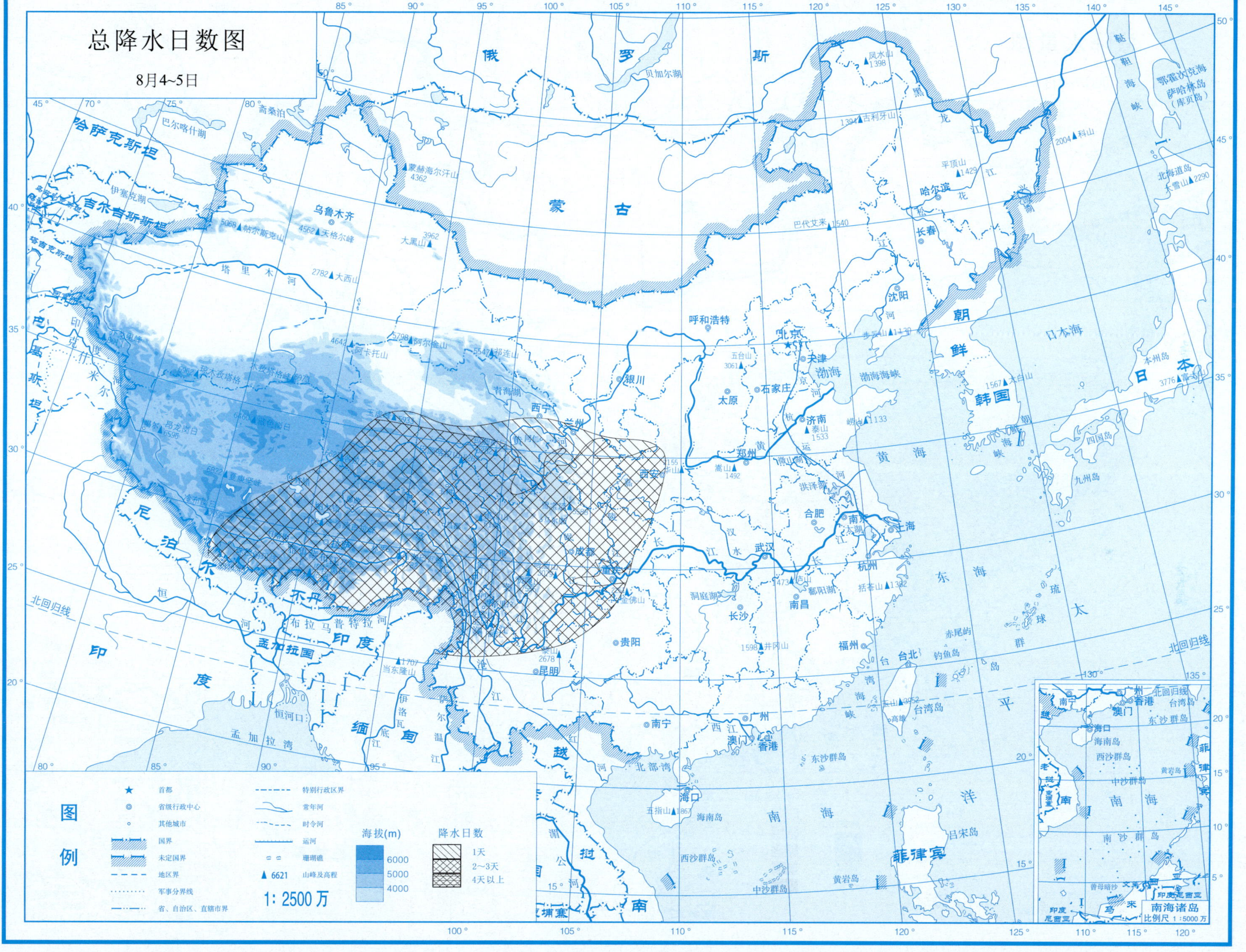
总降水日数图
8月4~5日
图例
首都
省级行政中心
其他城市
国界
未定国界
地区界
军事分界线
省、自治区、直辖市界
特别行政区界
常年河
时令河
运河
珊瑚礁
山峰及高程
海拔(m)
6000
5000
4000
降水日数
1天
2~3天
4天以上
1: 2500万
南海诸岛
比例尺 1:5000万

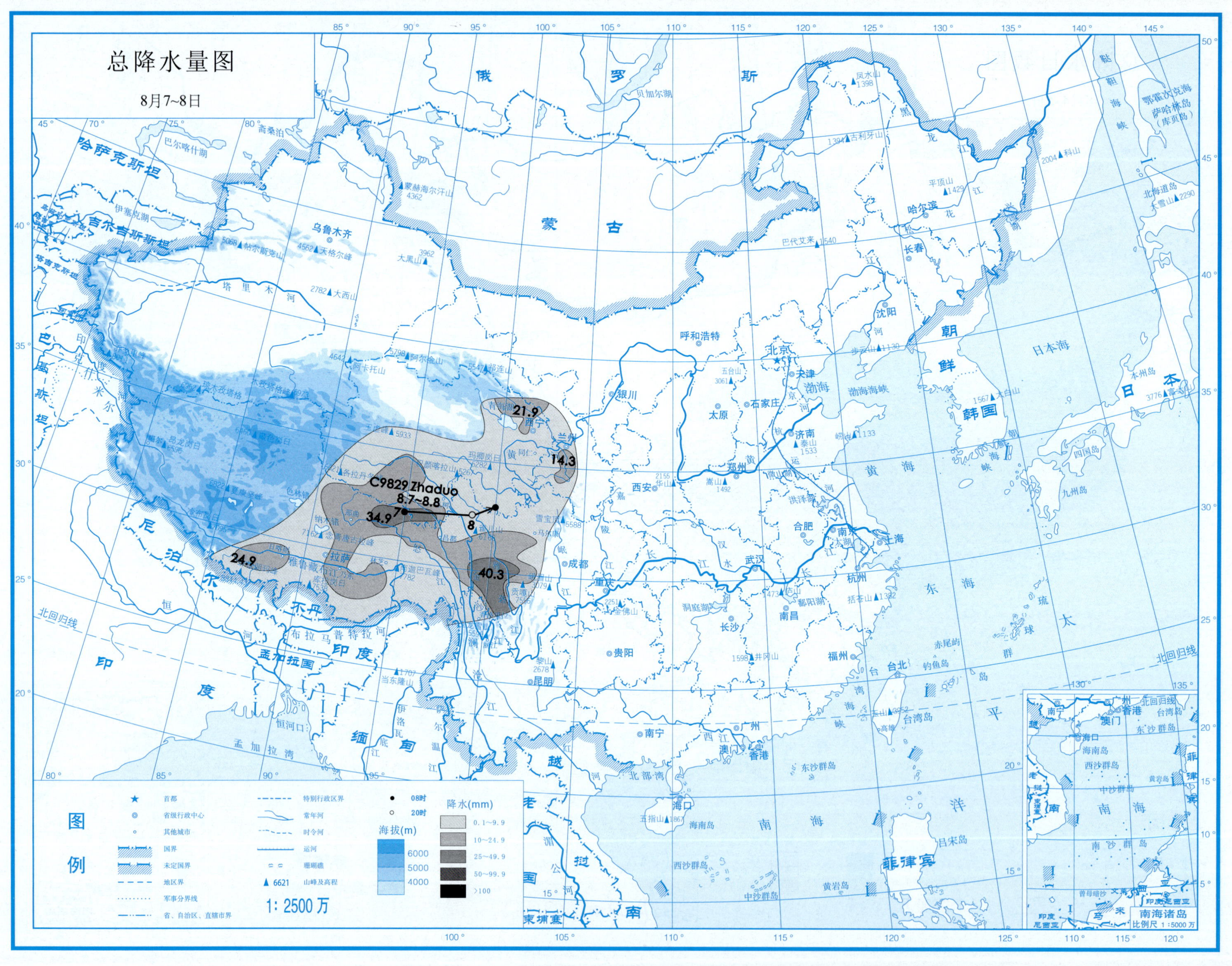
总降水量图
8月7~8日
C9829 Zhaduo
8.7~8.8
7
8
34.9
21.9
14.3
24.9
40.3
图例
首都
省级行政中心
其他城市
国界
未定国界
地区界
军事分界线
省、自治区、直辖市界
特别行政区界
常年河
时令河
运河
珊瑚礁
6621 山峰及高程
1: 2500 万
08时
20时
海拔(m)
6000
5000
4000
降水(mm)
0.1~9.9
10~24.9
25~49.9
50~99.9
>100
南海诸岛
比例尺 1:5000 万

# 总降水日数图

8月7~8日

**图例**

| | | | |
|---|---|---|---|
| ★ 首都 | 特别行政区界 | **海拔(m)** | **降水日数** |
| ◎ 省级行政中心 | 常年河 | 6000 | 1天 |
| ○ 其他城市 | 时令河 | 5000 | 2~3天 |
| 国界 | 运河 | 4000 | 4天以上 |
| 未定国界 | 珊瑚礁 | | |
| 地区界 | ▲6621 山峰及高程 | | |
| 军事分界线 | | | |
| 省、自治区、直辖市界 | | | |

1: 2500万

南海诸岛 比例尺 1:5000万

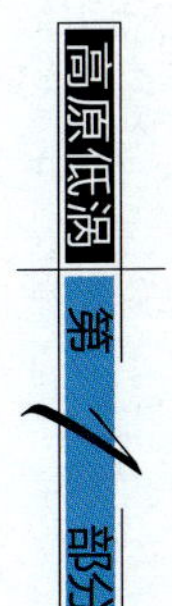

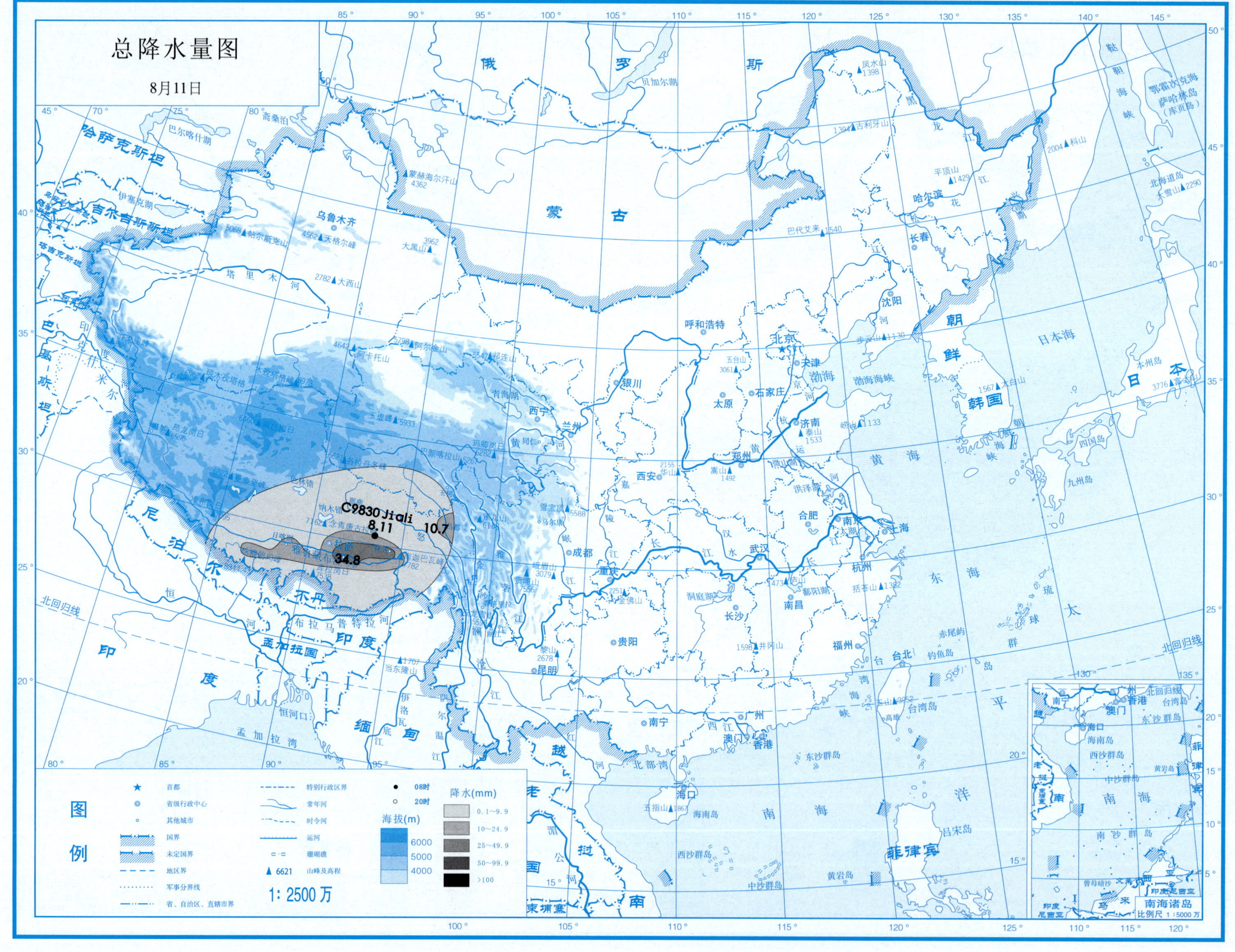
总降水量图
8月11日
C9830 Jiali
8.11
10.7
34.8
图例
首都
省级行政中心
其他城市
国界
未定国界
地区界
军事分界线
省、自治区、直辖市界
特别行政区界
常年河
时令河
运河
珊瑚礁
6621 山峰及高程
1: 2500 万
08时
20时
海拔(m)
6000
5000
4000
降水(mm)
0.1~9.9
10~24.9
25~49.9
50~99.9
>100
南海诸岛
比例尺 1:5000 万

# 总降水日数图

8月11日

图例

- ★ 首都
- ◎ 省级行政中心
- ○ 其他城市
- 国界
- 未定国界
- 地区界
- 军事分界线
- 省、自治区、直辖市界
- 特别行政区界
- 常年河
- 时令河
- 运河
- 珊瑚礁
- ▲6621 山峰及高程

海拔(m)

- 6000
- 5000
- 4000

降水日数

- 1天
- 2~3天
- 4天以上

1∶2500万

南海诸岛 比例尺 1∶5000万



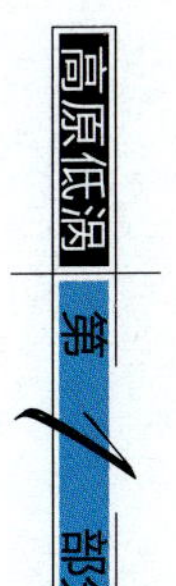

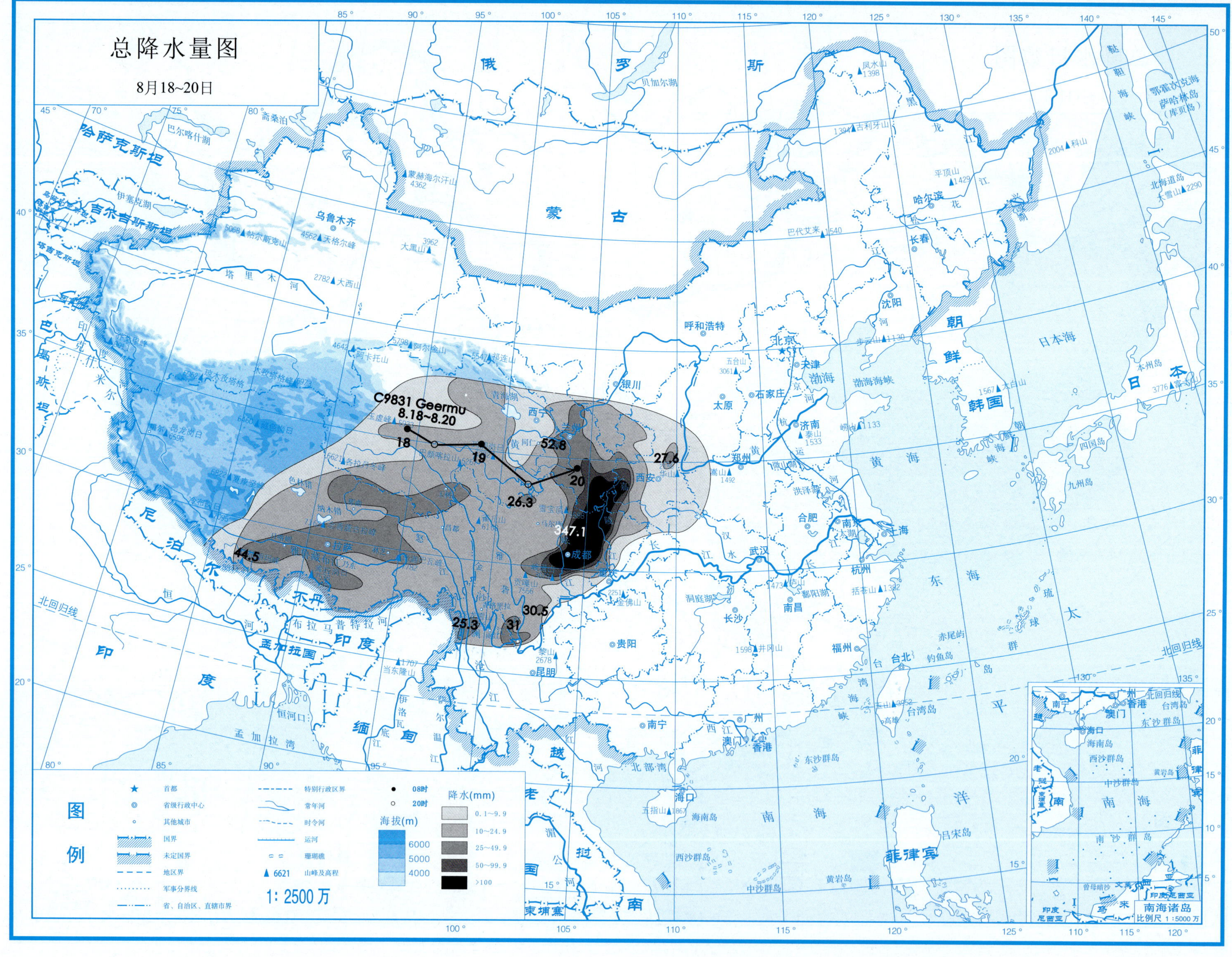
总降水量图
8月18~20日
C9831 Geermu
8.18~8.20
18
19
52.8
20
26.3
27.6
347.1
44.5
30.5
25.3
31
图例
首都
省级行政中心
其他城市
国界
未定国界
地区界
军事分界线
省、自治区、直辖市界
特别行政区界
常年河
时令河
运河
珊瑚礁
6621 山峰及高程
08时
20时
海拔(m)
6000
5000
4000
降水(mm)
0.1~9.9
10~24.9
25~49.9
50~99.9
>100
1: 2500万
南海诸岛
比例尺 1:5000万

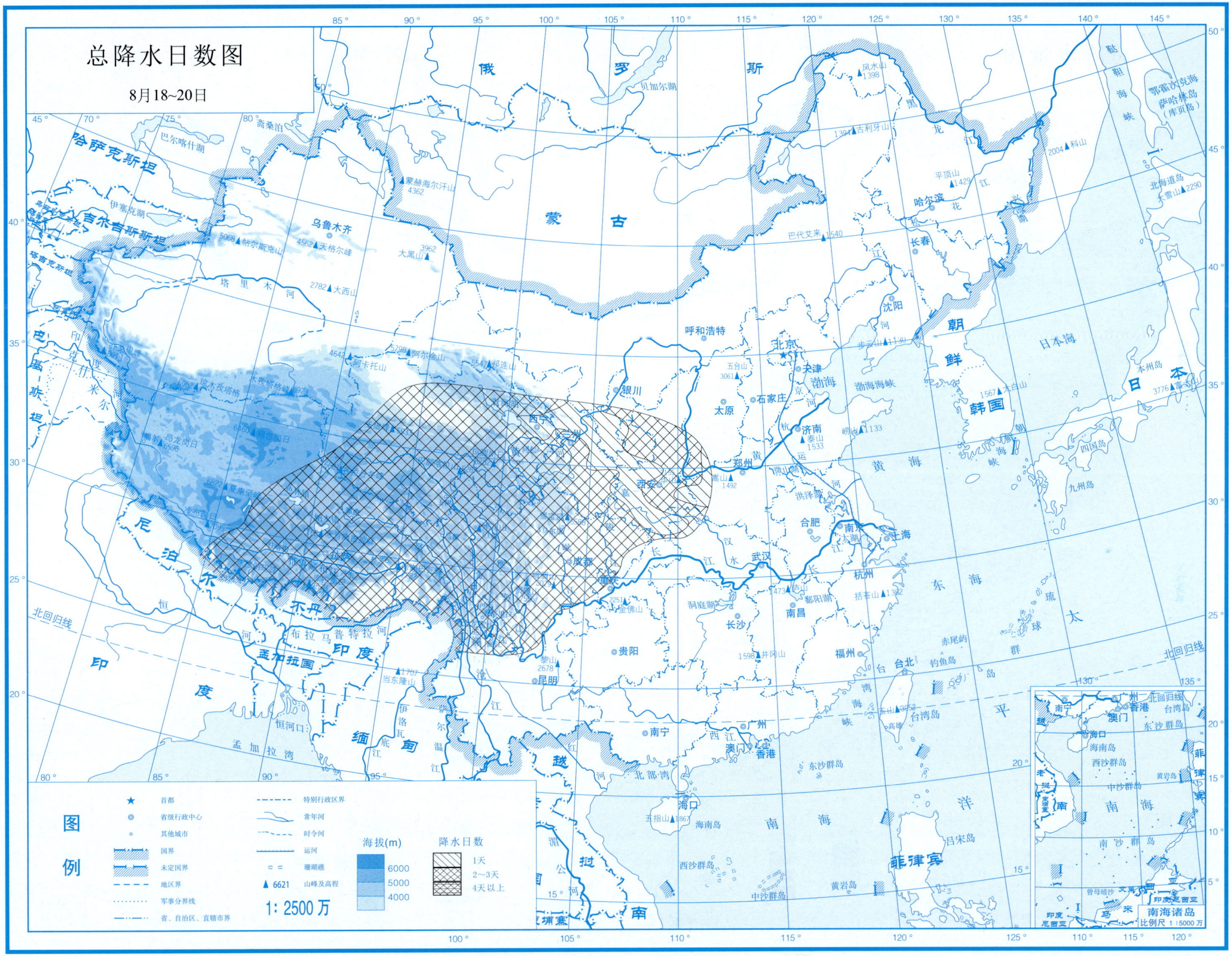

总降水日数图
8月18~20日
图例
首都
省级行政中心
其他城市
国界
未定国界
地区界
军事分界线
省、自治区、直辖市界
特别行政区界
常年河
时令河
运河
珊瑚礁
6621 山峰及高程
海拔(m)
6000
5000
4000
降水日数
1天
2~3天
4天以上
1: 2500万
南海诸岛
比例尺 1:5000万
俄罗斯
蒙古
哈萨克斯坦
吉尔吉斯斯坦
塔吉克斯坦
巴基斯坦
印度
尼泊尔
不丹
孟加拉国
缅甸
越南
朝鲜
韩国
日本
菲律宾
北京
天津
呼和浩特
银川
西宁
兰州
太原
石家庄
济南
郑州
西安
成都
重庆
武汉
合肥
南京
上海
杭州
长沙
南昌
福州
台北
贵阳
昆明
南宁
广州
香港
澳门
海口
乌鲁木齐
沈阳
长春
哈尔滨
渤海
黄海
东海
南海
日本海
太平洋
北回归线

青藏高原低涡切变线年鉴 1998

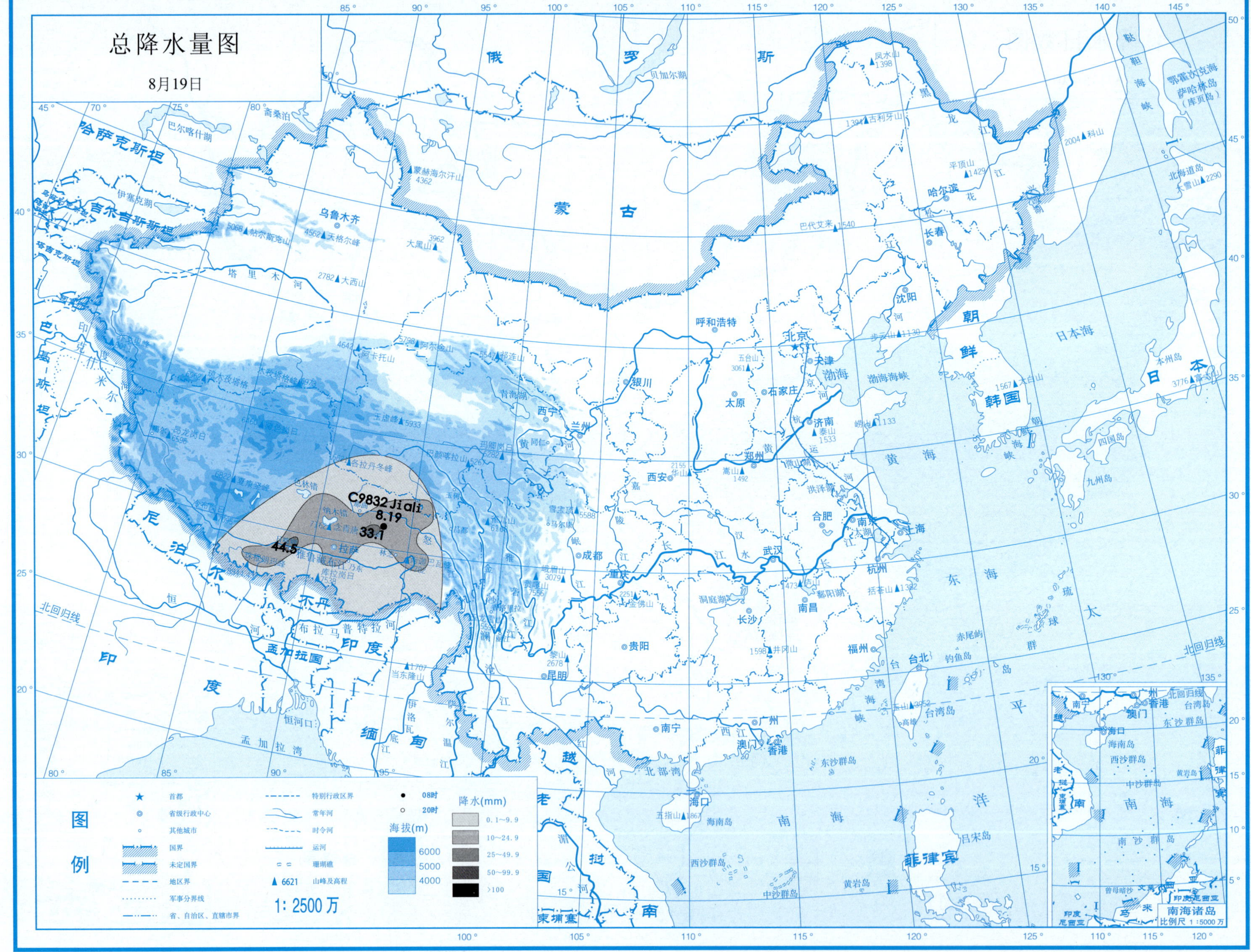

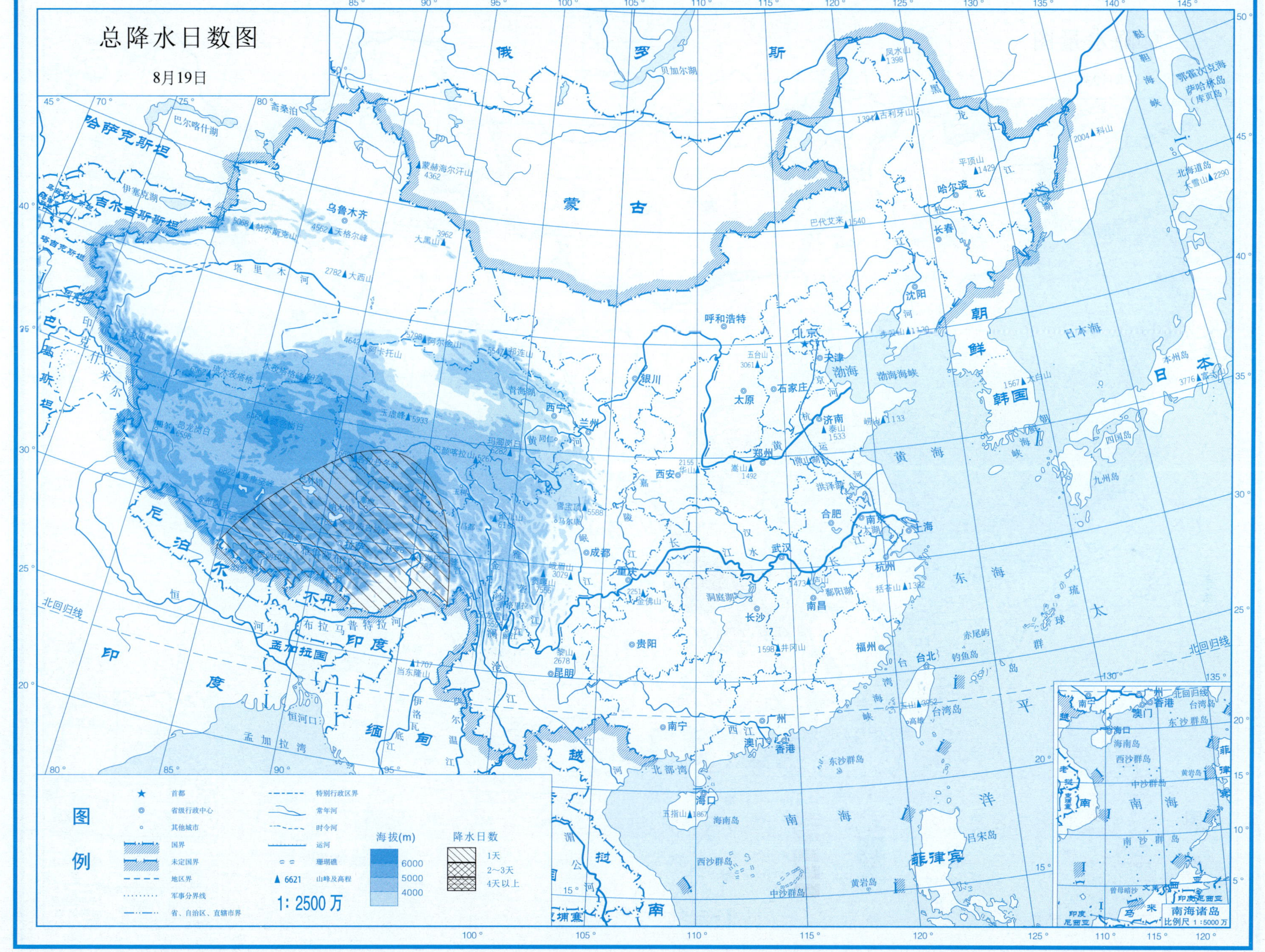
总降水日数图
8月19日
图例
首都
省级行政中心
其他城市
国界
未定国界
地区界
军事分界线
省、自治区、直辖市界
特别行政区界
常年河
时令河
运河
珊瑚礁
6621 山峰及高程
海拔(m)
6000
5000
4000
降水日数
1天
2~3天
4天以上
1: 2500万
俄罗斯
蒙古
哈萨克斯坦
吉尔吉斯斯坦
塔吉克斯坦
巴基斯坦
尼泊尔
不丹
印度
孟加拉国
缅甸
越南
老挝
朝鲜
韩国
日本
菲律宾
南海诸岛
比例尺 1:5000万

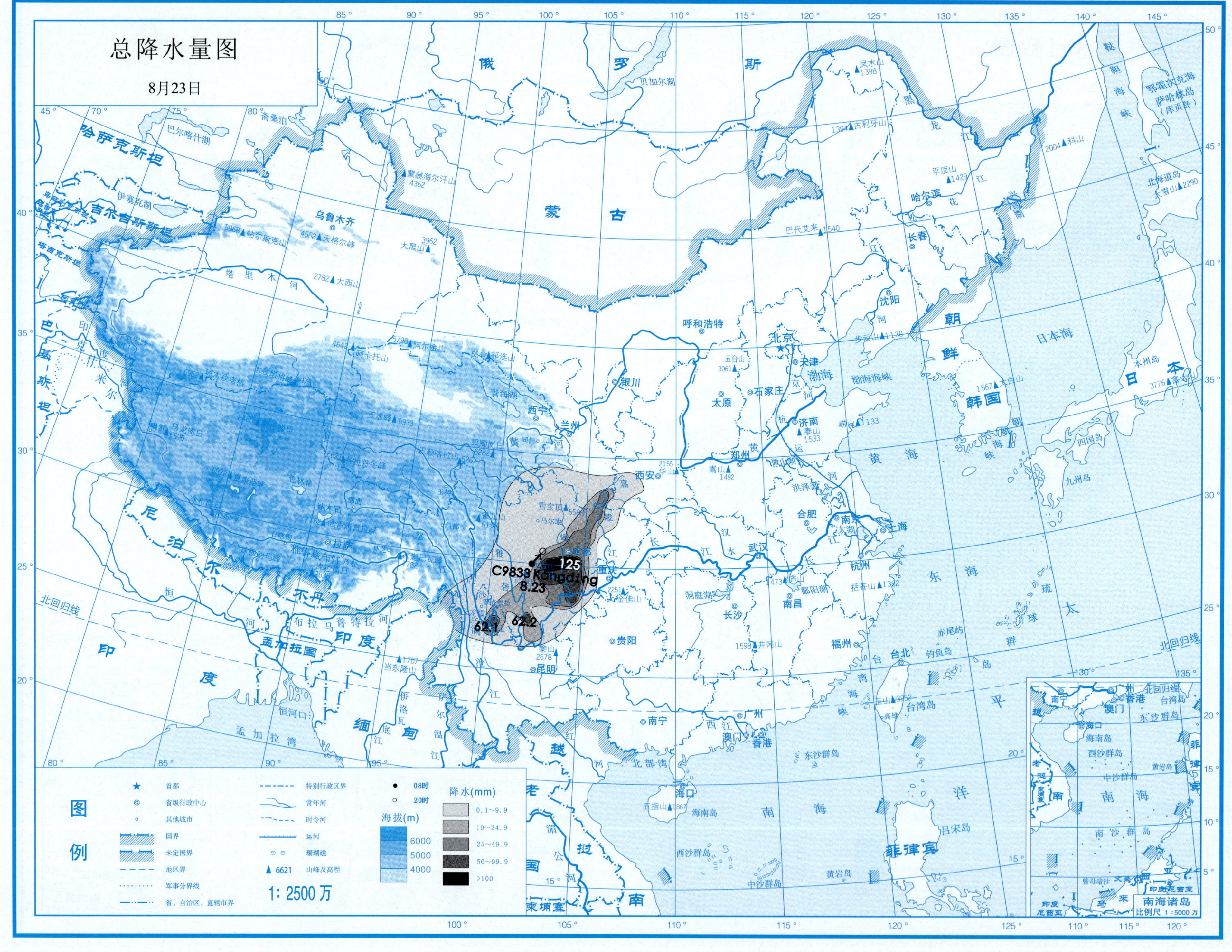

总降水量图
8月23日
C9833 Kangding
8.23
125
62.1
62.2
图例
首都
省级行政中心
其他城市
国界
未定国界
地区界
军事分界线
省、自治区、直辖市界
特别行政区界
常年河
时令河
运河
珊瑚礁
6621 山峰及高程
08时
20时
海拔(m)
6000
5000
4000
降水(mm)
0.1~9.9
10~24.9
25~49.9
50~99.9
>100
1：2500万
南海诸岛
比例尺 1：5000万

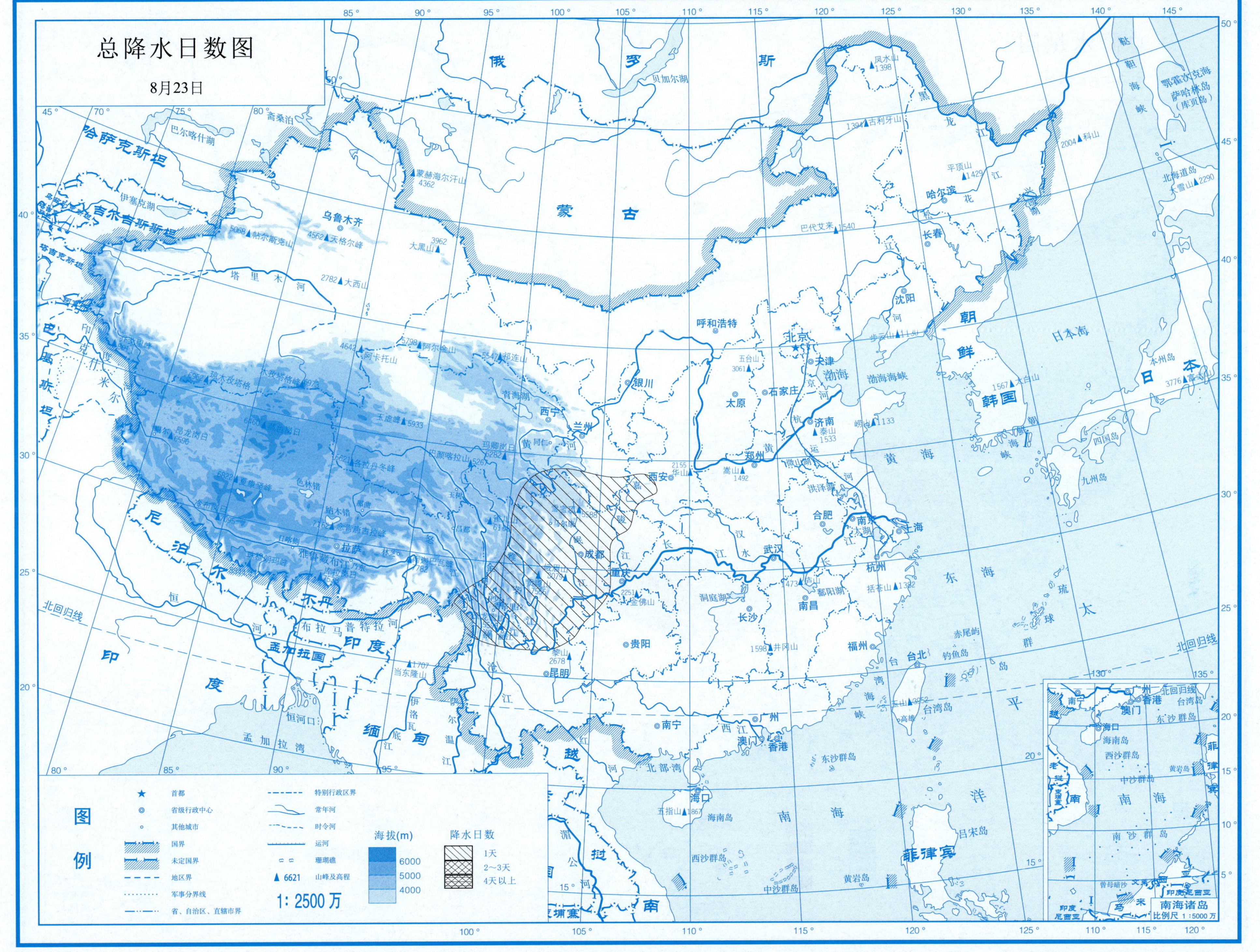
总降水日数图
8月23日
图例
首都
省级行政中心
其他城市
国界
未定国界
地区界
军事分界线
省、自治区、直辖市界
特别行政区界
常年河
时令河
运河
珊瑚礁
山峰及高程
1：2500万
海拔(m)
6000
5000
4000
降水日数
1天
2～3天
4天以上
俄　罗　斯
蒙　古
哈萨克斯坦
吉尔吉斯斯坦
塔吉克斯坦
巴基斯坦
尼泊尔
不丹
印度
孟加拉国
缅甸
越南
老挝
柬埔寨
朝鲜
韩国
日本
菲律宾
北京
天津
石家庄
太原
呼和浩特
沈阳
长春
哈尔滨
济南
郑州
西安
银川
兰州
西宁
乌鲁木齐
拉萨
成都
重庆
贵阳
昆明
南宁
广州
香港
澳门
海口
长沙
南昌
武汉
合肥
南京
上海
杭州
福州
台北
渤海
黄海
东海
南海
日本海
太平洋
北回归线
南海诸岛
比例尺 1：5000万

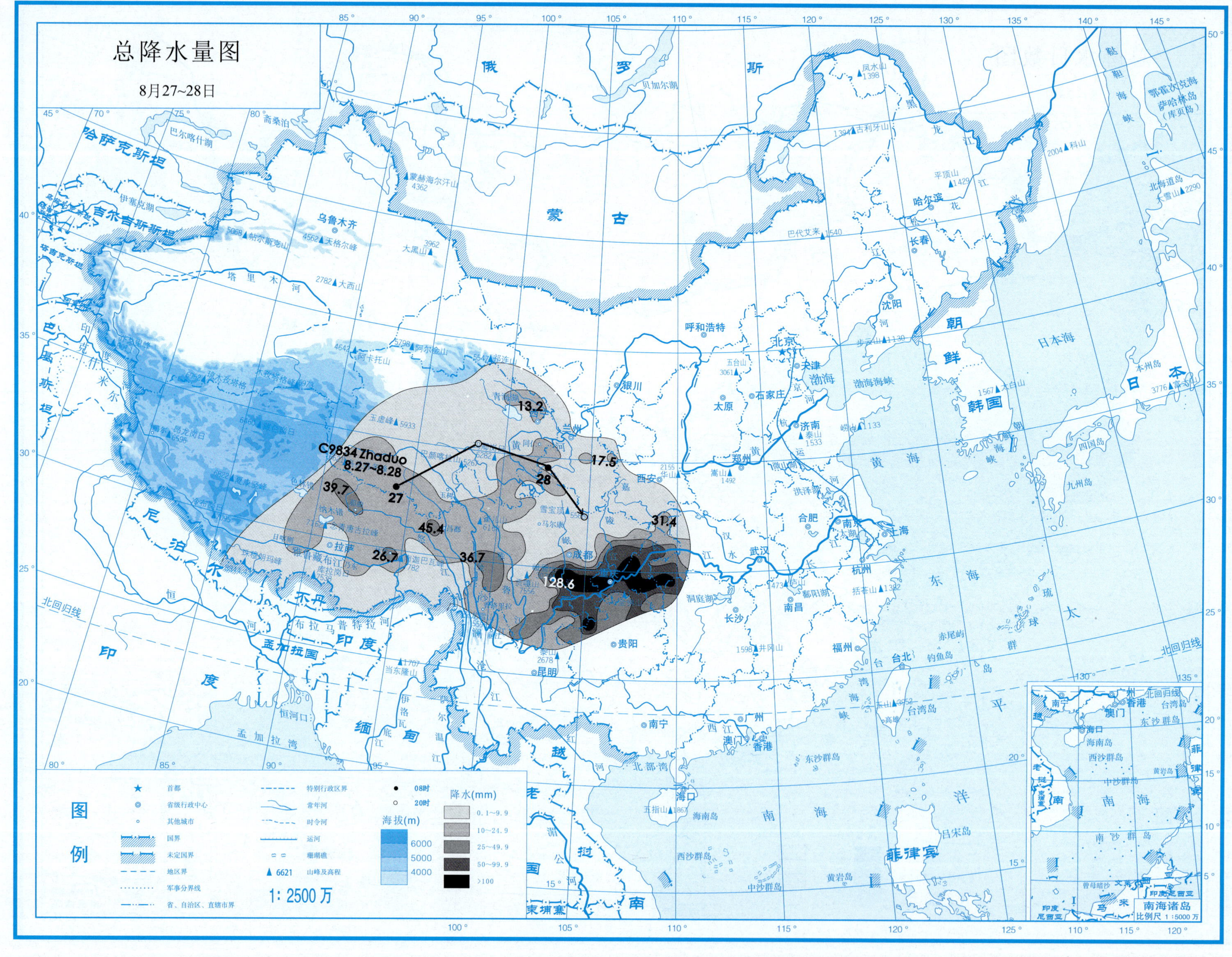

总降水量图
8月27~28日
C9834 Zhaduo
8.27~8.28
27
28
13.2
17.5
39.7
45.4
26.7
36.7
31.4
128.6
图例
首都
省级行政中心
其他城市
国界
未定国界
地区界
军事分界线
省、自治区、直辖市界
特别行政区界
常年河
时令河
运河
珊瑚礁
6621 山峰及高程
08时
20时
海拔(m)
6000
5000
4000
降水(mm)
0.1~9.9
10~24.9
25~49.9
50~99.9
>100
1: 2500 万
南海诸岛
比例尺 1:5000 万

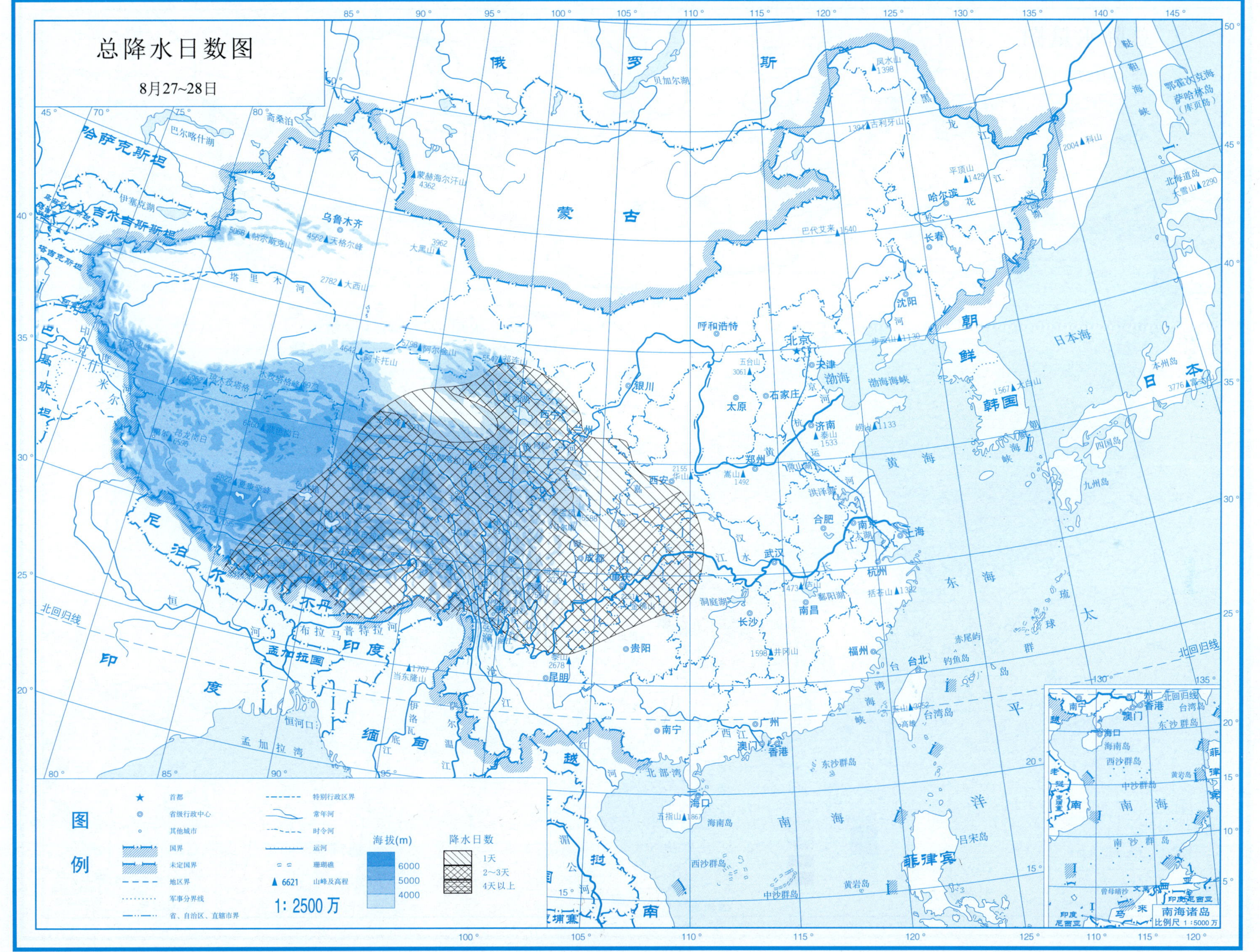


Page...105

高原低涡

第1部分

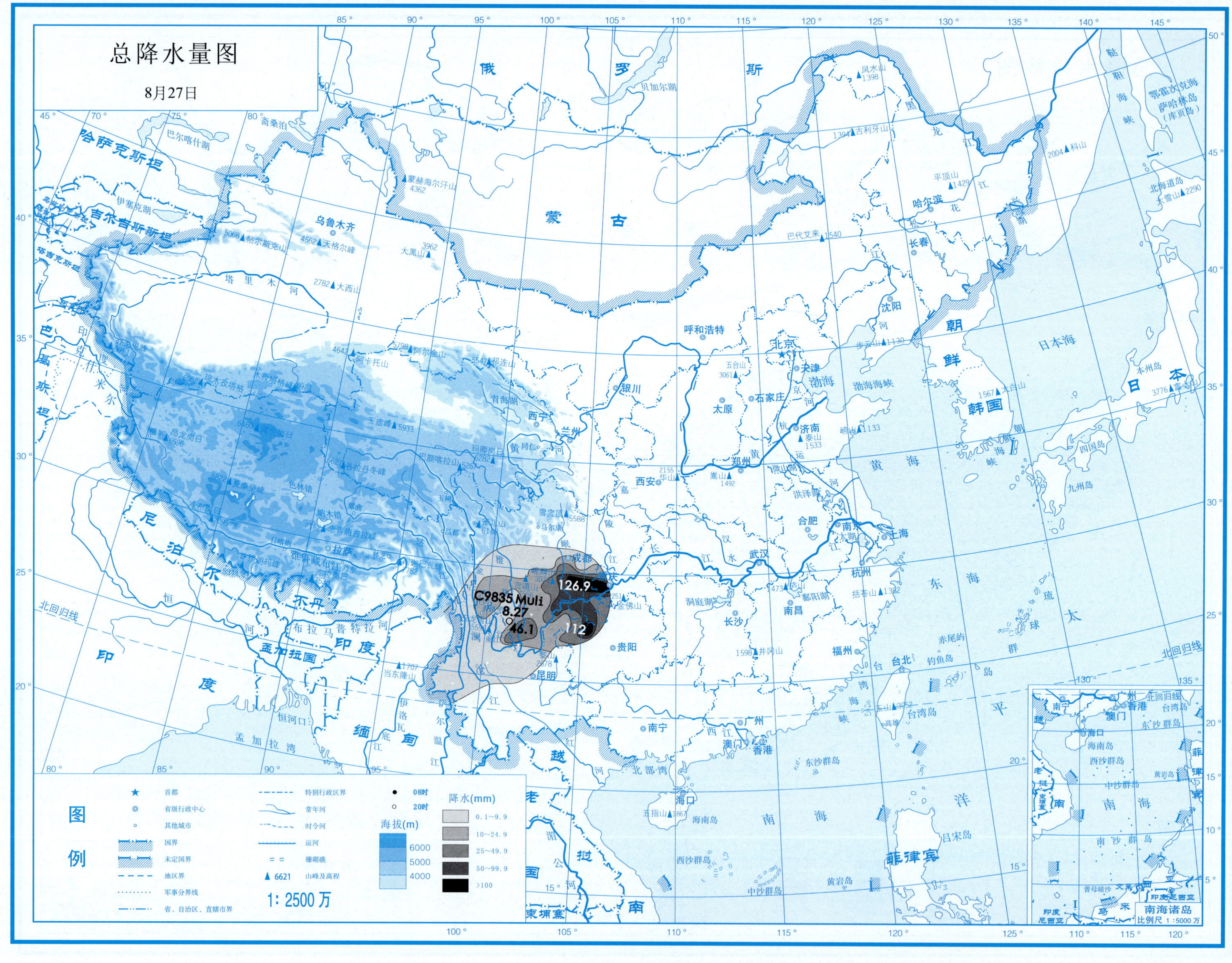

总降水量图
8月27日
C9835 Muli
8.27
46.1
126.9
112
图例
首都
省级行政中心
其他城市
国界
未定国界
地区界
军事分界线
省、自治区、直辖市界
特别行政区界
常年河
时令河
运河
珊瑚礁
6621 山峰及高程
08时
20时
海拔(m)
6000
5000
4000
降水(mm)
0.1~9.9
10~24.9
25~49.9
50~99.9
>100
1: 2500万
南海诸岛
比例尺 1:5000万

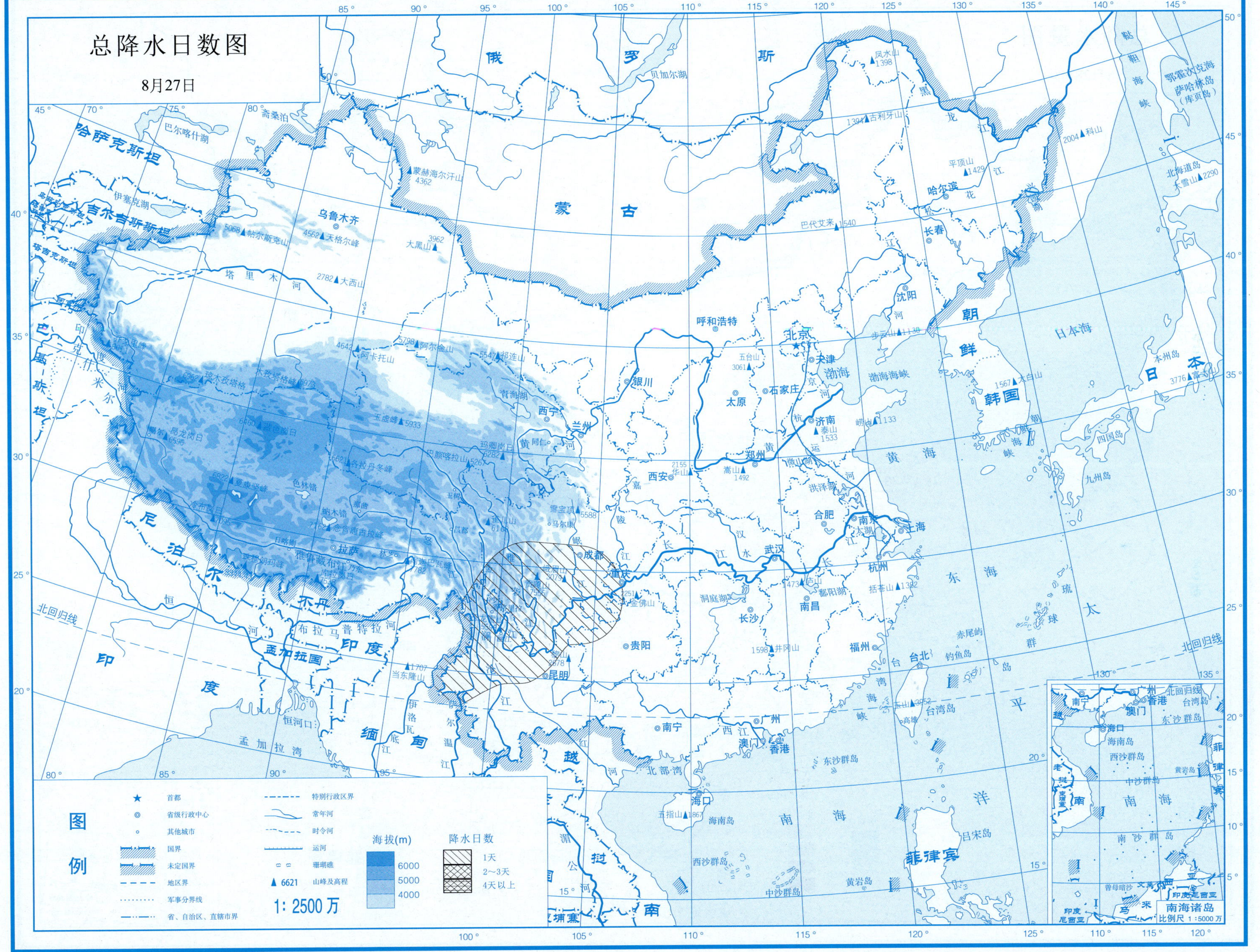
总降水日数图
8月27日
图例
首都
省级行政中心
其他城市
国界
未定国界
地区界
军事分界线
省、自治区、直辖市界
特别行政区界
常年河
时令河
运河
珊瑚礁
6621 山峰及高程
1：2500万
海拔(m)
6000
5000
4000
降水日数
1天
2～3天
4天以上
南海诸岛
比例尺 1：5000万

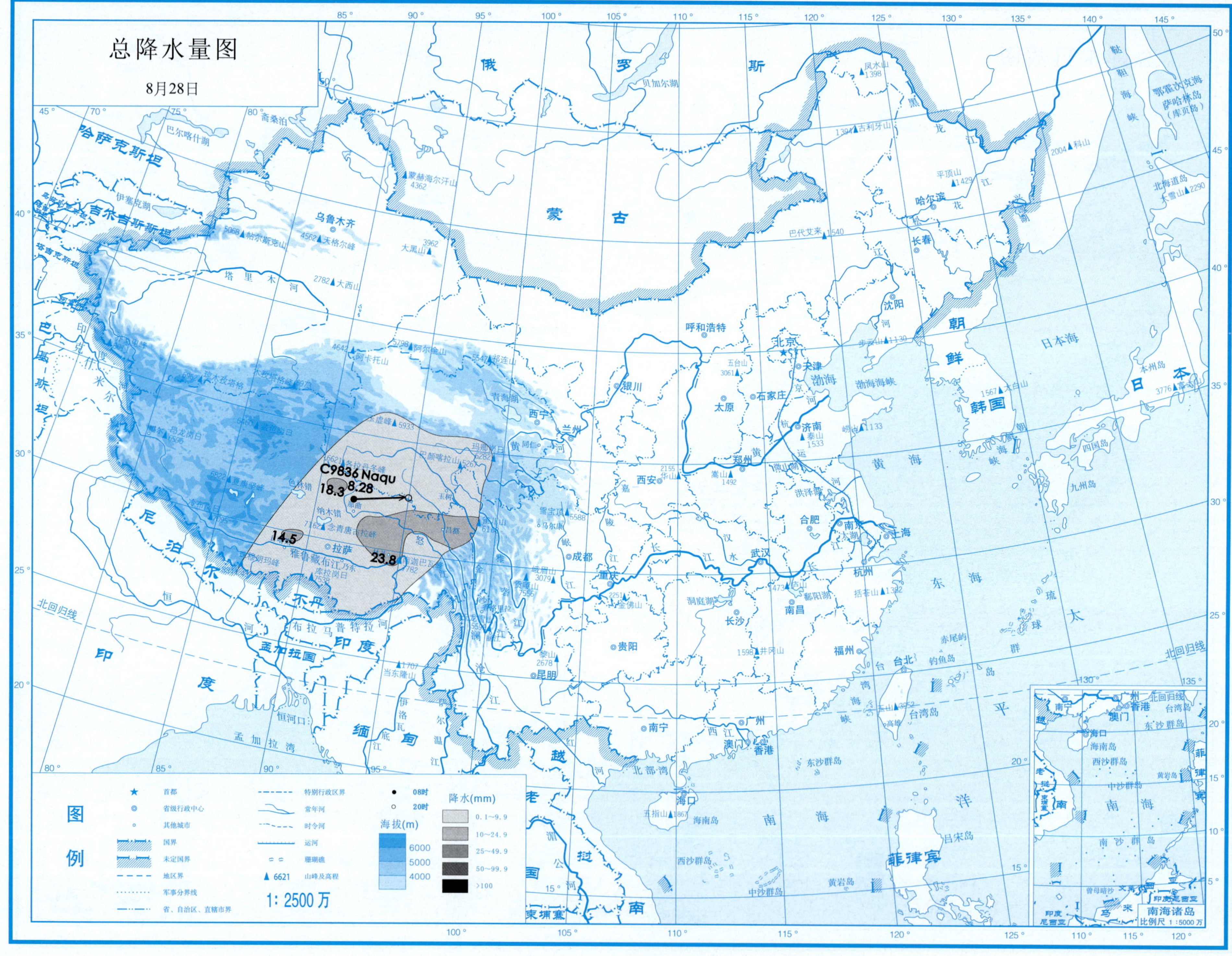
总降水量图
8月28日
C9836 Naqu
8.28
18.3
14.5
23.8
图例
首都
省级行政中心
其他城市
国界
未定国界
地区界
军事分界线
省、自治区、直辖市界
特别行政区界
常年河
时令河
运河
珊瑚礁
6621 山峰及高程
08时
20时
海拔(m)
6000
5000
4000
降水(mm)
0.1～9.9
10～24.9
25～49.9
50～99.9
>100
1: 2500 万
南海诸岛
比例尺 1:5000 万

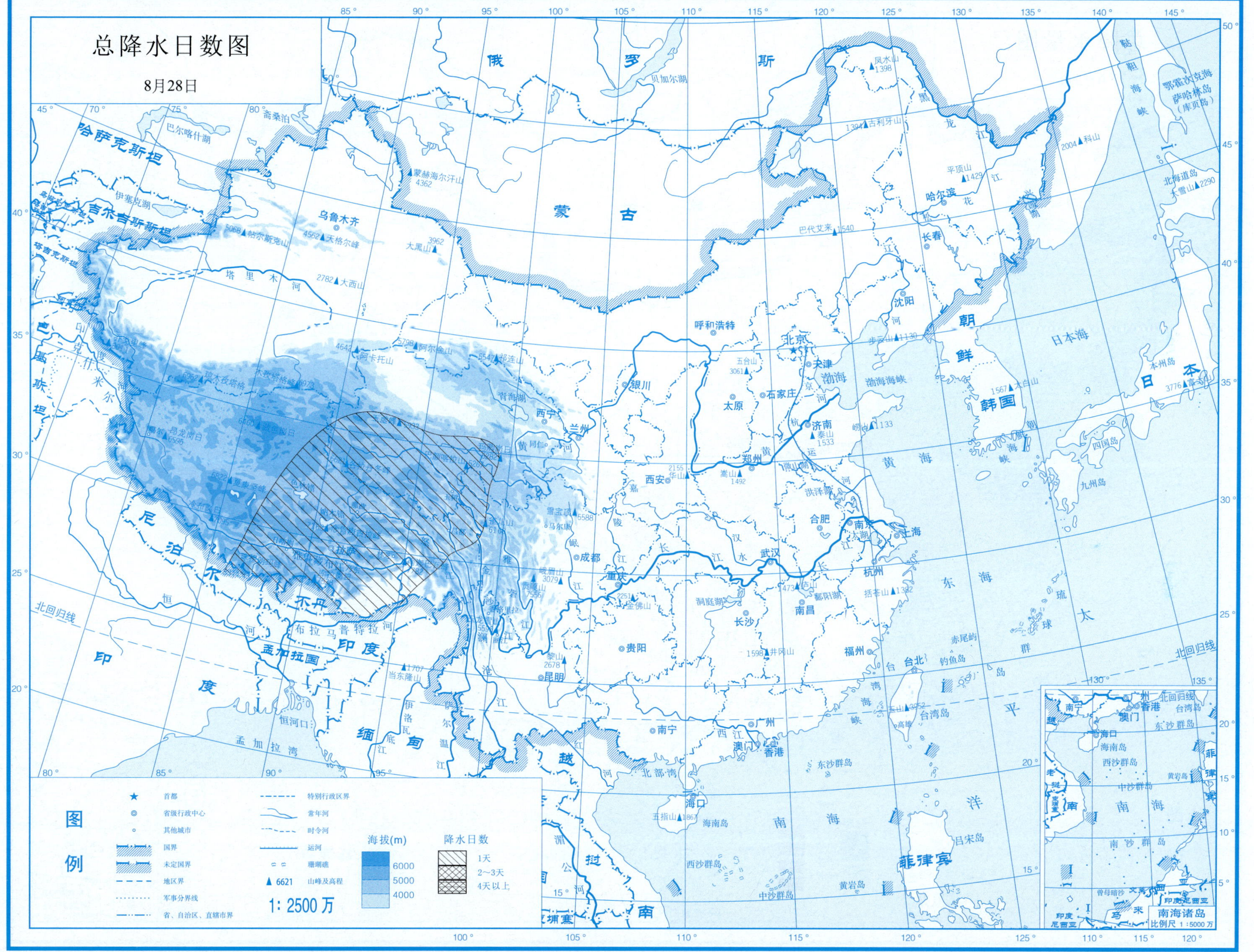

总降水日数图
8月28日
图例
首都
省级行政中心
其他城市
国界
未定国界
地区界
军事分界线
省、自治区、直辖市界
特别行政区界
常年河
时令河
运河
珊瑚礁
6621 山峰及高程
海拔(m)
6000
5000
4000
降水日数
1天
2~3天
4天以上
1: 2500 万
南海诸岛
比例尺 1:5000 万

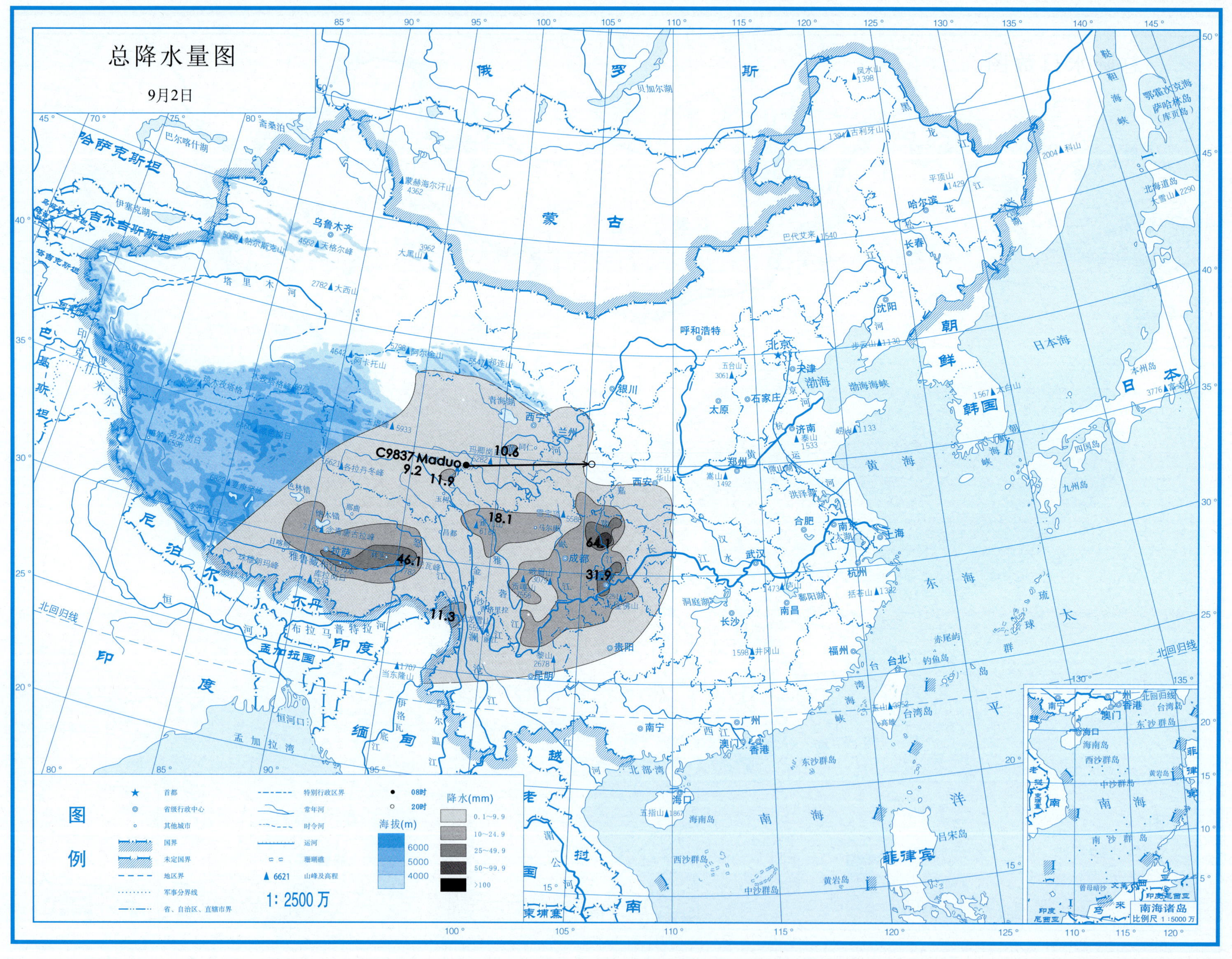
总降水量图
9月2日
C9837 Maduo
10.6
9.2
11.9
18.1
64.1
46.1
31.9
11.3
图例
首都
省级行政中心
其他城市
国界
未定国界
地区界
军事分界线
省、自治区、直辖市界
特别行政区界
常年河
时令河
运河
珊瑚礁
6621 山峰及高程
08时
20时
海拔(m)
6000
5000
4000
降水(mm)
0.1~9.9
10~24.9
25~49.9
50~99.9
>100
1: 2500 万
南海诸岛
比例尺 1:5000 万

# 总降水日数图

9月2日

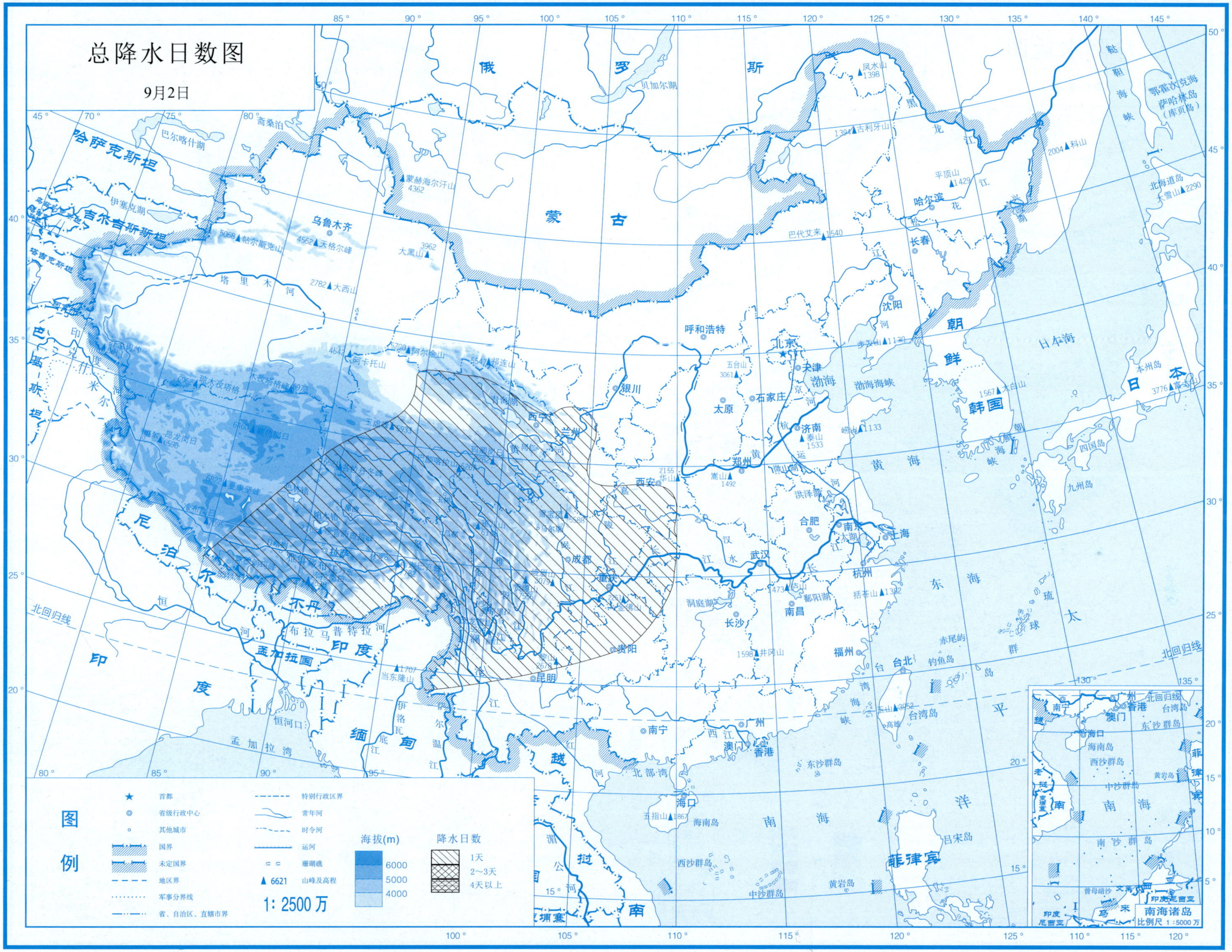

图例

★ 首都
◎ 省级行政中心
○ 其他城市
国界
未定国界
地区界
军事分界线
省、自治区、直辖市界
特别行政区界
常年河
时令河
运河
珊瑚礁
▲ 6621 山峰及高程

海拔(m)
6000
5000
4000

降水日数
1天
2~3天
4天以上

1: 2500 万

南海诸岛
比例尺 1:5000 万

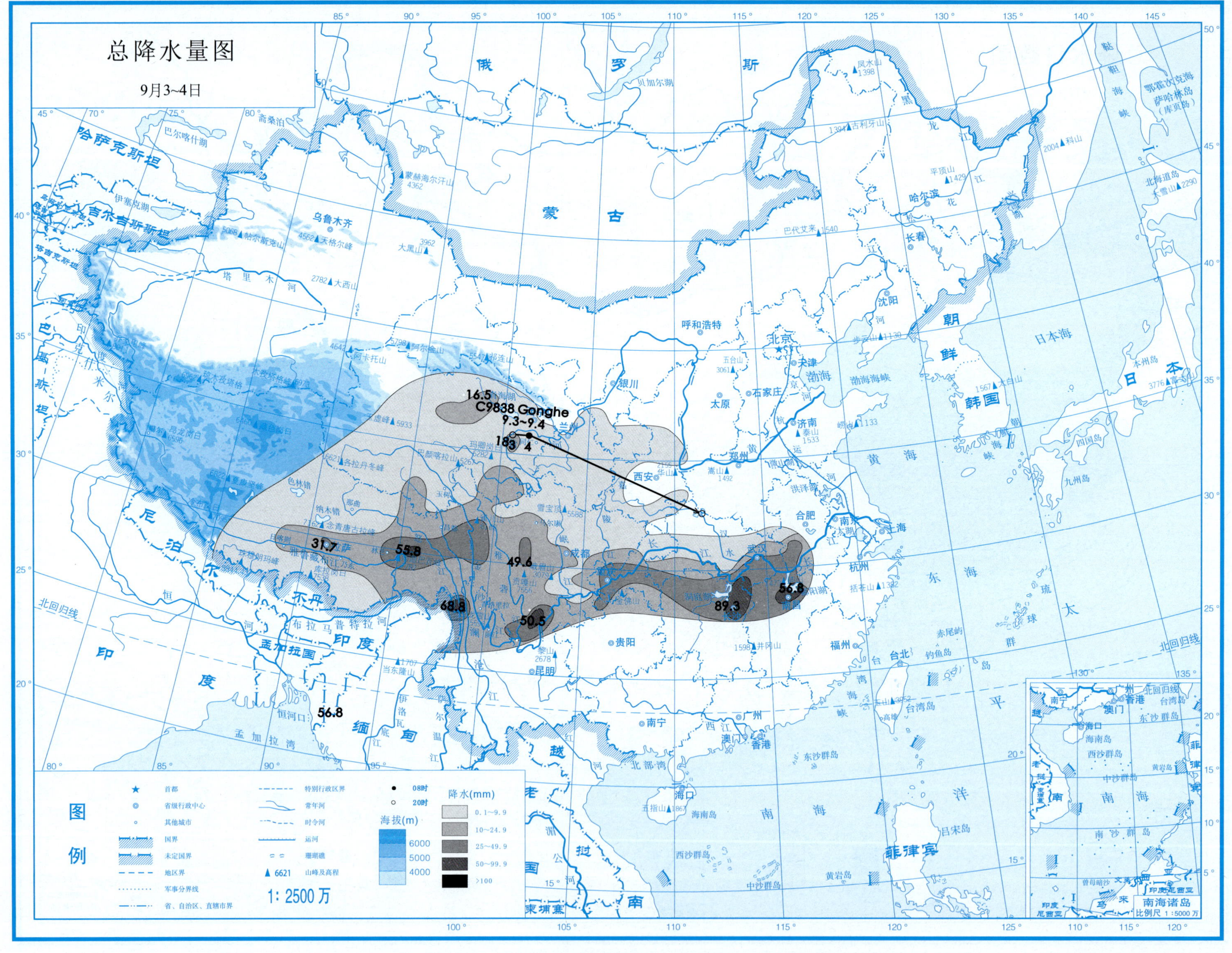
总降水量图
9月3~4日
16.5
C9838 Gonghe
9.3~9.4
183
4
31.7
55.8
49.6
68.8
50.5
89.3
56.8
56.8
图例
首都
省级行政中心
其他城市
国界
未定国界
地区界
军事分界线
省、自治区、直辖市界
特别行政区界
常年河
时令河
运河
珊瑚礁
6621 山峰及高程
08时
20时
海拔(m)
6000
5000
4000
降水(mm)
0.1~9.9
10~24.9
25~49.9
50~99.9
>100
1: 2500万
南海诸岛
比例尺 1:5000万

# 总降水日数图

9月3~4日

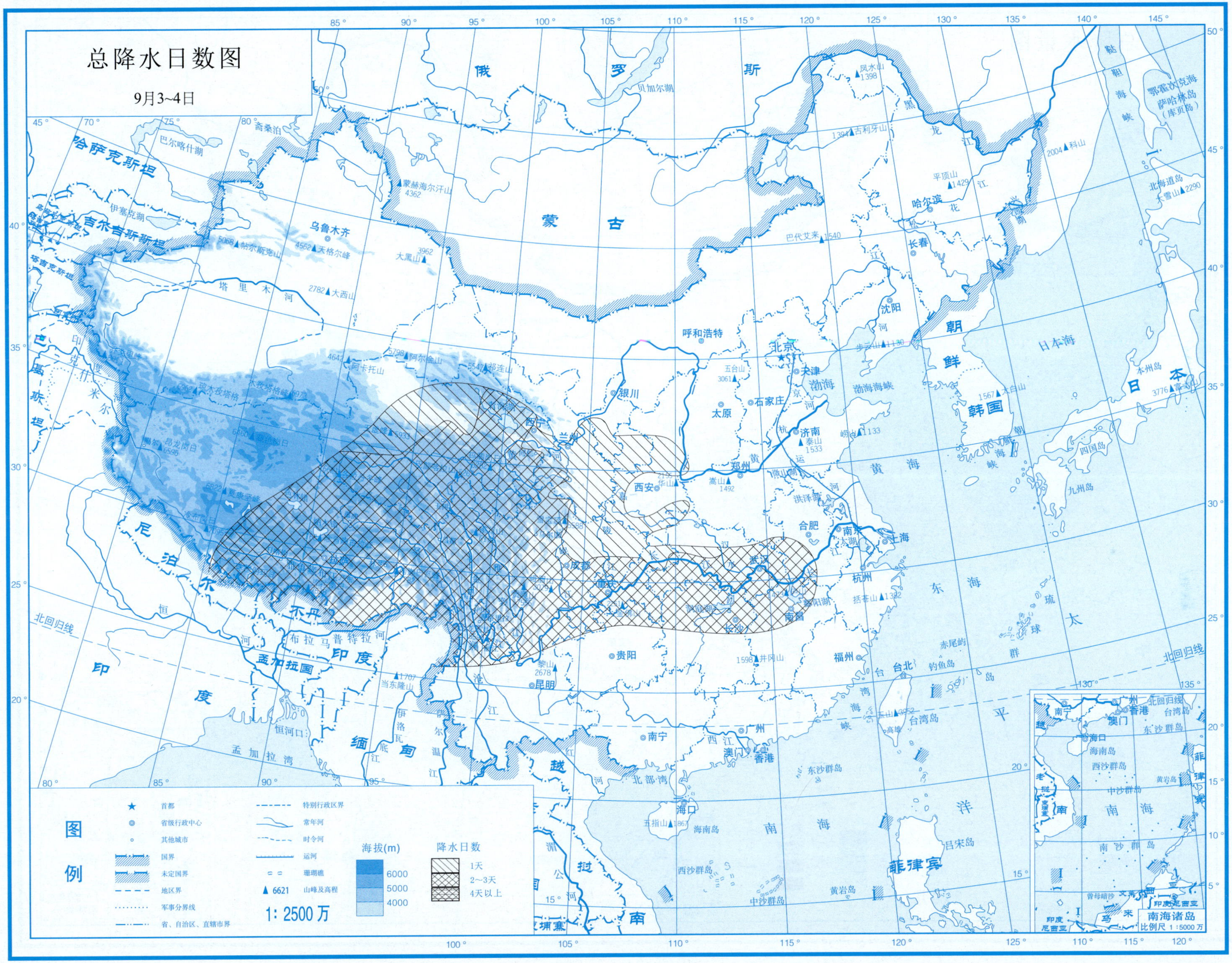

图例

- ★ 首都
- ◎ 省级行政中心
- ○ 其他城市
- 国界
- 未定国界
- 地区界
- 军事分界线
- 省、自治区、直辖市界
- 特别行政区界
- 常年河
- 时令河
- 运河
- 珊瑚礁
- ▲ 6621 山峰及高程

海拔(m)：6000、5000、4000

降水日数：1天、2~3天、4天以上

1：2500 万

南海诸岛 比例尺 1：5000 万

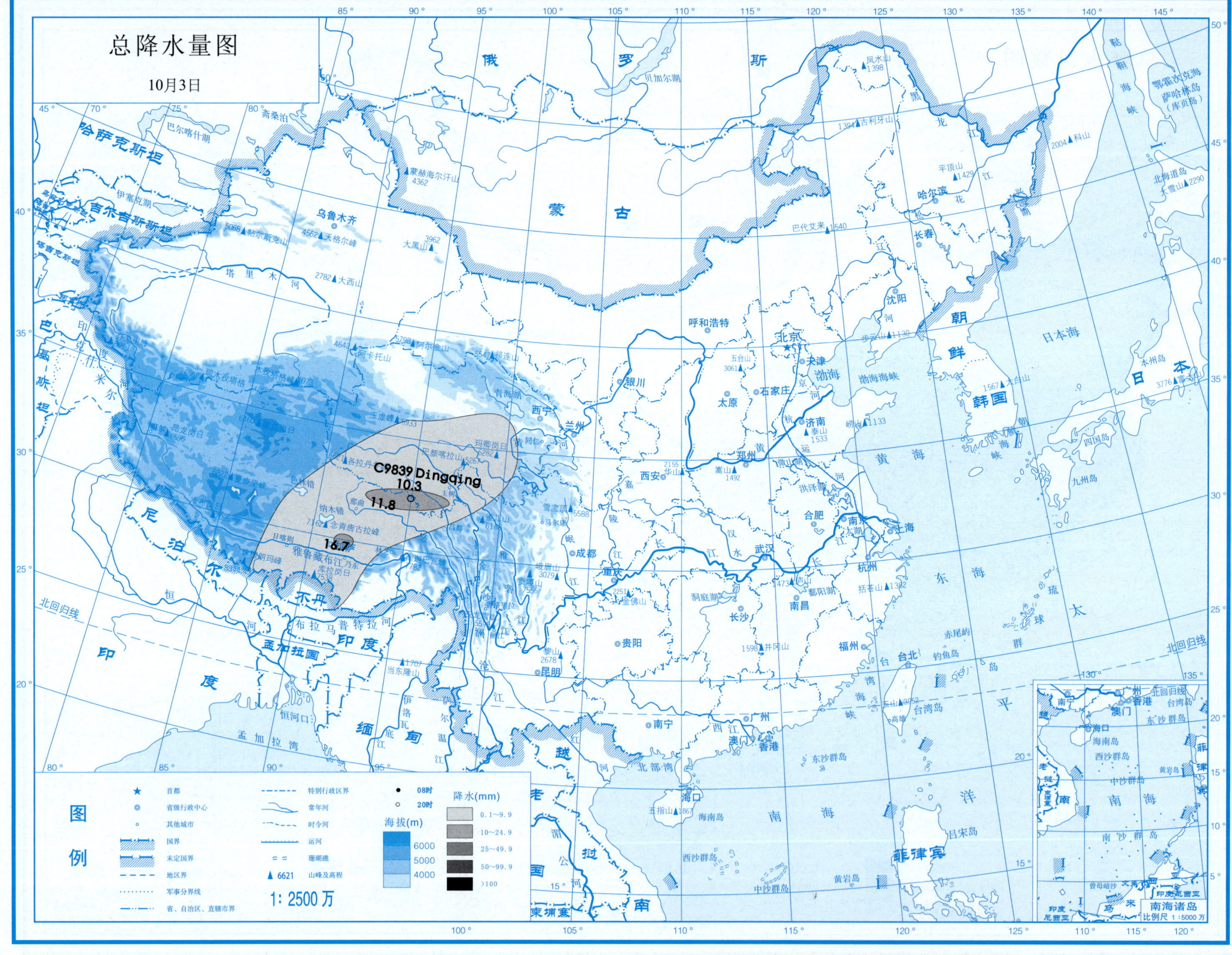
总降水量图
10月3日
C9839 Dingqing
10.3
11.8
16.7
图例
首都
省级行政中心
其他城市
国界
未定国界
地区界
军事分界线
省、自治区、直辖市界
特别行政区界
常年河
时令河
运河
珊瑚礁
山峰及高程
08时
20时
海拔(m)
6000
5000
4000
降水(mm)
0.1~9.9
10~24.9
25~49.9
50~99.9
>100
1: 2500 万
南海诸岛
比例尺 1:5000 万

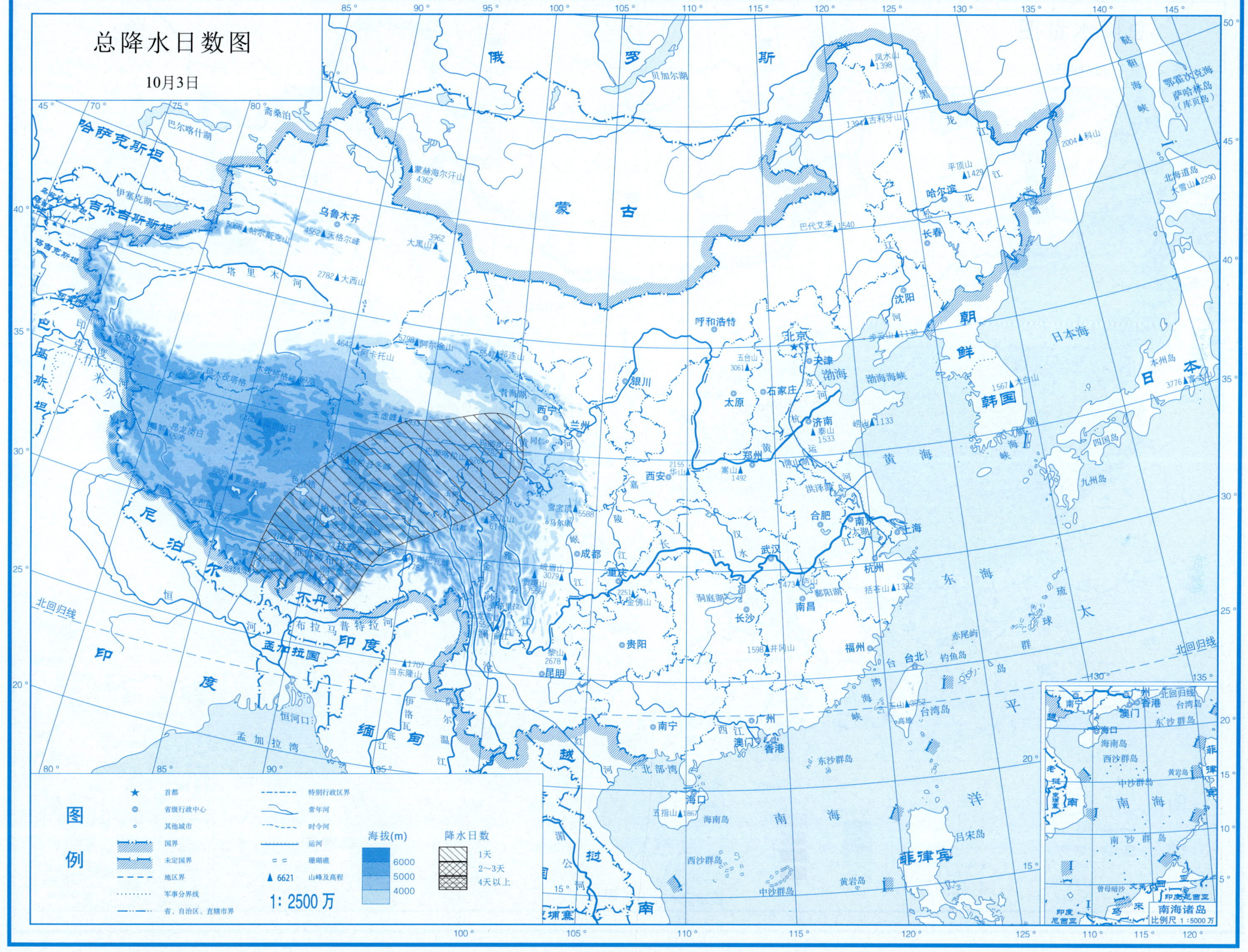
总降水日数图
10月3日
图例
首都
省级行政中心
其他城市
国界
未定国界
地区界
军事分界线
省、自治区、直辖市界
特别行政区界
常年河
时令河
运河
珊瑚礁
6621 山峰及高程
1: 2500万
海拔(m)
6000
5000
4000
降水日数
1天
2~3天
4天以上
南海诸岛
比例尺 1:5000万

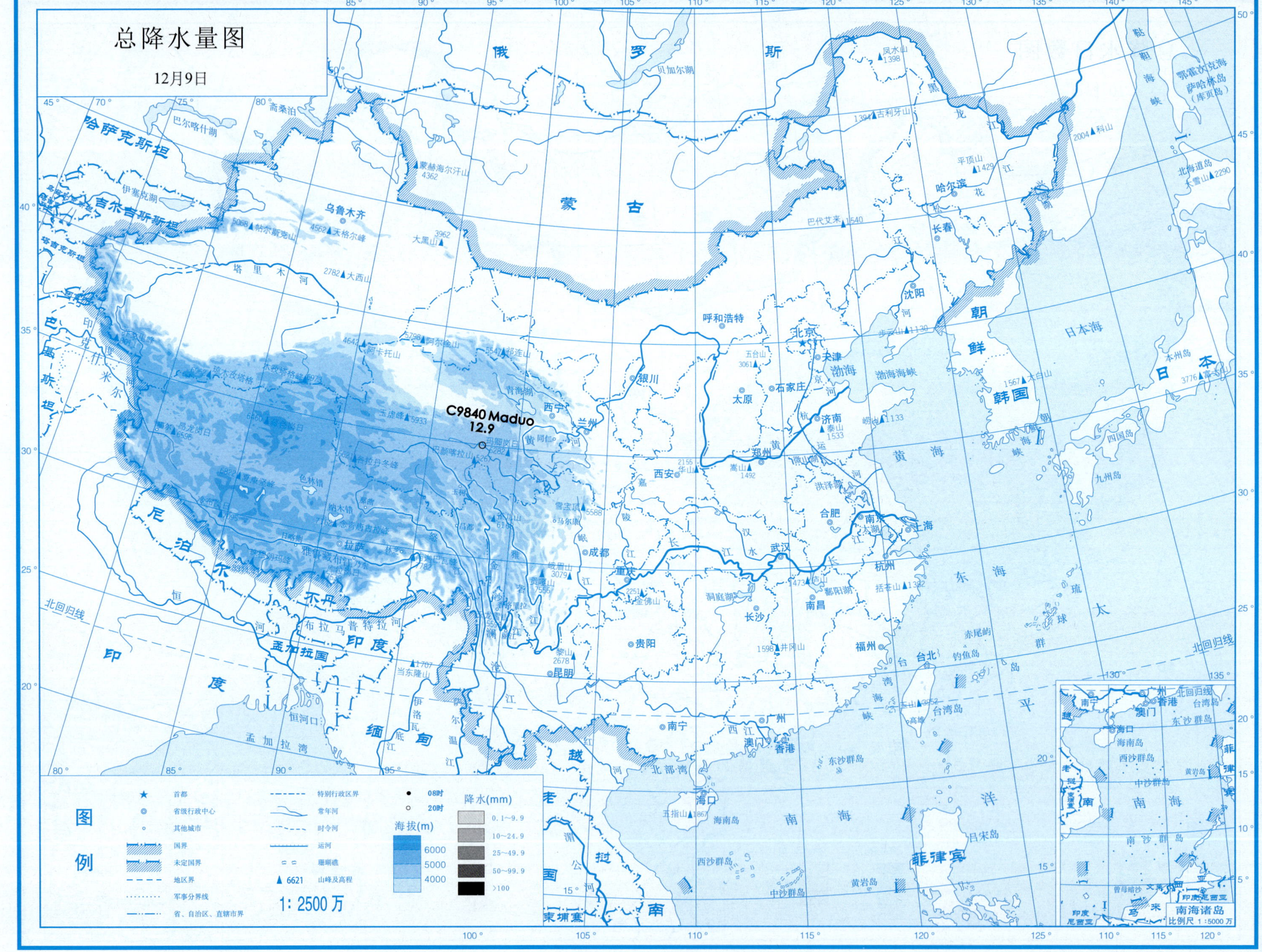

总降水量图
12月9日
C9840 Maduo
12.9
图例
首都
省级行政中心
其他城市
国界
未定国界
地区界
军事分界线
省、自治区、直辖市界
特别行政区界
常年河
时令河
运河
珊瑚礁
6621 山峰及高程
08时
20时
海拔(m)
6000
5000
4000
降水(mm)
0.1~9.9
10~24.9
25~49.9
50~99.9
>100
1: 2500 万
南海诸岛
比例尺 1:5000 万

总降水日数图
12月9日
图例
首都
省级行政中心
其他城市
国界
未定国界
地区界
军事分界线
省、自治区、直辖市界
特别行政区界
常年河
时令河
运河
珊瑚礁
6621 山峰及高程
1：2500万
海拔(m)
6000
5000
4000
降水日数
1天
2~3天
4天以上
俄 罗 斯
蒙 古
哈萨克斯坦
吉尔吉斯斯坦
塔吉克斯坦
巴基斯坦
印 度
尼 泊 尔
不丹
孟加拉国
缅 甸
越 南
老 挝
柬埔寨
朝 鲜
韩国
日 本
菲律宾
北京
天津
石家庄
太原
呼和浩特
沈阳
长春
哈尔滨
济南
郑州
西安
银川
兰州
西宁
乌鲁木齐
拉萨
成都
重庆
贵阳
昆明
南宁
广州
香港
澳门
海口
长沙
武汉
南昌
合肥
南京
上海
杭州
福州
台北
贝加尔湖
巴尔喀什湖
伊塞克湖
斋桑泊
青海湖
洞庭湖
鄱阳湖
洪泽湖
太湖
塔里木河
黄河
长江
汉水
渤海
渤海海峡
黄 海
东 海
日本海
南 海
孟加拉湾
北部湾
太 平 洋
北回归线
海南岛
东沙群岛
西沙群岛
中沙群岛
黄岩岛
吕宋岛
钓鱼岛
赤尾屿
九州岛
四国岛
本州岛
北海道岛
萨哈林岛（库页岛）
鄂霍次克海
南海诸岛
比例尺 1：5000万
南 沙 群 岛

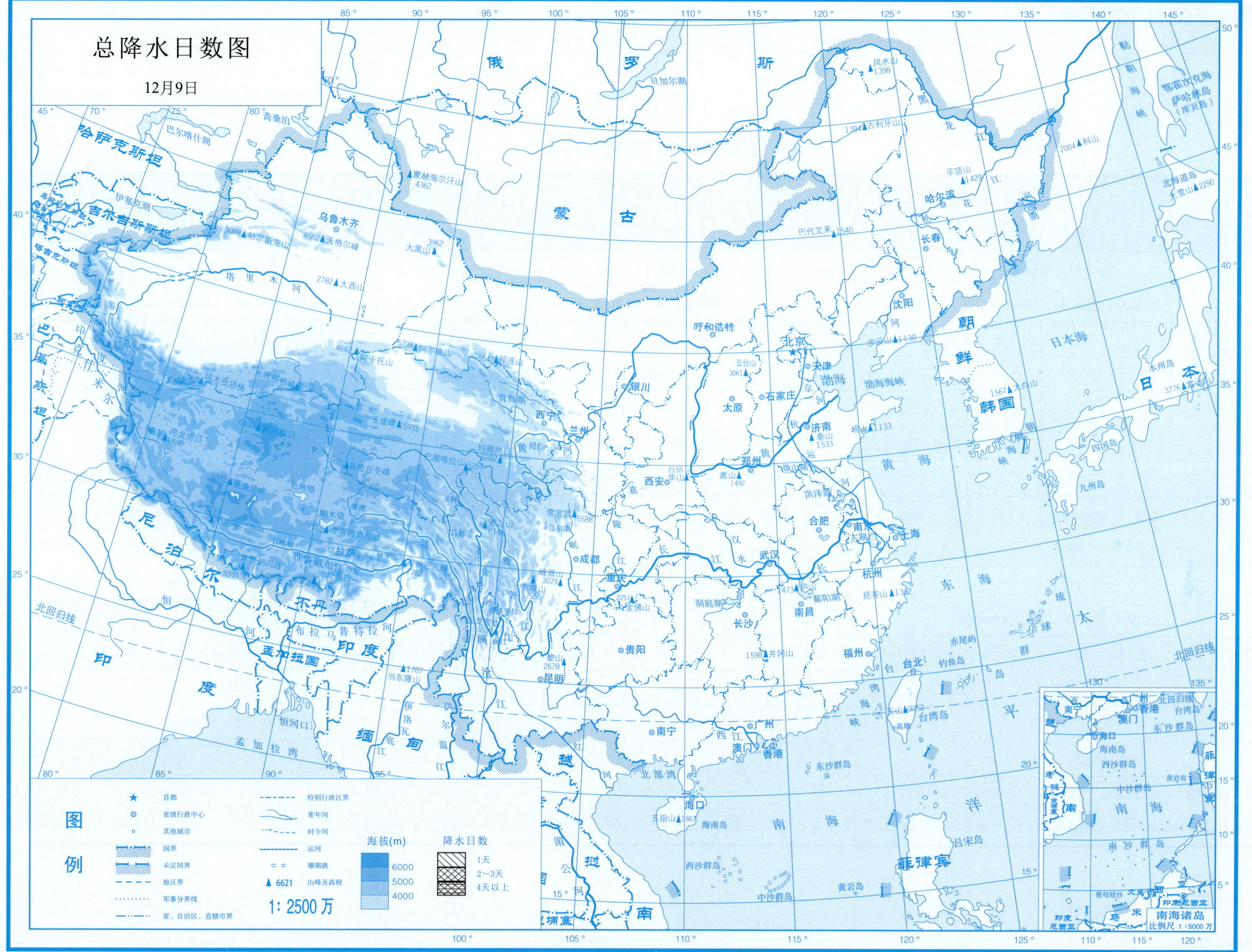

高原低涡 第1部分

## 高原低涡中心位置资料表

| 月 | 日 | 时 | 中心位置 | | 位势高度/位势什米 |
|---|---|---|---|---|---|
| | | | 北纬/(°) | 东经/(°) | |
| ①3月7~9日 (C9801)格尔木，Geermu | | | | | |
| 3 | 7 | 8 | 36 | 95 | 556 |
| | | 20 | 36.5 | 101 | 556 |
| | 8 | 8 | 34.5 | 104.5 | 559 |
| | | 20 | 34.5 | 107.5 | 558 |
| | 9 | 8 | 34.5 | 111.5 | 555 |
| | | 20 | 34.9 | 112 | 555 |
| 消失 | | | | | |
| ②3月24日 (C9802)乌图美仁，Wutumeiren | | | | | |
| 3 | 24 | 8 | 37 | 91.8 | 560 |
| 消失 | | | | | |
| ③4月13日 (C9803)红原，Hongyuan | | | | | |
| 4 | 13 | 20 | 33 | 102 | 571 |
| 消失 | | | | | |

| 月 | 日 | 时 | 中心位置 | | 位势高度/位势什米 |
|---|---|---|---|---|---|
| | | | 北纬/(°) | 东经/(°) | |
| ④4月14日 (C9804)丁青，Dingqing | | | | | |
| 4 | 14 | 8 | 32 | 95.5 | 573 |
| 消失 | | | | | |
| ⑤4月16~20日 (C9805)双湖，Shuanghu | | | | | |
| 4 | 16 | 20 | 31.8 | 88.5 | 575 |
| | 17 | 8 | 31.6 | 90 | 572 |
| | | 20 | 31.5 | 94 | 578 |
| | 18 | 8 | 28.7 | 99 | 578 |
| | | 20 | 30 | 101.7 | 576 |
| | 19 | 8 | 28 | 104 | 575 |
| | | 20 | 28.2 | 108.8 | 574 |
| | 20 | 8 | 28.3 | 109 | 576 |
| 消失 | | | | | |

| 月 | 日 | 时 | 中心位置 | | 位势高度/位势什米 |
|---|---|---|---|---|---|
| | | | 北纬/(°) | 东经/(°) | |
| ⑥4月20日 (C9806)扎多，Zhaduo | | | | | |
| 4 | 20 | 20 | 32.5 | 93.7 | 575 |
| 消失 | | | | | |
| ⑦4月22日 (C9807)久治，Jiuzhi | | | | | |
| 4 | 22 | 8 | 33.4 | 101.4 | 572 |
| 消失 | | | | | |
| ⑧5月11日 (C9808)冷湖，Lenghu | | | | | |
| 5 | 11 | 20 | 38.5 | 92.5 | 572 |
| 消失 | | | | | |
| ⑨5月28日 (C9809)白玉，Baiyu | | | | | |
| 5 | 28 | 8 | 31.7 | 98 | 579 |
| 消失 | | | | | |

## 高原低涡中心位置资料表（续-1）

| 月 | 日 | 时 | 中心位置 | | 位势高度/位势什米 |
|---|---|---|---|---|---|
| | | | 北纬/(°) | 东经/(°) | |
| ⑩6月3日 (C9810)班玛，Banma | | | | | |
| 6 | 3 | 8 | 32.8 | 100.3 | 579 |
| 消失 | | | | | |
| ⑪6月4~5日 (C9811)德格，Dege | | | | | |
| 6 | 4 | 20 | 32 | 99 | 581 |
| | 5 | 8 | 31.5 | 102.5 | 582 |
| 消失 | | | | | |
| ⑫6月5~7日 (C9812)治多，Zhiduo | | | | | |
| 6 | 5 | 20 | 33.8 | 95.6 | 581 |
| | 6 | 8 | 32.3 | 100.5 | 579 |
| | | 20 | 35 | 104.3 | 579 |
| | 7 | 8 | 37 | 105.8 | 574 |
| | | 20 | 35.5 | 112 | 574 |
| 消失 | | | | | |
| ⑬6月8~9日 (C9813)小金，Xiaojin | | | | | |
| 6 | 8 | 20 | 31.3 | 101.4 | 580 |
| | 9 | 8 | 30 | 99 | 579 |
| 消失 | | | | | |
| ⑭6月10日 (C9814)玛多，Maduo | | | | | |
| 6 | 10 | 8 | 35.2 | 97 | 578 |
| | | 20 | 37.6 | 104 | 577 |
| 消失 | | | | | |
| ⑮6月30日 (C9815)班玛，Banma | | | | | |
| 6 | 30 | 20 | 32.8 | 100 | 584 |
| 消失 | | | | | |
| ⑯7月5~6日 (C9816)昂欠，Angqian | | | | | |
| 7 | 5 | 20 | 32.3 | 95.6 | 581 |
| | 6 | 8 | 32.5 | 99 | 580 |
| 消失 | | | | | |
| ⑰7月7日 (C9817)托托河，Tuotuohe | | | | | |
| 7 | 7 | 8 | 33.6 | 93.5 | 579 |
| | | 20 | 34.5 | 104.6 | 582 |
| 消失 | | | | | |
| ⑱7月8~10日 (C9818)玉树，Yushu | | | | | |
| 7 | 8 | 20 | 33.8 | 96.5 | 581 |
| | 9 | 8 | 35.3 | 97.2 | 579 |
| | | 20 | 37.9 | 100.2 | 581 |
| | 10 | 8 | 39.5 | 105.5 | 581 |
| 消失 | | | | | |
| ⑲7月14日 (C9819)扎多，Zhaduo | | | | | |
| 7 | 14 | 20 | 33.5 | 95 | 584 |
| 消失 | | | | | |
| ⑳7月15~16日 (C9820)昂欠，Angqian | | | | | |
| 7 | 15 | 20 | 32.5 | 95.6 | 585 |
| | 16 | 8 | 30 | 99 | 585 |
| 消失 | | | | | |

## 高原低涡中心位置资料表（续-2）

| 月 | 日 | 时 | 中心位置 | | 位势高度/位势什米 |
|---|---|---|---|---|---|
| | | | 北纬/(°) | 东经/(°) | |
| ㉑7月17~18日 (C9821)隆子，Longzi | | | | | |
| 7 | 17 | 8 | 28.3 | 92.5 | 585 |
| | | 20 | 26 | 101.9 | 588 |
| | 18 | 8 | 23.5 | 102.2 | 588 |
| 消失 | | | | | |
| ㉒7月20日 (C9822)玛多，Maduo | | | | | |
| 7 | 20 | 8 | 35 | 96.5 | 582 |
| | | 20 | 32.7 | 101.2 | 583 |
| 消失 | | | | | |
| ㉓7月21~22日 (C9823)石渠，Shiqu | | | | | |
| 7 | 21 | 20 | 32.6 | 98.8 | 582 |
| | 22 | 8 | 33 | 99.5 | 582 |
| | | 20 | 29.9 | 108 | 582 |
| 消失 | | | | | |

| 月 | 日 | 时 | 中心位置 | | 位势高度/位势什米 |
|---|---|---|---|---|---|
| | | | 北纬/(°) | 东经/(°) | |
| ㉔7月22日 (C9824)嘉黎，Jiali | | | | | |
| 7 | 22 | 8 | 30 | 92.5 | 584 |
| 消失 | | | | | |
| ㉕7月24日 (C9825)日德，Ride | | | | | |
| 7 | 24 | 8 | 35.4 | 100.5 | 581 |
| 消失 | | | | | |
| ㉖7月26日 (C9826)久治，Jiuzhi | | | | | |
| 7 | 26 | 8 | 33 | 101.5 | 584 |
| 消失 | | | | | |
| ㉗7月27~28日 (C9827)曲麻莱，Qumalai | | | | | |
| 7 | 27 | 20 | 34.7 | 95.6 | 587 |
| | 28 | 8 | 35.7 | 95.5 | 586 |
| | | 20 | 33 | 100 | 586 |
| 消失 | | | | | |

| 月 | 日 | 时 | 中心位置 | | 位势高度/位势什米 |
|---|---|---|---|---|---|
| | | | 北纬/(°) | 东经/(°) | |
| ㉘8月4~5日 (C9828)索县，Suoxian | | | | | |
| 8 | 4 | 8 | 32.3 | 93.5 | 584 |
| | | 20 | 33 | 98.7 | 584 |
| | 5 | 8 | 32.3 | 100 | 584 |
| | | 20 | 34.6 | 105.4 | 584 |
| 消失 | | | | | |
| ㉙8月7~8日 (C9829)扎多，Zhaduo | | | | | |
| 8 | 7 | 8 | 32.3 | 95 | 584 |
| | | 20 | 32.5 | 98.8 | 585 |
| | 8 | 8 | 33 | 100 | 584 |
| 消失 | | | | | |
| ㉚8月11日 (C9830)嘉黎，Jiali | | | | | |
| 8 | 11 | 8 | 30.4 | 93.3 | 583 |
| 消失 | | | | | |

## 高原低涡中心位置资料表（续-3）

| 月 | 日 | 时 | 中心位置 | | 位势高度/位势什米 |
|---|---|---|---|---|---|
| | | | 北纬/(°) | 东经/(°) | |
| ㉛ 8月18~20日 (C9831)格尔木，Geermu | | | | | |
| 8 | 18 | 8 | 35.5 | 94.4 | 584 |
| | | 20 | 35 | 96 | 584 |
| | 19 | 8 | 35.3 | 98.8 | 584 |
| | | 20 | 33.7 | 101.6 | 583 |
| | 20 | 8 | 34.6 | 104.4 | 584 |
| 消失 | | | | | |
| ㉜ 8月19日 (C9832)嘉黎，Jiali | | | | | |
| 8 | 19 | 8 | 31 | 93.5 | 584 |
| 消失 | | | | | |
| ㉝ 8月23日 (C9833)康定，Kangding | | | | | |
| 8 | 23 | 8 | 30 | 102.1 | 588 |
| | | 20 | 30.6 | 102.7 | 589 |
| 消失 | | | | | |

| 月 | 日 | 时 | 中心位置 | | 位势高度/位势什米 |
|---|---|---|---|---|---|
| | | | 北纬/(°) | 东经/(°) | |
| ㉞ 8月27~28日 (C9834)扎多，Zhaduo | | | | | |
| 8 | 27 | 8 | 32.9 | 94.2 | 586 |
| | | 20 | 36.3 | 98.5 | 586 |
| | 28 | 8 | 34.5 | 102.5 | 585 |
| | | 20 | 32.4 | 104.8 | 585 |
| 消失 | | | | | |
| ㉟ 8月27日 (C9835)木里，Muli | | | | | |
| 8 | 27 | 20 | 27.5 | 101.2 | 587 |
| 消失 | | | | | |
| ㊱ 8月28日 (C9836)那曲，Naqu | | | | | |
| 8 | 28 | 8 | 32 | 92 | 586 |
| | | 20 | 32.5 | 95 | 584 |
| 消失 | | | | | |

| 月 | 日 | 时 | 中心位置 | | 位势高度/位势什米 |
|---|---|---|---|---|---|
| | | | 北纬/(°) | 东经/(°) | |
| ㊲ 9月2日 (C9837)玛多，Maduo | | | | | |
| 9 | 2 | 8 | 34.5 | 98 | 581 |
| | | 20 | 35 | 105.2 | 584 |
| 消失 | | | | | |
| ㊳ 9月3~4日 (C9838)共和，Gonghe | | | | | |
| 9 | 3 | 20 | 35.8 | 100.5 | 584 |
| | 4 | 8 | 35.8 | 101.5 | 584 |
| | | 20 | 32.7 | 111.5 | 582 |
| 消失 | | | | | |
| ㊴ 10月3日 (C9839)丁青，Dingqing | | | | | |
| 10 | 3 | 20 | 32.3 | 95 | 580 |
| 消失 | | | | | |
| ㊵ 12月9日 (C9840)玛多，Maduo | | | | | |
| 12 | 9 | 20 | 35 | 98 | 569 |
| 消失 | | | | | |

第二部分

# 高原切变线

# Tibetan Plateau Shear Line

# 1998年 高原切变线概况

1998年发生在青藏高原上的切变线共有32次，其中在青藏高原东部生成的切变线为32次，在青藏高原西部生成的切变线有0次（表11~表13）。

1998年初生高原切变线出现在2月中旬，最后一个高原切变线生成于11月上旬（表11）。从月际分布看，5月出现次数最多，达6次；1998年切变线主要集中在5月、7~9月，占了一半以上（表11）。移出高原的青藏高原切变线较少，仅5月、6月、8月和9月有东移出高原的切变线，其中6月最多，为2次；5月、8月、9月各有1次（表14）。此外，2~11月，各月都有1~6次高原切变线生成，各月生成高原切变线的次数差异大，具体详见表11。

1998年青藏高原切变线源地都在青藏高原东部。移出高原的青藏高原切变线共5次，5次都生成于青藏高原东部（表14~表16），移出高原的地点都在四川（表17）。

本年度高原切变线北、南两侧最大风速的最多频率分别是北侧以6~8m/s，约占49%；南侧以6~8m/s、12m/s，约占53%（表18）。夏半年，高原切变线北、南两侧最大风速的最多频率分别是北侧以6~8m/s，约占46%；南侧以6~8m/s、12m/s，约占59%（表19）。冬半年，高原切变线北、南两侧最大风速的最多频率分别是北侧以6~10m/s，约占83.33%；南侧以10~12m/s、18m/s，约占58.34%（表20）。

全年除影响青藏高原以外，对我国其余地区有影响的高原切变线共有21次。其中8次高原切变线造成过程降水量在100mm以上，造成降水量在150mm以上的高原切变线有3次，它们是S9816、S9817、S9823，在湖北巴东、山西侯马和重庆邻水造成过程降水量分别为201.7mm、158.4mm和154.4mm，降水日数分别为2天、1天和2天。

1998年影响我国降水强的主要是S9816、S9820，其中S9816高原切变线造成过程降水量在100mm以上的中心区最多，主要分布在长江上、中游地区。6月29日20时在高原中部大柴旦到当雄生成的S9816高原切变线，切变线北、南两侧最大风速分别是10m/s、12m/s，此切变线东南移，30日20时移出高原至四川。在此高原切变线移动过程中，北、南两侧风速变化呈先增强后减弱趋势，29日20时切变线形成初期北、南两侧最大风速分别是4m/s、6m/s，30日08时切变线移到高原东部，切变线北、南两侧最大风速分别是10m/s、12m/s，30日20时切变线受西风槽影响东南移，出高原；随后减弱消失。受其影响，四川、重庆、云南和湖北普降大到暴雨，宜昌以西的长江沿线出现大暴雨，降水日数为2天。西藏、青海、甘肃、陕西、贵州、广西、湖南、河南部分地区降小到中雨。影响我国降水另一强的高原切变线是S9920高原切变线，主要影响我国西部地区。7月26日生成于高原中南部久治到拉萨S9920高原切变线，26日08时切变线形成初期北、南两侧最大风速分别是6m/s、16m/s，26日20时该切变线东移，切变线北、南两侧最大风速分别是10m/s、12m/s，27日08时切变线转为东南移，切变线北、南两侧最大风速保持不变；随后切变线减弱消失。受其影响，甘肃、四川、陕西、云南和贵州部分地区降了大到暴雨，云南南部出现大暴雨，降水日数为1~2天；西藏、青海、宁夏、重庆、湖南、湖北降了小到中雨，降水日数为1~2天。

1998年对我国青藏高原降水影响最强的高原切变线是10月20日生成于高原中部乌图美仁到那曲的S9831高原切变线。20日20时切变线北、南两侧最大风速分别是6m/s、20m/s，随后减弱消失。本次切变线过程主要造成西藏东部降水，西藏波密出现了100mm以上高原特大暴雨雪。受其影响，西藏东部、青海南部和四川西北部普降小雨，西藏东南部降了大暴雨，降水日数为1天。

## 表11 高原切变线出现次数

| 月<br>年 | 1 | 2 | 3 | 4 | 5 | 6 | 7 | 8 | 9 | 10 | 11 | 12 | 合计 |
|---|---|---|---|---|---|---|---|---|---|---|---|---|---|
| 1998 | 0 | 2 | 3 | 3 | 6 | 2 | 5 | 5 | 4 | 1 | 1 | 0 | 32 |
| 几率 / % | 0.00 | 6.25 | 9.38 | 9.38 | 18.75 | 6.25 | 15.62 | 15.62 | 12.5 | 3.12 | 3.12 | 0.00 | 99.99 |

## 表12 高原东部切变线出现次数

| 月<br>年 | 1 | 2 | 3 | 4 | 5 | 6 | 7 | 8 | 9 | 10 | 11 | 12 | 合计 |
|---|---|---|---|---|---|---|---|---|---|---|---|---|---|
| 1998 | 0 | 2 | 3 | 3 | 6 | 2 | 5 | 5 | 4 | 1 | 1 | 0 | 32 |
| 几率 / % | 0.00 | 6.25 | 9.38 | 9.38 | 18.75 | 6.25 | 15.62 | 15.62 | 12.5 | 3.12 | 3.12 | 0.00 | 99.99 |

## 表13 高原西部切变线出现次数

| 月<br>年 | 1 | 2 | 3 | 4 | 5 | 6 | 7 | 8 | 9 | 10 | 11 | 12 | 合计 |
|---|---|---|---|---|---|---|---|---|---|---|---|---|---|
| 1998 | 0 | 0 | 0 | 0 | 0 | 0 | 0 | 0 | 0 | 0 | 0 | 0 | 0 |
| 几率 / % | 0.00 | 0.00 | 0.00 | 0.00 | 0.00 | 0.00 | 0.00 | 0.00 | 0.00 | 0.00 | 0.00 | 0.00 | 0.00 |

## 表14　高原切变线移出高原次数

| 月<br>年 | 1 | 2 | 3 | 4 | 5 | 6 | 7 | 8 | 9 | 10 | 11 | 12 | 合计 |
|---|---|---|---|---|---|---|---|---|---|---|---|---|---|
| 1998 | 0 | 0 | 0 | 0 | 1 | 2 | 0 | 1 | 1 | 0 | 0 | 0 | 5 |
| 移出几率 / % | 0.00 | 0.00 | 0.00 | 0.00 | 3.13 | 6.25 | 0.00 | 3.13 | 3.13 | 0.00 | 0.00 | 0.00 | 15.64 |
| 年移出率 / % | 0.00 | 0.00 | 0.00 | 0.00 | 20.00 | 40.00 | 0.00 | 20.00 | 20.00 | 0.00 | 0.00 | 0.00 | 100.00 |

## 表15　高原东部切变线移出高原次数

| 月<br>年 | 1 | 2 | 3 | 4 | 5 | 6 | 7 | 8 | 9 | 10 | 11 | 12 | 合计 |
|---|---|---|---|---|---|---|---|---|---|---|---|---|---|
| 1998 | 0 | 0 | 0 | 0 | 1 | 2 | 0 | 1 | 1 | 0 | 0 | 0 | 5 |
| 移出几率 / % | 0.00 | 0.00 | 0.00 | 0.00 | 3.13 | 6.25 | 0.00 | 3.13 | 3.13 | 0.00 | 0.00 | 0.00 | 15.64 |
| 年移出率 / % | 0.00 | 0.00 | 0.00 | 0.00 | 20.00 | 40.00 | 0.00 | 20.00 | 20.00 | 0.00 | 0.00 | 0.00 | 100.00 |

## 表16　高原西部切变线移出高原次数

| 月<br>年 | 1 | 2 | 3 | 4 | 5 | 6 | 7 | 8 | 9 | 10 | 11 | 12 | 合计 |
|---|---|---|---|---|---|---|---|---|---|---|---|---|---|
| 1998 | 0 | 0 | 0 | 0 | 0 | 0 | 0 | 0 | 0 | 0 | 0 | 0 | 0 |
| 移出几率 / % | 0.00 | 0.00 | 0.00 | 0.00 | 0.00 | 0.00 | 0.00 | 0.00 | 0.00 | 0.00 | 0.00 | 0.00 | 0 |
| 年移出率 / % | 0.00 | 0.00 | 0.00 | 0.00 | 0.00 | 0.00 | 0.00 | 0.00 | 0.00 | 0.00 | 0.00 | 0.00 | 0 |

表17　高原切变线移出高原的地区分布

| 地区/年 | 新疆 | 甘肃 | 宁夏 | 四川 | 陕西 | 重庆 | 贵州 | 云南 | 合计 |
|---|---|---|---|---|---|---|---|---|---|
| 1998 | | | | 5 | | | | | 5 |
| 出高原率 / % | | | | 100 | | | | | 100 |

表18　高原切变线两侧最大风速频率分布

| 最大风速/(m/s) | 2 | 4 | 6 | 8 | 10 | 12 | 14 | 16 | 18 | 20 | 22 | 24 | 36 | 合计 |
|---|---|---|---|---|---|---|---|---|---|---|---|---|---|---|
| 北侧 / % | 0.00 | 7.84 | 23.53 | 25.49 | 15.69 | 13.73 | 7.84 | 3.92 | 0.00 | 1.96 | 0.00 | 0.00 | 0.00 | 100 |
| 南侧 / % | 0.00 | 0.00 | 13.73 | 13.73 | 11.76 | 25.49 | 9.80 | 11.76 | 5.88 | 5.88 | 0.00 | 0.00 | 1.96 | 99.99 |

## 表19 夏半年高原切变线两侧最大风速频率分布

| 最大风速/ (m/s) | 2 | 4 | 6 | 8 | 10 | 12 | 14 | 16 | 18 | 20 | 22 | 24 | 36 | 合计 |
|---|---|---|---|---|---|---|---|---|---|---|---|---|---|---|
| 北侧 / % | 0.00 | 10.26 | 20.51 | 25.64 | 12.82 | 12.82 | 10.26 | 5.13 | 0.00 | 2.56 | 0.00 | 0.00 | 0.000 | 100 |
| 南侧 / % | 0.00 | 0.00 | 17.95 | 15.38 | 10.26 | 25.64 | 10.26 | 12.82 | 2.56 | 5.13 | 0.00 | 0.00 | 0.00 | 100 |

## 表20 冬半年高原切变线两侧最大风速频率分布

| 最大风速/ (m/s) | 2 | 4 | 6 | 8 | 10 | 12 | 14 | 16 | 18 | 20 | 22 | 24 | 36 | 合计 |
|---|---|---|---|---|---|---|---|---|---|---|---|---|---|---|
| 北侧 / % | 0.00 | 0.00 | 33.33 | 25 | 25 | 16.67 | 0.00 | 0.00 | 0.00 | 0.00 | 0.00 | 0.00 | 0.00 | 100 |
| 南侧 / % | 0.00 | 0.00 | 0.00 | 8.33 | 16.67 | 25 | 8.33 | 8.33 | 16.67 | 8.33 | 0.00 | 0.00 | 8.33 | 99.99 |

## 高原切变线纪要表

| 序号 | 编号 | 中英文名称 | 起止日期(月.日) | 最大风速/(m/s) | | 发现时起-终点经纬度 | 移出高原的地区 | 移出高原时间 | 移出高原的风速/(m/s) | | 路径趋向 | 影响切变线移出高原的天气系统 |
|---|---|---|---|---|---|---|---|---|---|---|---|---|
| | | | | 北侧 | 南侧 | | | | 北侧 | 南侧 | | |
| 1 | S9801 | 仁侯姆–当雄,<br>Renhoumu–Dangxiong | 2.20 | 6 | 10 | 98°E,34°N–91.6°E,30.5°N | | | | | 原地生消 | |
| 2 | S9802 | 曲麻莱–当雄,<br>Qumalai–Dangxiong | 2.22 | 12 | 12 | 94.8°E,35°N–90.8°E,30.1°N | | | | | 原地生消 | |
| 3 | S9803 | 曲麻莱–锋当,<br>Qumalai–Fengdang | 3.2 | 10 | 18 | 95.7°E,34.5°N–92.6°E,29.5°N | | | | | 东移 | |
| 4 | S9804 | 达日–尼木,<br>Dari–Nimu | 3.8 | 6 | 12 | 100°E,33°N–90°E,29.5°N | | | | | 原地生消 | |
| 5 | S9805 | 德令哈–那曲,<br>Delingha–Naqu | 3.28 | 8 | 16 | 96.8°E,37°N–92°E,31.8°N | | | | | 原地生消 | |
| 6 | S9806 | 玛多–嘉黎,<br>Maduo–Jiali | 4.5 | 10 | 14 | 98.4°E,35.2°N–90.9°E,30.2°N | | | | | 原地生消 | |
| 7 | S9807 | 达日–那曲,<br>Dari–Naqu | 4.14 | 6 | 10 | 101.1°E,33.4°N–92.1°E,30.9°N | | | | | 原地生消 | |
| 8 | S9808 | 曲麻莱–拉萨,<br>Qumalai–Lasa | 4.21 | 10 | 12 | 96.1°E,35.2°N–92.2°E,29.8°N | | | | | 东北移 | |
| 9 | S9809 | 治多–林芝,<br>Zhiduo–Linzhi | 5.2 | 14 | 8 | 95.1°E,33.9°N–94°E,29.5°N | | | | | 原地生消 | |
| 10 | S9810 | 刚察–安多,<br>Gangcha–Anduo | 5.5 | 10 | 16 | 100°E,37°N–91°E,32.3°N | | | | | 东北移 | |
| 11 | S9811 | 吉迈–拉萨,<br>Jimai–Lasha | 5.23~5.24 | 12 | 18 | 100.8°E,34°N–91°E,29°N | | | | | 南移 | |
| 12 | S9812 | 班玛–安多,<br>Banma–Anduo | 5.27 | 8 | 12 | 101°E,33°N–92°E,32.8°N | | | | | 原地生消 | |

## 高原切变线纪要表（续-1）

| 序号 | 编号 | 中英文名称 | 起止日期(月.日) | 最大风速/(m/s) | | 发现时起–终点经纬度 | 移出高原的地区 | 移出高原时间 | 移出高原的风速/(m/s) | | 路径趋向 | 影响切变线移出高原的天气系统 |
|---|---|---|---|---|---|---|---|---|---|---|---|---|
| | | | | 北侧 | 南侧 | | | | 北侧 | 南侧 | | |
| 13 | S9813 | 平武–察隅, Pingwu–Chayu | 5.28 | 12 | 20 | 105.3°E,33°N–97.3°E,28.8°N | | | | | 原地生消 | |
| 14 | S9814 | 玛多–那曲, Maduo–Naqu | 5.30~5.31 | 20 | 20 | 98.7°E,35.1°N–92°E,32.4°N | 四川 | $31^{8}$ | 20 | 20 | 东南移出高原 | 西风槽 |
| 15 | S9815 | 果洛–当雄, Guoluo–Dangxiong | 6.23~6.24 | 10 | 12 | 98.8°E,35.3°N–91°E,30.5°N | 四川 | $24^{8}$ | 0 | 12 | 东南移出高原 | 青藏高压 |
| 16 | S9816 | 大柴旦–当雄, Dachaidan–Dangxiong | 6.29~6.30 | 10 | 12 | 93.4°E,37.3°N–91.8°E,30.5°N | 四川 | $30^{20}$ | 6 | 10 | 东南移出高原 | 西风槽 |
| 17 | S9817 | 果洛–托托河, Guoluo–Tuotuohe | 7.8 | 6 | 14 | 98.9°E,35°N–92.9°E,33°N | | | | | 东移 | |
| 18 | S9818 | 都兰–昌都, Dulan–Changdu | 7.11 | 12 | 16 | 99.2°E,36.8°N–97.7°E,30.3°N | | | | | 东南移 | |
| 19 | S9819 | 玛多–五道梁, Maduo–Wudaoliang | 7.18 | 6 | 8 | 98°E,35°N–92.2°E,35.3°N | | | | | 原地生消 | |
| 20 | S9820 | 久治–拉萨, Jiuzhi–Lasa | 7.26~7.27 | 10 | 16 | 101°E,33.7°N–90.5°E,29.5°N | | | | | 东移转东南移 | |
| 21 | S9821 | 邓柯–那曲, Dengke–Naqu | 7.29 | 6 | 6 | 97.7°E,32.7°N–91.5°E,31.5°N | | | | | 原地生消 | |
| 22 | S9822 | 曲麻莱–林芝, Qumalai–Linzhi | 8.2~8.3 | 16 | 8 | 95.2°E,34.2°N–93.5°E,28.5°N | | | | | 东北移 | |
| 23 | S9823 | 黑水–申扎, Heishui–Shenzha | 8.10~8.11 | 12 | 14 | 103°E,32.5°N–89°E,30.5°N | | | | | 东南移 | |
| 24 | S9824 | 曲麻莱–错那, Qumalai–Cuona | 8.11 | 6 | 6 | 96°E,35°N–91.2°E,27.6°N | | | | | 原地生消 | |

## 高原切变线纪要表（续-2）

| 序号 | 编号 | 中英文名称 | 起止日期(月.日) | 最大风速/(m/s) | | 发现时起–终点经纬度 | 移出高原的地区 | 移出高原时间 | 移出高原的风速/(m/s) | | 路径趋向 | 影响切变线移出高原的天气系统 |
|---|---|---|---|---|---|---|---|---|---|---|---|---|
| | | | | 北侧 | 南侧 | | | | 北侧 | 南侧 | | |
| 25 | S9825 | 德格–那曲, Dege–Naqu | 8.23 | 4 | 6 | 97.9°E,32°N–92.4°E,32.5°N | | | | | 原地生消 | |
| 26 | S9826 | 兴海–那曲, Xinghai–Naqu | 8.27~8.28 | 12 | 16 | 98.9°E,35.4°N–91.2°E,31.5°N | 四川 | $28^{8}$ | 12 | 16 | 东移出高原 | 青海高压 |
| 27 | S9827 | 曲麻莱–拉萨, Qumalai–Lasa | 9.13~9.14 | 6 | 12 | 95.3°E,34.4°N–91.9°E,30.3°N | 四川 | $14^{8}$ | 6 | 12 | 东南移出高原 | 西太平洋副高 |
| 28 | S9828 | 德令哈–安多, Delingha–Anduo | 9.16 | 14 | 8 | 97.5°E,34°N–91°E,33°N | | | | | 原地生消 | |
| 29 | S9829 | 曲麻莱–那曲, Qumalai–Naqu | 9.25 | 16 | 14 | 96.1°E,35°N–91.3°E,32.2°N | | | | | 东南移 | |
| 30 | S9830 | 曲麻莱–当雄, Qumalai–Dangxiong | 9.30 | 8 | 12 | 96°E,35°N–91.9°E,30.3°N | | | | | 东移 | |
| 31 | S9831 | 乌图美仁–那曲, Wutumeiren–Naqu | 10.20 | 6 | 20 | 93.3°E,37.4°N–90.8°E,32.5°N | | | | | 原地生消 | |
| 32 | S9832 | 玛多–浪卡子, Maduo–Langkazi | 11.10 | 12 | 36 | 98.8°E,35.5°N–91°E,28°N | | | | | 原地生消 | |

## 高原切变线对我国影响简表

| 序号 | 编号 | 简述活动的情况 | 高原切变线对我国的影响 | | | |
|---|---|---|---|---|---|---|
| | | | 项目 | 时间(月.日) | 概况 | 极值 |
| 1 | S9801 | 高原东部生消 | 降水 | 2.20 | 西藏东北至南部，青海南、东南部，甘肃西南部和四川西北部地区降水量为5mm以下，降水日数为1天 | 青海玛多3mm（1天） |
| 2 | S9802 | 高原中部生消 | 降水 | 2.22 | 西藏南、北部，青海南部和四川西北部地区降水量在3mm以下，降水日数为1天 | 西藏当雄2.4mm（1天） |
| 3 | S9803 | 高原中部东移 | 降水 | 3.2 | 西藏东北至南部、东南部，青海东南部，甘肃南部，四川北半部和陕西西南部地区降水量为0.1~10mm，降水日数为1天 | 四川黑水9.7mm（1天） |
| 4 | S9804 | 高原东南部生消 | 降水 | 3.8 | 西藏东北至南部、青海东南部、甘肃西南部和四川西北部地区降水量为0.1~7mm，降水日数为1天 | 西藏波密6.4mm（1天） |
| 5 | S9805 | 高原东部生消 | 降水 | 3.28 | 西藏南部局部地区、北部和青海西南部地区降水量在2mm以下，降水日数为1天 | 青海治多1.6mm（1天） |
| 6 | S9806 | 高原东部生消 | 降水 | 4.5 | 西藏北至南部，青海南、东南部和四川西北部地区降水量为0.1~10mm，降水日数为1天 | 西藏索县8mm（1天） |
| 7 | S9807 | 高原东南部生消 | 降水 | 4.14 | 西藏北至东南部，青海南、东南部，甘肃西南部和四川西北、北部地区降水量为0.1~10mm，降水日数为1天 | 四川道孚9.4mm（1天） |

## 高原切变线对我国影响简表（续-1）

| 序号 | 编号 | 简述活动的情况 | 高原切变线对我国的影响 | | | |
|---|---|---|---|---|---|---|
| | | | 项目 | 时间(月.日) | 概况 | 极值 |
| 8 | S9808 | 高原中部东北移 | 降水 | 4.21 | 西藏东北至南部，青海南、东南部，甘肃西南部局部地区和四川西北部地区降水量为0.1~12mm，降水日数为1天 | 西藏泽当 11mm（1天） |
| 9 | S9809 | 高原南部生消 | 降水 | 5.2 | 西藏中、南部和青海东南部地区降水量在5mm以下，降水日数为1天 | 西藏帕里 3mm（1天） |
| 10 | S9810 | 高原东部东北移 | 降水 | 5.5 | 西藏北至南部、东南部，青海东北至西南部，甘肃中至南部，宁夏南部，陕西西南部，四川中、西北部和云南西北部地区降水量为0.1~10mm，降水日数为1天 | 西藏嘉黎 8.6mm（1天） |
| 11 | S9811 | 高原东南部南移 | 降水 | 5.23~5.24 | 西藏东半部，青海东南、东部，甘肃西南部和四川、云南大部地区降水总量为0.1~55mm，降水日数为1~2天 | 西藏察隅 54mm（2天） |
| 12 | S9812 | 高原东部生消 | 降水 | 5.27 | 西藏中至东北部、青海南部、甘肃西南部和四川西北部地区降水量为0.1~12mm，降水日数为1天 | 四川金川 11.5mm（1天） |
| 13 | S9813 | 高原东南部生消 | 降水 | 5.28 | 西藏东北至南部、北部，青海南、东部，甘肃中、西南部，陕西西南部，四川西半部和云南西北部地区降水量为0.1~35mm，降水日数为1天 | 四川九寨沟 33.6mm（1天） |
| 14 | S9814 | 高原东部东南移出高原 | 降水 | 5.30~5.31 | 西藏东半部，青海东北至东南部，甘肃、陕西西南部，四川，云南，重庆、湖北大部，广西西北部，贵州西、北部，湖南北部和河南南部地区降水总量为0.1~110mm，降水日数为1~2天。其中，四川、陕西、湖北有成片降水总量≥25mm区域，降水日数为1~2天 | 湖北大悟 107.2mm（1天） |

## 高原切变线对我国影响简表（续-2）

| 序号 | 编号 | 简述活动的情况 | 高原切变线对我国的影响 | | | |
|---|---|---|---|---|---|---|
| | | | 项目 | 时间(月.日) | 概况 | 极值 |
| 15 | S9815 | 高原东部东南移出高原 | 降水 | 6.23~6.24 | 西藏中部至东半部、青海东北至西南部、甘肃中至西南部、四川大部、云南西北部和重庆西部地区降水总量为0.1~120mm，降水日数为2天。其中，西藏、青海、四川、甘肃和重庆有成片降水总量≥10mm区域，降水日数为2天 | 四川隆昌117.1mm（2天） |
| 16 | S9816 | 高原中部东南移出高原 | 降水 | 6.29~6.30 | 西藏中部至东半部，甘肃中部至南部，宁夏、河南西南部，陕西南部，青海、四川、贵州大部，重庆，云南，广西、湖南西北部和湖北西半部地区降水总量为0.1~210mm，降水日数为1~2天。其中，西藏、云南、四川、重庆、湖北、贵州有降水总量≥25mm区域，降水日数为1~2天 | 湖北巴东201.7mm（2天） |
| 17 | S9817 | 高原东部东移 | 降水 | 7.8 | 西藏中部、东半部，青海东至西南部、北部，甘肃、宁夏南部，陕西南半部，山西西南部和四川北半部地区降水量为0.1~160mm，降水日数为1天。其中，山西、陕西和四川有成片降水总量≥25mm区域，降水日数为1天 | 山西侯马158.4mm（1天） |
| 18 | S9818 | 高原东部东南移 | 降水 | 7.11 | 西藏东北至南部，青海中、东半部，甘肃、陕西南部，四川大部，重庆北部，湖北、云南西北部和河南西部地区降水量为0.1~65mm，降水日数为1天 | 陕西商南60.2mm（1天） |
| 19 | S9819 | 高原中部生消 | 降水 | 7.18 | 西藏中至南部、东南部，青海南、东部和四川西北部局部地区降水量为0.1~20mm，降水日数为1天 | 青海治多17mm（1天） |

## 高原切变线对我国影响简表（续-3）

| 序号 | 编号 | 简述活动的情况 | 高原切变线对我国的影响 | | | |
|---|---|---|---|---|---|---|
| | | | 项目 | 时间(月.日) | 概况 | 极值 |
| 20 | S9820 | 高原东南部东南移 | 降水 | 7.26~7.27 | 西藏中部、东半部，青海西南至东北部，甘肃、宁夏、陕西南半部，四川，重庆，云南、贵州大部，湖北西半部和湖南西北部地区降水量为0.1~125mm，降水日数为1~2天。其中，甘肃、四川、陕西、云南和贵州有成片降水总量≥25mm区域，降水日数为1~2天 | 云南蒙自 122.7mm（2天） |
| 21 | S9821 | 高原南部生消 | 降水 | 7.29 | 西藏东半部，青海南、东南部，甘肃西南部和四川西北部地区降水量为0.1~45mm，降水日数为1天 | 西藏当雄 42.2mm（1天） |
| 22 | S9822 | 高原南部东北移 | 降水 | 8.2~8.3 | 西藏中、东半部，青海南半部、东北部，甘肃中、西南部和四川西北部地区降水量为0.1~55mm，降水日数为1~2天 | 西藏林芝 51.8mm（2天） |
| 23 | S9823 | 高原东南部东南移 | 降水 | 8.10~8.11 | 西藏中、东半部，青海南半部，甘肃西南部，四川，重庆大部，云南北部，贵州西北部和湖北西南部地区降水量为0.1~160mm，降水日数为1~2天。其中，四川、重庆、贵州有成片降水总量≥25mm区域，降水日数为2天 | 重庆邻水 154.4mm（2天） |
| 24 | S9824 | 高原中南部生消 | 降水 | 8.11 | 西藏中部至东部和青海西南、中至南部地区降水总量为0.1~35mm，降水日数为1天 | 西藏加查 34.8mm（1天） |
| 25 | S9825 | 高原南部生消 | 降水 | 8.23 | 西藏中部至东南部和青海西南部地区降水量为0.1~20mm，降水日数为1天 | 青海五道梁 19.5mm（1天） |

## 高原切变线对我国影响简表（续-4）

| 序号 | 编号 | 简述活动的情况 | 高原切变线对我国的影响 | | | |
|---|---|---|---|---|---|---|
| | | | 项目 | 时间(月.日) | 概况 | 极值 |
| 26 | S9826 | 高原东部东移 | 降水 | 8.27~8.28 | 西藏中、东半部，青海大部，甘肃中西部至南部，宁夏南部，陕西西南部，四川西、北、中部和云南西北部地区降水量为0.1~130mm，降水日数为1~2天 | 四川荥县<br>128.6mm（2天） |
| 27 | S9827 | 高原南部东南移 | 降水 | 9.13~9.14 | 西藏北至南部、东南部，青海西南、东半部，四川北至西南部和云南西北部降水量为0.1~35mm，降水日数为1~2天 | 青海查卡<br>31.8mm（1天） |
| 28 | S9828 | 高原东部生消 | 降水 | 9.16 | 西藏中部和青海北部至西南部地区降水量为0.1~20mm，降水日数为1天 | 青海都兰<br>18.7mm（1天） |
| 29 | S9829 | 高原中部东南移 | 降水 | 9.25 | 西藏北至南部、东北部，青海东北至西南部，四川西北部和甘肃中、西南部地区降水量为0.1~20mm，降水日数为1天 | 四川新龙<br>16mm（1天） |
| 30 | S9830 | 高原中部东移 | 降水 | 9.30 | 西藏北至南部，青海东北至西南部，甘肃中、西南部和四川西北部地区降水量为0.1~25mm，降水日数为1天 | 甘肃卓尼<br>22.9mm（1天） |
| 31 | S9831 | 高原中部生消 | 降水 | 10.20 | 西藏东半部、青海西南部和四川西部地区降水量为0.1~115mm，降水日数为1天 | 西藏波密<br>111.7mm（1天） |
| 32 | S9832 | 高原东南部生消 | 降水 | 11.10 | 西藏北至东北部、青海南部和四川西北部地区降水量在5mm以下，降水日数为1天 | 西藏嘉黎<br>3.7mm（1天） |

## 1998年高原切变线编号、名称、日期对照表

| 未移出高原的高原切变线 | | 移出高原的高原切变线 |
|---|---|---|
| ① S9801仁侯姆–当雄 | ⑨ S9809治多–林芝 | ⑭ S9814玛多–那曲 |
| Renhoumu–Dangxiong | Zhiduo–Linzhi | Maduo–Naqu |
| 2.20 | 5.2 | 5.30~5.31 |
| ② S9802曲麻莱–当雄 | ⑩ S9810刚察–安多 | ⑮ S9815果洛–当雄 |
| Qumalai–Dangxiong | Gangcha–Anduo | Guoluo–Dangxiong |
| 2.22 | 5.5 | 6.23~6.24 |
| ③ S9803曲麻莱–锋当 | ⑪ S9811吉迈–拉萨 | ⑯ S9816大柴旦–当雄 |
| Qumalai–Fengdang | Jimai–Lasa | Dachaidan–Dangxiong |
| 3.2 | 5.23~5.24 | 6.29~6.30 |
| ④ S9804达日–尼木 | ⑫ S9812班玛–安多 | ㉖ S9826兴海–那曲 |
| Dari–Nimu | Banma–Anduo | Xinghai–Naqu |
| 3.8 | 5.27 | 8.27~8.28 |
| ⑤ S9805德令哈–那曲 | ⑬ S9813平武–察隅 | ㉗ S9827曲麻莱–拉萨 |
| Delingha–Naqu | Pingwu–Chayu | Qumalai–Lasha |
| 3.28 | 5.28 | 9.13~9.14 |
| ⑥ S9806玛多–嘉黎 | ⑰ S9817果洛–托托河 | |
| Maduo–Jiali | Guoluo–Tuotuohe | |
| 4.5 | 7.8 | |
| ⑦ S9807达日–那曲 | ⑱ S9818都兰–昌都 | |
| Dari–Naqu | Dulan–Changdu | |
| 4.14 | 7.11 | |
| ⑧ S9808曲麻莱–拉萨 | ⑲ S9819玛多–五道梁 | |
| Qumalai–Lasa | Maduo–Wudaoliang | |
| 4.21 | 7.18 | |

## 1998年高原切变线编号、名称、日期对照表（续）

| 未移出高原的高原切变线 | |
|---|---|
| ⑳ S9820久治–拉萨 | ㉚ S9830曲麻莱–当雄 |
| Jiuzhi–Lasa | Qumalai–Dangxiong |
| 7.26~7.27 | 9.30 |
| ㉑ S9821邓柯–那曲 | ㉛ S9831乌图美仁–那曲 |
| Dengke–Naqu | Wutumeiren–Naqu |
| 7.29 | 10.20 |
| ㉒ S9822曲麻莱–林芝 | ㉜ S9832玛多–浪卡子 |
| Qumalai–Linzhi | Maduo–Langkazi |
| 8.2~8.3 | 11.10 |
| ㉓ S9823黑水–申扎 | |
| Heishui–Shenzha | |
| 8.10~8.11 | |
| ㉔ S9824曲麻莱–错那 | |
| Qumalai–Cuona | |
| 8.11 | |
| ㉕ S9825德格–那曲 | |
| Dege–Naqu | |
| 8.23 | |
| ㉘ S9828德令哈–安多 | |
| Delingha–Anduo | |
| 9.16 | |
| ㉙ S9829曲麻莱–那曲 | |
| Qumalai–Naqu | |
| 9.25 | |

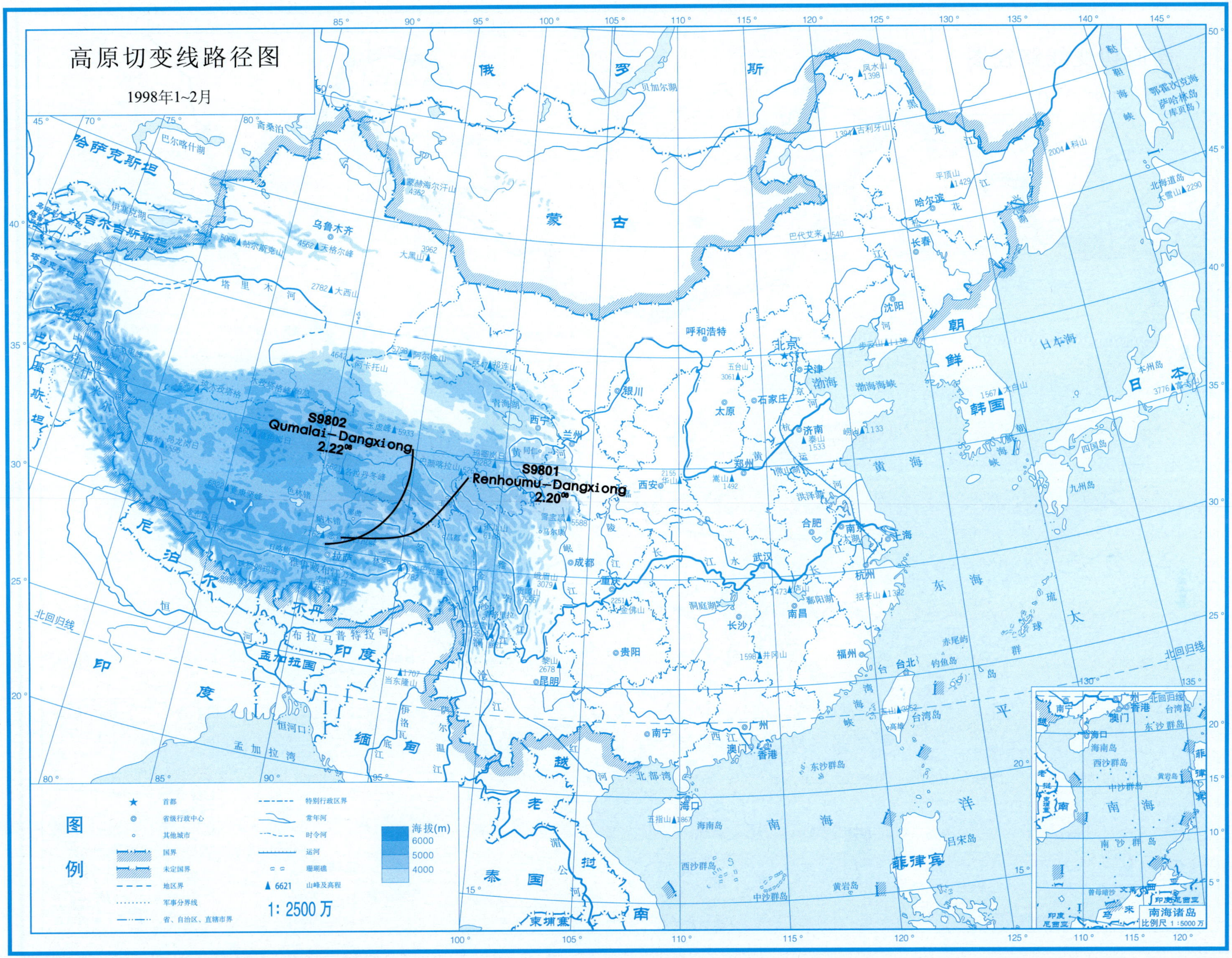

高原切变线路径图
1998年1~2月
S9802
Qumalai–Dangxiong
2.22⁰⁸
S9801
Renhoumu–Dangxiong
2.20⁰⁸
俄
罗
斯
蒙
古
哈萨克斯坦
吉尔吉斯斯坦
尼泊尔
不丹
印度
孟加拉国
缅甸
老挝
泰国
越南
柬埔寨
朝鲜
韩国
日本
菲律宾
图例
首都
省级行政中心
其他城市
国界
未定国界
地区界
军事分界线
省、自治区、直辖市界
特别行政区界
常年河
时令河
运河
珊瑚礁
6621 山峰及高程
海拔(m)
6000
5000
4000
1: 2500 万
南海诸岛
比例尺 1:5000 万

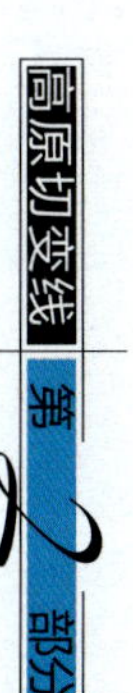

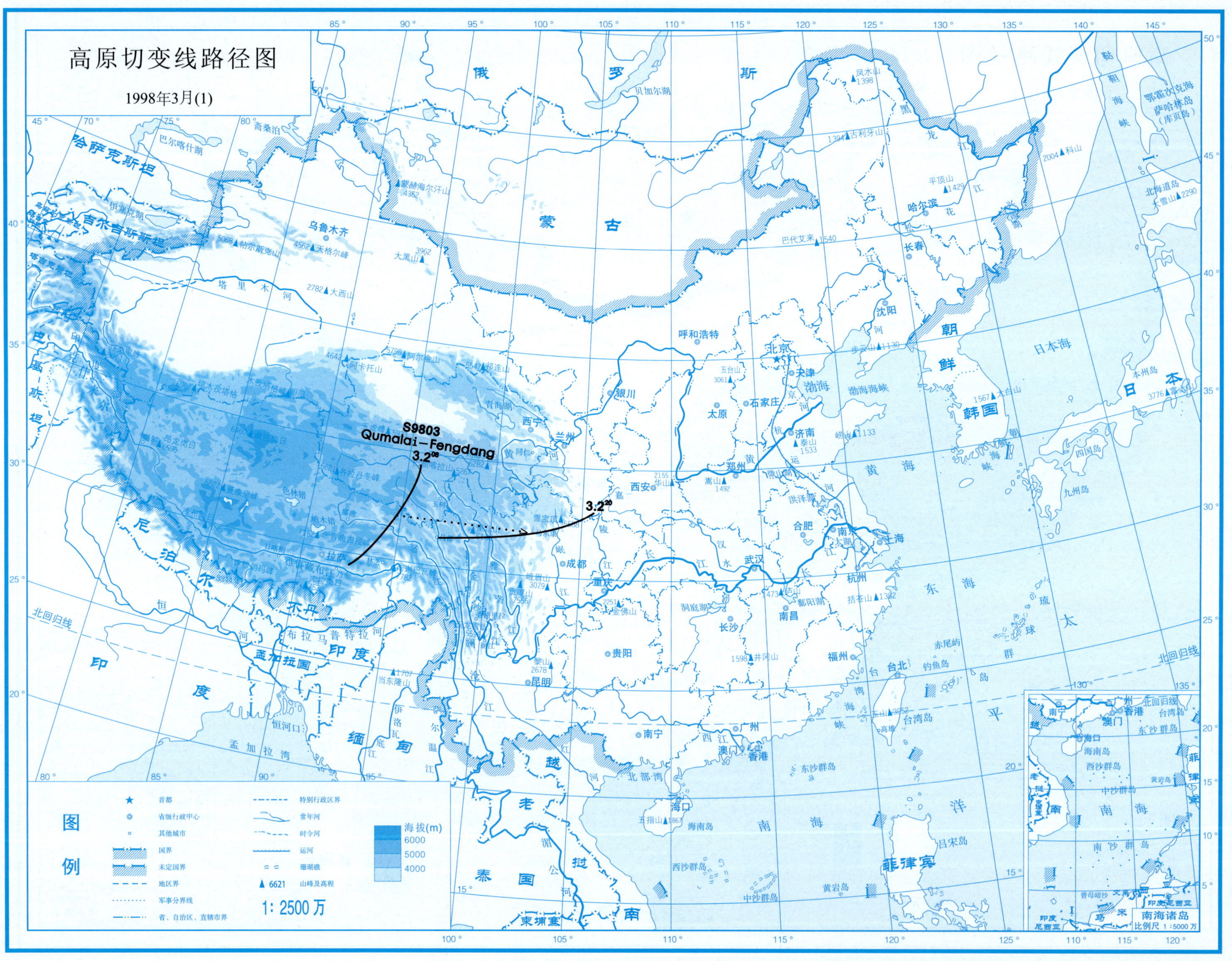
高原切变线路径图
1998年3月(1)
S9803
Qumalai–Fengdang
3.2^08
3.2^20
图例
1: 2500 万
海拔(m)
6000
5000
4000
南海诸岛
比例尺 1:5000 万

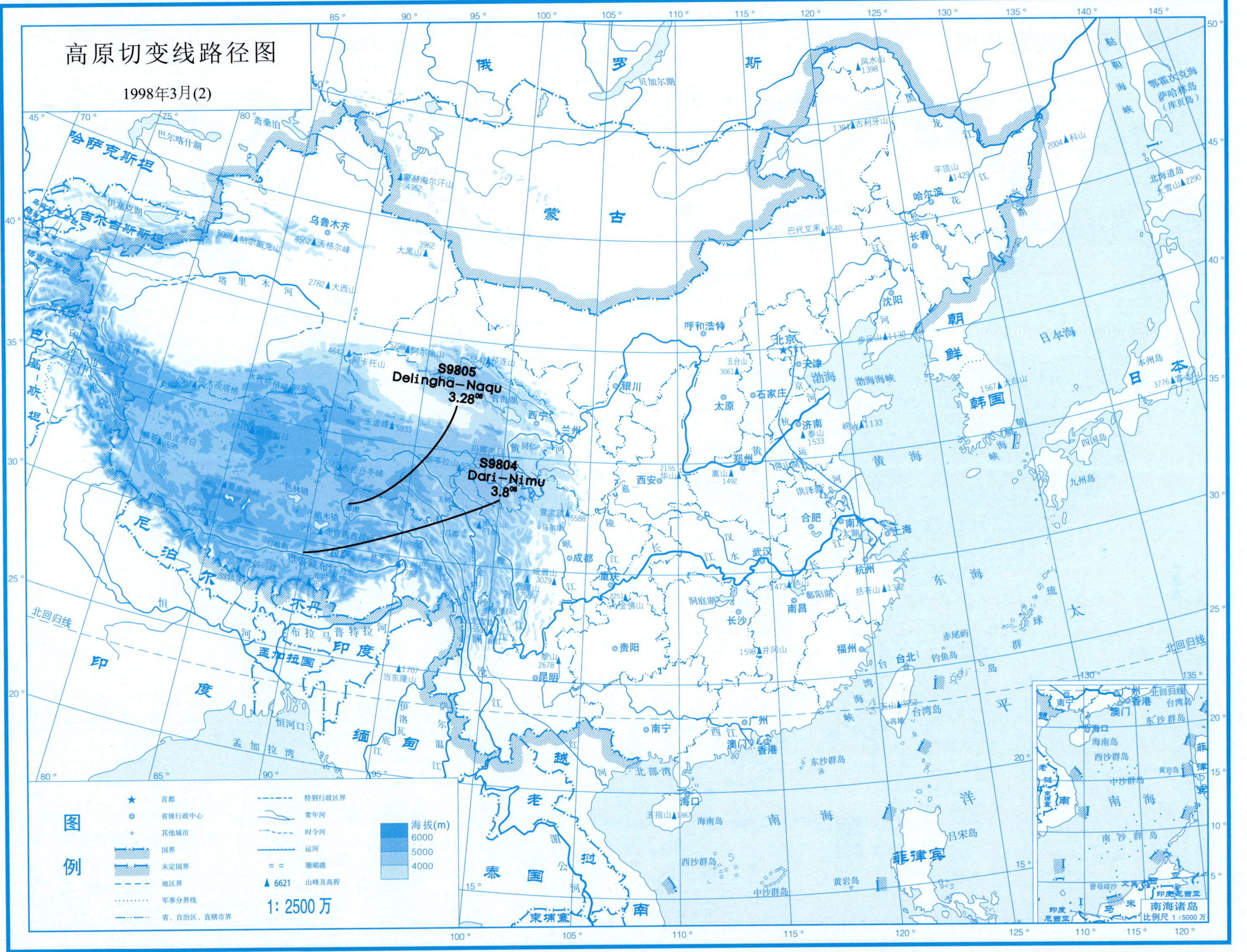
高原切变线路径图
1998年3月(2)
S9805
Delingha–Naqu
3.28
S9804
Dari–Nimu
3.8
图例
1: 2500 万
南海诸岛

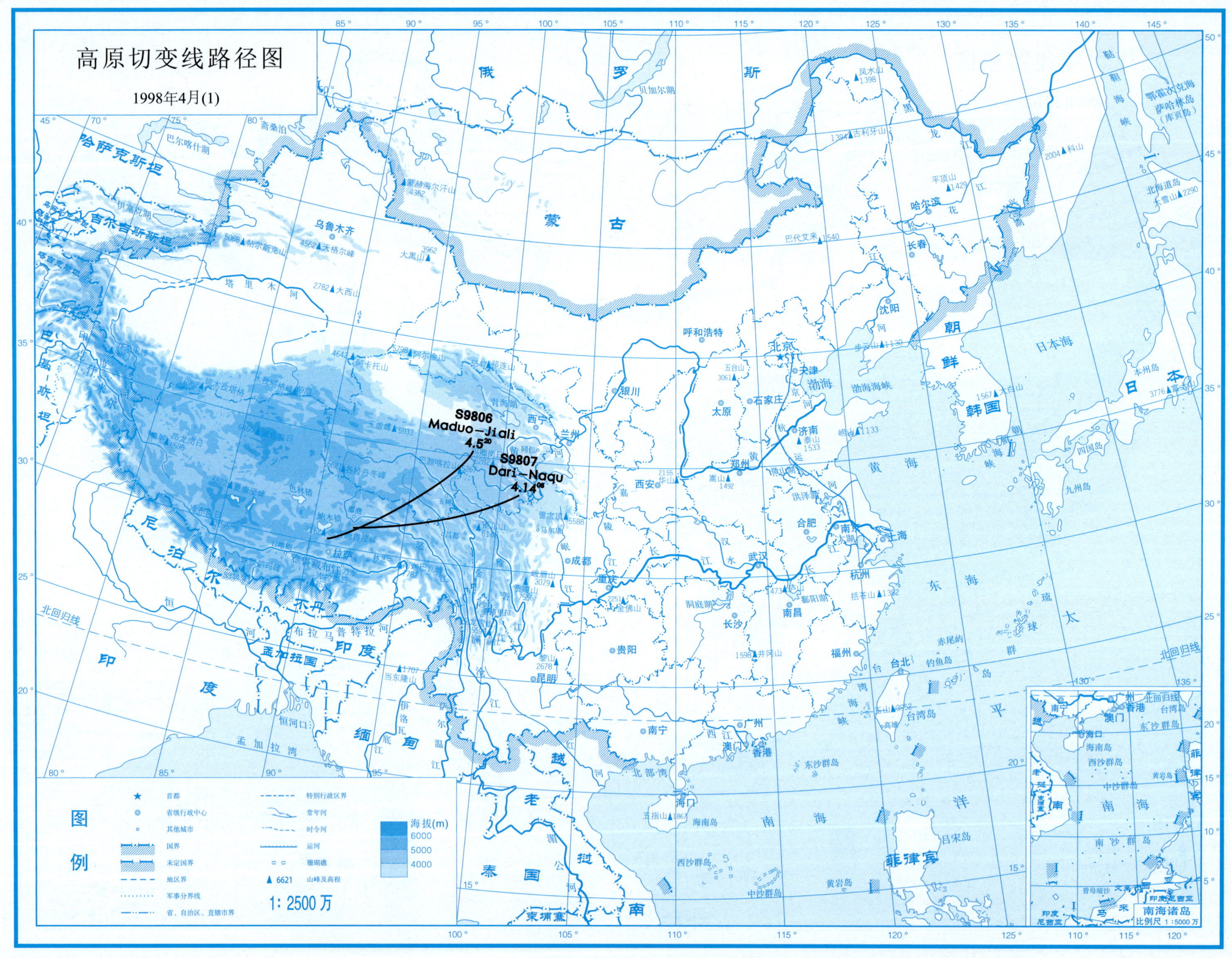

高原切变线路径图
1998年4月(1)
S9806
Maduo—Jiali
$4.5^{20}$
S9807
Dari—Naqu
$4.14^{08}$
图例
首都
省级行政中心
其他城市
国界
未定国界
地区界
军事分界线
省、自治区、直辖市界
特别行政区界
常年河
时令河
运河
珊瑚礁
6621 山峰及高程
海拔(m)
6000
5000
4000
1: 2500 万
南海诸岛
比例尺 1:5000 万
俄罗斯
蒙古
哈萨克斯坦
吉尔吉斯斯坦
朝鲜
韩国
日本
印度
尼泊尔
不丹
孟加拉国
缅甸
老挝
泰国
越南
柬埔寨
菲律宾
北京
天津
石家庄
太原
呼和浩特
沈阳
长春
哈尔滨
乌鲁木齐
西宁
兰州
银川
西安
郑州
济南
南京
上海
合肥
武汉
杭州
南昌
长沙
福州
台北
广州
南宁
贵阳
昆明
成都
重庆
拉萨
海口
香港
澳门
北回归线

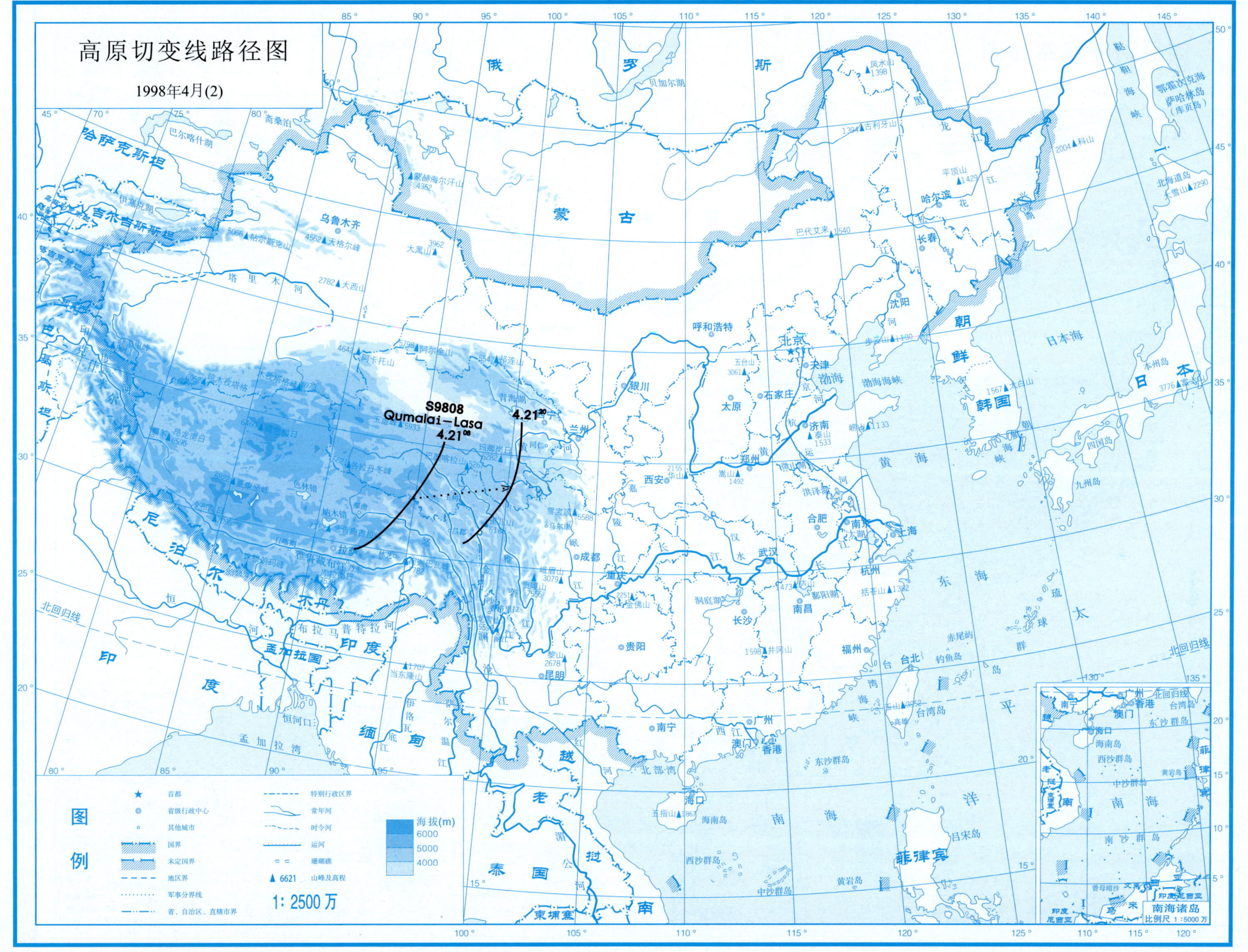
高原切变线路径图
1998年4月(2)
S9808
Qumalai–Lasa
4.21[08]
4.21[20]
俄罗斯
蒙古
哈萨克斯坦
吉尔吉斯斯坦
尼泊尔
不丹
印度
孟加拉国
缅甸
老挝
泰国
越南
柬埔寨
朝鲜
韩国
日本
菲律宾
北京
天津
石家庄
太原
呼和浩特
沈阳
长春
哈尔滨
济南
郑州
西安
银川
兰州
西宁
拉萨
成都
重庆
贵阳
昆明
南宁
广州
长沙
南昌
武汉
合肥
南京
上海
杭州
福州
台北
香港
澳门
海口
乌鲁木齐
渤海
黄海
东海
南海
日本海
太平洋
北回归线
图例
首都
省级行政中心
其他城市
国界
未定国界
地区界
军事分界线
省、自治区、直辖市界
特别行政区界
常年河
时令河
运河
珊瑚礁
山峰及高程
海拔(m)
6000
5000
4000
1: 2500万
南海诸岛
比例尺 1:5000万

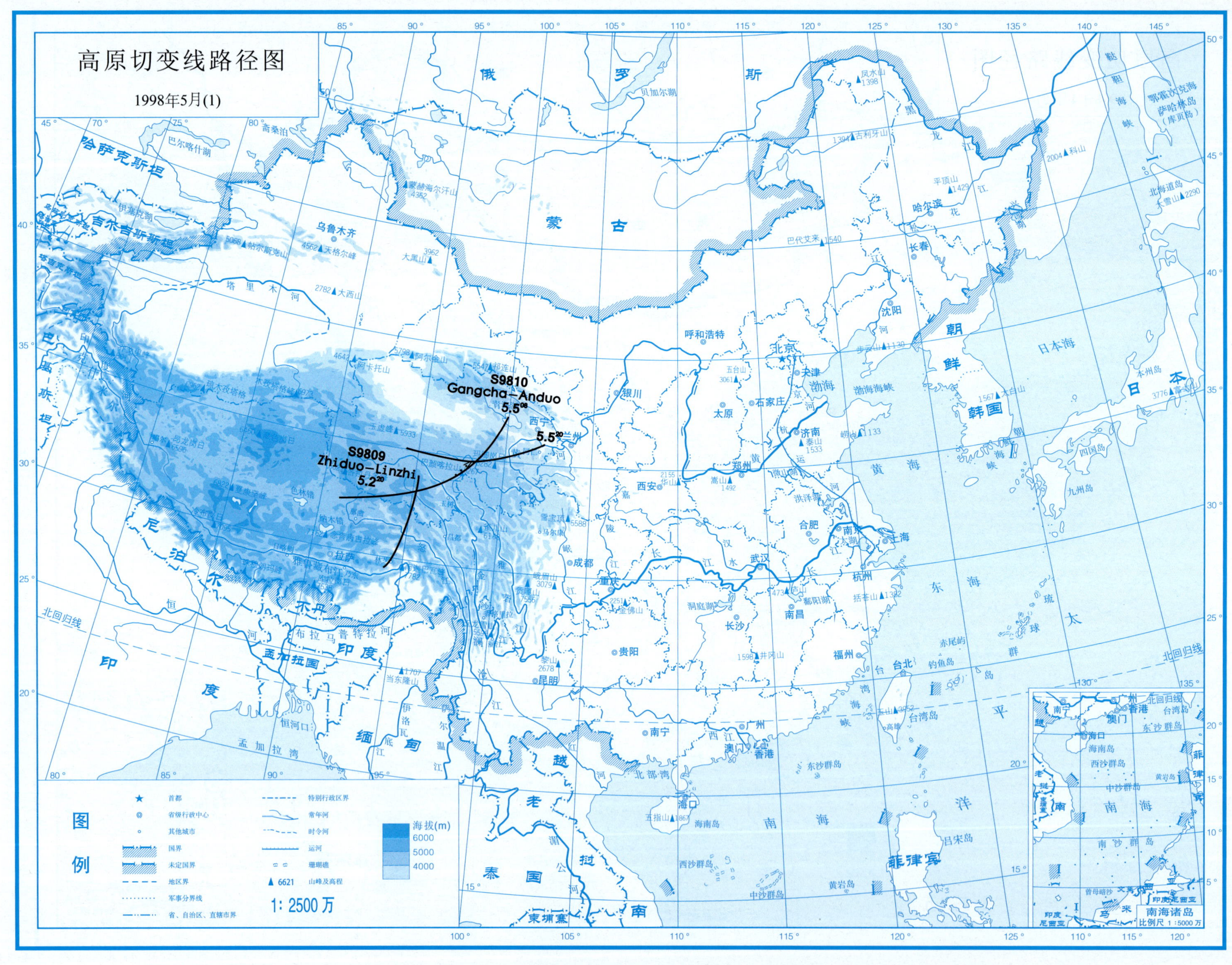
高原切变线路径图
1998年5月(1)
S9810
Gangcha–Anduo
$5.5^{08}$
$5.5^{20}$
S9809
Zhiduo–Linzhi
$5.2^{20}$
图例
首都
省级行政中心
其他城市
国界
未定国界
地区界
军事分界线
省、自治区、直辖市界
特别行政区界
常年河
时令河
运河
珊瑚礁
6621 山峰及高程
海拔(m)
6000
5000
4000
1: 2500万
南海诸岛
比例尺 1:5000万

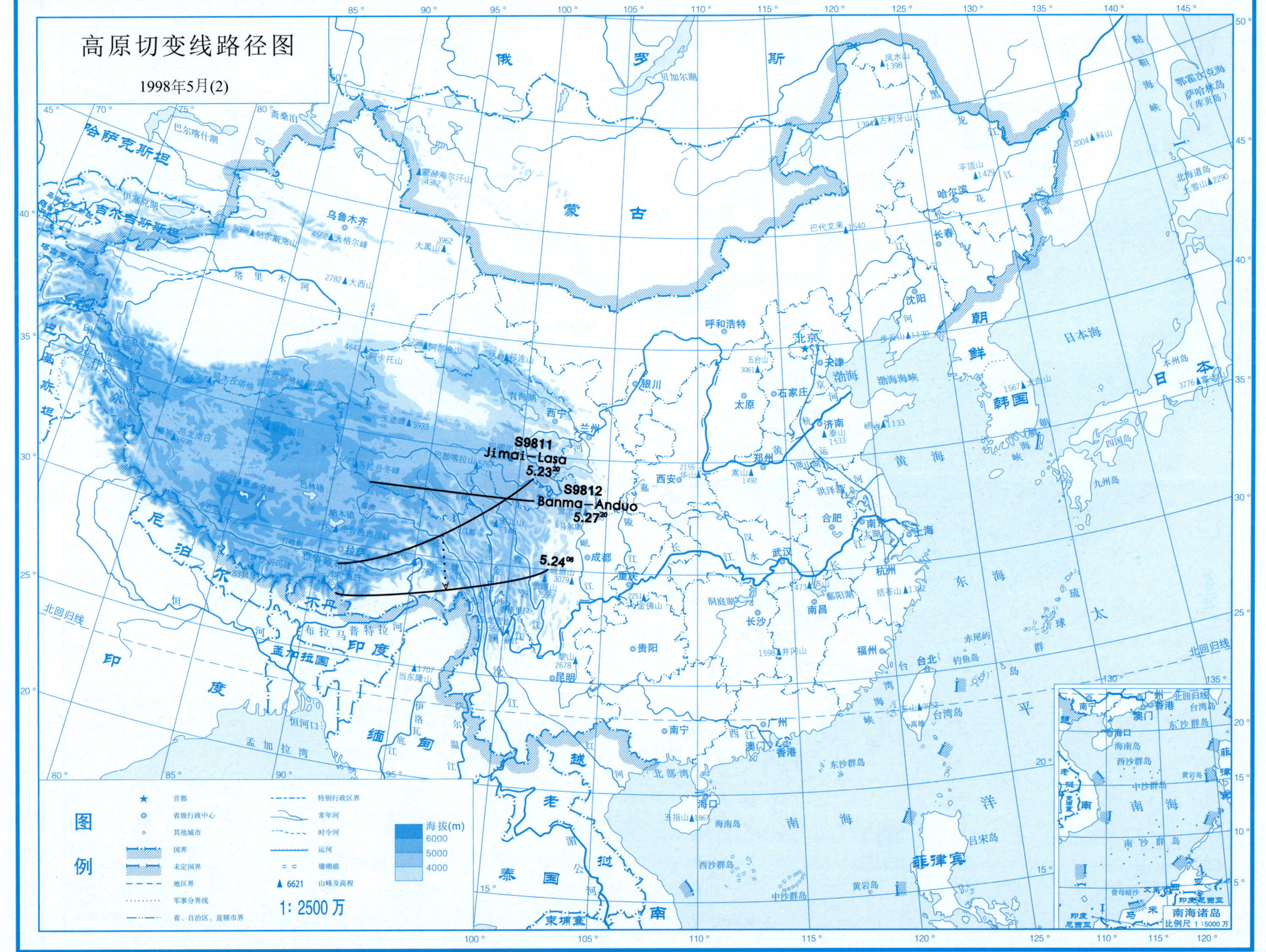
高原切变线路径图
1998年5月(2)
S9811
Jimai-Lasa
5.23^20
S9812
Banma-Anduo
5.27^20
5.24^08
图例
首都
省级行政中心
其他城市
国界
未定国界
地区界
军事分界线
省、自治区、直辖市界
特别行政区界
常年河
时令河
运河
珊瑚礁
6621 山峰及高程
海拔(m)
6000
5000
4000
1: 2500 万
南海诸岛
比例尺 1:5000 万
俄罗斯
蒙古
哈萨克斯坦
吉尔吉斯斯坦
巴基斯坦
尼泊尔
不丹
印度
孟加拉国
缅甸
老挝
泰国
越南
柬埔寨
朝鲜
韩国
日本
菲律宾
乌鲁木齐
拉萨
西宁
兰州
银川
呼和浩特
北京
天津
石家庄
太原
济南
郑州
西安
成都
重庆
武汉
合肥
南京
上海
杭州
南昌
长沙
贵阳
昆明
南宁
广州
福州
台北
香港
澳门
海口
沈阳
长春
哈尔滨
日本海
渤海
黄海
东海
南海
太平洋
北回归线

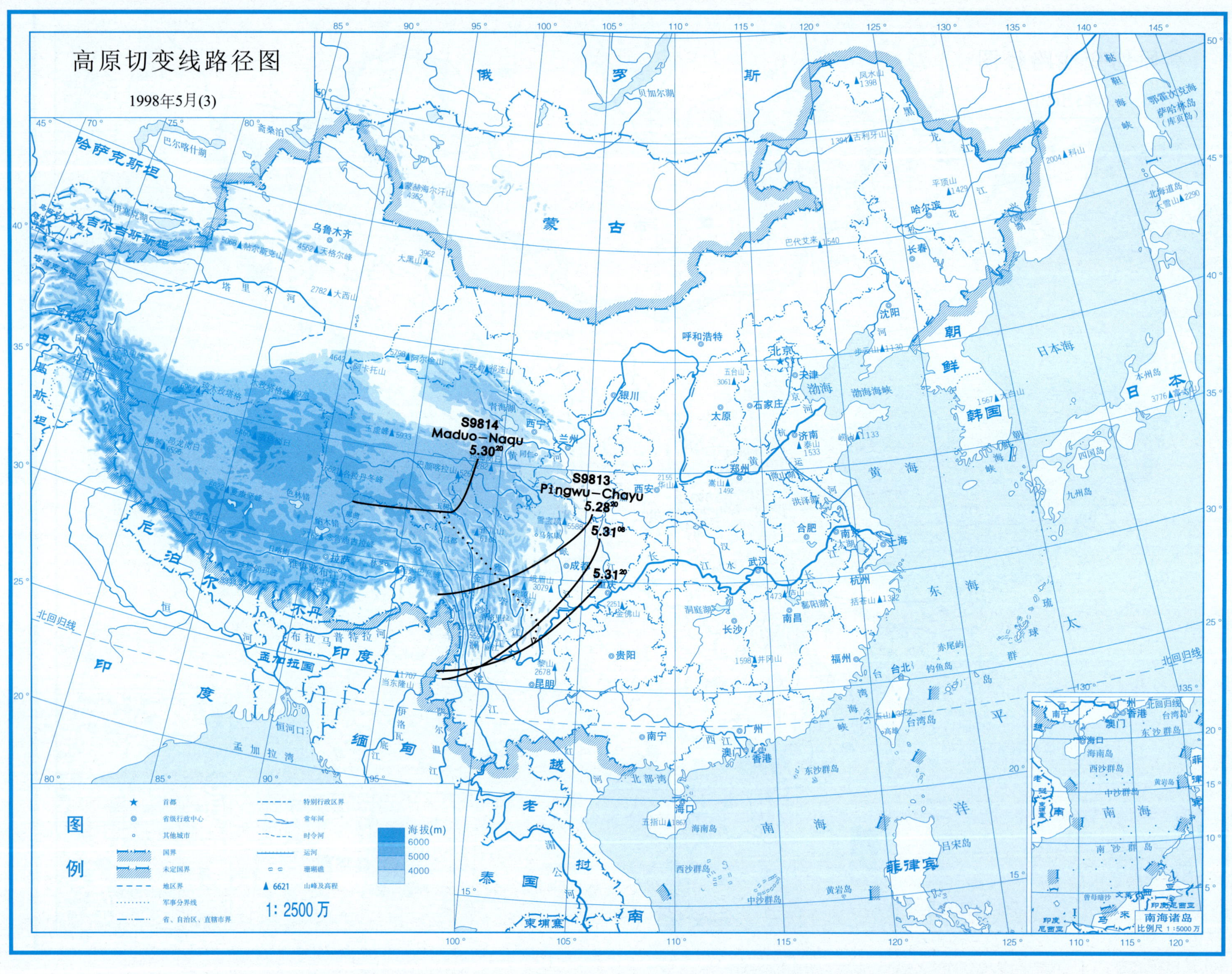
高原切变线路径图
1998年5月(3)
S9814
Maduo–Naqu
5.30 20
S9813
Pingwu–Chayu
5.28 20
5.31 08
5.31 20
图例
首都
省级行政中心
其他城市
国界
未定国界
地区界
军事分界线
省、自治区、直辖市界
特别行政区界
常年河
时令河
运河
珊瑚礁
6621 山峰及高程
海拔(m)
6000
5000
4000
1: 2500万
南海诸岛
比例尺 1:5000万

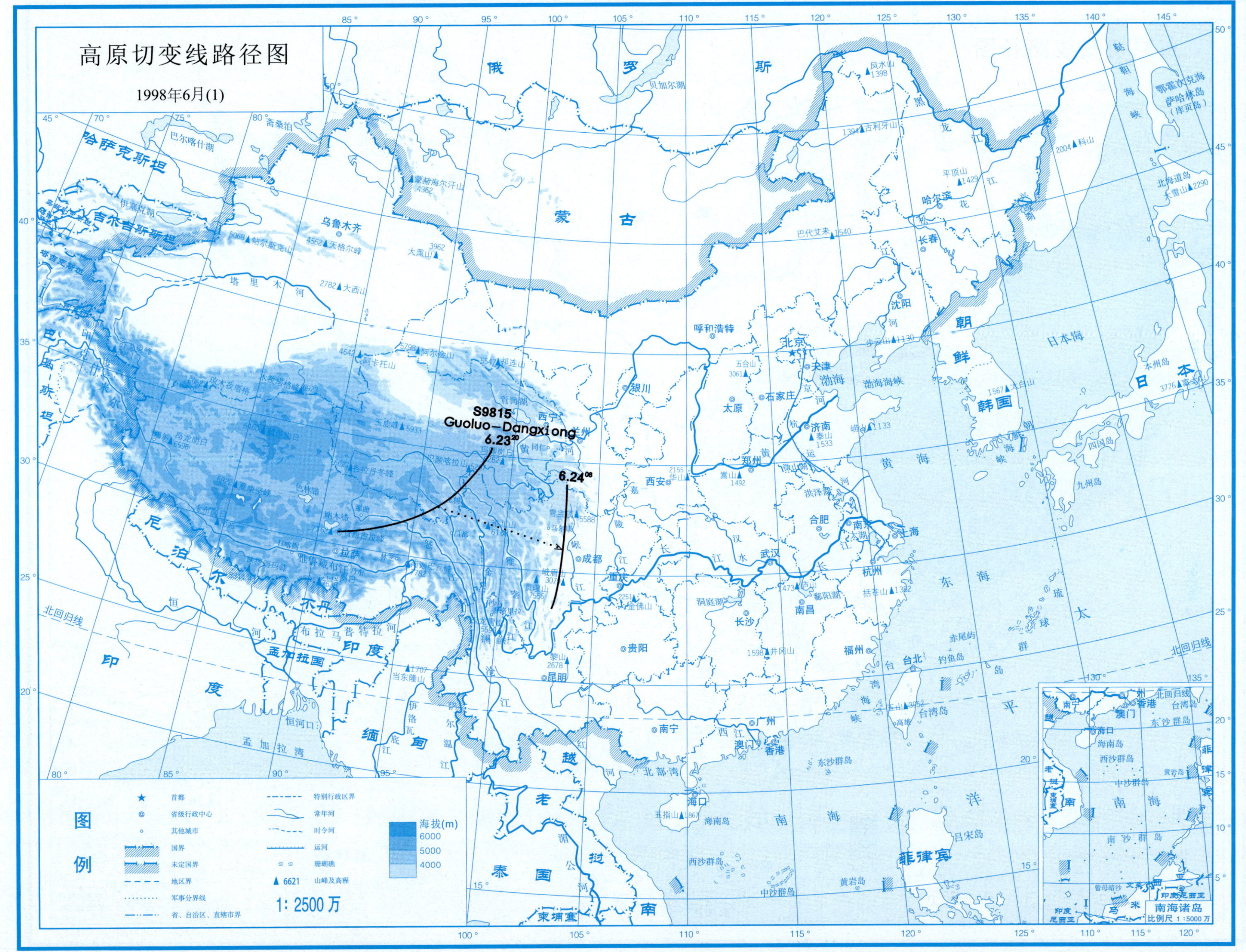
高原切变线路径图
1998年6月(1)
S9815
Guoluo–Dangxiong
6.23 20
6.24 08
图例
首都
省级行政中心
其他城市
国界
未定国界
地区界
军事分界线
省、自治区、直辖市界
特别行政区界
常年河
时令河
运河
珊瑚礁
6621 山峰及高程
海拔(m)
6000
5000
4000
1: 2500万
南海诸岛
比例尺 1 : 5000 万

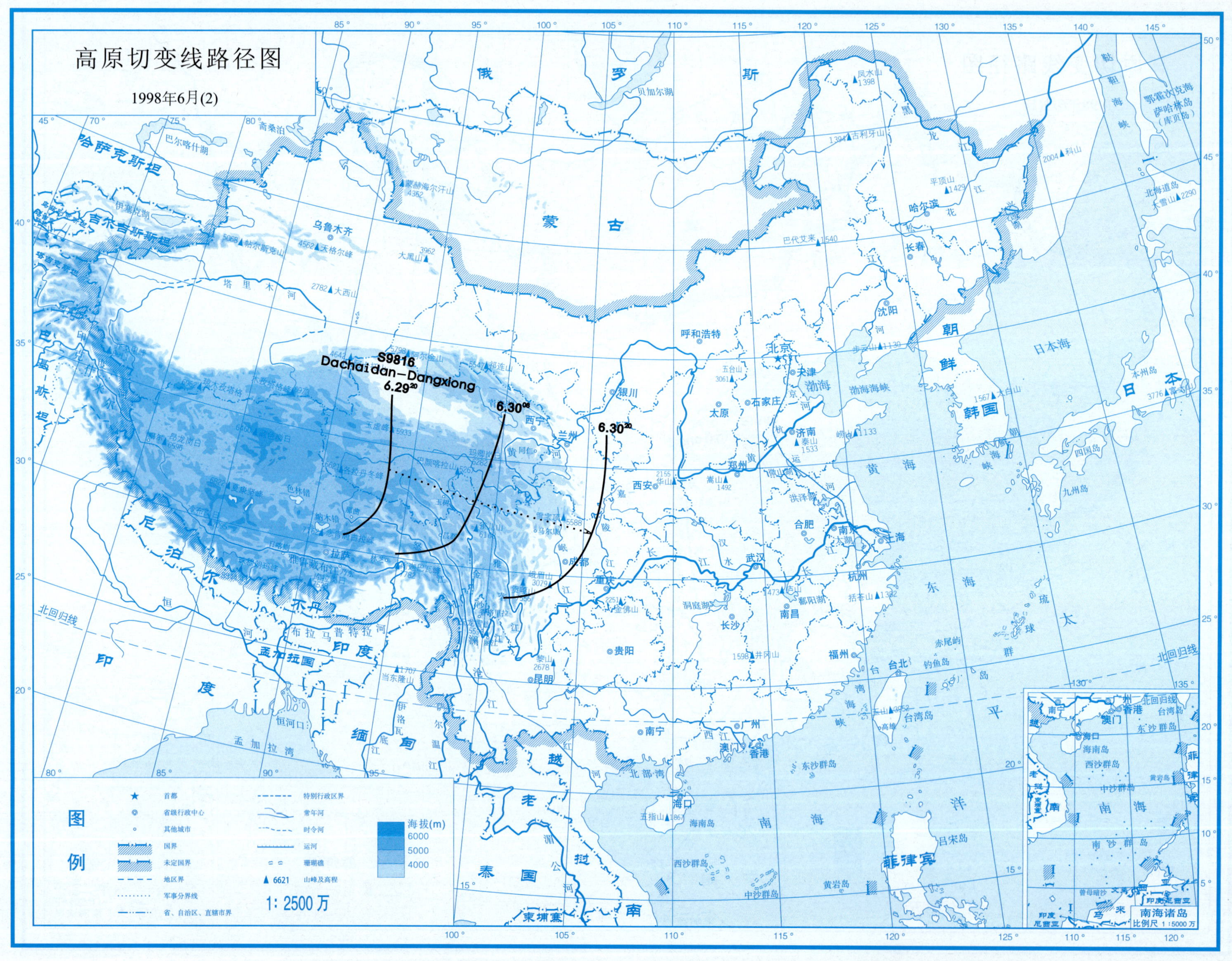
高原切变线路径图
1998年6月(2)
S9816
Dachaidan–Dangxiong
6.29 20
6.30 08
6.30 20
俄罗斯
蒙古
哈萨克斯坦
吉尔吉斯斯坦
尼泊尔
不丹
印度
孟加拉国
缅甸
老挝
泰国
越南
柬埔寨
朝鲜
韩国
日本
菲律宾
乌鲁木齐
拉萨
西宁
兰州
银川
成都
重庆
昆明
贵阳
西安
太原
石家庄
北京
天津
济南
郑州
武汉
长沙
南昌
合肥
南京
上海
杭州
福州
台北
广州
南宁
海口
香港
澳门
呼和浩特
沈阳
长春
哈尔滨
渤海
黄海
东海
南海
日本海
太平洋
孟加拉湾
北回归线
图例
首都
省级行政中心
其他城市
国界
未定国界
地区界
军事分界线
省、自治区、直辖市界
特别行政区界
常年河
时令河
运河
珊瑚礁
6621 山峰及高程
海拔(m)
6000
5000
4000
1: 2500万
南海诸岛
比例尺 1:5000万

# 高原切变线路径图

1998年7月(1)

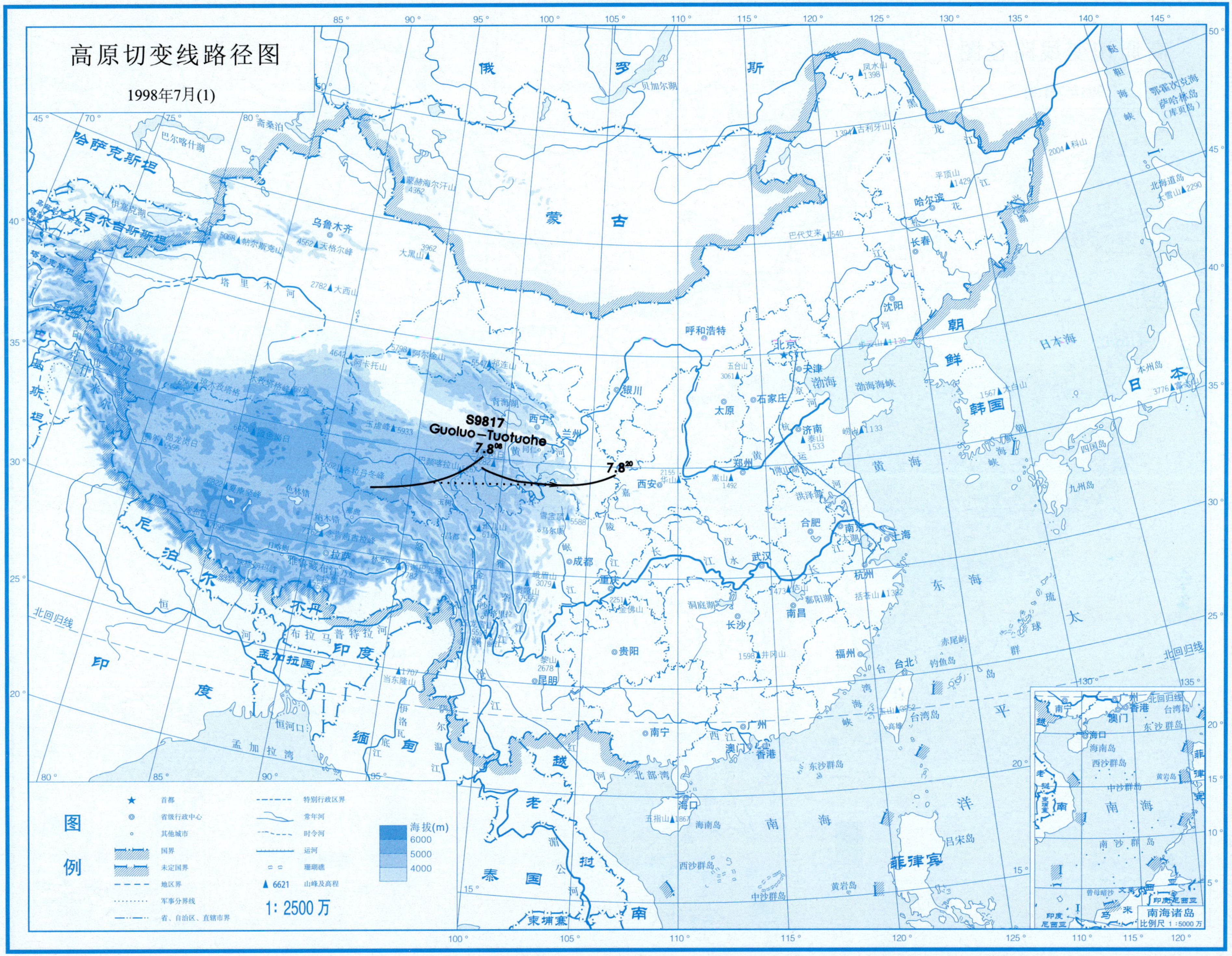

S9817
Guoluo–Tuotuohe
7.8[08]
7.8[20]

图例

★ 首都
◎ 省级行政中心
○ 其他城市
国界
未定国界
地区界
军事分界线
省、自治区、直辖市界
特别行政区界
常年河
时令河
运河
珊瑚礁
▲ 6621 山峰及高程

海拔(m)
6000
5000
4000

1:2500万

南海诸岛
比例尺 1:5000万

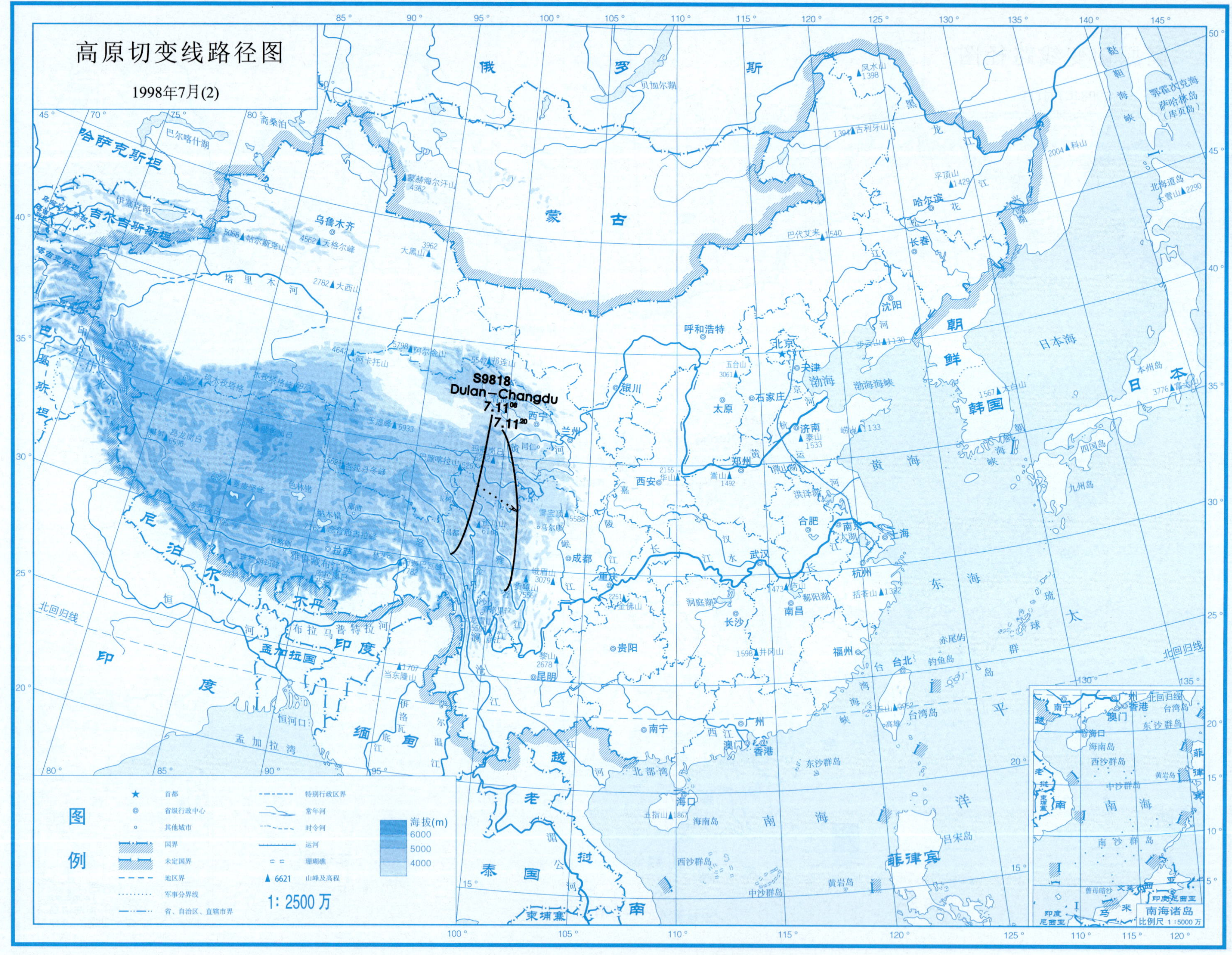
高原切变线路径图
1998年7月(2)
S9818
Dulan–Changdu
7.11 08
7.11 20
图例
首都
省级行政中心
其他城市
国界
未定国界
地区界
军事分界线
省、自治区、直辖市界
特别行政区界
常年河
时令河
运河
珊瑚礁
6621 山峰及高程
海拔(m)
6000
5000
4000
1: 2500 万
南海诸岛
比例尺 1:5000 万

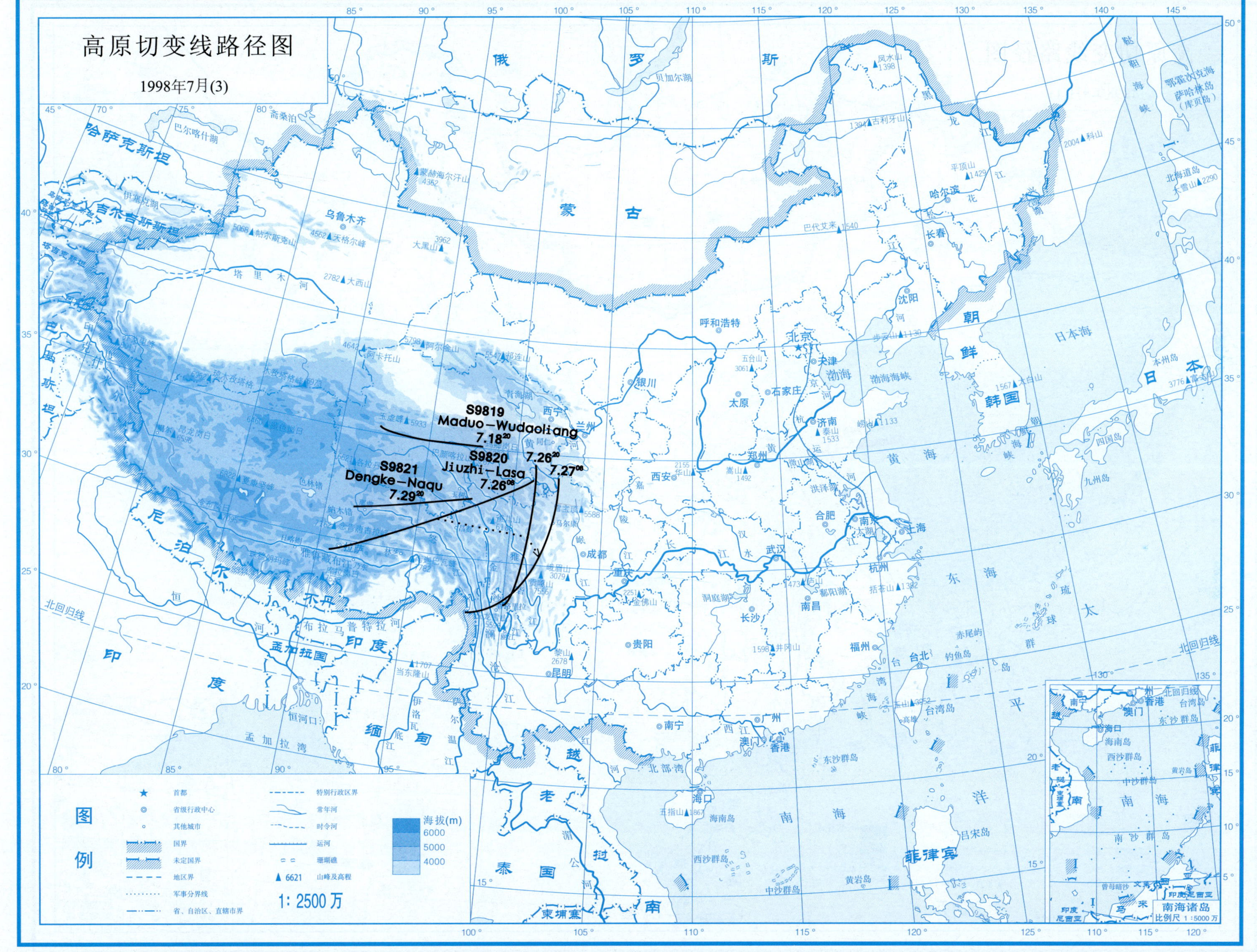
高原切变线路径图
1998年7月(3)
S9819
Maduo–Wudaoliang
7.18[20]
S9820
Jiuzhi–Lasa
7.26[08]
7.26[20]
7.27[08]
S9821
Dengke–Naqu
7.29[20]
图例
1: 2500万
南海诸岛
比例尺 1:5000万

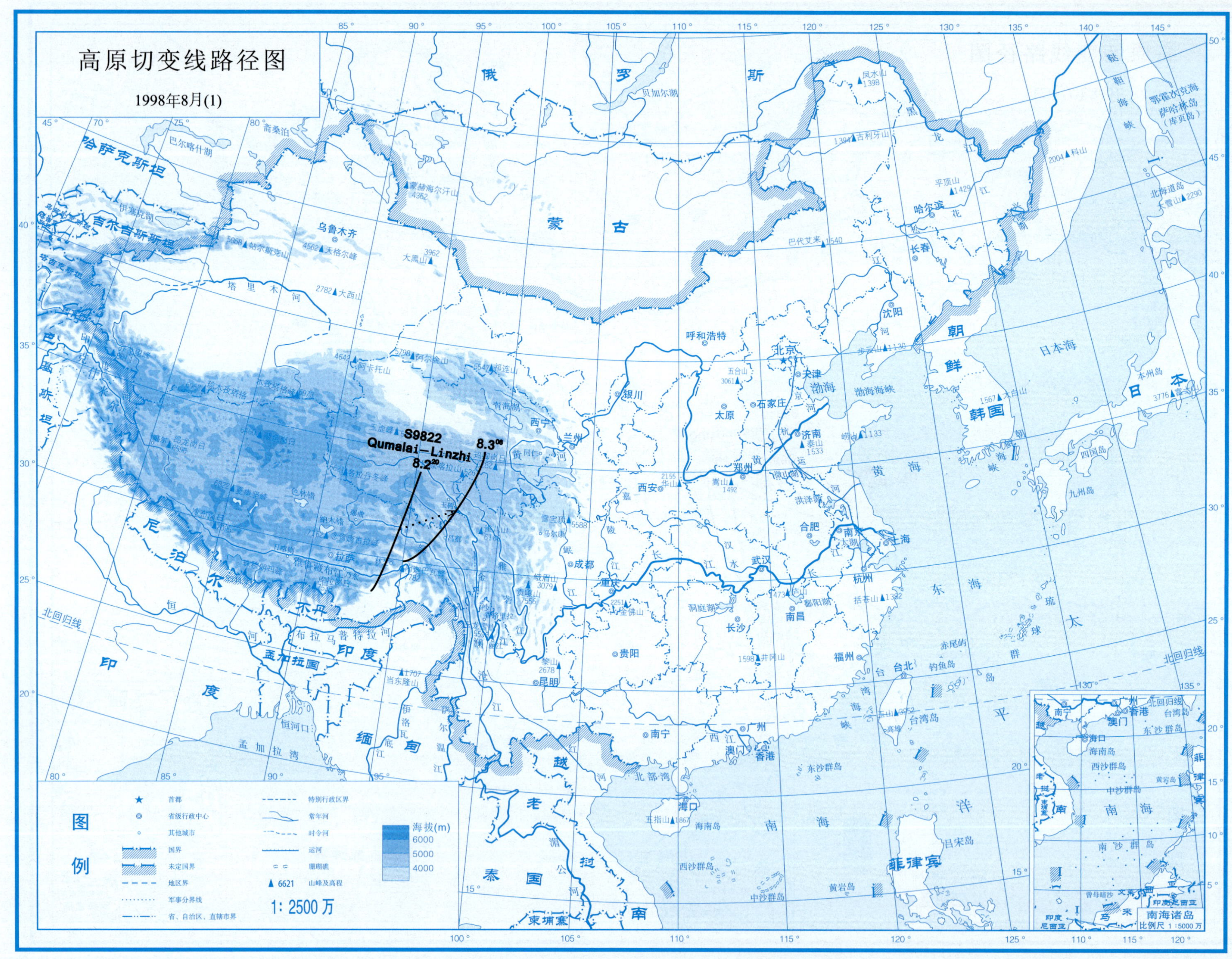

高原切变线路径图
1998年8月(1)
S9822
Qumalai–Linzhi
8.3[06]
8.2[20]
图例
首都
省级行政中心
其他城市
国界
未定国界
地区界
军事分界线
省、自治区、直辖市界
特别行政区界
常年河
时令河
运河
珊瑚礁
6621 山峰及高程
海拔(m)
6000
5000
4000
1: 2500 万
南海诸岛
比例尺 1:5000 万

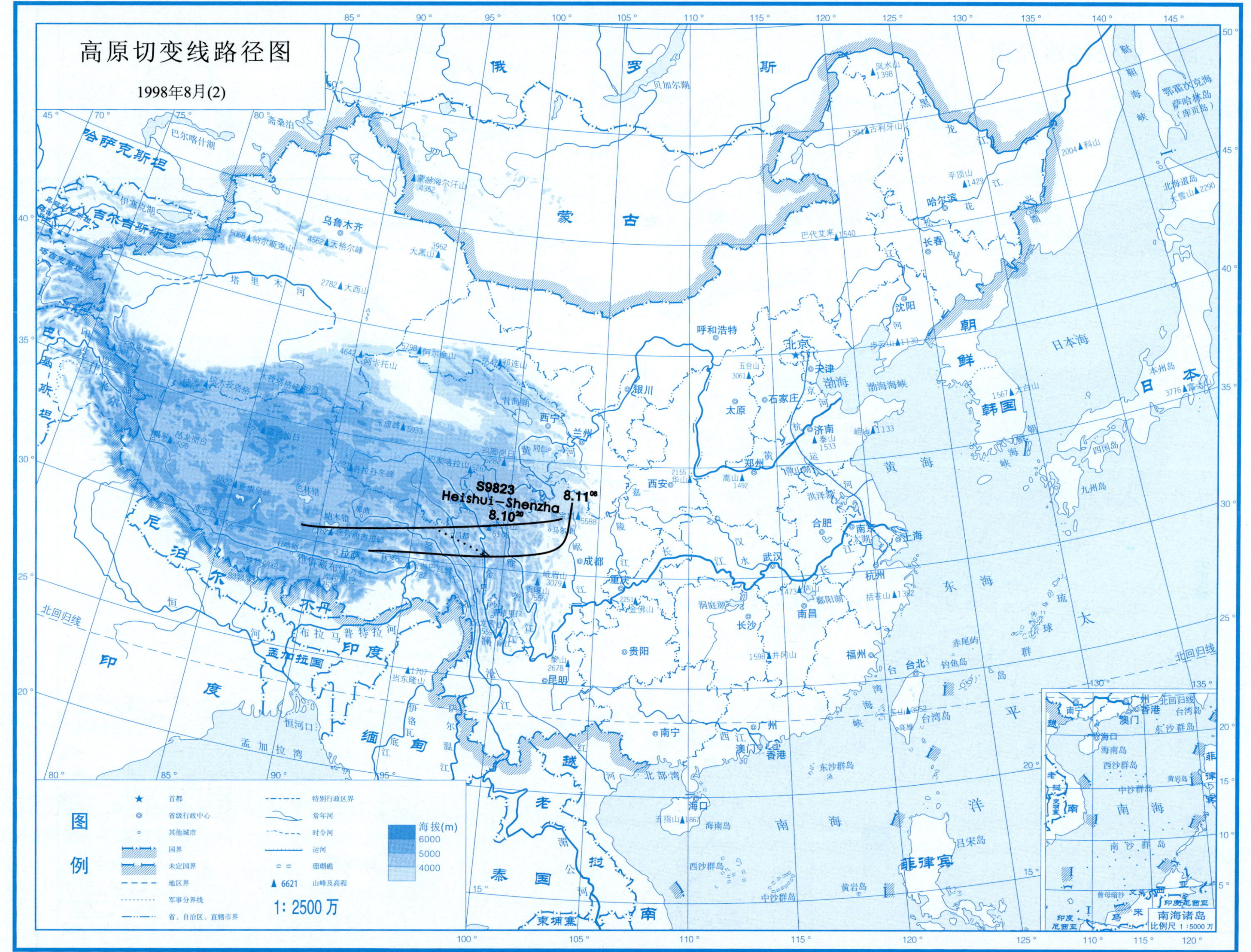
高原切变线路径图
1998年8月(2)
S9823
Heishui-Shenzha
$8.11^{08}$
$8.10^{20}$
图例
首都
省级行政中心
其他城市
国界
未定国界
地区界
军事分界线
省、自治区、直辖市界
特别行政区界
常年河
时令河
运河
珊瑚礁
6621 山峰及高程
海拔(m)
6000
5000
4000
1: 2500 万
南海诸岛
比例尺 1 : 5000 万

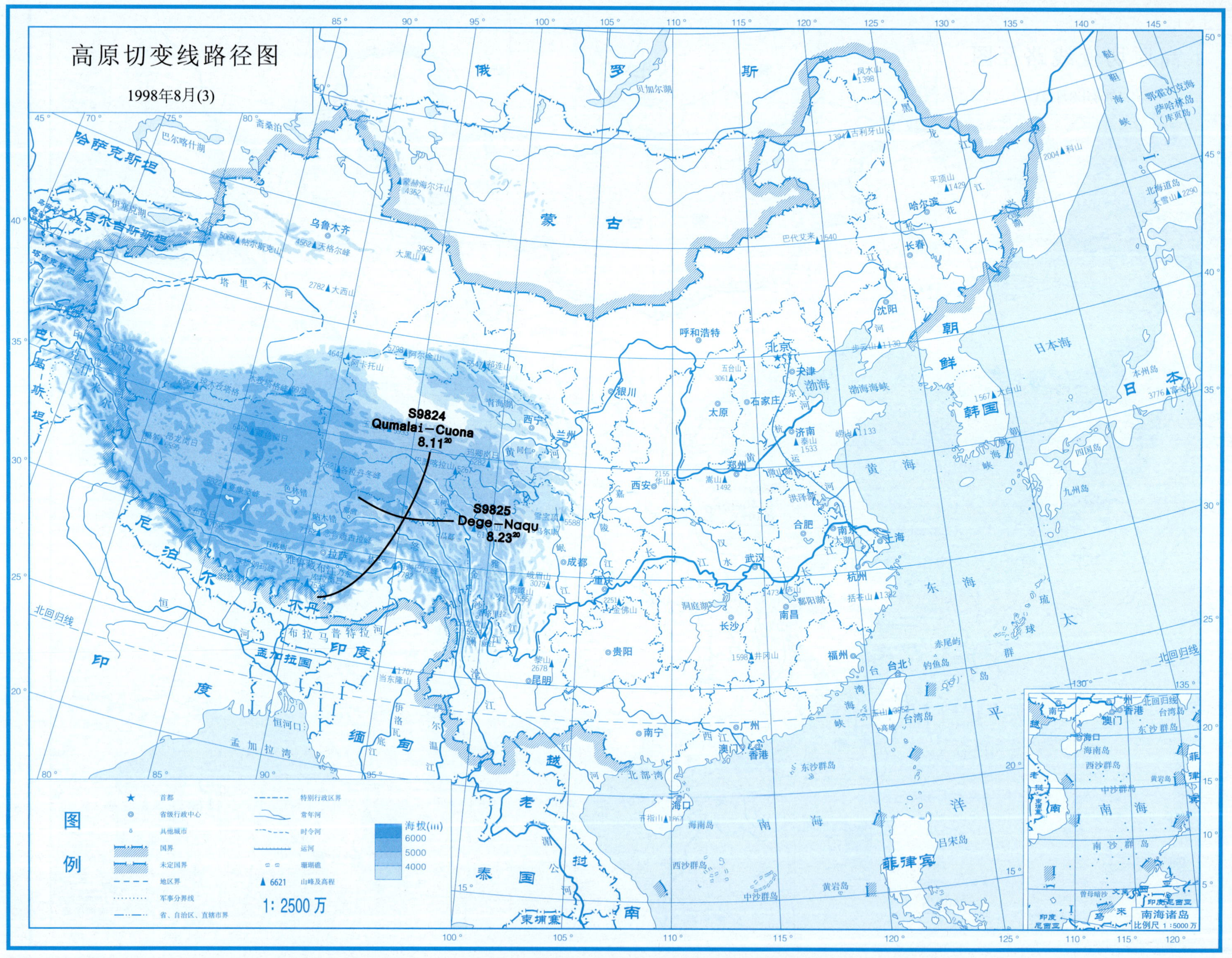
高原切变线路径图
1998年8月(3)
S9824
Qumalai–Cuona
8.11[20]
S9825
Dege–Naqu
8.23[20]
图例
首都
省级行政中心
其他城市
国界
未定国界
地区界
军事分界线
省、自治区、直辖市界
特别行政区界
常年河
时令河
运河
珊瑚礁
6621 山峰及高程
海拔(m)
6000
5000
4000
1:2500万
南海诸岛
比例尺 1:5000万

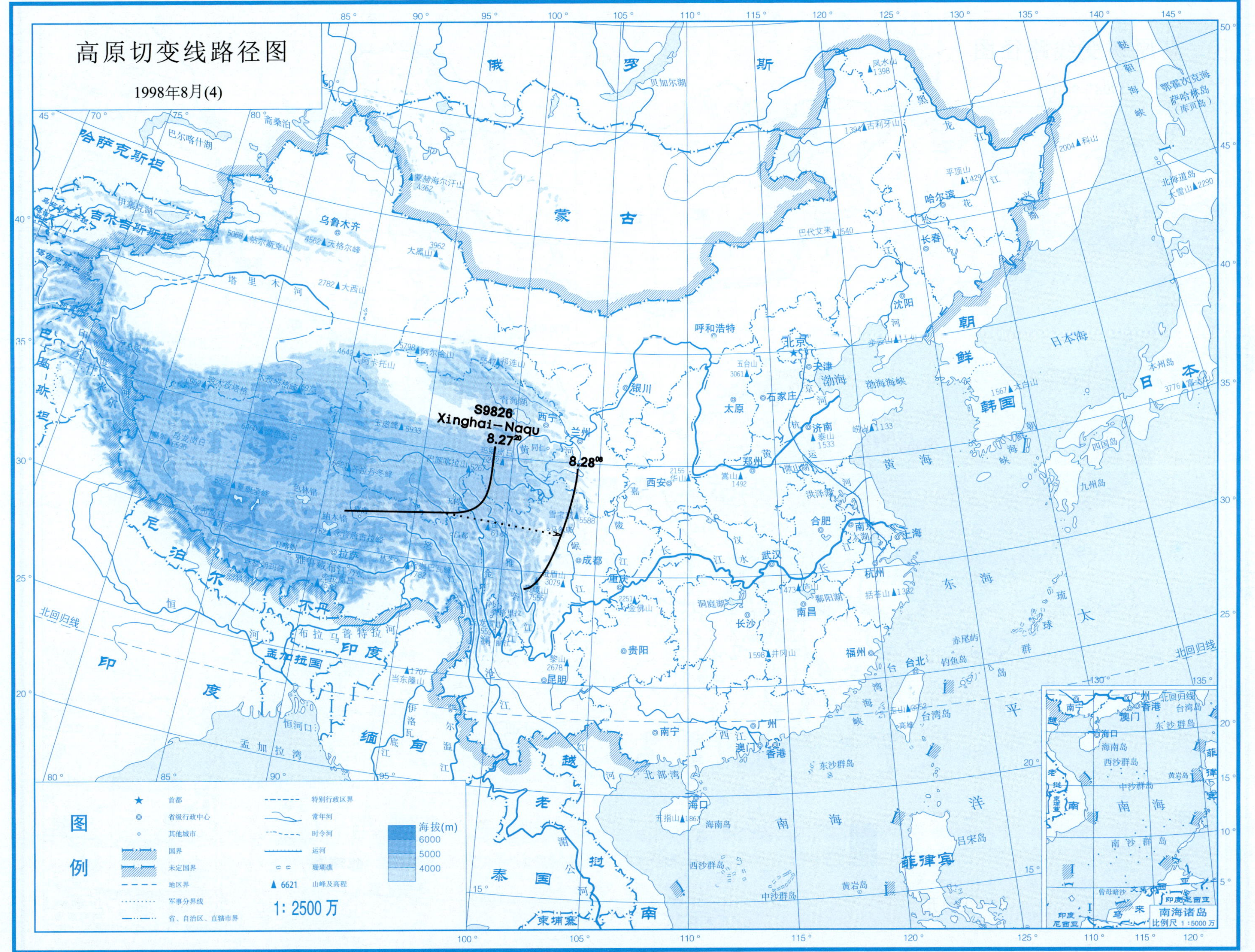
高原切变线路径图
1998年8月(4)
S9826
Xinghai–Naqu
8.27²⁰
8.28⁰⁸
图例
首都
省级行政中心
其他城市
国界
未定国界
地区界
军事分界线
省、自治区、直辖市界
特别行政区界
常年河
时令河
运河
珊瑚礁
6621 山峰及高程
海拔(m)
6000
5000
4000
1: 2500 万
南海诸岛
比例尺 1:5000 万

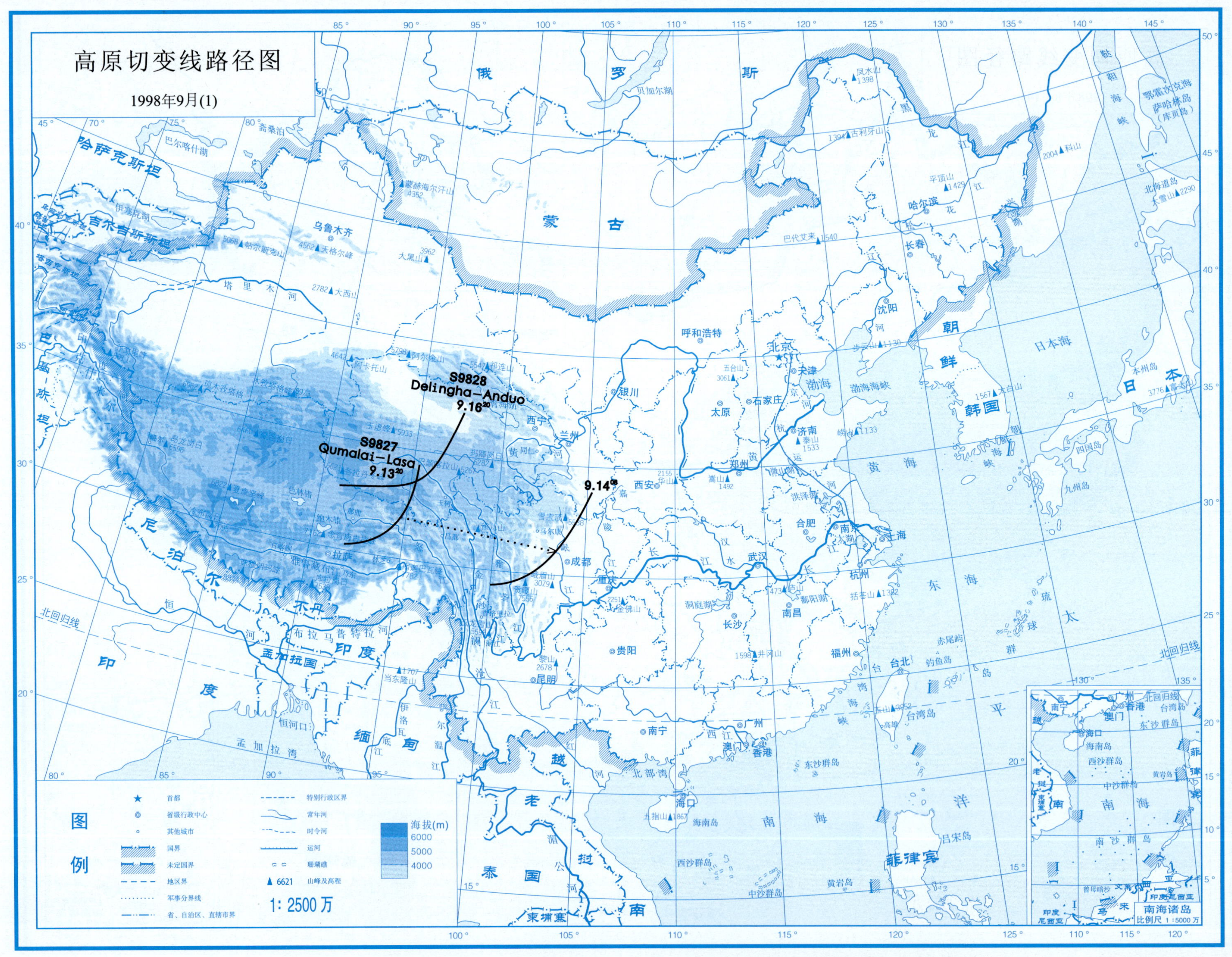

高原切变线路径图
1998年9月(1)
S9828
Delingha–Anduo
9.16[20]
S9827
Qumalai–Lasa
9.13[20]
9.14[08]
图例
首都
省级行政中心
其他城市
国界
未定国界
地区界
军事分界线
省、自治区、直辖市界
特别行政区界
常年河
时令河
运河
珊瑚礁
6621 山峰及高程
海拔(m)
6000
5000
4000
1: 2500 万
南海诸岛
比例尺 1:5000 万

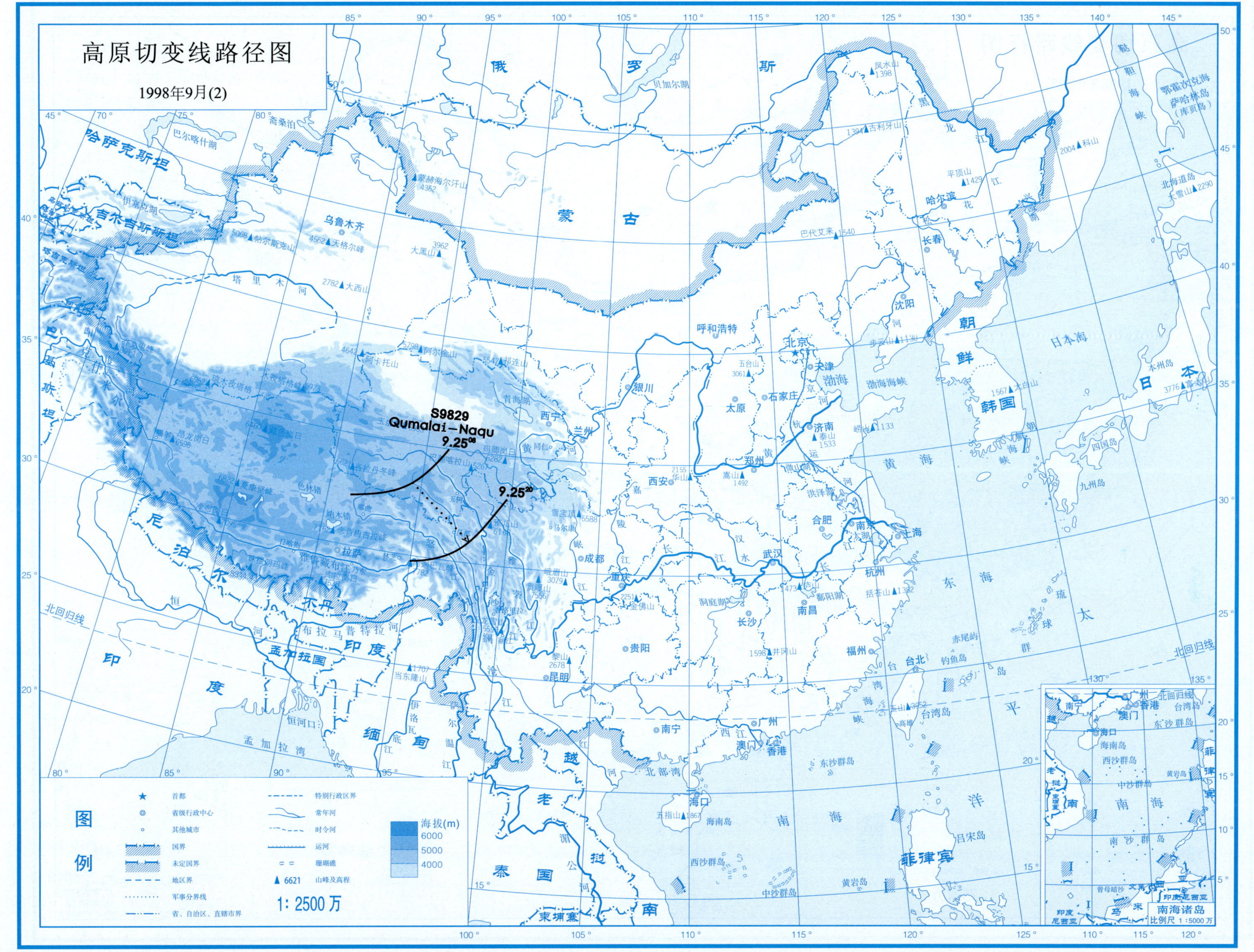
高原切变线路径图
1998年9月(2)
S9829
Qumalai–Naqu
9.25⁰⁸
9.25²⁰
图例
首都
省级行政中心
其他城市
国界
未定国界
地区界
军事分界线
省、自治区、直辖市界
特别行政区界
常年河
时令河
运河
珊瑚礁
6621 山峰及高程
海拔(m)
6000
5000
4000
1: 2500 万
南海诸岛
比例尺 1:5000 万

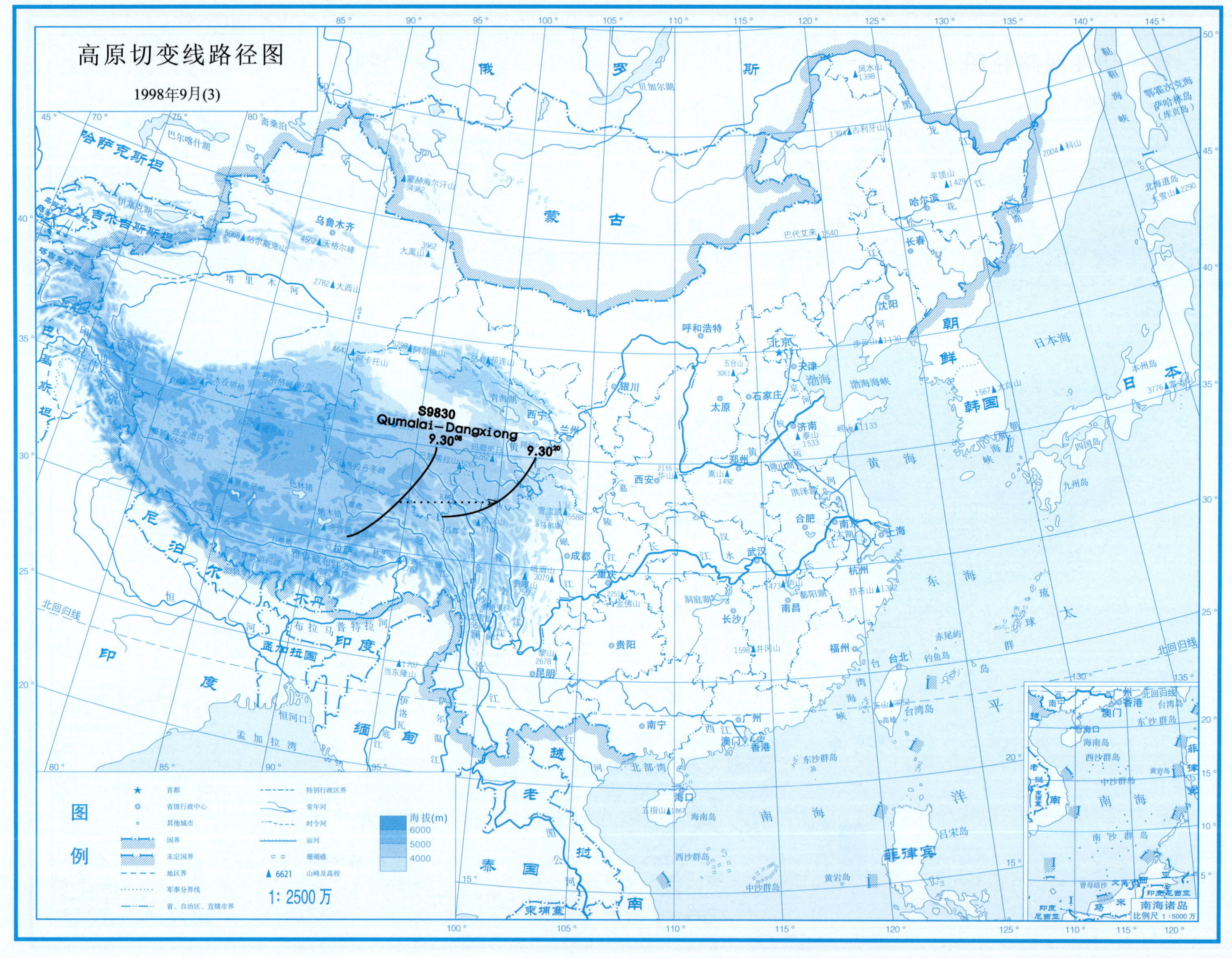

高原切变线路径图
1998年9月(3)
S9830
Qumalai－Dangxiong
9.30⁰⁸
9.30²⁰
图例
首都
省级行政中心
其他城市
国界
未定国界
地区界
军事分界线
省、自治区、直辖市界
特别行政区界
常年河
时令河
运河
珊瑚礁
6621 山峰及高程
海拔(m)
6000
5000
4000
1: 2500 万
南海诸岛
比例尺 1 : 5000 万

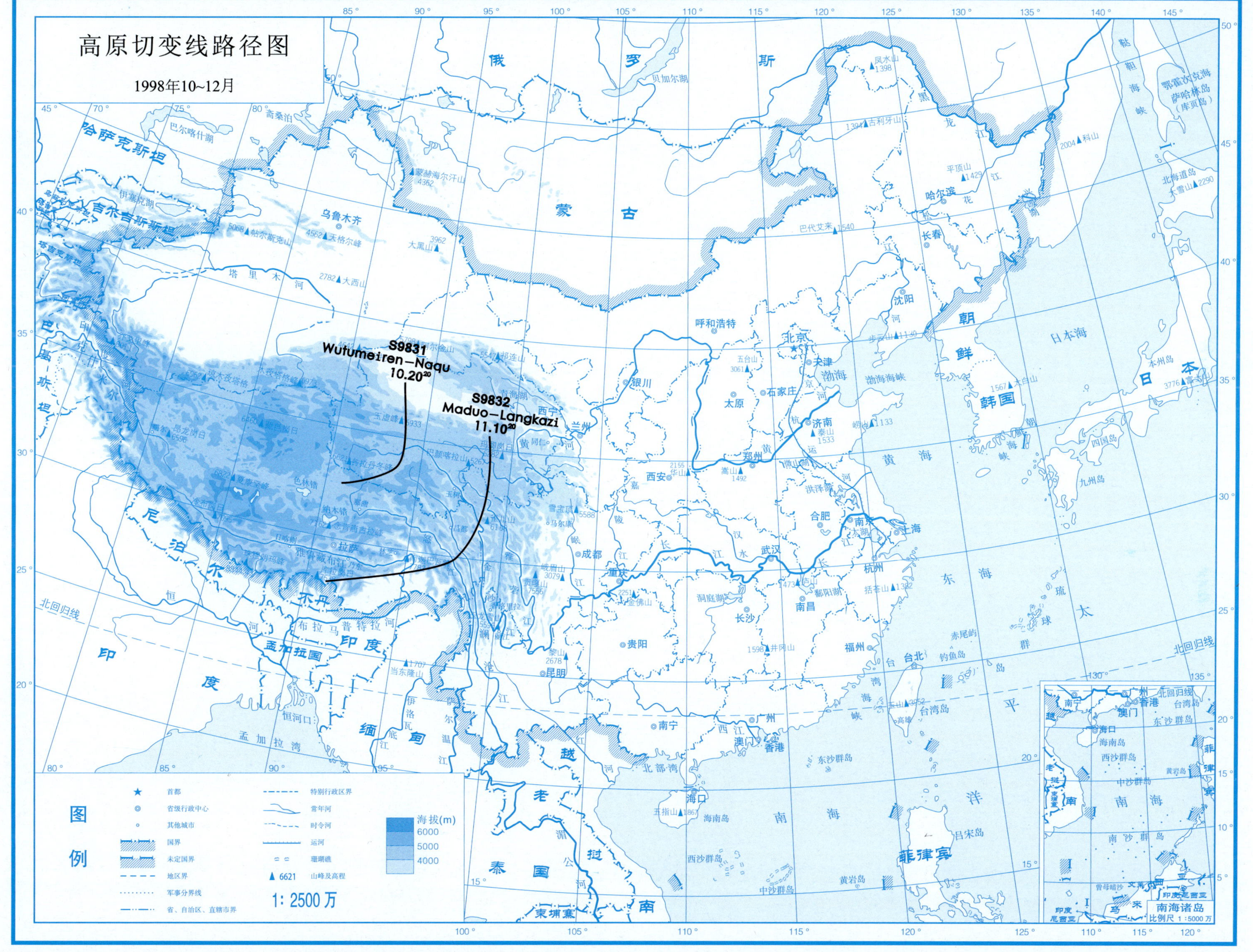

高原切变线路径图
1998年10~12月
S9831
Wutumeiren–Naqu
10.20[20]
S9832
Maduo–Langkazi
11.10[20]
图例
首都
省级行政中心
其他城市
国界
未定国界
地区界
军事分界线
省、自治区、直辖市界
特别行政区界
常年河
时令河
运河
珊瑚礁
6621 山峰及高程
海拔(m)
6000
5000
4000
1: 2500万
南海诸岛
比例尺 1 : 5000万

# 青藏高原切变线降水资料

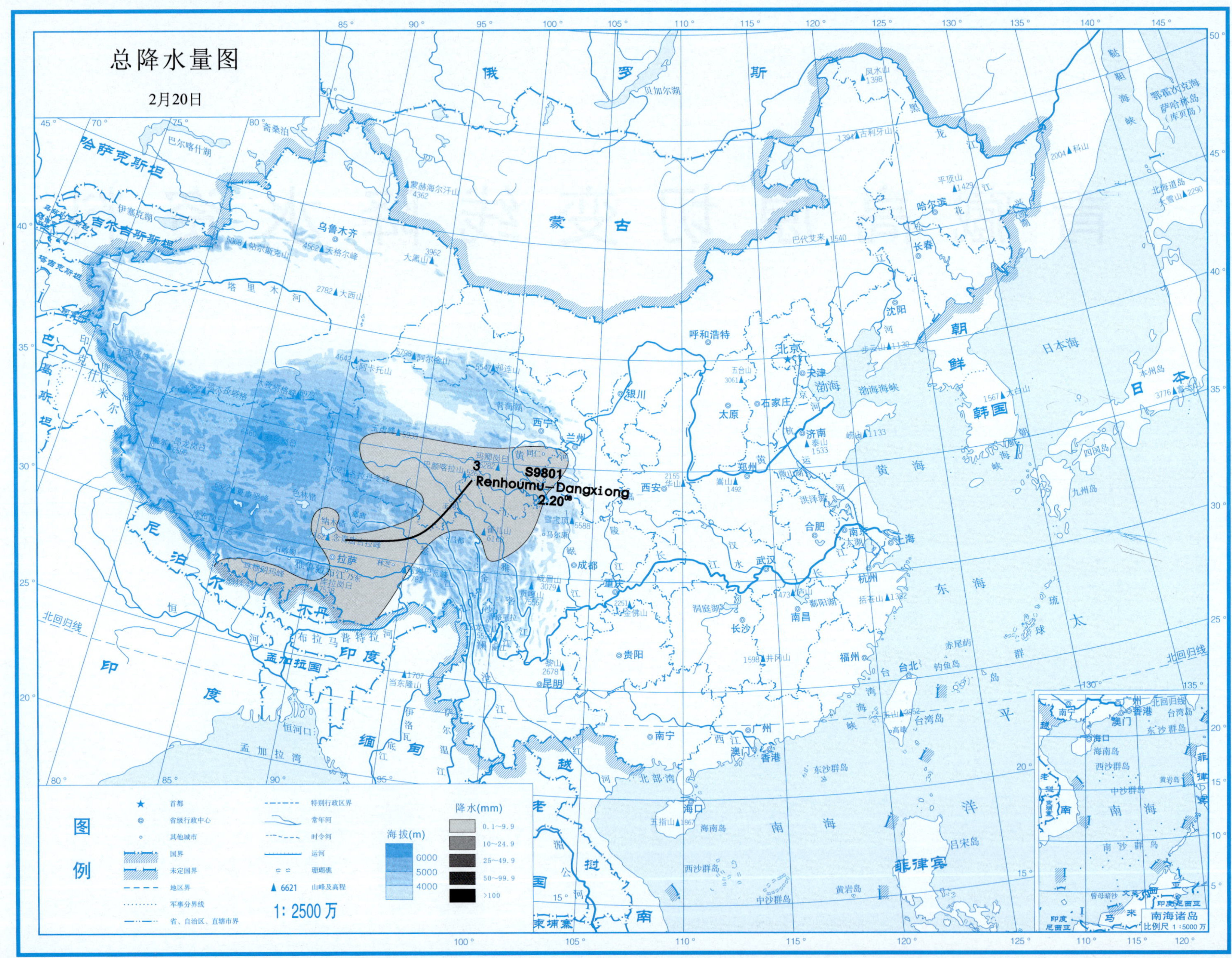
总降水量图
2月20日
3
S9801
Renhoumu–Dangxiong
2.20⁰⁸
图例
首都
省级行政中心
其他城市
国界
未定国界
地区界
军事分界线
省、自治区、直辖市界
特别行政区界
常年河
时令河
运河
珊瑚礁
6621 山峰及高程
海拔(m)
6000
5000
4000
降水(mm)
0.1~9.9
10~24.9
25~49.9
50~99.9
>100
1: 2500万
南海诸岛
比例尺 1:5000万

# 总降水日数图

2月20日

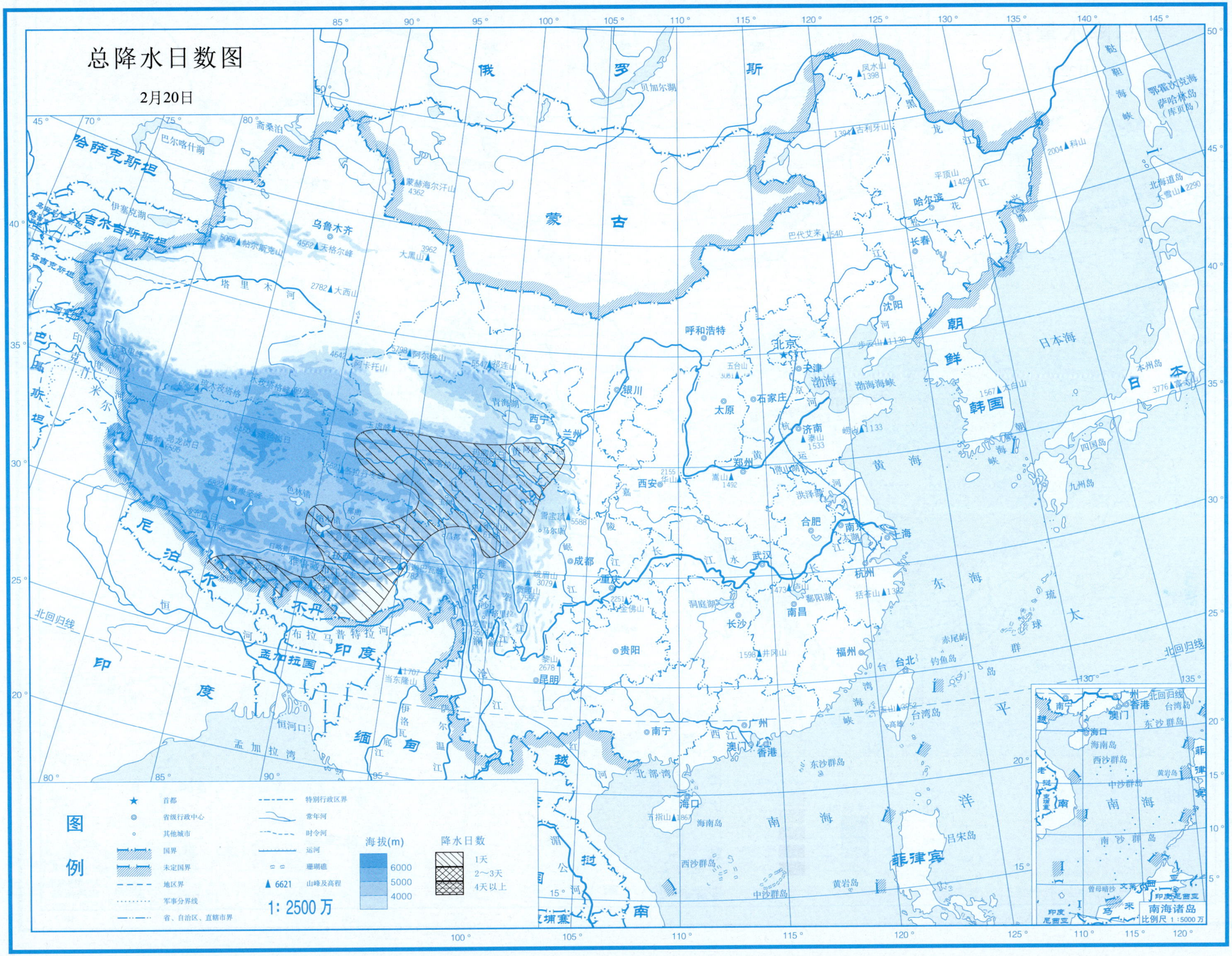

图例
首都
省级行政中心
其他城市
国界
未定国界
地区界
军事分界线
省、自治区、直辖市界
特别行政区界
常年河
时令河
运河
珊瑚礁
6621 山峰及高程
1: 2500万
海拔(m)
6000
5000
4000
降水日数
1天
2～3天
4天以上
俄罗斯
蒙古
哈萨克斯坦
吉尔吉斯斯坦
塔吉克斯坦
巴基斯坦
印度
尼泊尔
不丹
孟加拉国
缅甸
越南
老挝
柬埔寨
朝鲜
韩国
日本
菲律宾
北京
天津
石家庄
太原
呼和浩特
沈阳
长春
哈尔滨
济南
郑州
西安
银川
兰州
西宁
乌鲁木齐
成都
重庆
贵阳
昆明
南宁
广州
香港
澳门
海口
长沙
武汉
南昌
合肥
南京
上海
杭州
福州
台北
日本海
黄海
东海
南海
太平洋
北回归线
南海诸岛
比例尺 1:5000万

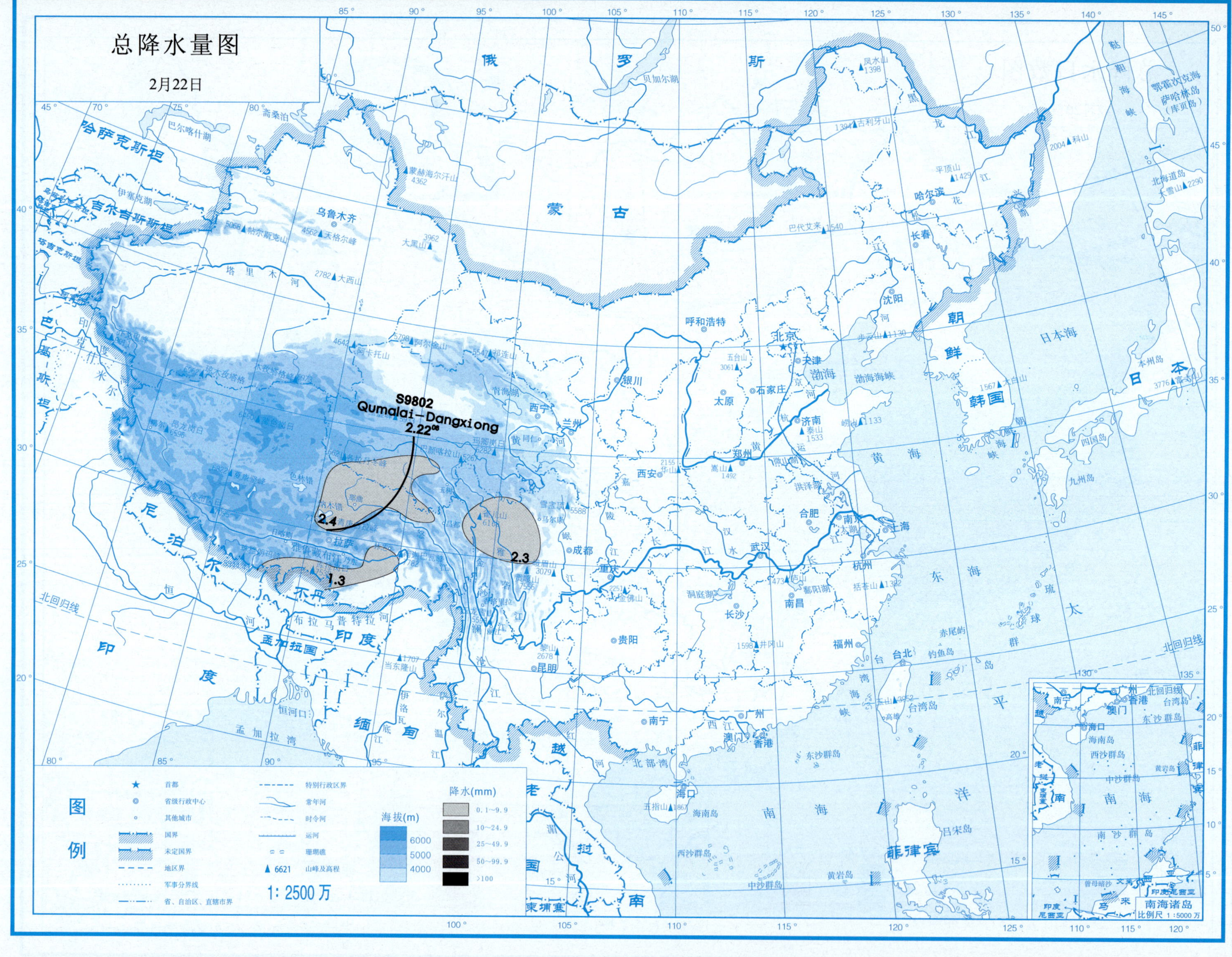
总降水量图
2月22日
S9802
Qumalai-Dangxiong
2.22⁰⁶
2.4
1.3
2.3
图例
首都
省级行政中心
其他城市
国界
未定国界
地区界
军事分界线
省、自治区、直辖市界
特别行政区界
常年河
时令河
运河
珊瑚礁
6621 山峰及高程
海拔(m)
6000
5000
4000
降水(mm)
0.1～9.9
10～24.9
25～49.9
50～99.9
>100
1：2500 万
南海诸岛
比例尺 1：5000 万

# 总降水日数图

2月22日

图例

- ★ 首都
- 省级行政中心
- 其他城市
- 国界
- 未定国界
- 地区界
- 军事分界线
- 省、自治区、直辖市界
- 特别行政区界
- 常年河
- 时令河
- 运河
- 珊瑚礁
- ▲6621 山峰及高程

海拔(m)

- 6000
- 5000
- 4000

降水日数

- 1天
- 2~3天
- 4天以上

1：2500万

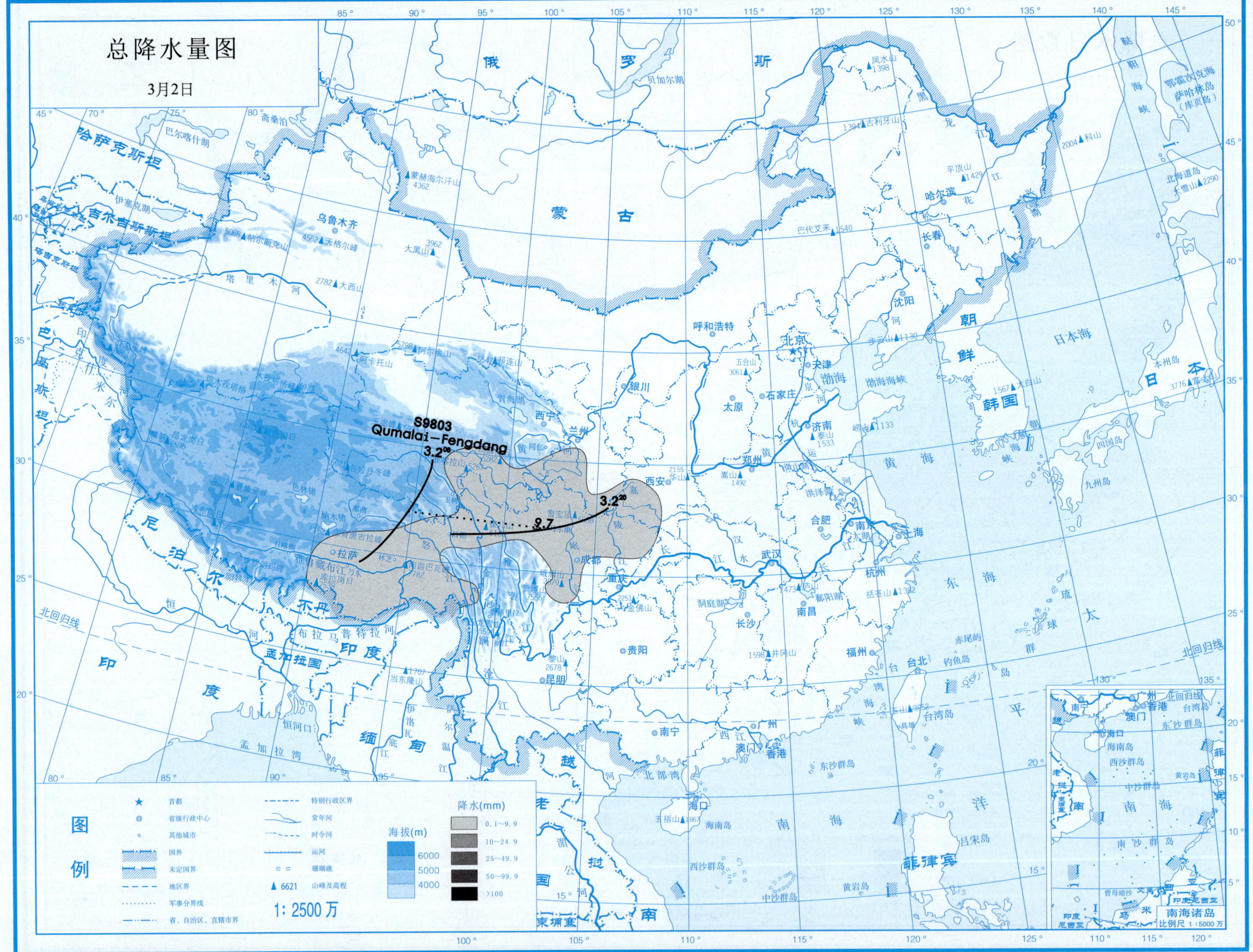
总降水量图
3月2日
S9803
Qumalai–Fengdang
3.2 08
3.2 20
9.7
图例
首都
省级行政中心
其他城市
国界
未定国界
地区界
军事分界线
省、自治区、直辖市界
特别行政区界
常年河
时令河
运河
珊瑚礁
6621 山峰及高程
1: 2500 万
海拔(m)
6000
5000
4000
降水(mm)
0.1~9.9
10~24.9
25~49.9
50~99.9
>100
南海诸岛
比例尺 1:5000 万

# 总降水日数图

3月2日

图例

- ★ 首都
- ◎ 省级行政中心
- ○ 其他城市
- 国界
- 未定国界
- 地区界
- 军事分界线
- 省、自治区、直辖市界
- 特别行政区界
- 常年河
- 时令河
- 运河
- 珊瑚礁
- ▲6621 山峰及高程

1：2500万

海拔(m)：6000、5000、4000

降水日数：1天、2～3天、4天以上

南海诸岛 比例尺 1：5000万

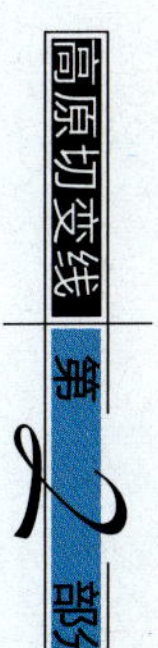

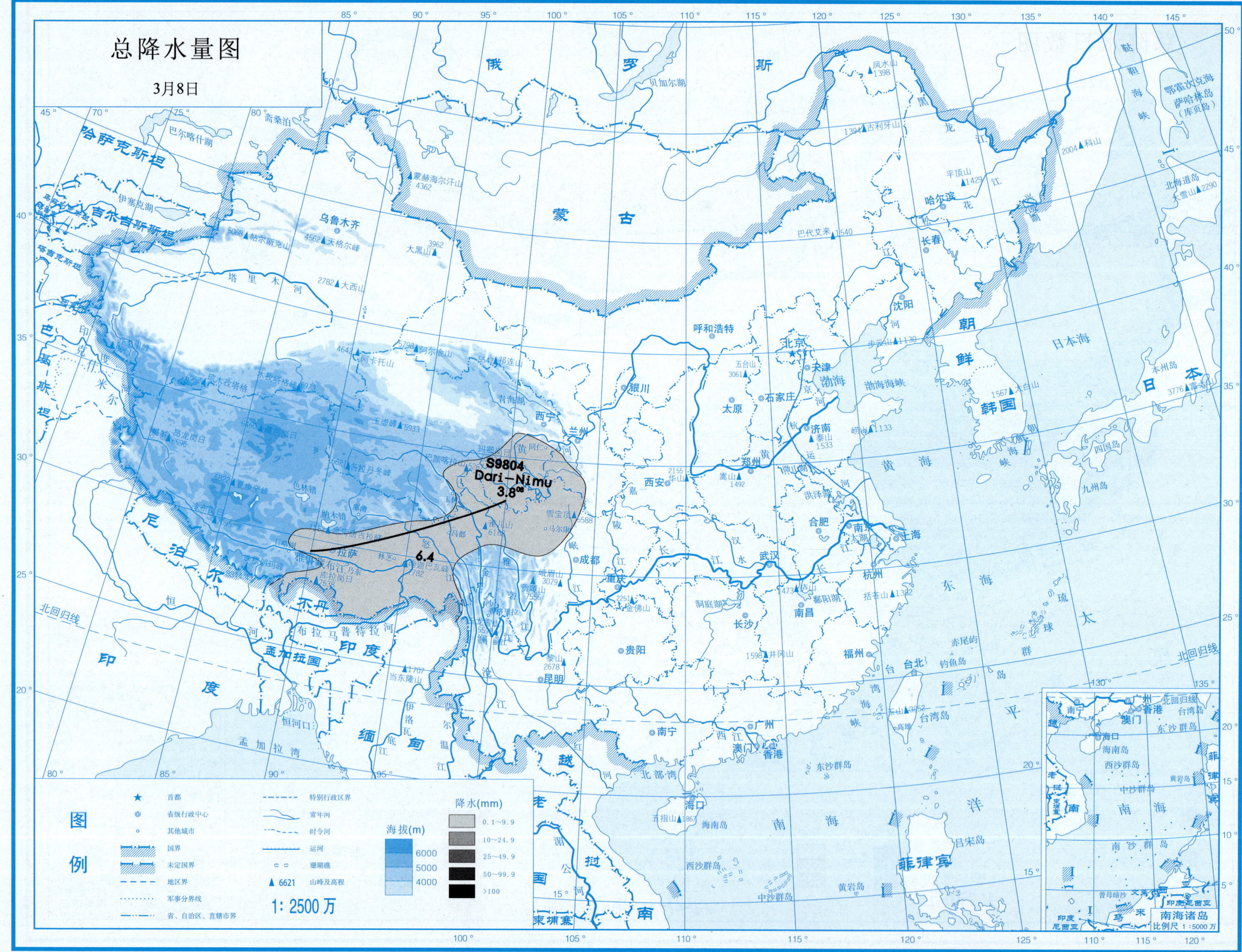
总降水量图
3月8日
S9804
Dari-Nimu
3.8
6.4
图例
首都
省级行政中心
其他城市
国界
未定国界
地区界
军事分界线
省、自治区、直辖市界
特别行政区界
常年河
时令河
运河
珊瑚礁
6621 山峰及高程
1: 2500万
海拔(m)
6000
5000
4000
降水(mm)
0.1~9.9
10~24.9
25~49.9
50~99.9
>100
南海诸岛
比例尺 1:5000万

# 总降水日数图

3月8日

图例

| 符号 | 说明 | 符号 | 说明 |
| --- | --- | --- | --- |
| ★ | 首都 | | 特别行政区界 |
| ◎ | 省级行政中心 | | 常年河 |
| ○ | 其他城市 | | 时令河 |
| | 国界 | | 运河 |
| | 未定国界 | | 珊瑚礁 |
| | 地区界 | ▲ 6621 | 山峰及高程 |
| | 军事分界线 | | |
| | 省、自治区、直辖市界 | | |

海拔(m)：6000，5000，4000

降水日数：1天，2～3天，4天以上

1：2500万

南海诸岛 比例尺 1：5000万

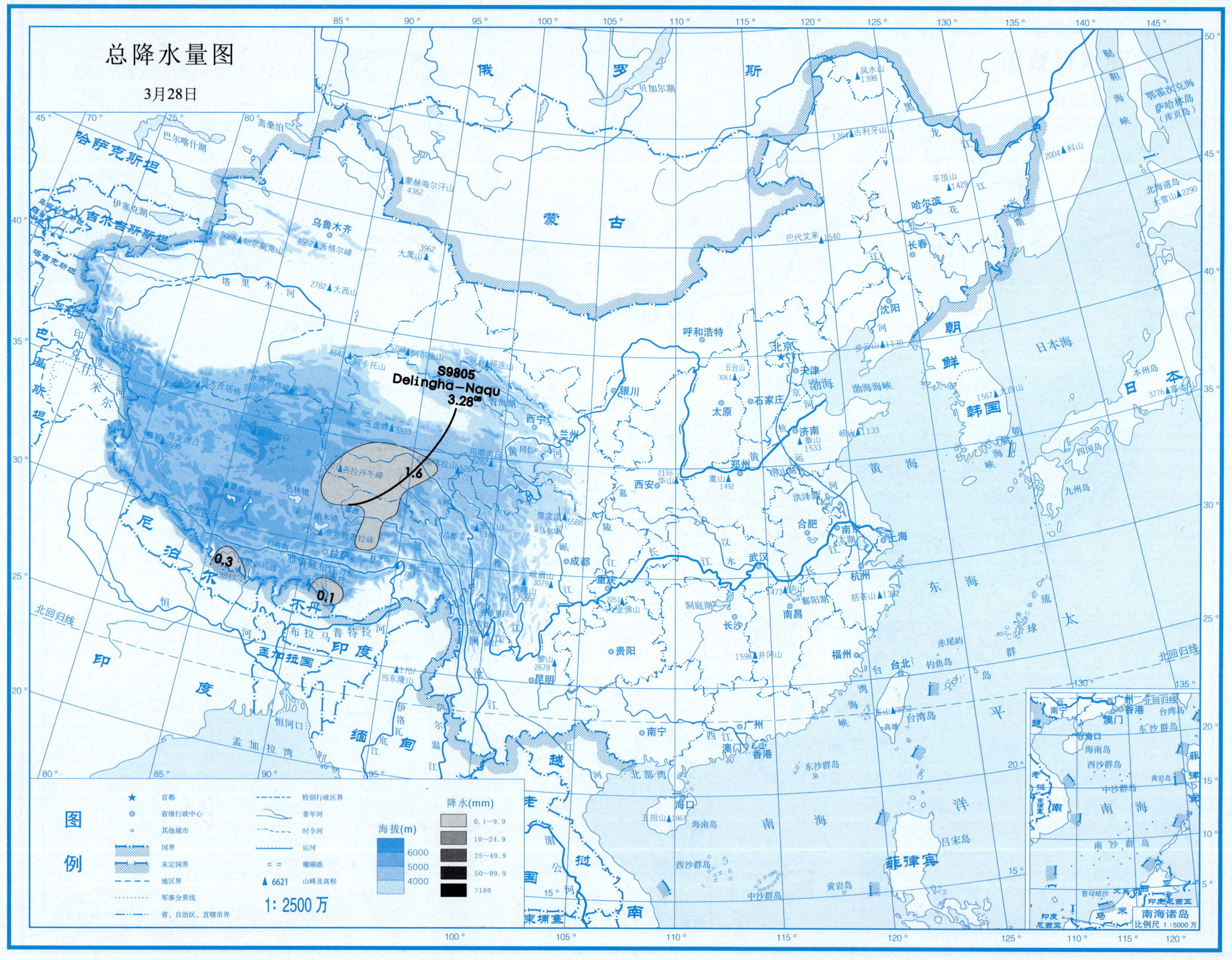
总降水量图
3月28日
S9805
Delingha–Naqu
3.28
1.6
0.3
0.1
图例
首都
省级行政中心
其他城市
国界
未定国界
地区界
军事分界线
省、自治区、直辖市界
特别行政区界
常年河
时令河
运河
珊瑚礁
6621 山峰及高程
海拔(m)
6000
5000
4000
降水(mm)
0.1~9.9
10~24.9
25~49.9
50~99.9
>100
1: 2500 万
南海诸岛
比例尺 1:5000 万

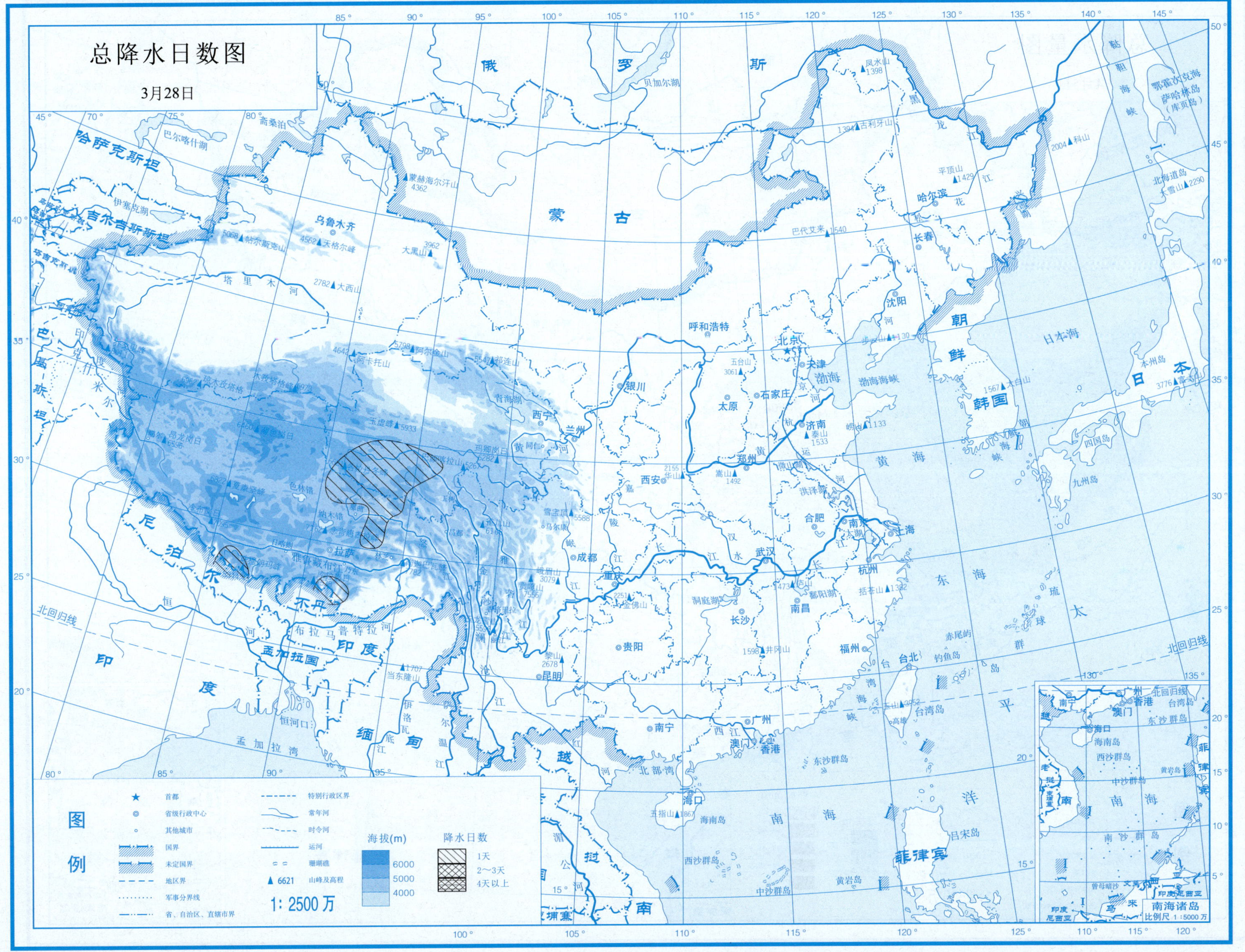

总降水日数图
3月28日
图例
首都
省级行政中心
其他城市
国界
未定国界
地区界
军事分界线
省、自治区、直辖市界
特别行政区界
常年河
时令河
运河
珊瑚礁
6621 山峰及高程
1: 2500 万
海拔(m)
6000
5000
4000
降水日数
1天
2～3天
4天以上
南海诸岛

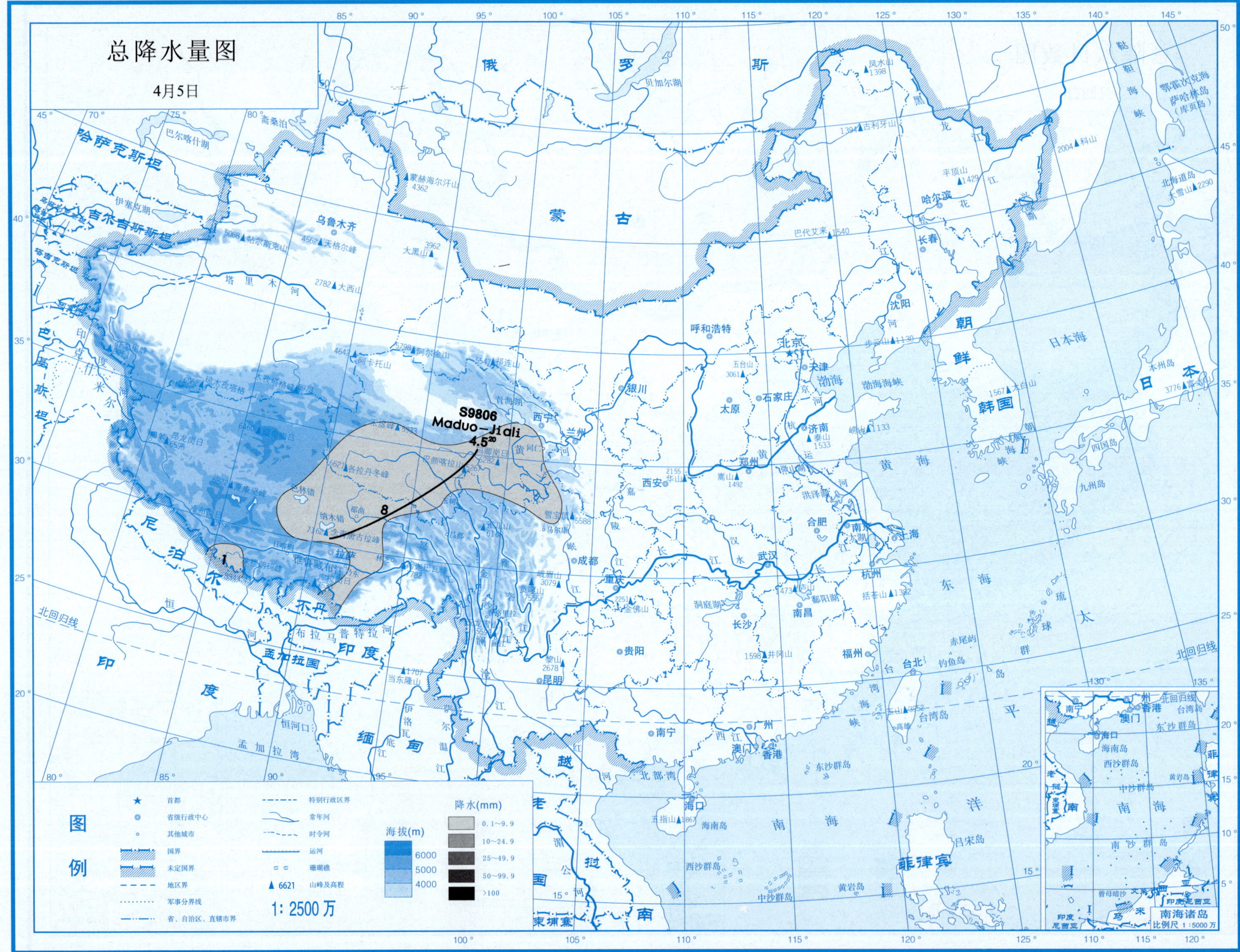
总降水量图
4月5日
S9806
Maduo－Jiali
4.5[20]
8
1
图例
首都
省级行政中心
其他城市
国界
未定国界
地区界
军事分界线
省、自治区、直辖市界
特别行政区界
常年河
时令河
运河
珊瑚礁
6621 山峰及高程
1：2500万
海拔(m)
6000
5000
4000
降水(mm)
0.1～9.9
10～24.9
25～49.9
50～99.9
>100
南海诸岛
比例尺 1：5000万

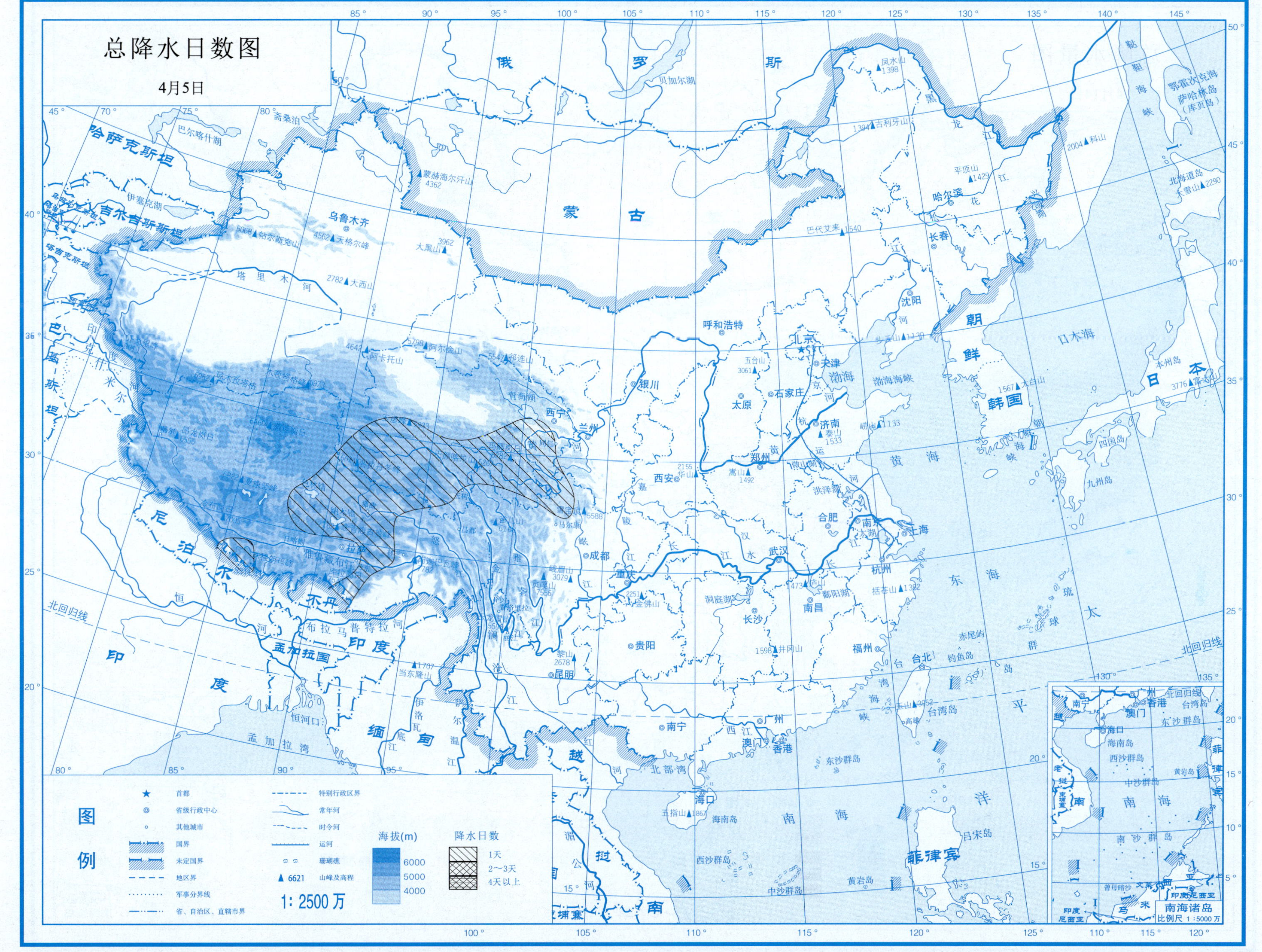

总降水日数图
4月5日
图例
首都
省级行政中心
其他城市
国界
未定国界
地区界
军事分界线
省、自治区、直辖市界
特别行政区界
常年河
时令河
运河
珊瑚礁
6621 山峰及高程
海拔(m)
6000
5000
4000
降水日数
1天
2～3天
4天以上
1：2500万
南海诸岛
比例尺 1：5000万

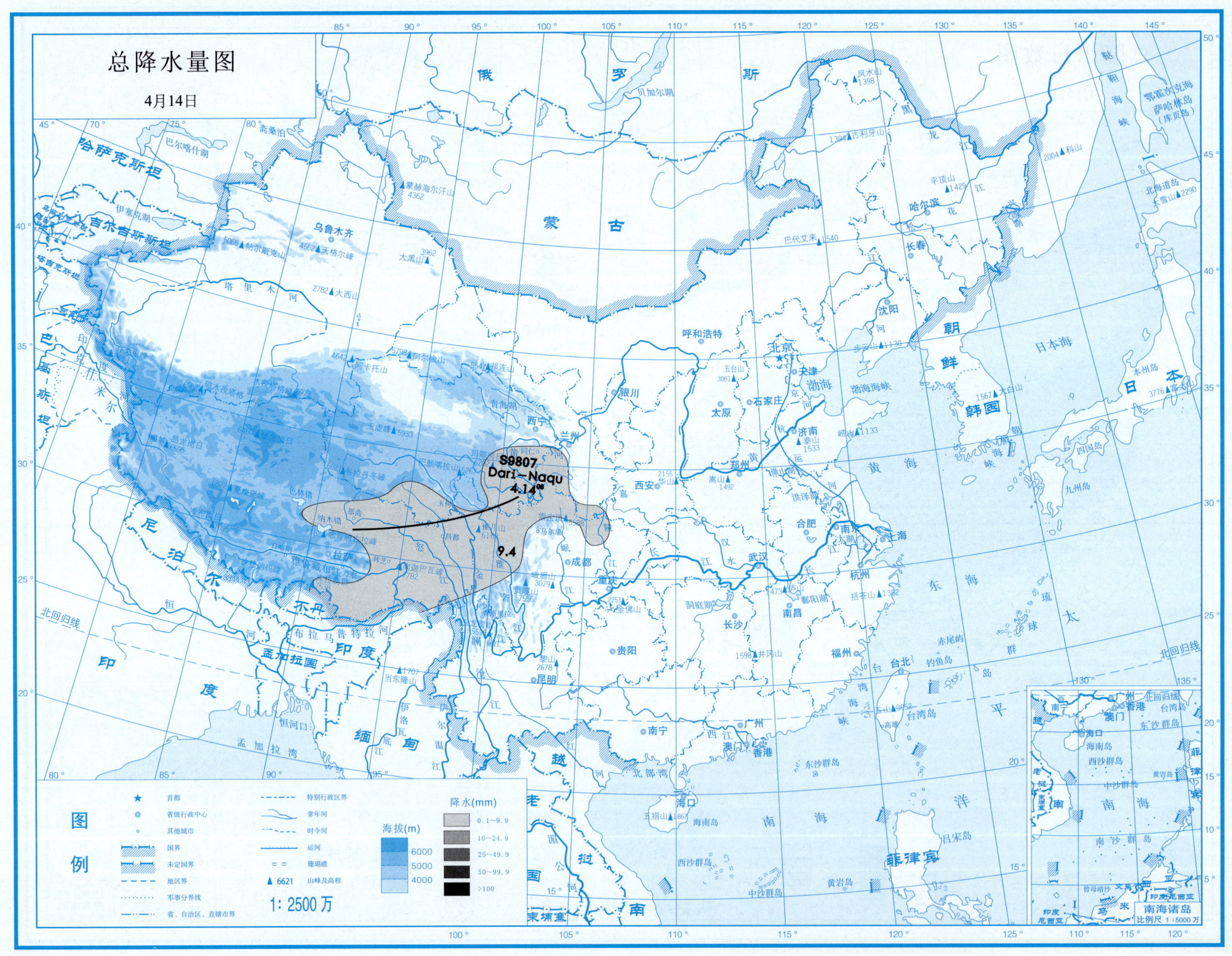

总降水量图
4月14日
S9807
Dari–Naqu
4.14
9.4
俄
罗
斯
蒙
古
哈萨克斯坦
吉尔吉斯斯坦
塔吉克斯坦
巴基斯坦
尼泊尔
不丹
印度
孟加拉国
缅甸
老挝
越南
泰国
柬埔寨
朝鲜
韩国
日本
菲律宾
乌鲁木齐
西宁
兰州
银川
呼和浩特
北京
天津
石家庄
太原
济南
郑州
西安
成都
重庆
武汉
合肥
南京
上海
杭州
南昌
长沙
贵阳
昆明
南宁
广州
福州
台北
香港
澳门
海口
拉萨
哈尔滨
长春
沈阳
渤海
黄海
东海
南海
日本海
太平洋
孟加拉湾
北回归线
南海诸岛
比例尺 1:5000 万
图例
首都
省级行政中心
其他城市
国界
未定国界
地区界
军事分界线
省、自治区、直辖市界
特别行政区界
常年河
时令河
运河
珊瑚礁
6621 山峰及高程
1: 2500 万
海拔(m)
6000
5000
4000
降水(mm)
0.1~9.9
10~24.9
25~49.9
50~99.9
>100

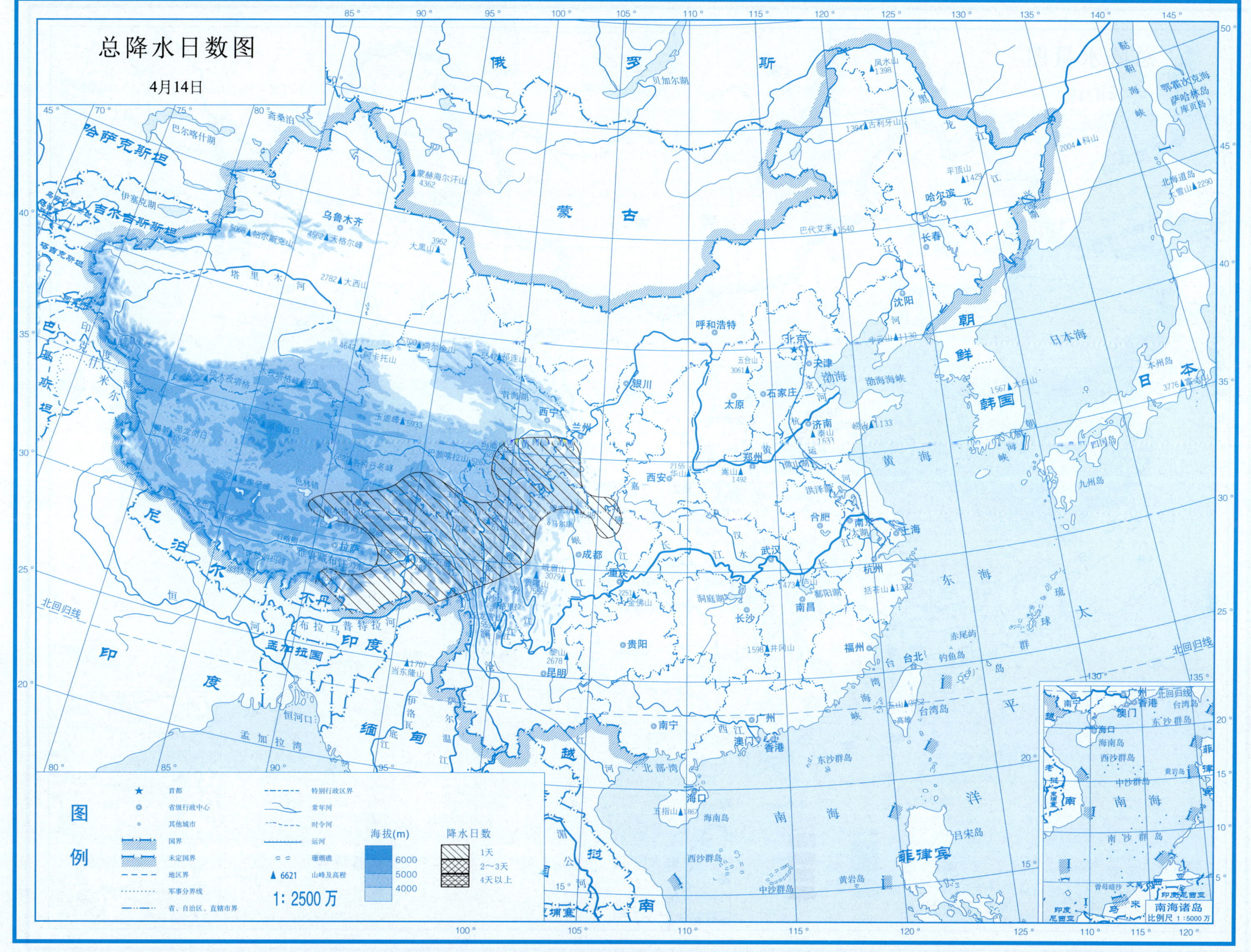
总降水日数图
4月14日
图例
首都
省级行政中心
其他城市
国界
未定国界
地区界
军事分界线
省、自治区、直辖市界
特别行政区界
常年河
时令河
运河
珊瑚礁
6621 山峰及高程
1: 2500万
海拔(m)
6000
5000
4000
降水日数
1天
2～3天
4天以上
南海诸岛
比例尺 1:5000万

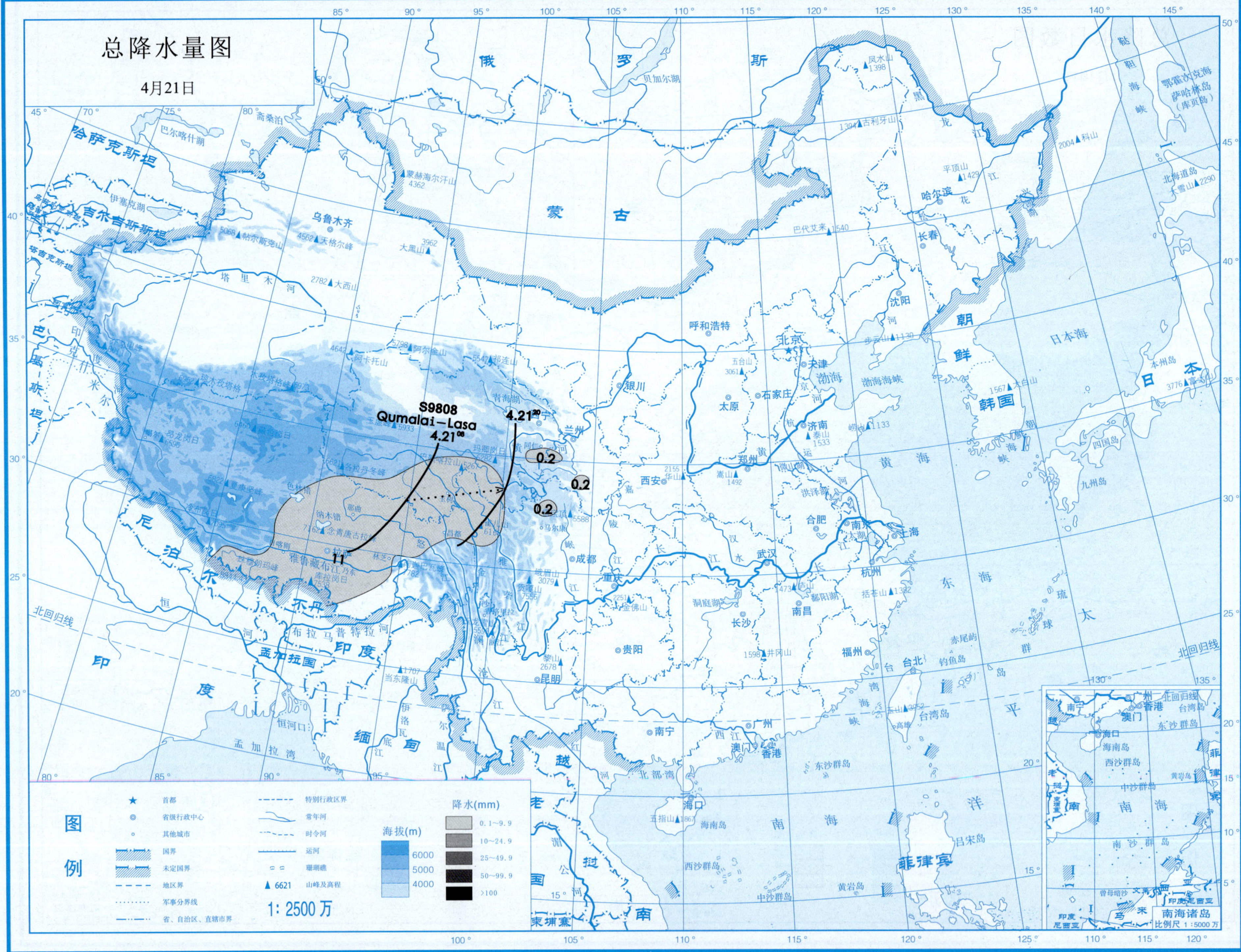
总降水量图
4月21日
S9808
Qumalai－Lasa
4.21[08]
4.21[20]
0.2
0.2
0.2
11
图例
降水(mm)
0.1～9.9
10～24.9
25～49.9
50～99.9
>100
海拔(m)
6000
5000
4000
1: 2500 万
南海诸岛

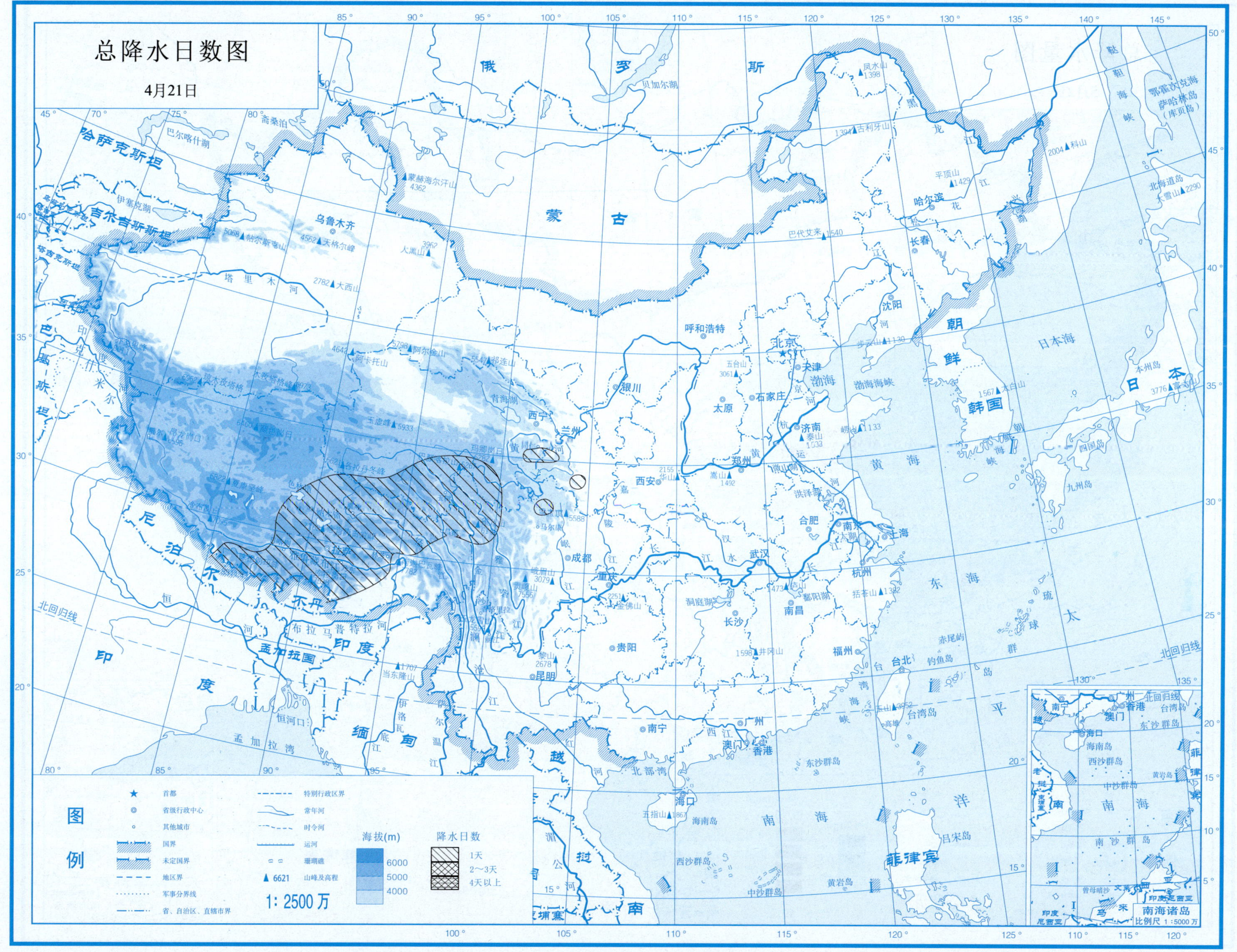
总降水日数图
4月21日
图例
首都
省级行政中心
其他城市
国界
未定国界
地区界
军事分界线
省、自治区、直辖市界
特别行政区界
常年河
时令河
运河
珊瑚礁
6621 山峰及高程
1:2500万
海拔(m)
6000
5000
4000
降水日数
1天
2~3天
4天以上
南海诸岛
比例尺 1:5000万

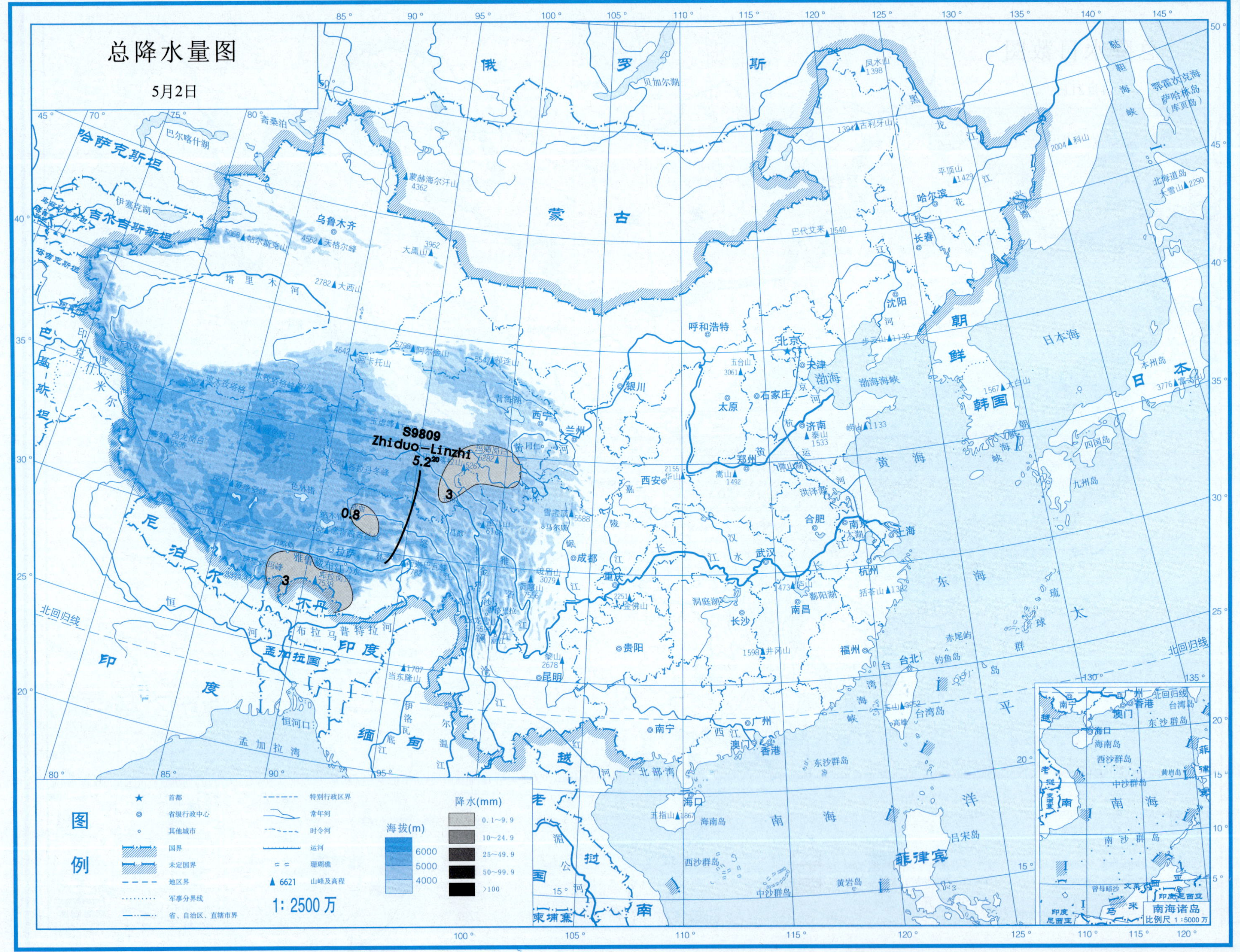
总降水量图
5月2日
S9809
Zhiduo—Linzhi
5.2[20]
0.8
3
3
图例
首都
省级行政中心
其他城市
国界
未定国界
地区界
军事分界线
省、自治区、直辖市界
特别行政区界
常年河
时令河
运河
珊瑚礁
6621 山峰及高程
1: 2500 万
海拔(m)
6000
5000
4000
降水(mm)
0.1~9.9
10~24.9
25~49.9
50~99.9
>100
南海诸岛
比例尺 1:5000 万

# 总降水日数图

5月2日

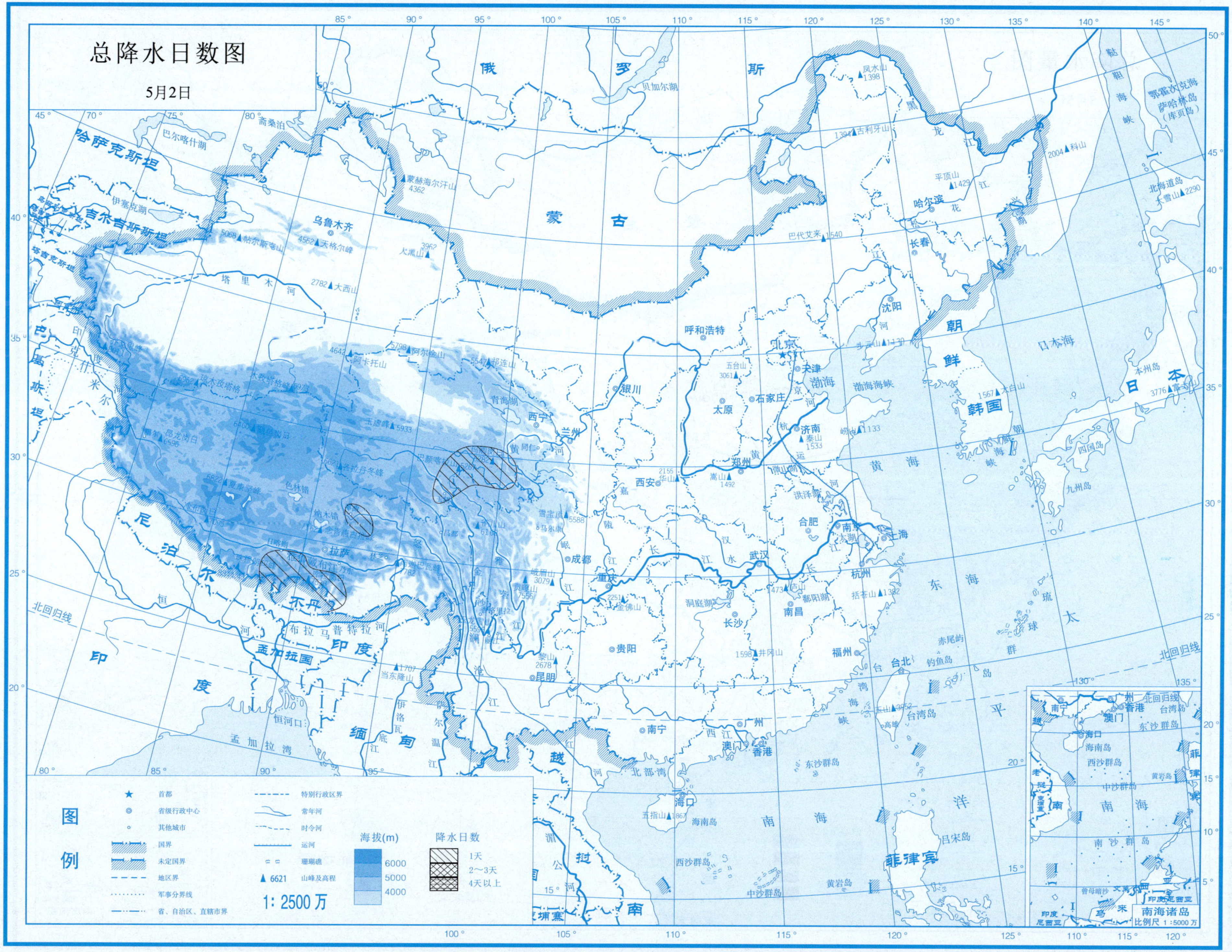

图例

★ 首都
◎ 省级行政中心
○ 其他城市
国界
未定国界
地区界
军事分界线
省、自治区、直辖市界
特别行政区界
常年河
时令河
运河
珊瑚礁
▲ 6621 山峰及高程

1：2500万

海拔(m)
6000
5000
4000

降水日数
1天
2～3天
4天以上

南海诸岛 比例尺 1：5000万

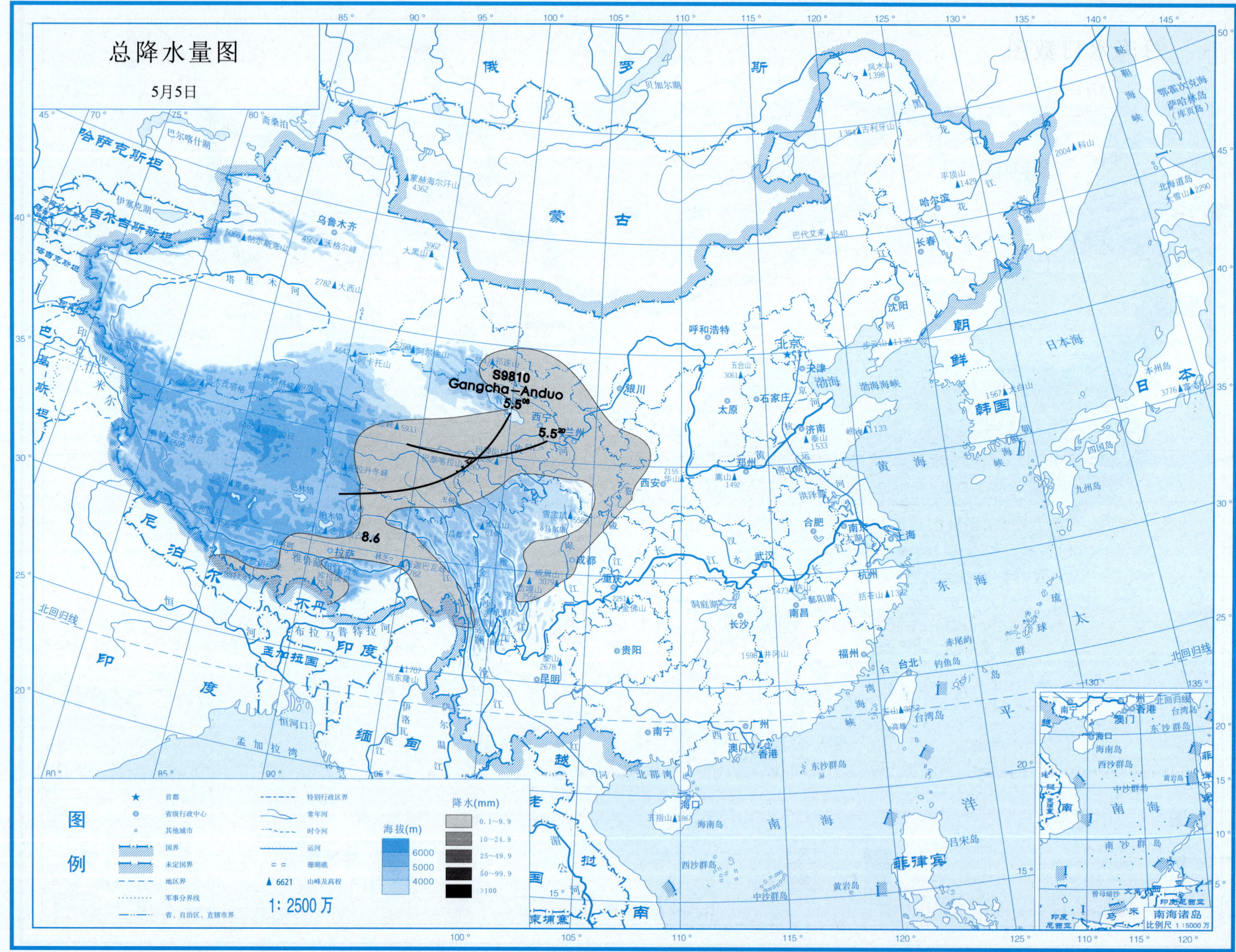
总降水量图
5月5日
S9810
Gangcha–Anduo
5.5
5.5
8.6
图例
首都
省级行政中心
其他城市
国界
未定国界
地区界
军事分界线
省、自治区、直辖市界
特别行政区界
常年河
时令河
运河
珊瑚礁
6621 山峰及高程
海拔(m)
6000
5000
4000
降水(mm)
0.1~9.9
10~24.9
25~49.9
50~99.9
>100
1: 2500 万
南海诸岛
比例尺 1:5000 万

总降水日数图
5月5日
图例
首都
省级行政中心
其他城市
国界
未定国界
地区界
军事分界线
省、自治区、直辖市界
特别行政区界
常年河
时令河
运河
珊瑚礁
山峰及高程
海拔(m)
6000
5000
4000
降水日数
1天
2～3天
4天以上
1：2500万
南海诸岛
比例尺 1：5000万

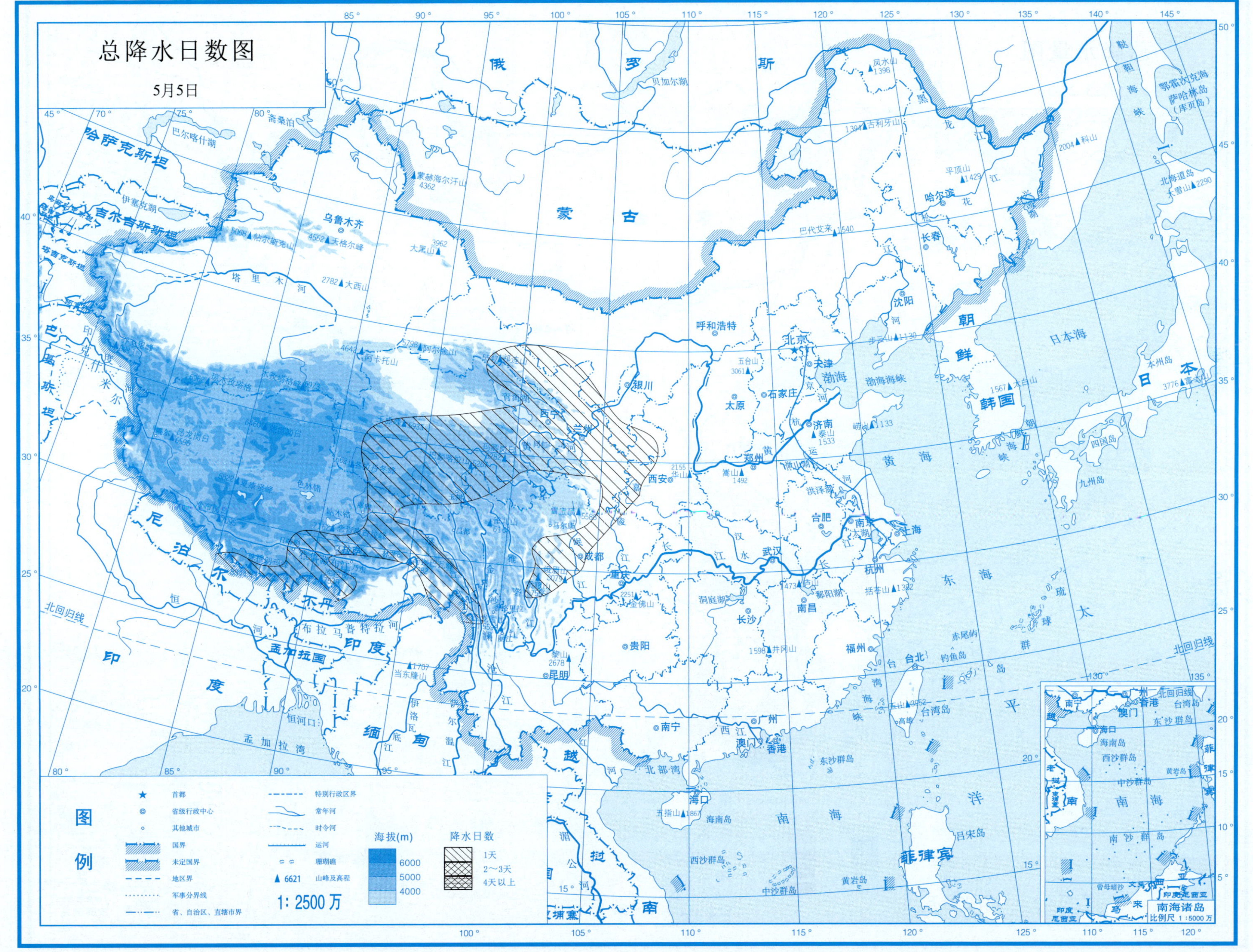

高原切变线 第2部分

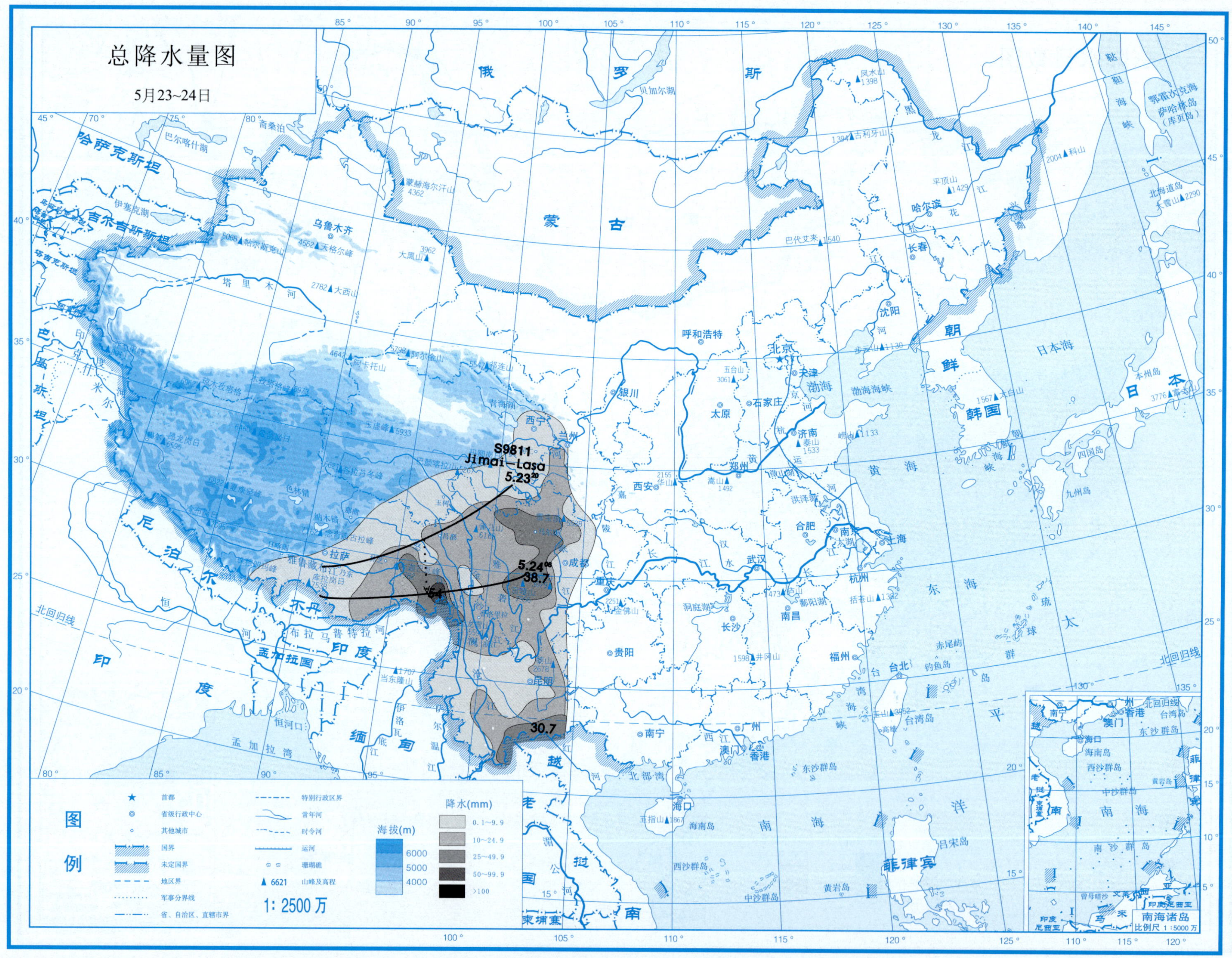
总降水量图
5月23~24日
S9811
Jimai-Lasa
5.23
5.24
38.7
30.7
图例
首都
省级行政中心
其他城市
国界
未定国界
地区界
军事分界线
省、自治区、直辖市界
特别行政区界
常年河
时令河
运河
珊瑚礁
6621 山峰及高程
1: 2500 万
海拔(m)
6000
5000
4000
降水(mm)
0.1~9.9
10~24.9
25~49.9
50~99.9
>100
南海诸岛
比例尺 1:5000 万

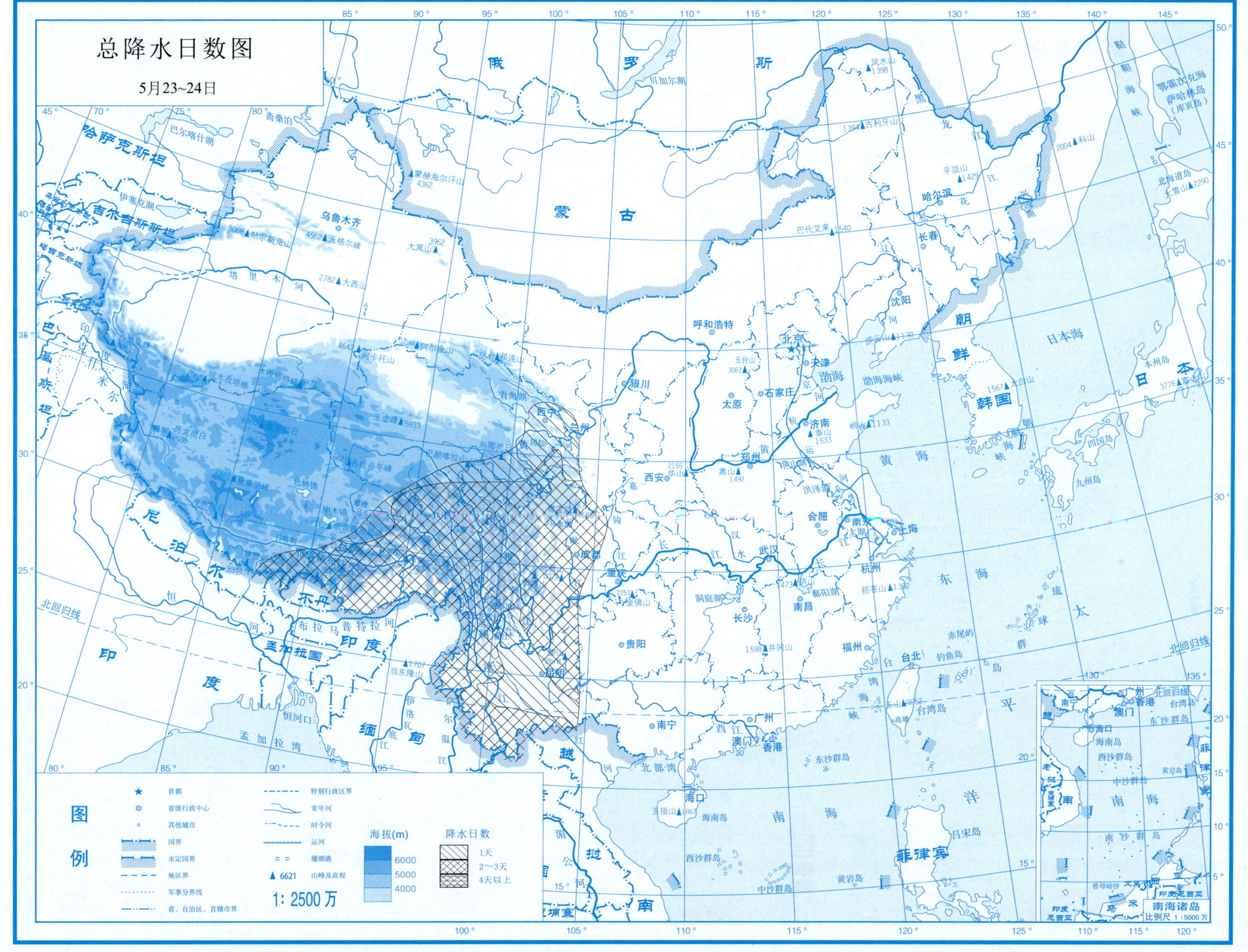
总降水日数图
5月23~24日
俄
罗
斯
蒙
古
哈萨克斯坦
吉尔吉斯斯坦
尼
泊
尔
不丹
印
度
孟加拉国
缅
甸
越
朝
鲜
韩国
日
本
日本海
渤海
黄
海
东
海
南
海
菲律宾
北京
天津
呼和浩特
沈阳
长春
哈尔滨
乌鲁木齐
银川
太原
石家庄
济南
西宁
兰州
西安
郑州
合肥
南京
上海
杭州
武汉
成都
重庆
长沙
南昌
福州
台北
贵阳
昆明
南宁
广州
香港
澳门
海口
北回归线
图例
首都
省级行政中心
其他城市
国界
未定国界
地区界
军事分界线
省、自治区、直辖市界
特别行政区界
常年河
时令河
运河
珊瑚礁
6621 山峰及高程
海拔(m)
6000
5000
4000
降水日数
1天
2~3天
4天以上
1: 2500万
南海诸岛
比例尺 1:5000万

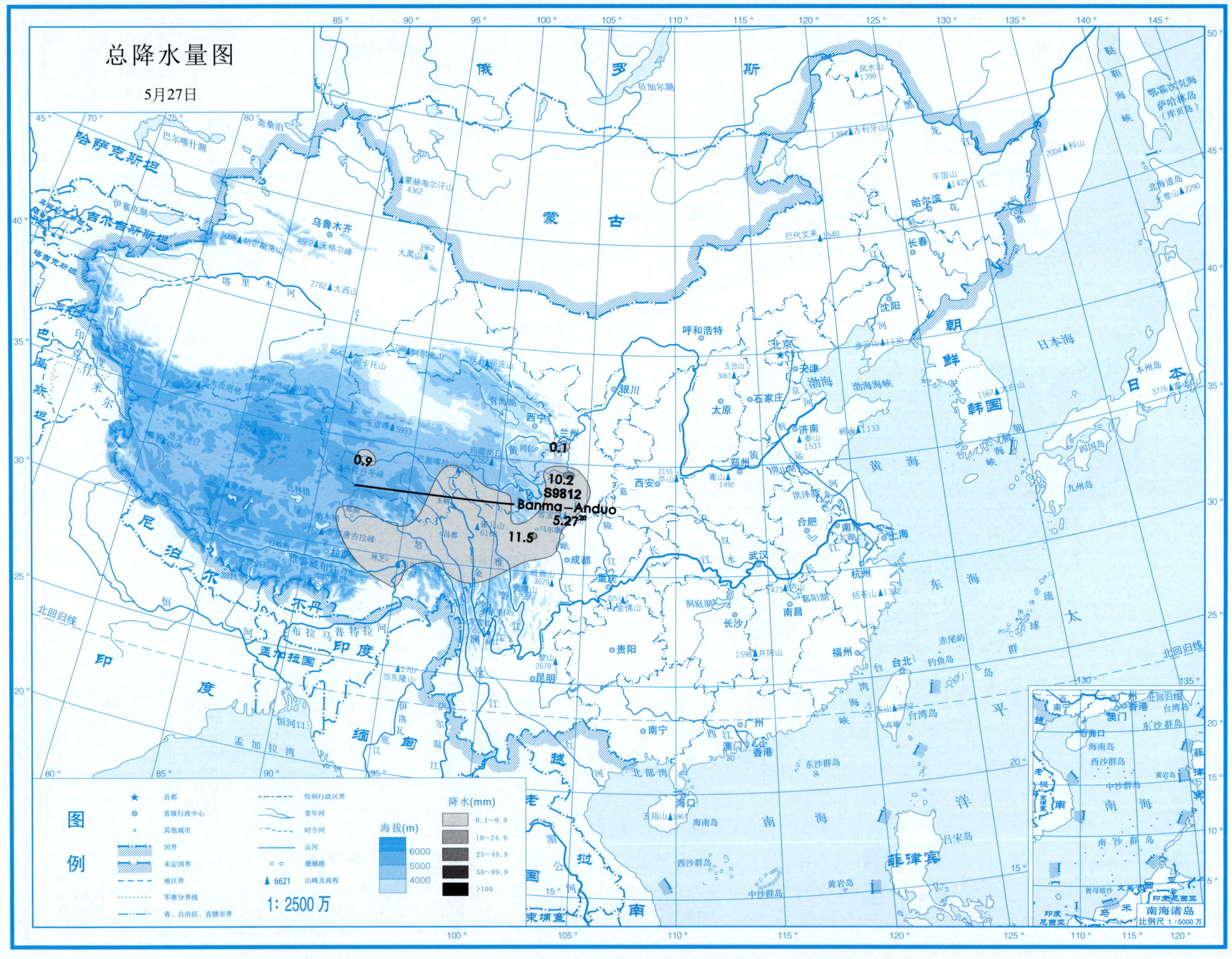
总降水量图
5月27日
0.9
0.1
10.2
S9812
Banma–Anduo
5.27²⁰
11.5
图例
首都
省级行政中心
其他城市
国界
未定国界
地区界
军事分界线
省、自治区、直辖市界
特别行政区界
常年河
时令河
运河
珊瑚礁
6621 山峰及高程
海拔(m)
6000
5000
4000
降水(mm)
0.1～9.9
10～24.9
25～49.9
50～99.9
>100
1: 2500 万
南海诸岛
比例尺 1:5000 万

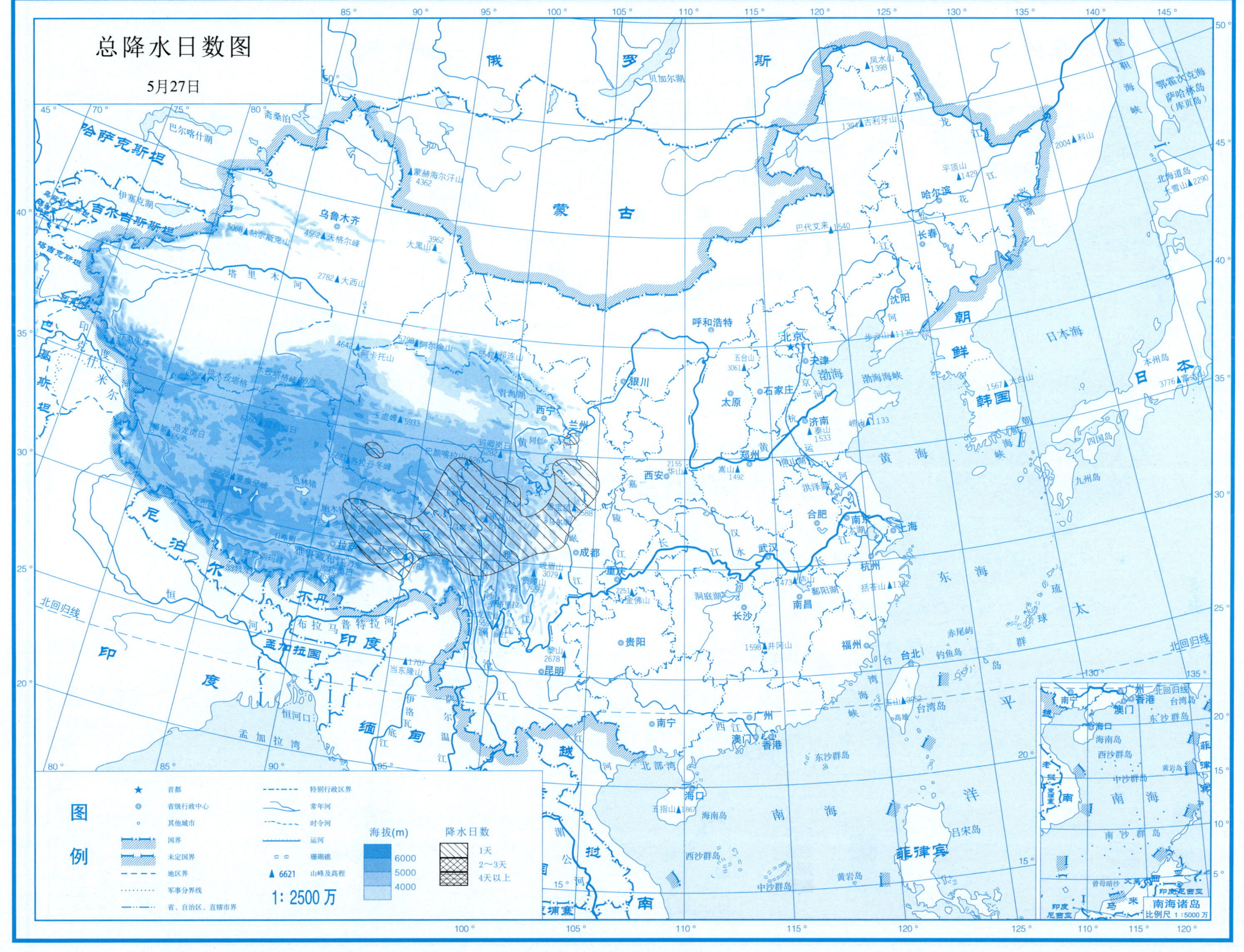


Page...185

高原切变线 第2部分

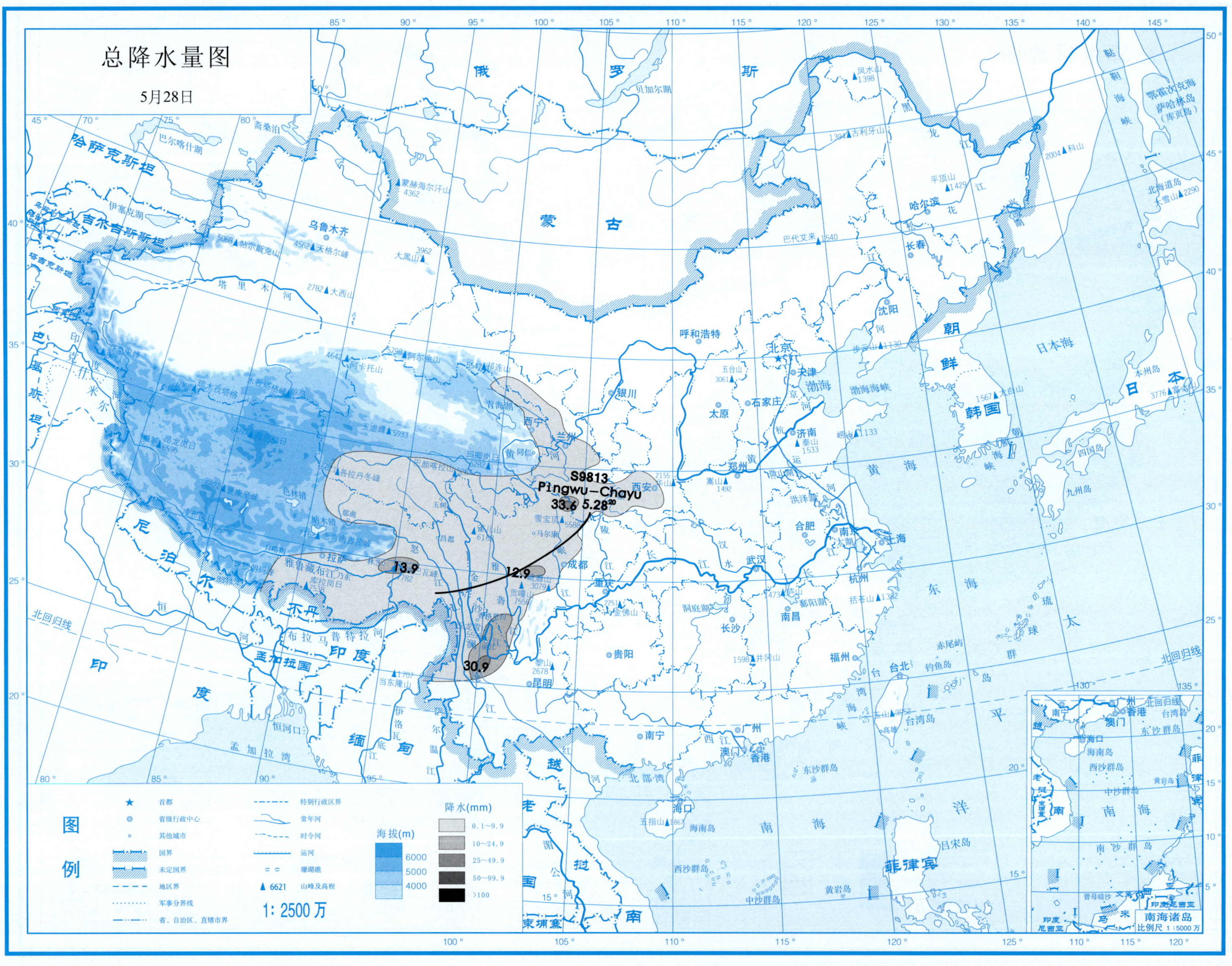

总降水量图
5月28日
S9813
Pingwu–Chayu
33.6 5.28[20]
13.9
12.9
30.9
图例
首都
省级行政中心
其他城市
国界
未定国界
地区界
军事分界线
省、自治区、直辖市界
特别行政区界
常年河
时令河
运河
珊瑚礁
6621 山峰及高程
海拔(m)
6000
5000
4000
1: 2500 万
降水(mm)
0.1～9.9
10～24.9
25～49.9
50～99.9
>100
南海诸岛
比例尺 1:5000 万

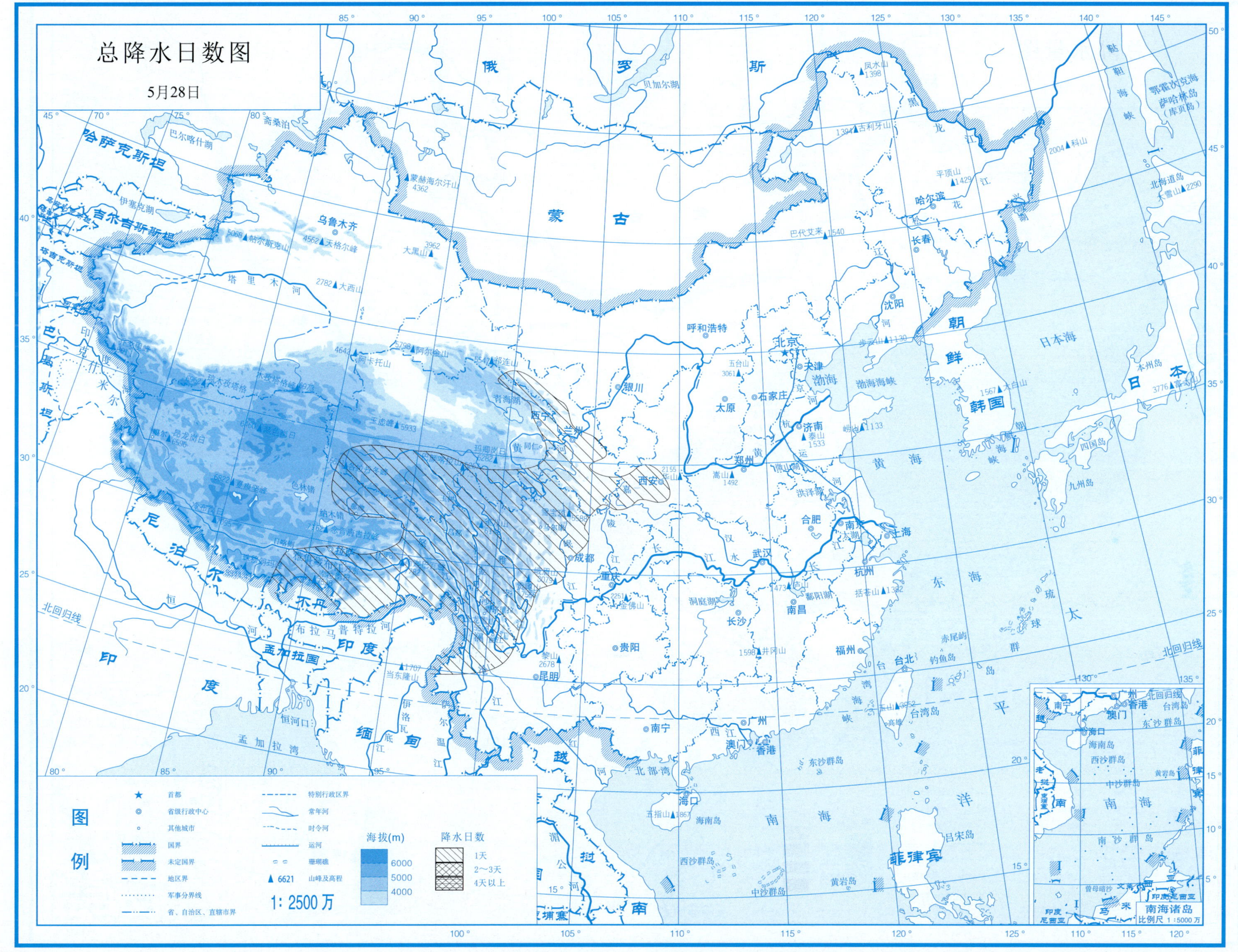
总降水日数图
5月28日
图例
首都
省级行政中心
其他城市
国界
未定国界
地区界
军事分界线
省、自治区、直辖市界
特别行政区界
常年河
时令河
运河
珊瑚礁
山峰及高程
海拔(m)
6000
5000
4000
降水日数
1天
2～3天
4天以上
1:2500万
南海诸岛
比例尺 1:5000万

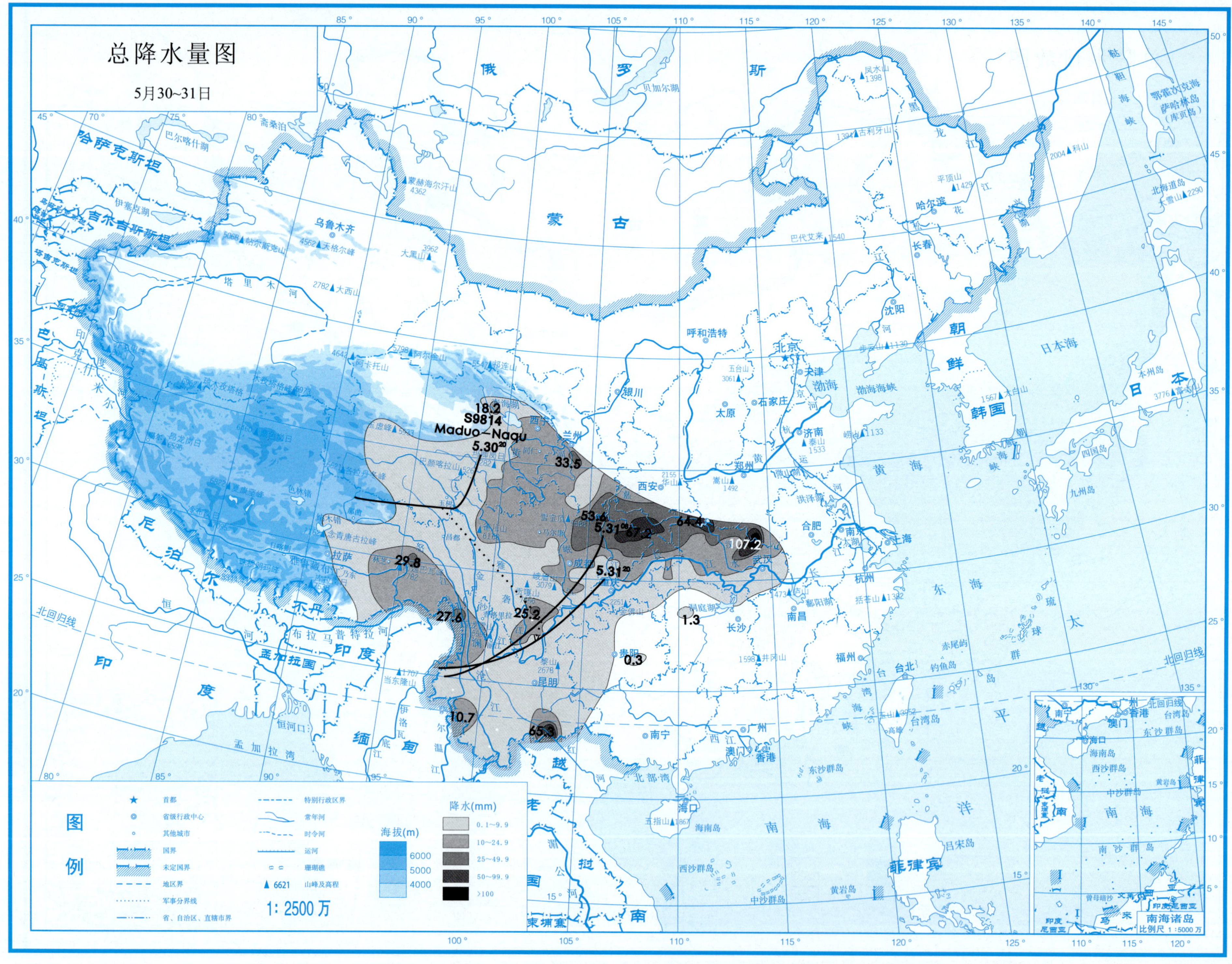

总降水量图
5月30~31日
18.2
S9814
Maduo~Naqu
5.30[20]
33.5
53.4
5.31[08]
67.2
64.4
107.2
29.8
5.31[20]
27.6
25.2
1.3
0.3
10.7
65.3
图例
首都
省级行政中心
其他城市
国界
未定国界
地区界
军事分界线
省、自治区、直辖市界
特别行政区界
常年河
时令河
运河
珊瑚礁
6621 山峰及高程
海拔(m)
6000
5000
4000
降水(mm)
0.1~9.9
10~24.9
25~49.9
50~99.9
>100
1: 2500万
南海诸岛
比例尺 1:5000万

# 总降水日数图

5月30~31日

图例

- ★ 首都
- ◎ 省级行政中心
- ○ 其他城市
- 国界
- 未定国界
- 地区界
- 军事分界线
- 省、自治区、直辖市界
- 特别行政区界
- 常年河
- 时令河
- 运河
- 珊瑚礁
- ▲ 6621 山峰及高程

海拔(m)：6000、5000、4000

降水日数：1天、2～3天、4天以上

1: 2500 万

南海诸岛 比例尺 1:5000 万

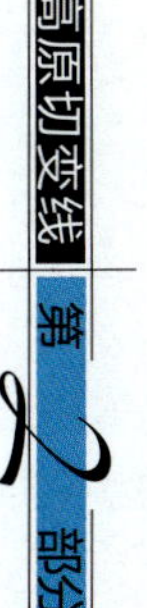

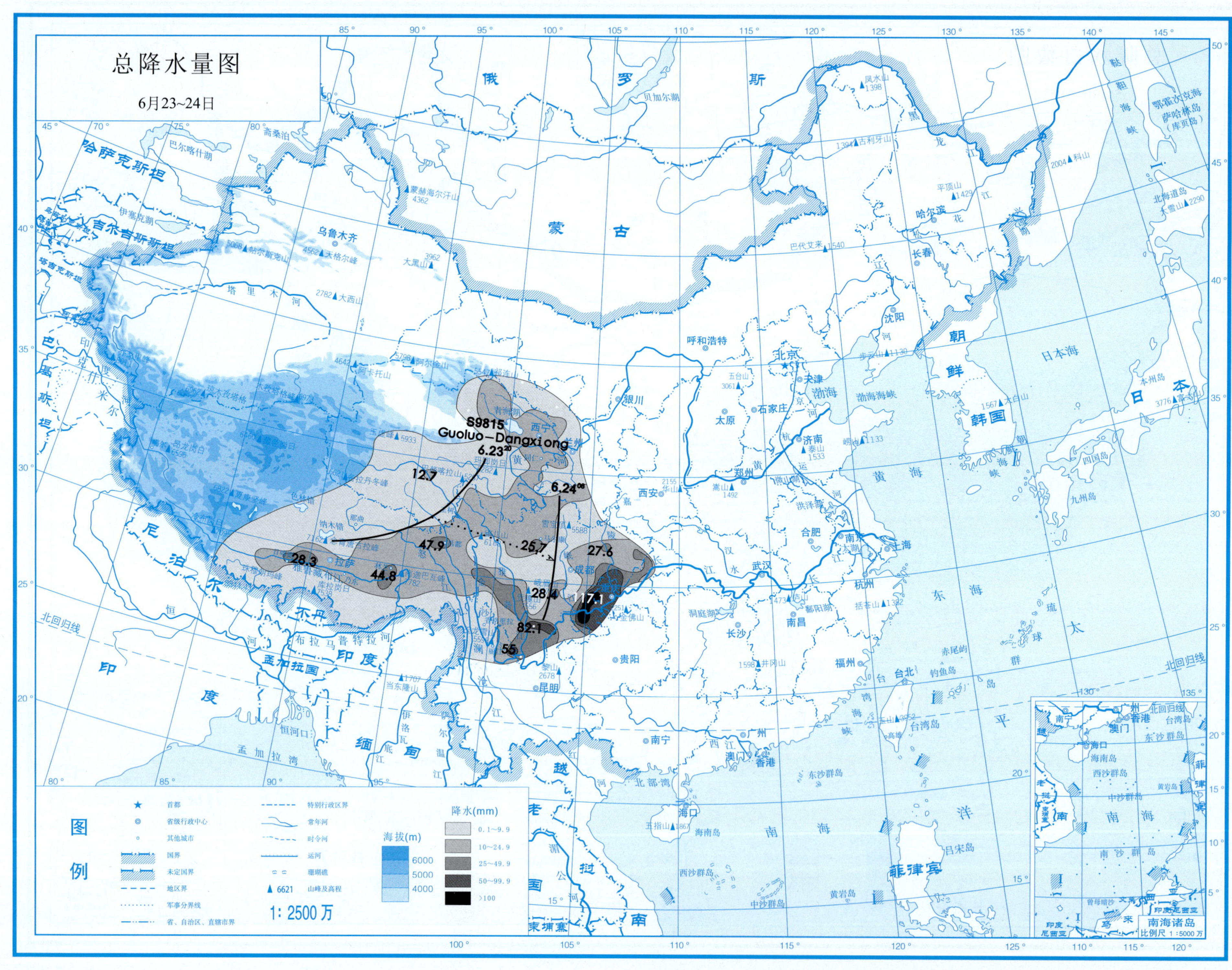
总降水量图
6月23~24日
S9815
Guoluo-Dangxiong
6.23[20]
6.24[06]
12.7
47.9
25.7
27.6
28.3
44.8
28.4
117.1
82.1
55
图例
首都
省级行政中心
其他城市
国界
未定国界
地区界
军事分界线
省、自治区、直辖市界
特别行政区界
常年河
时令河
运河
珊瑚礁
6621 山峰及高程
1:2500万
海拔(m)
6000
5000
4000
降水(mm)
0.1~9.9
10~24.9
25~49.9
50~99.9
>100
南海诸岛
比例尺 1:5000万

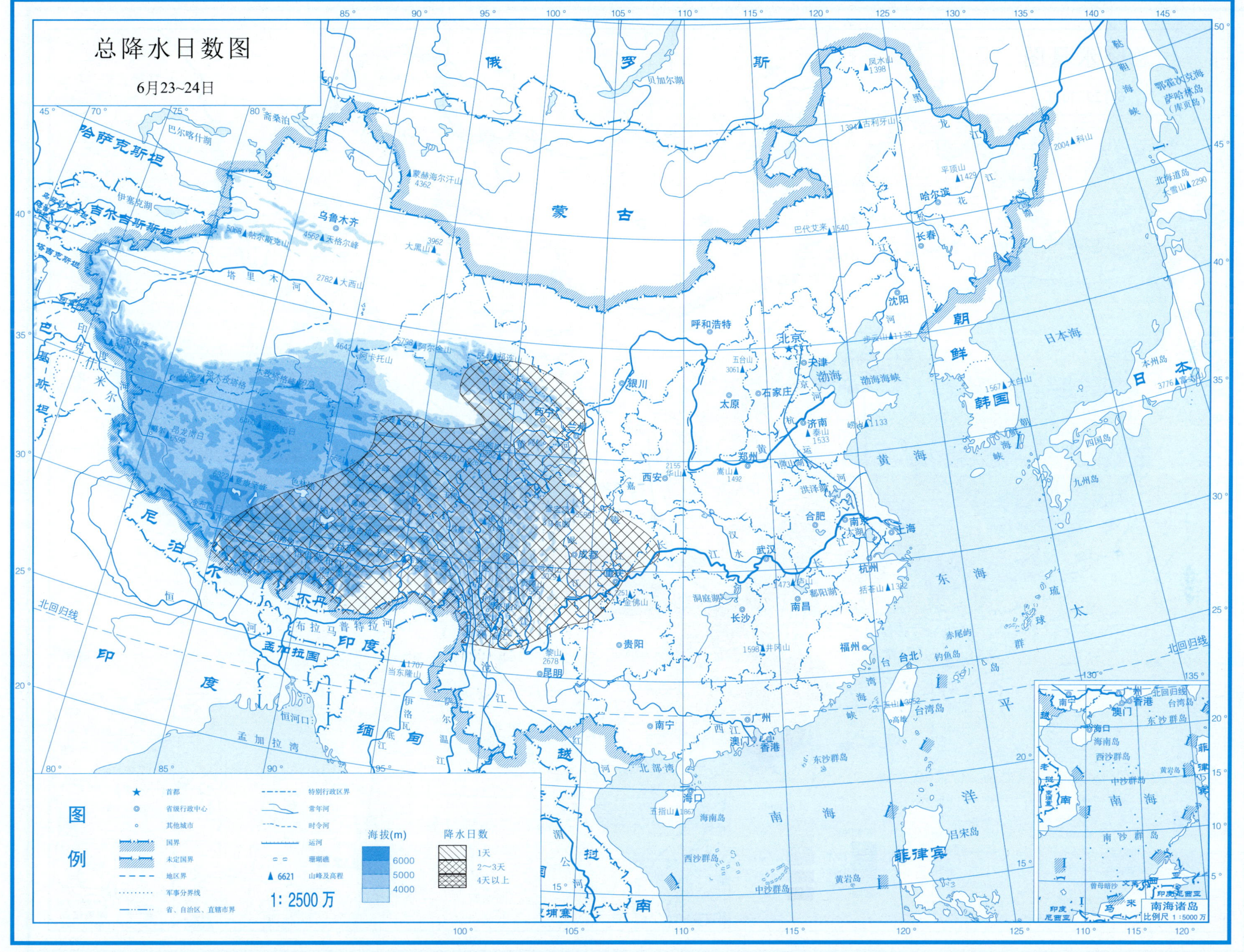
总降水日数图
6月23~24日
图例
首都
省级行政中心
其他城市
国界
未定国界
地区界
军事分界线
省、自治区、直辖市界
特别行政区界
常年河
时令河
运河
珊瑚礁
6621 山峰及高程
1: 2500 万
海拔(m)
6000
5000
4000
降水日数
1天
2~3天
4天以上
南海诸岛
比例尺 1:5000 万
俄
罗
斯
蒙
古
哈萨克斯坦
吉尔吉斯斯坦
塔吉克斯坦
巴
基
斯
坦
尼
泊
尔
不丹
孟加拉国
印
度
缅
甸
老
挝
越
南
朝
鲜
韩国
日
本
菲律宾
北京
天津
石家庄
太原
呼和浩特
沈阳
长春
哈尔滨
济南
郑州
西安
银川
兰州
西宁
乌鲁木齐
成都
重庆
贵阳
昆明
南宁
长沙
武汉
南昌
合肥
南京
上海
杭州
福州
台北
广州
澳门
香港
海口
渤海
黄海
东海
南海
日本海
太平洋
北回归线

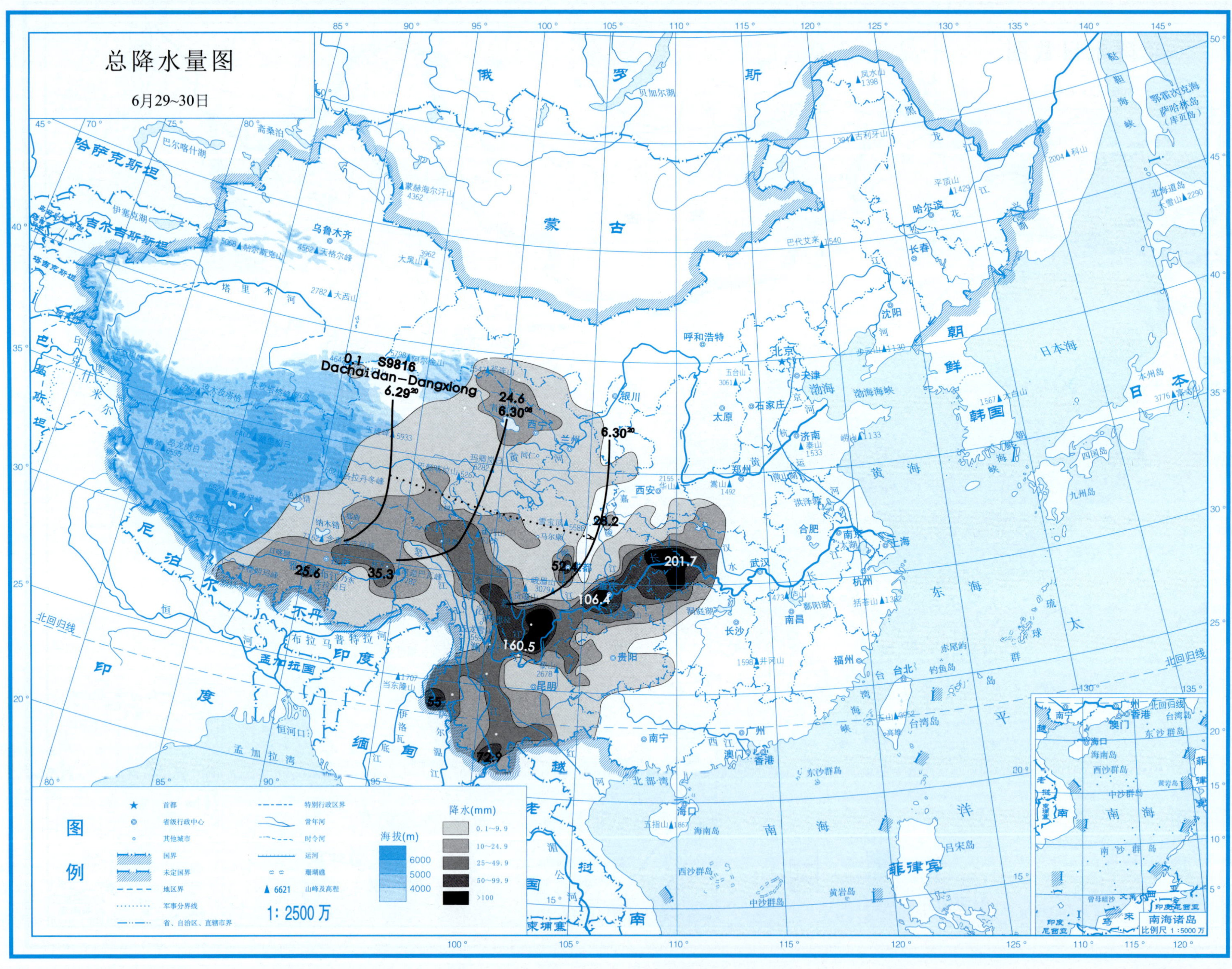
总降水量图
6月29~30日
0.1
S9816
Dachaidan–Dangxiong
6.29[20]
24.6
6.30[08]
6.30[20]
28.2
52.4
201.7
106.4
160.5
25.6
35.3
55
72.9
图例
首都
省级行政中心
其他城市
国界
未定国界
地区界
军事分界线
省、自治区、直辖市界
特别行政区界
常年河
时令河
运河
珊瑚礁
6621 山峰及高程
海拔(m)
6000
5000
4000
降水(mm)
0.1~9.9
10~24.9
25~49.9
50~99.9
>100
1: 2500万
南海诸岛
比例尺 1:5000万

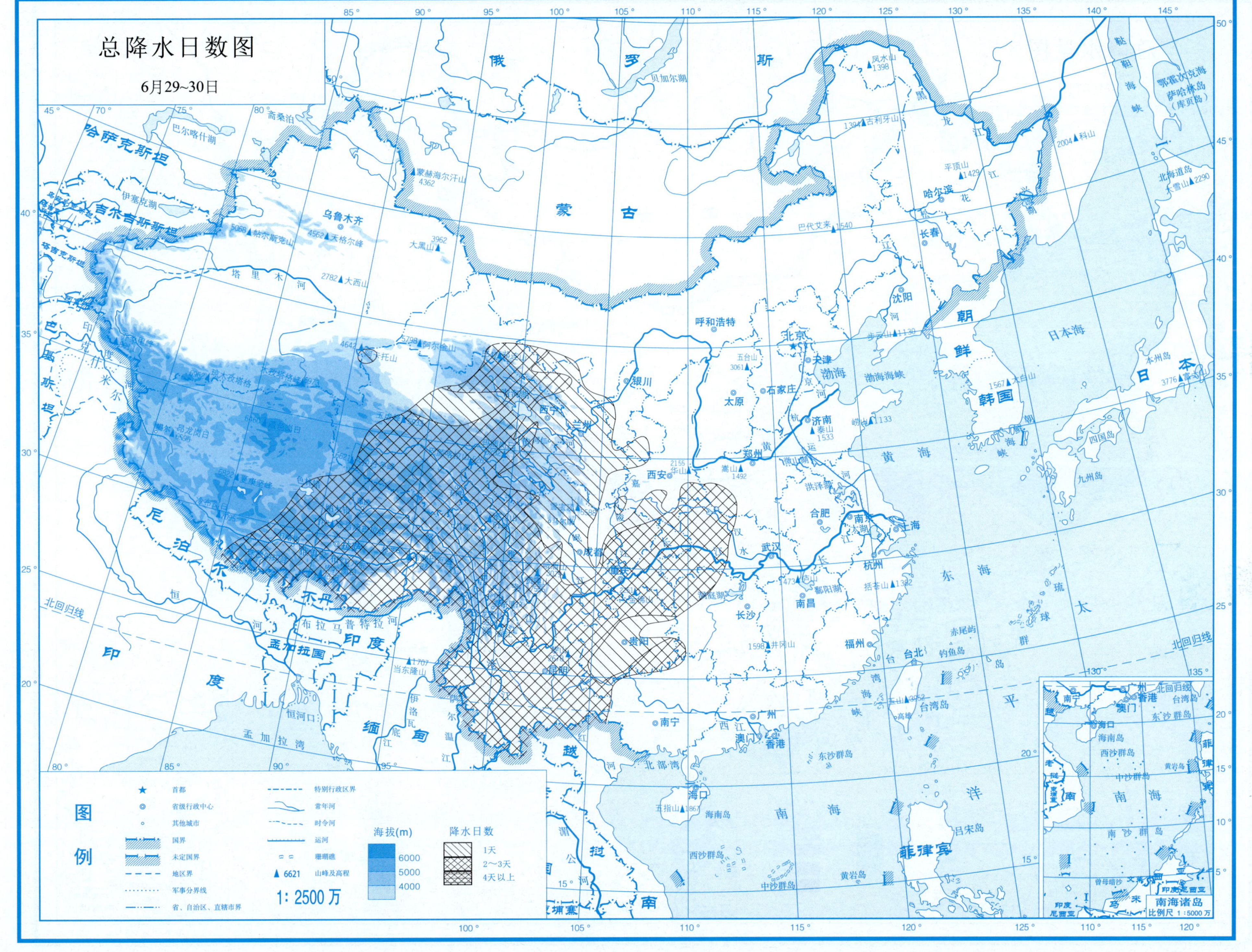


Page...198

高原切变线 第2部分

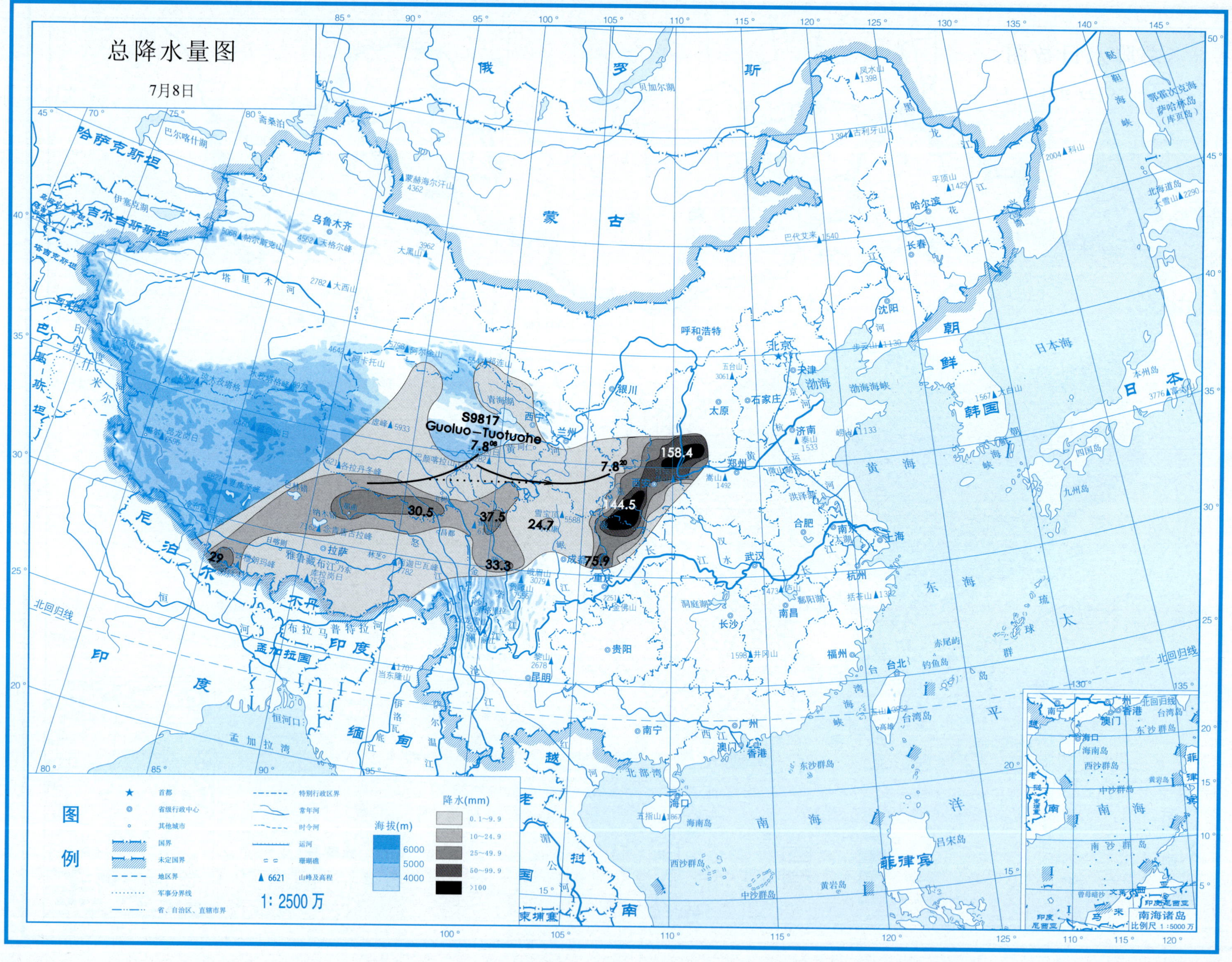
总降水量图
7月8日
S9817
Guoluo–Tuotuohe
7.8[08]
7.8[20]
158.4
144.5
75.9
30.5
37.5
24.7
33.3
29
图例
首都
省级行政中心
其他城市
国界
未定国界
地区界
军事分界线
省、自治区、直辖市界
特别行政区界
常年河
时令河
运河
珊瑚礁
6621 山峰及高程
1:2500万
海拔(m)
6000
5000
4000
降水(mm)
0.1~9.9
10~24.9
25~49.9
50~99.9
>100
南海诸岛
比例尺 1:5000万

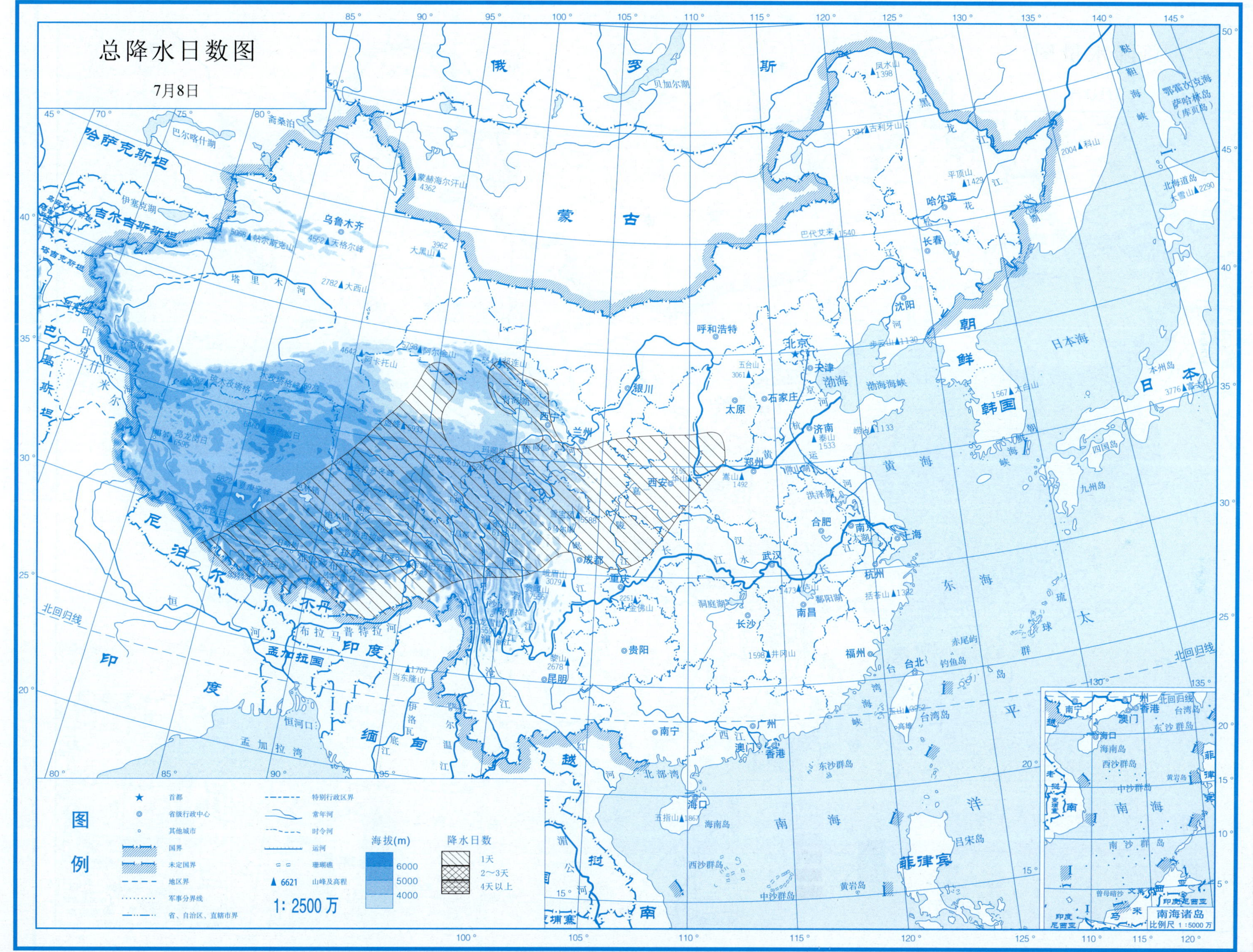


高原切变线

第2部分

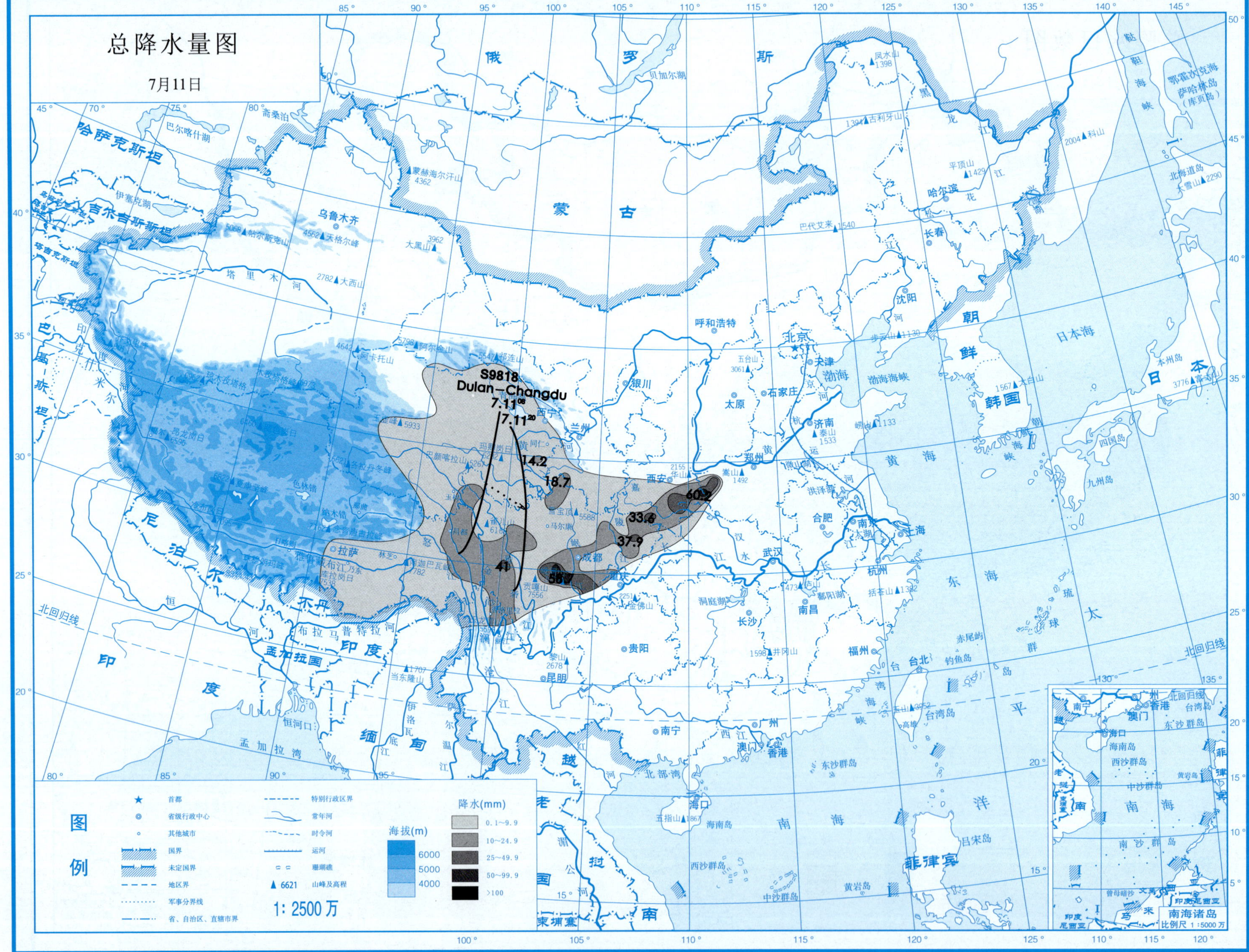
总降水量图
7月11日
S9818
Dulan–Changdu
7.11 08
7.11 20
14.2
18.7
60.2
33.6
37.9
41
56.7
俄 罗 斯
蒙 古
哈萨克斯坦
吉尔吉斯斯坦
塔吉克斯坦
巴基斯坦
尼泊尔
不丹
印度
孟加拉国
缅甸
老挝
越南
泰国
柬埔寨
朝鲜
韩国
日本
菲律宾
乌鲁木齐
拉萨
西宁
兰州
银川
呼和浩特
北京
天津
石家庄
太原
济南
郑州
西安
成都
重庆
贵阳
昆明
南宁
长沙
武汉
合肥
南京
上海
杭州
南昌
福州
台北
广州
香港
澳门
海口
沈阳
长春
哈尔滨
渤海
黄海
东海
南海
日本海
太平洋
图例
首都
省级行政中心
其他城市
国界
未定国界
地区界
军事分界线
省、自治区、直辖市界
特别行政区界
常年河
时令河
运河
珊瑚礁
6621 山峰及高程
1: 2500 万
海拔(m)
6000
5000
4000
降水(mm)
0.1~9.9
10~24.9
25~49.9
50~99.9
>100
南海诸岛
比例尺 1:5000 万

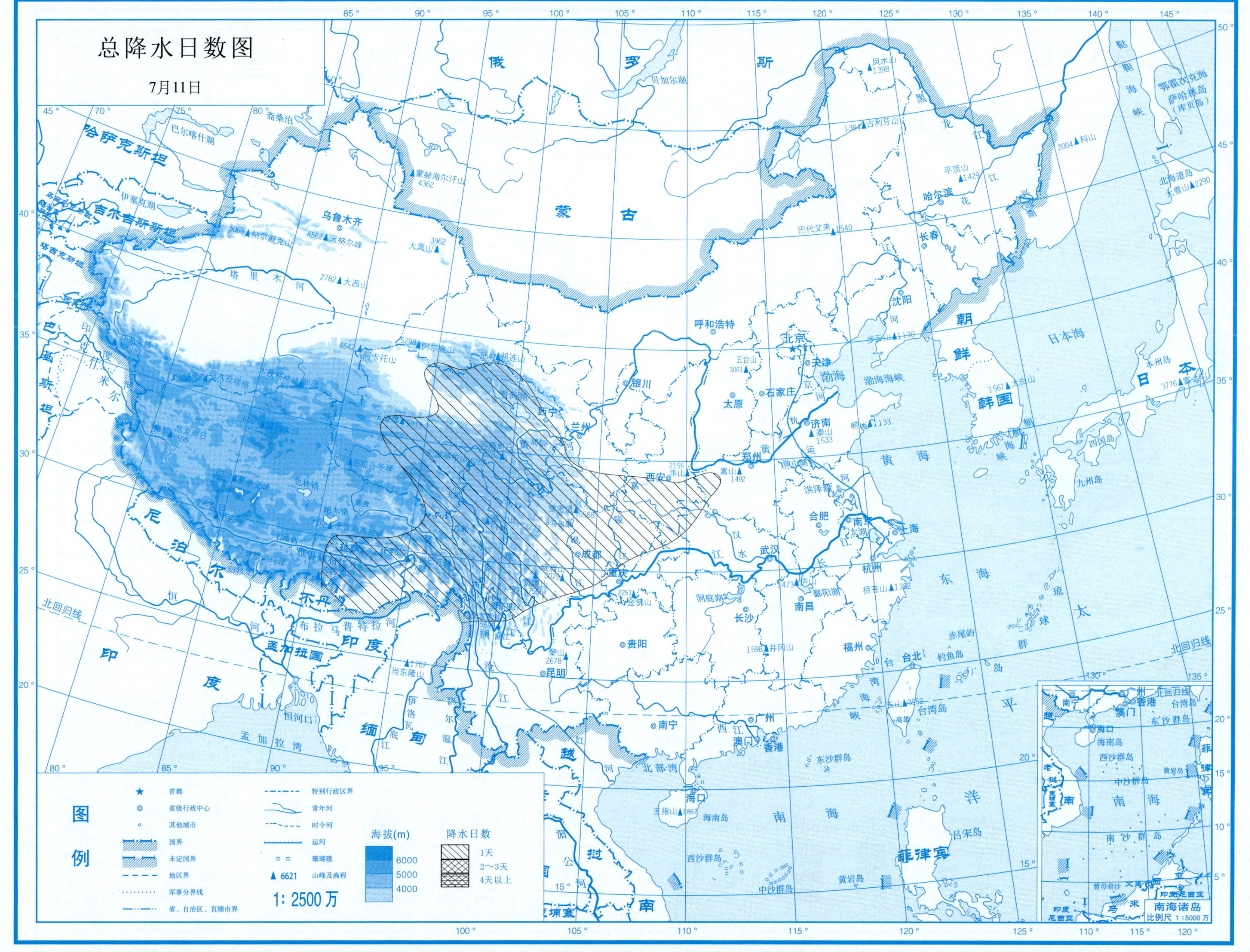
总降水日数图
7月11日
图例
首都
省级行政中心
其他城市
国界
未定国界
地区界
军事分界线
省、自治区、直辖市界
特别行政区界
常年河
时令河
运河
珊瑚礁
山峰及高程
海拔(m)
6000
5000
4000
降水日数
1天
2～3天
4天以上
1: 2500万
南海诸岛
比例尺 1:5000万
俄罗斯
蒙古
哈萨克斯坦
吉尔吉斯斯坦
塔吉克斯坦
巴基斯坦
尼泊尔
不丹
印度
孟加拉国
缅甸
越南
朝鲜
韩国
日本
菲律宾
北京
天津
石家庄
太原
呼和浩特
沈阳
长春
哈尔滨
济南
郑州
西安
银川
兰州
西宁
成都
重庆
武汉
合肥
南京
上海
杭州
南昌
长沙
贵阳
昆明
南宁
广州
福州
台北
香港
澳门
海口
乌鲁木齐
日本海
渤海
黄海
东海
南海
太平洋
孟加拉湾
北部湾
北回归线

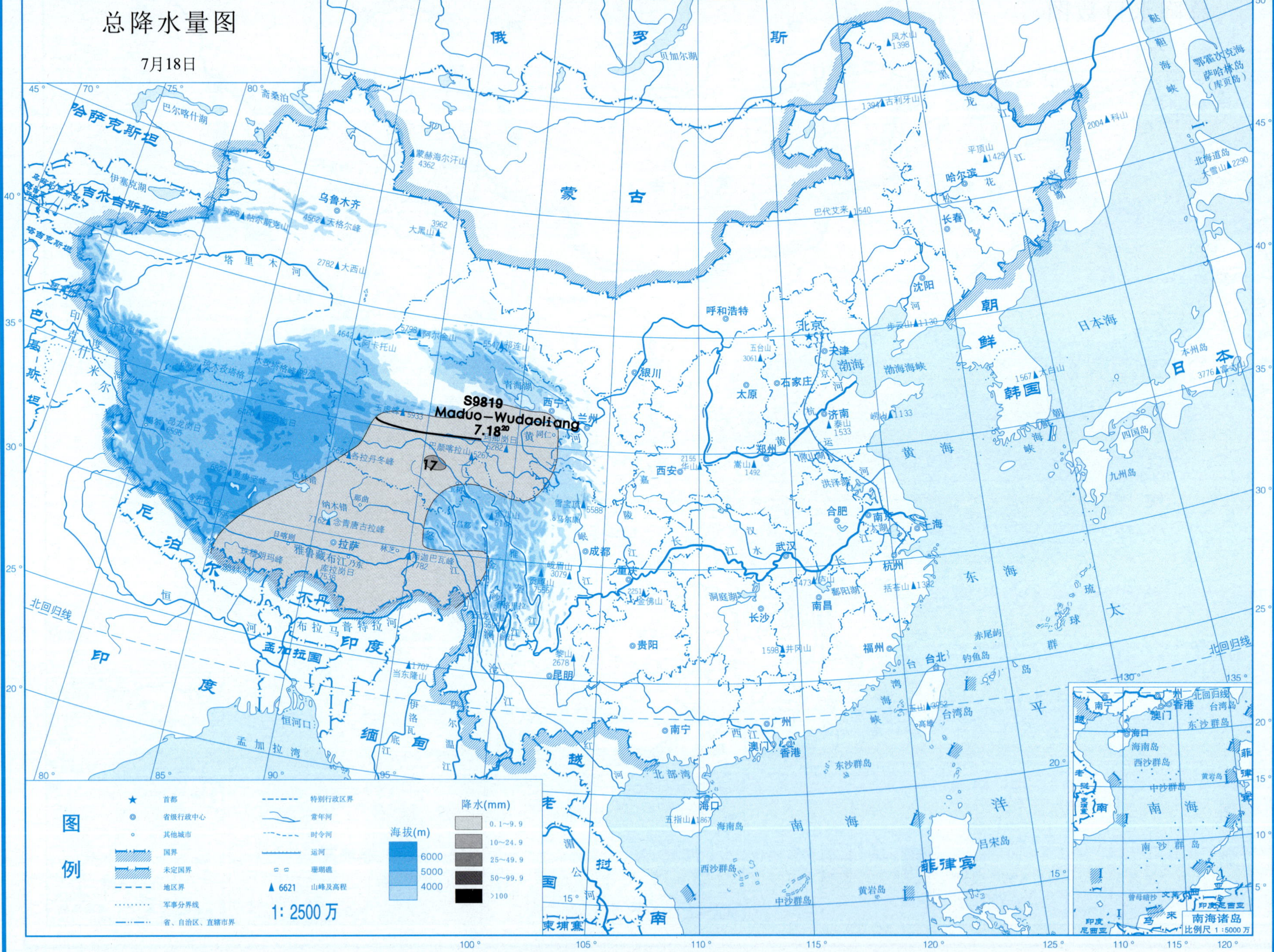
总降水量图
7月18日
S9819
Maduo–Wudaoliang
7.18[20]
17
图例
首都
省级行政中心
其他城市
国界
未定国界
地区界
军事分界线
省、自治区、直辖市界
特别行政区界
常年河
时令河
运河
珊瑚礁
6621 山峰及高程
海拔(m)
6000
5000
4000
降水(mm)
0.1~9.9
10~24.9
25~49.9
50~99.9
>100
1: 2500 万
南海诸岛
比例尺 1:5000 万

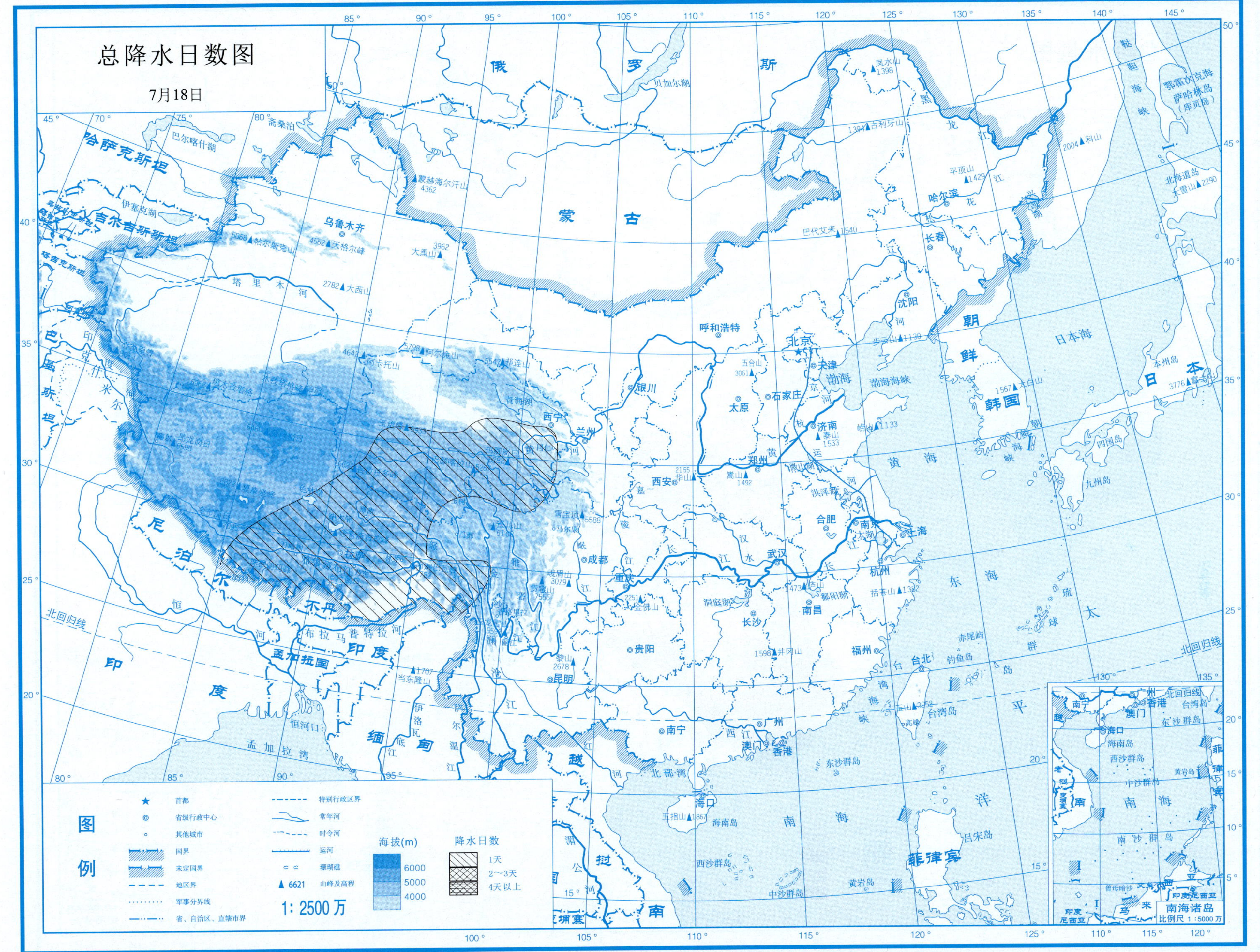


Page...199

高原切变线 第2部分

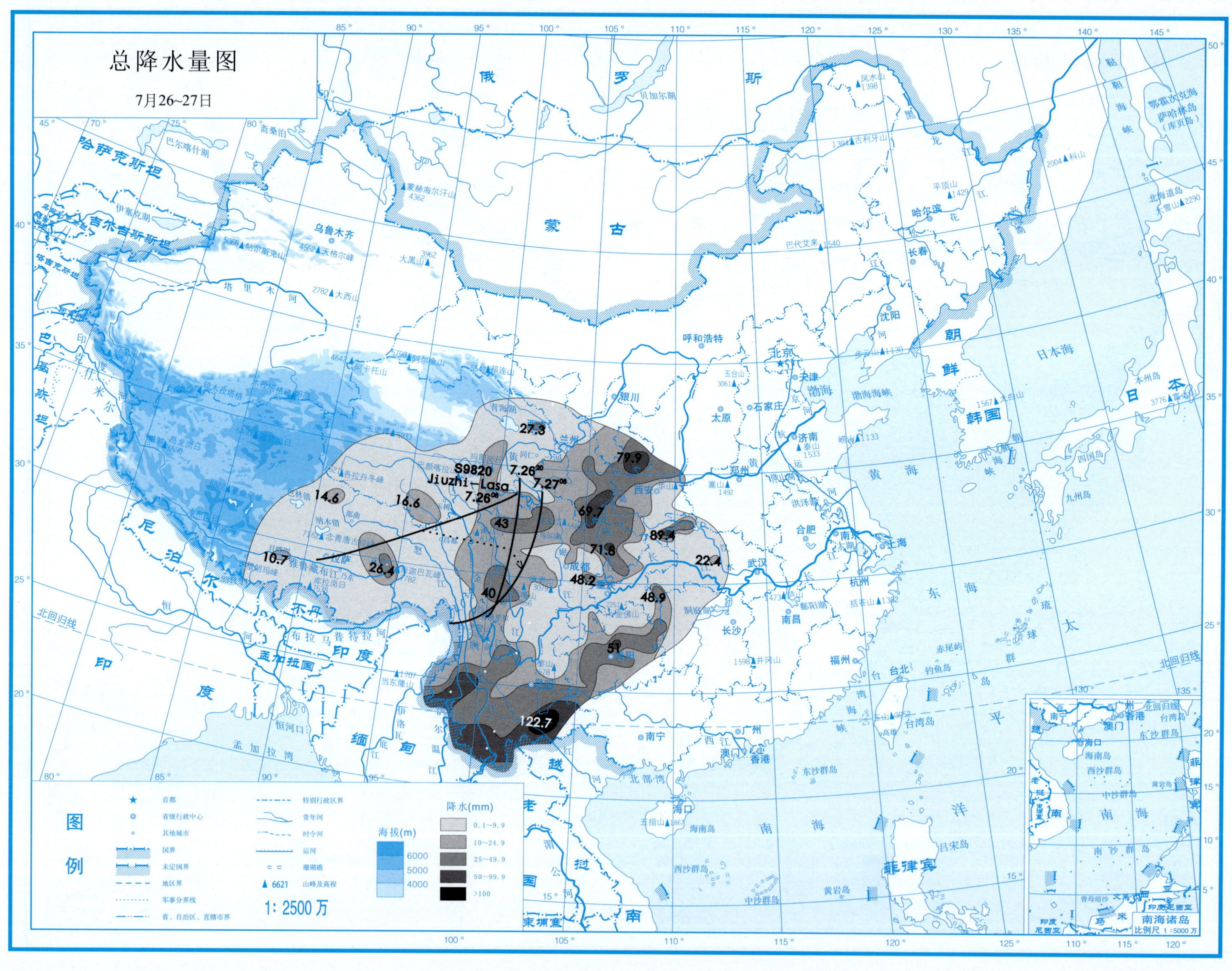

总降水量图
7月26~27日
S9820
Jiuzhi-Lasa
7.26
7.27
7.26
27.3
79.9
14.6
16.6
43
69.7
71.8
89.4
10.7
26.4
22.4
48.2
40
48.9
51
122.7
图例
首都
省级行政中心
其他城市
国界
未定国界
地区界
军事分界线
省、自治区、直辖市界
特别行政区界
常年河
时令河
运河
珊瑚礁
6621 山峰及高程
1: 2500 万
海拔(m)
6000
5000
4000
降水(mm)
0.1~9.9
10~24.9
25~49.9
50~99.9
>100
南海诸岛
比例尺 1:5000 万

# 总降水日数图

7月26~27日

图例

| | | | |
|---|---|---|---|
| ★ 首都 | 特别行政区界 | 海拔(m) | 降水日数 |
| ◎ 省级行政中心 | 常年河 | 6000 | 1天 |
| ∘ 其他城市 | 时令河 | 5000 | 2～3天 |
| 国界 | 运河 | 4000 | 4天以上 |
| 未定国界 | 珊瑚礁 | | |
| 地区界 | ▲6621 山峰及高程 | | |
| 军事分界线 | | | |
| 省、自治区、直辖市界 | | | |

1：2500万

南海诸岛
比例尺 1：5000万



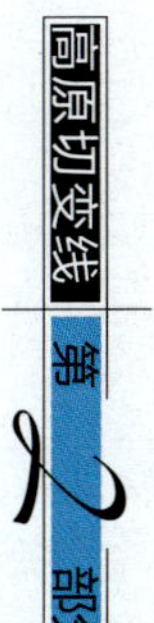

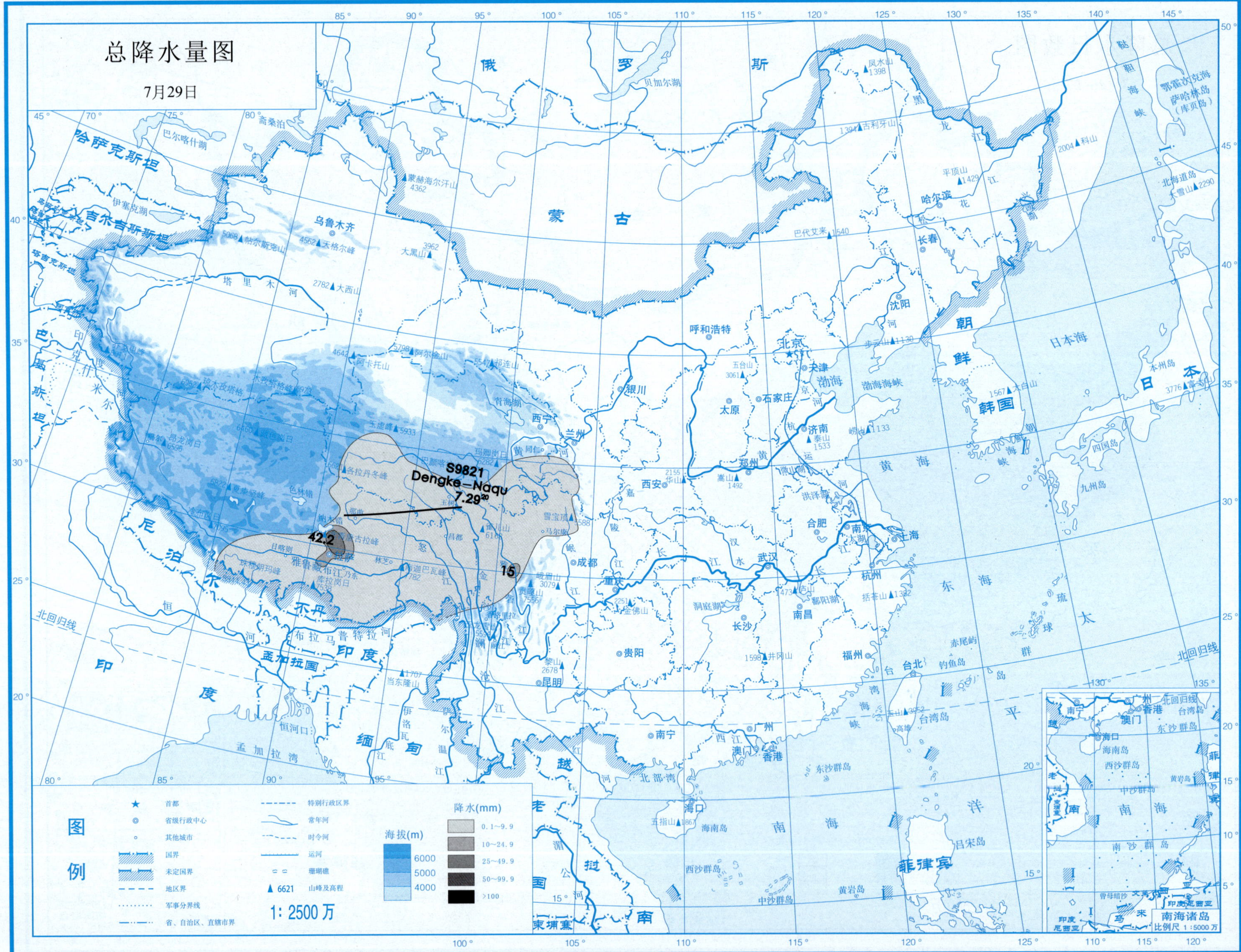
总降水量图
7月29日
S9821
Dengke—Naqu
7.29 20
42.2
15
图例
首都
省级行政中心
其他城市
国界
未定国界
地区界
军事分界线
省、自治区、直辖市界
特别行政区界
常年河
时令河
运河
珊瑚礁
6621 山峰及高程
1: 2500 万
海拔(m)
6000
5000
4000
降水(mm)
0.1~9.9
10~24.9
25~49.9
50~99.9
>100
南海诸岛
比例尺 1:5000 万

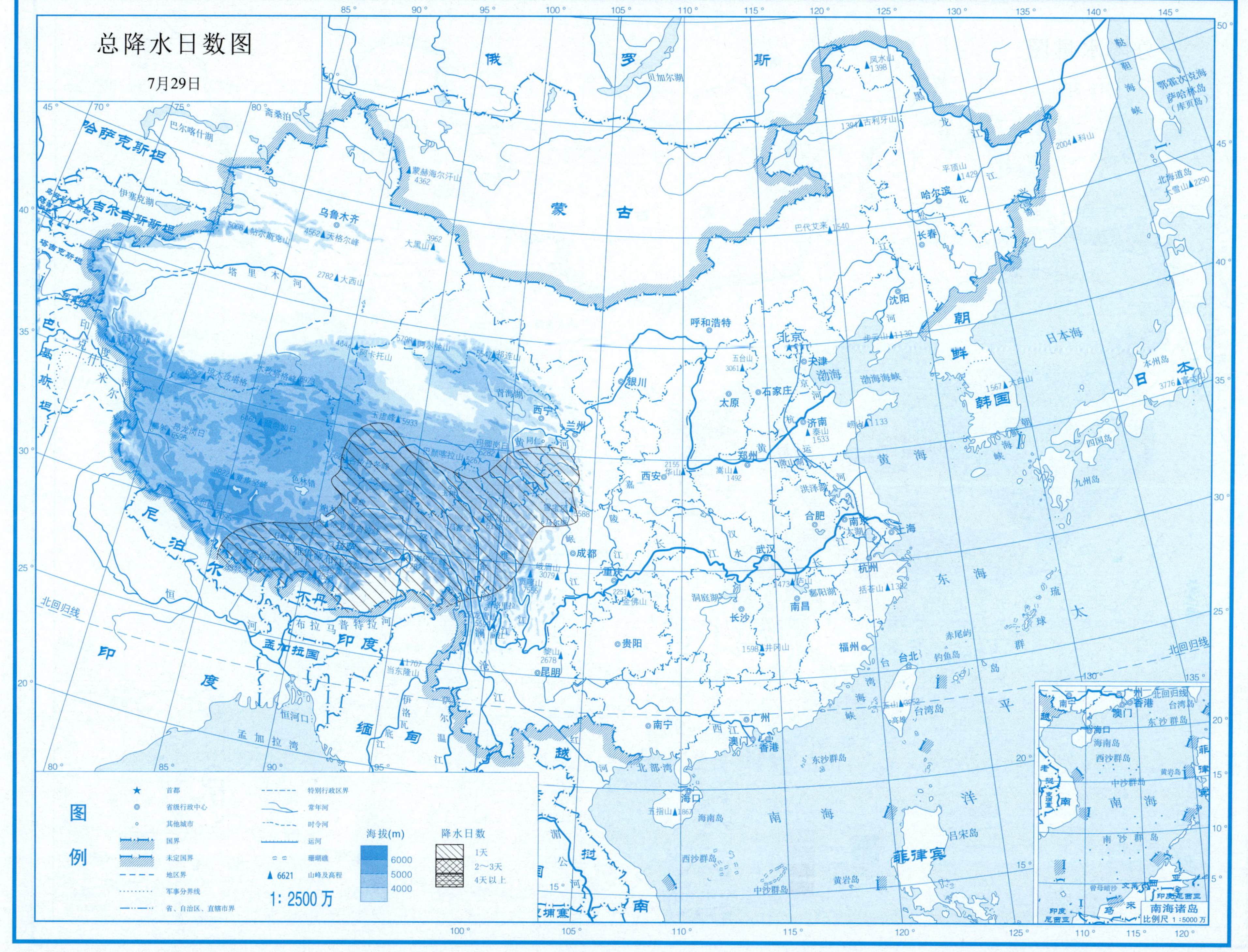

总降水日数图
7月29日
图例
首都
省级行政中心
其他城市
国界
未定国界
地区界
军事分界线
省、自治区、直辖市界
特别行政区界
常年河
时令河
运河
珊瑚礁
山峰及高程
海拔(m)
6000
5000
4000
降水日数
1天
2～3天
4天以上
1：2500万
南海诸岛
比例尺 1：5000万

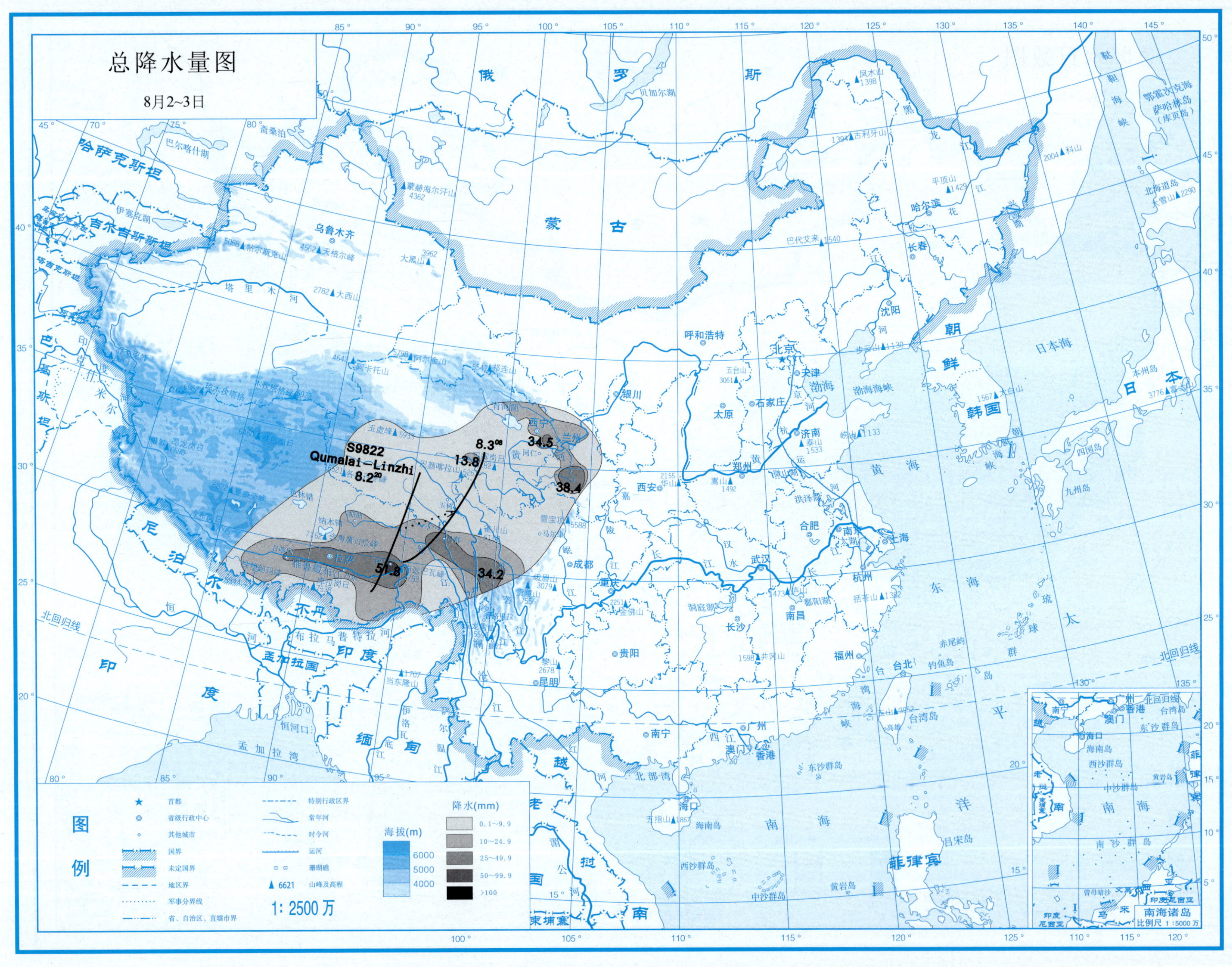

总降水量图
8月2~3日
S9822
Qumalai—Linzhi
8.2[20]
8.3[08]
13.8
34.5
38.4
51.8
34.2
图例
首都
省级行政中心
其他城市
国界
未定国界
地区界
军事分界线
省、自治区、直辖市界
特别行政区界
常年河
时令河
运河
珊瑚礁
6621 山峰及高程
海拔(m)
6000
5000
4000
降水(mm)
0.1~9.9
10~24.9
25~49.9
50~99.9
>100
1: 2500万
南海诸岛
比例尺 1:5000万

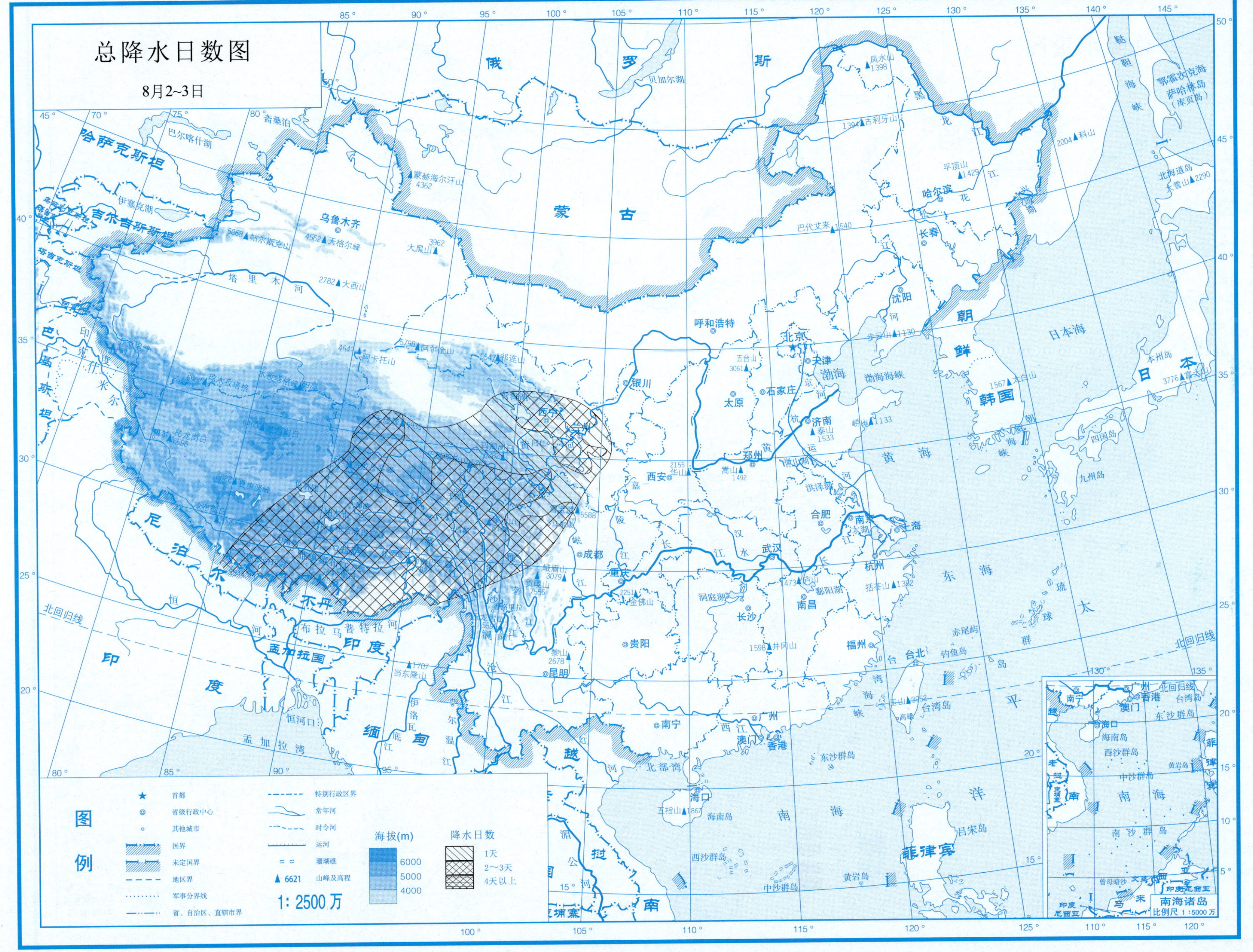

总降水日数图
8月2~3日
图例
首都
省级行政中心
其他城市
国界
未定国界
地区界
军事分界线
省、自治区、直辖市界
特别行政区界
常年河
时令河
运河
珊瑚礁
6621 山峰及高程
1: 2500 万
海拔(m)
6000
5000
4000
降水日数
1天
2~3天
4天以上
南海诸岛
比例尺 1：5000 万
俄
罗
斯
蒙
古
哈萨克斯坦
吉尔吉斯斯坦
塔吉克斯坦
巴基斯坦
尼泊尔
不丹
印度
孟加拉国
缅甸
越南
朝鲜
韩国
日本
菲律宾
日本海
渤海
黄海
东海
南海
太平洋
北回归线

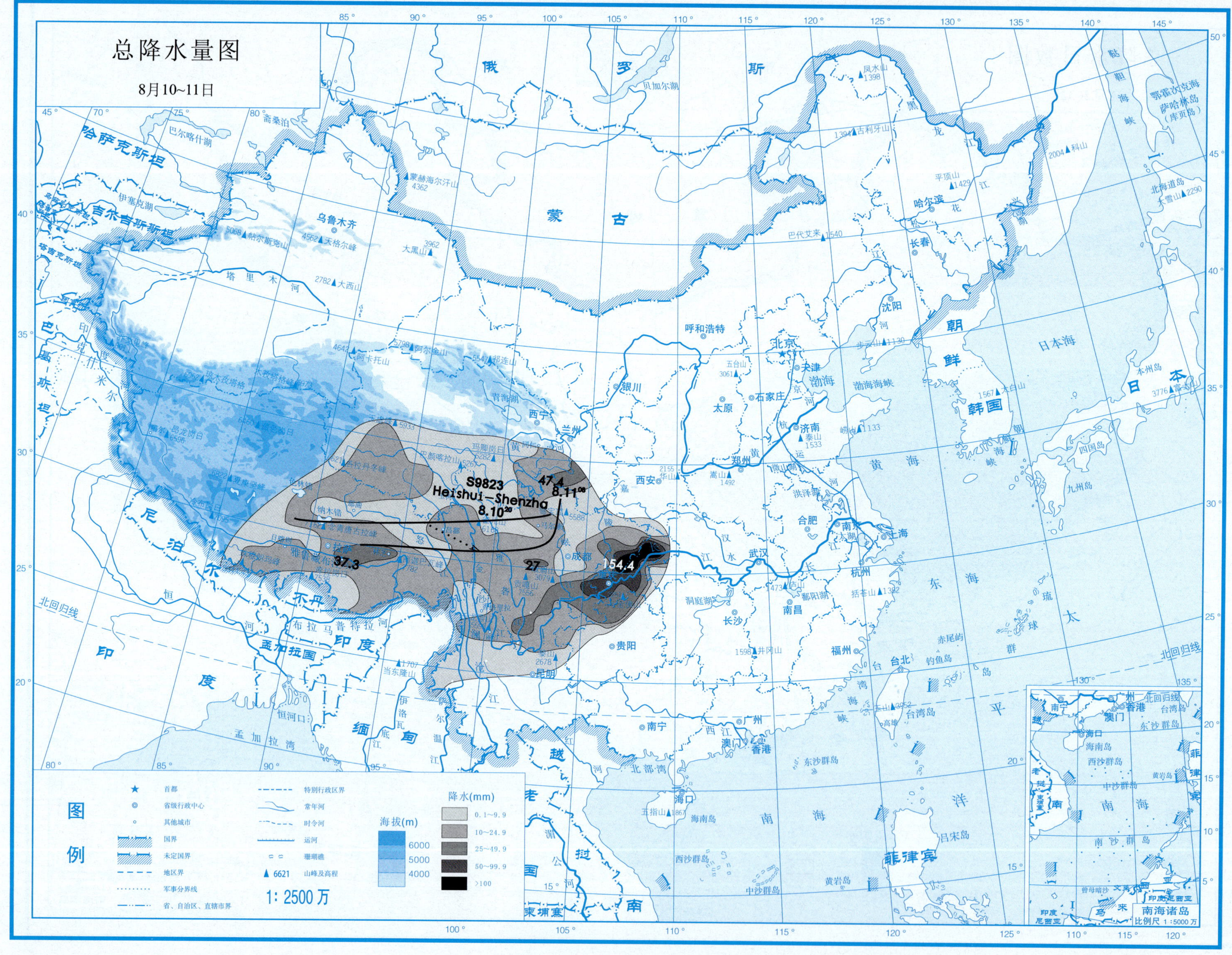

总降水量图
8月10~11日
S9823
Heishui–Shenzha
8.10 20
8.11 08
47.4
37.3
27
154.4
图例
首都
省级行政中心
其他城市
国界
未定国界
地区界
军事分界线
省、自治区、直辖市界
特别行政区界
常年河
时令河
运河
珊瑚礁
6621 山峰及高程
1: 2500万
海拔(m)
6000
5000
4000
降水(mm)
0.1~9.9
10~24.9
25~49.9
50~99.9
>100
南海诸岛
比例尺 1:5000万

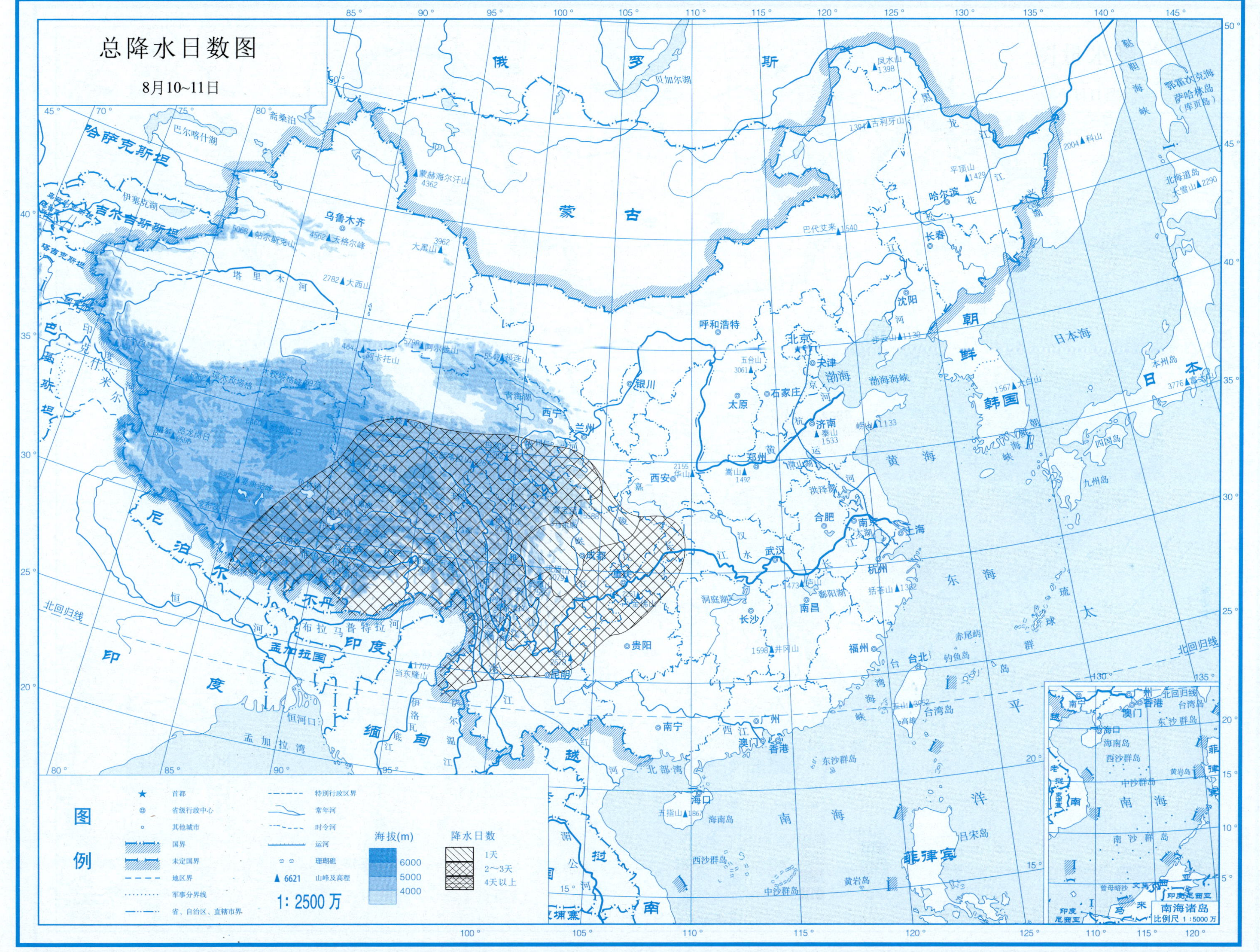

总降水日数图
8月10~11日
图例
首都
省级行政中心
其他城市
国界
未定国界
地区界
军事分界线
省、自治区、直辖市界
特别行政区界
常年河
时令河
运河
珊瑚礁
6621 山峰及高程
1: 2500 万
海拔(m)
6000
5000
4000
降水日数
1天
2~3天
4天以上
南海诸岛
比例尺 1:5000 万

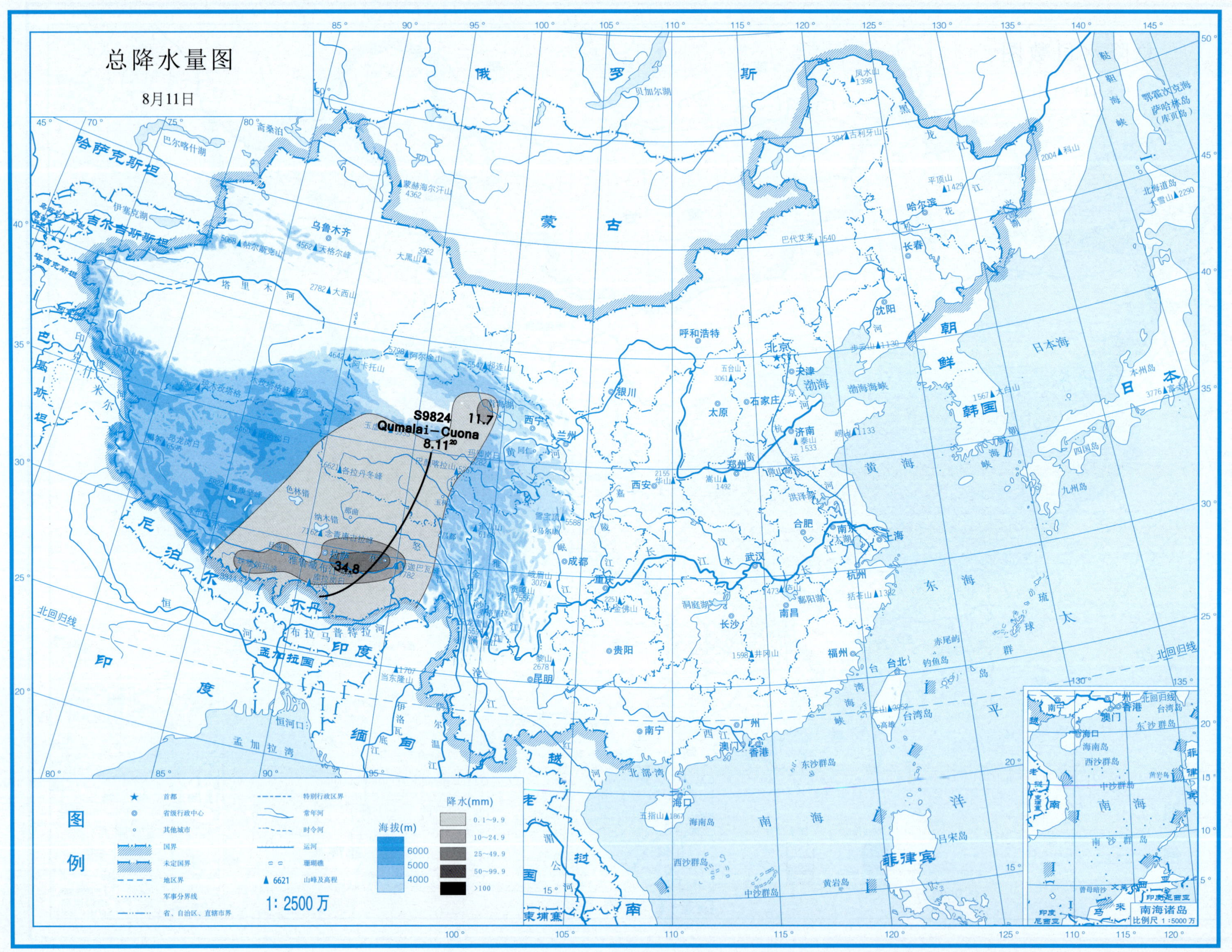
总降水量图
8月11日
S9824
Qumalai—Cuona
8.11[20]
11.7
34.8
图例
首都
省级行政中心
其他城市
国界
未定国界
地区界
军事分界线
省、自治区、直辖市界
特别行政区界
常年河
时令河
运河
珊瑚礁
6621 山峰及高程
1: 2500 万
海拔(m)
6000
5000
4000
降水(mm)
0.1~9.9
10~24.9
25~49.9
50~99.9
>100
南海诸岛
比例尺 1:5000 万

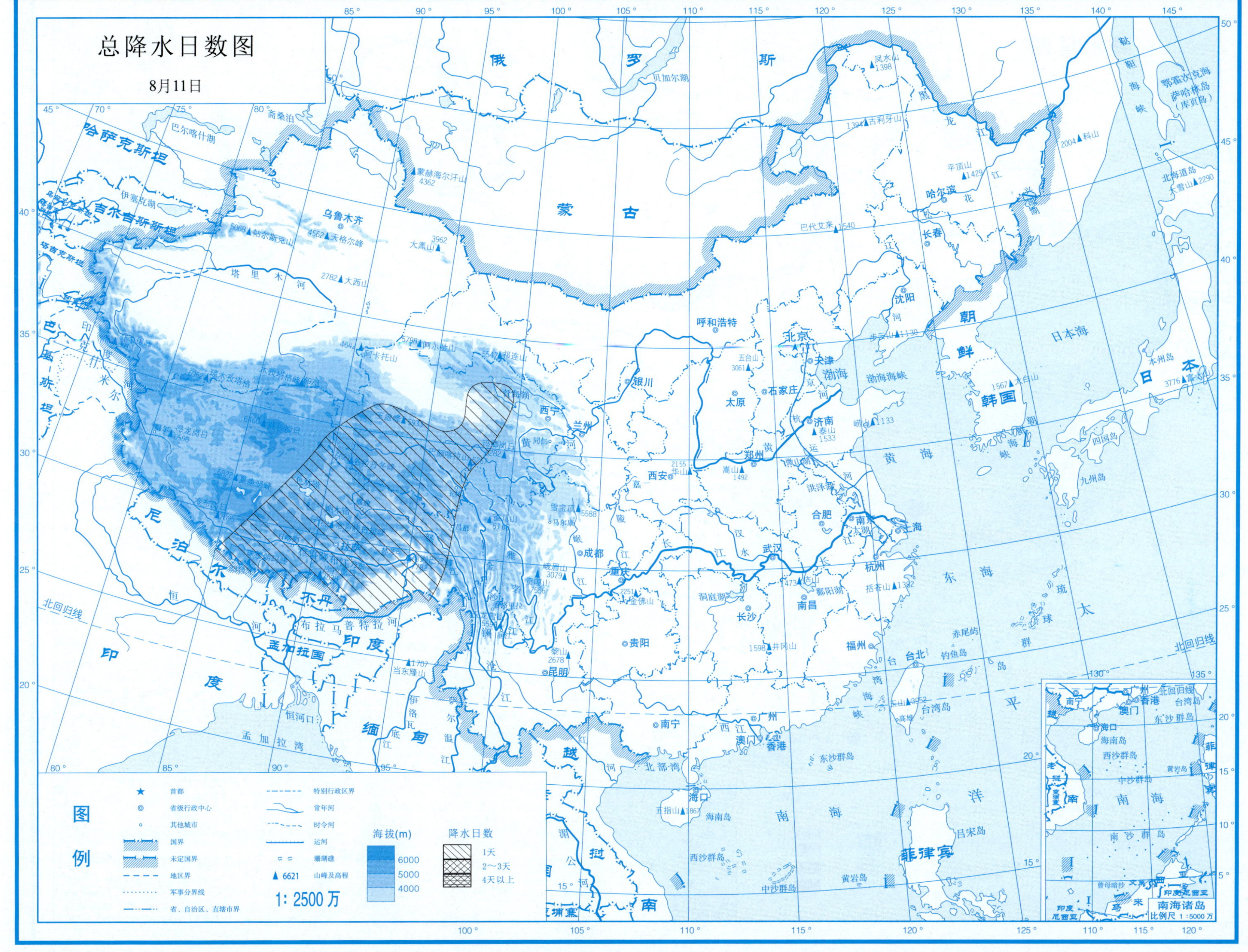


Page...209

高原切变线

第2部分

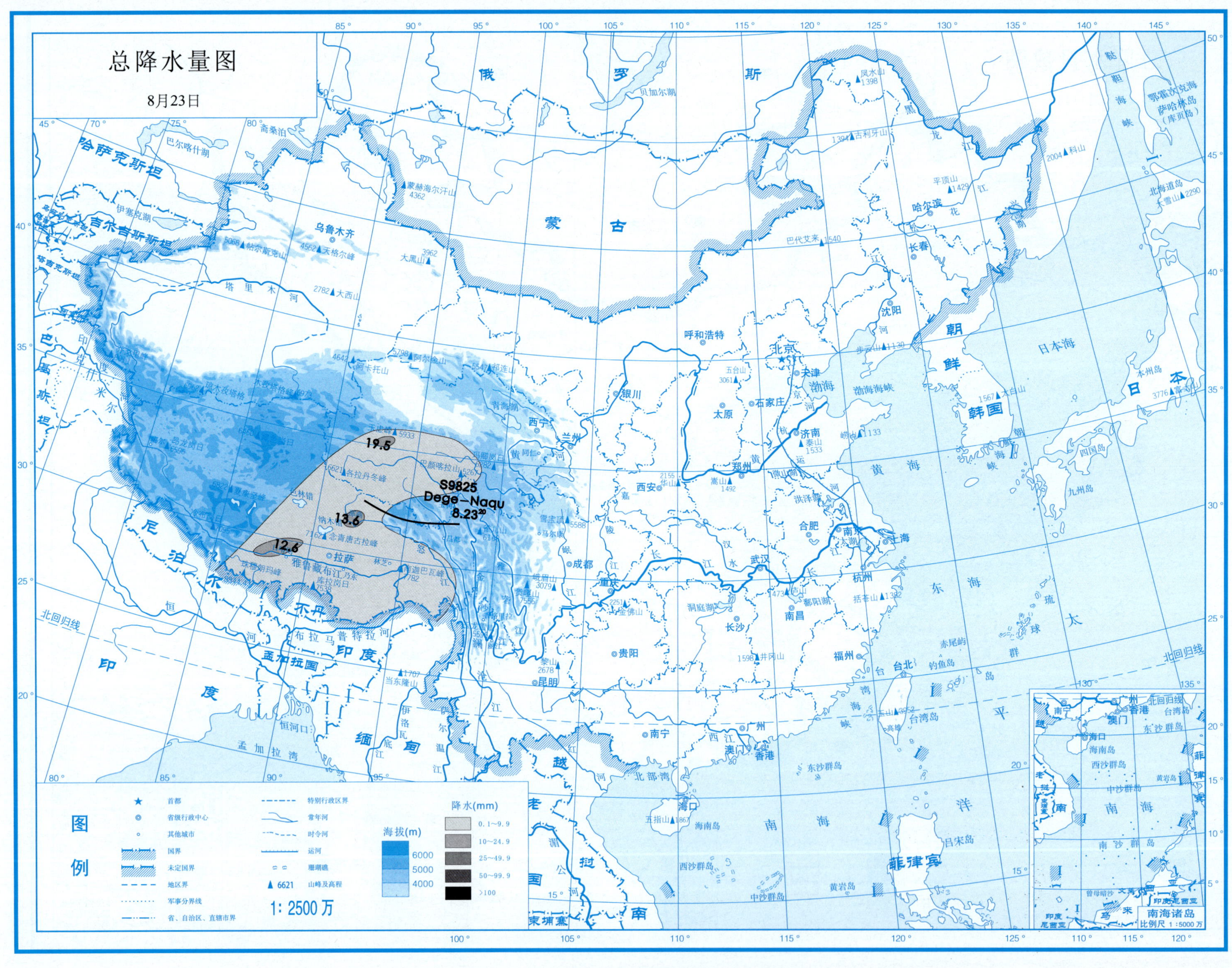
总降水量图
8月23日
S9825
Dege—Naqu
8.23
19.5
13.6
12.6
降水(mm)
0.1~9.9
10~24.9
25~49.9
50~99.9
>100
海拔(m)
6000
5000
4000
图例
1: 2500万
南海诸岛
比例尺 1:5000万

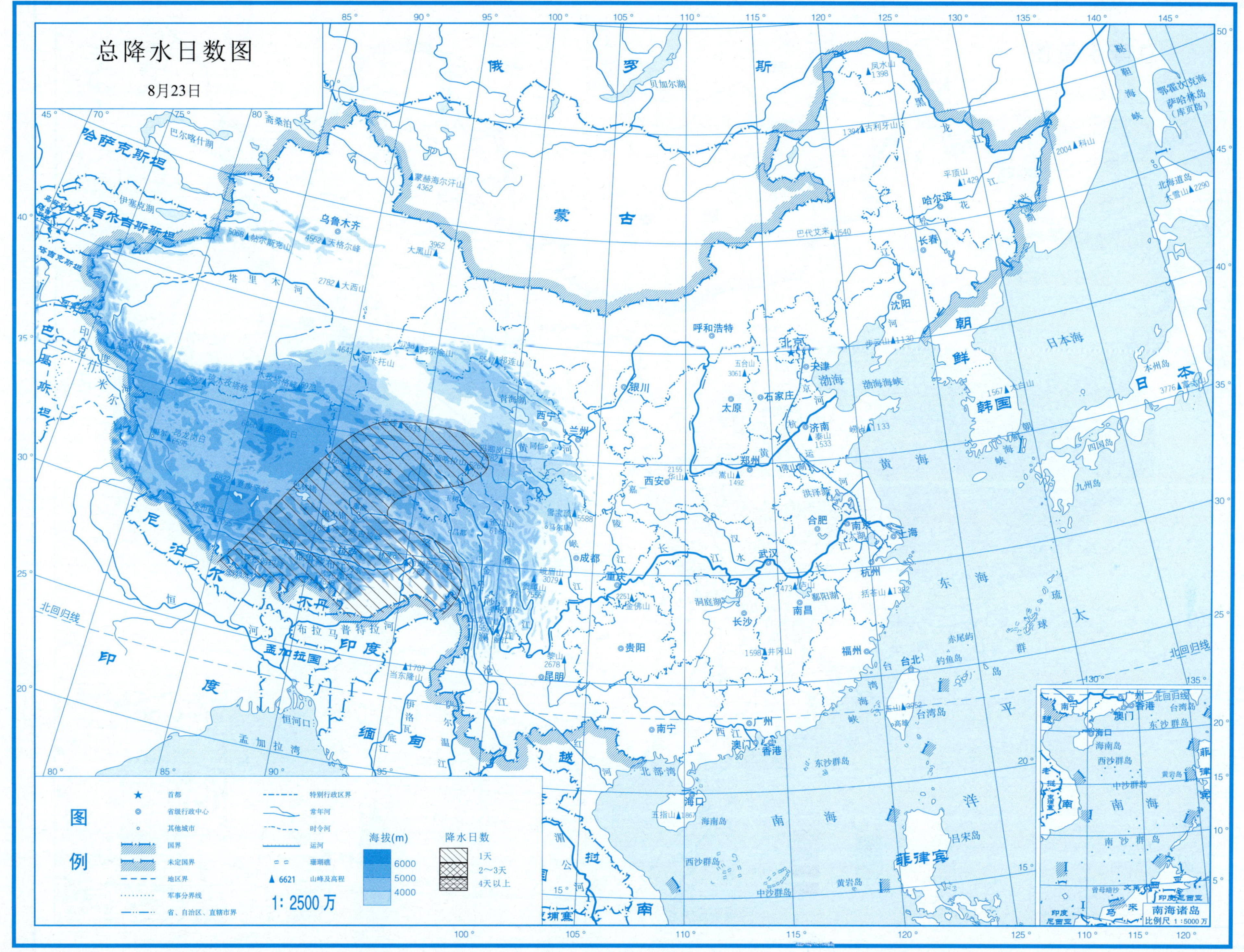
总降水日数图
8月23日
俄 罗 斯
蒙 古
哈萨克斯坦
吉尔吉斯斯坦
塔吉克斯坦
巴基斯坦
尼泊尔
不丹
孟加拉国
印 度
缅 甸
越 南
老挝
柬埔寨
朝 鲜
韩国
日 本
菲律宾
贝加尔湖
巴尔喀什湖
伊塞克湖
斋桑泊
乌鲁木齐
呼和浩特
北京
天津
石家庄
太原
济南
郑州
西安
银川
兰州
西宁
成都
重庆
武汉
合肥
南京
上海
杭州
南昌
长沙
福州
台北
贵阳
昆明
南宁
广州
澳门
香港
海口
哈尔滨
长春
沈阳
塔里木河
青海湖
洞庭湖
鄱阳湖
太湖
洪泽湖
渤海
黄 海
东 海
南 海
日本海
北部湾
孟加拉湾
太平洋
北回归线
图例
首都
省级行政中心
其他城市
国界
未定国界
地区界
军事分界线
省、自治区、直辖市界
特别行政区界
常年河
时令河
运河
珊瑚礁
6621 山峰及高程
海拔(m)
6000
5000
4000
降水日数
1天
2～3天
4天以上
1: 2500 万
南海诸岛
比例尺 1:5000 万

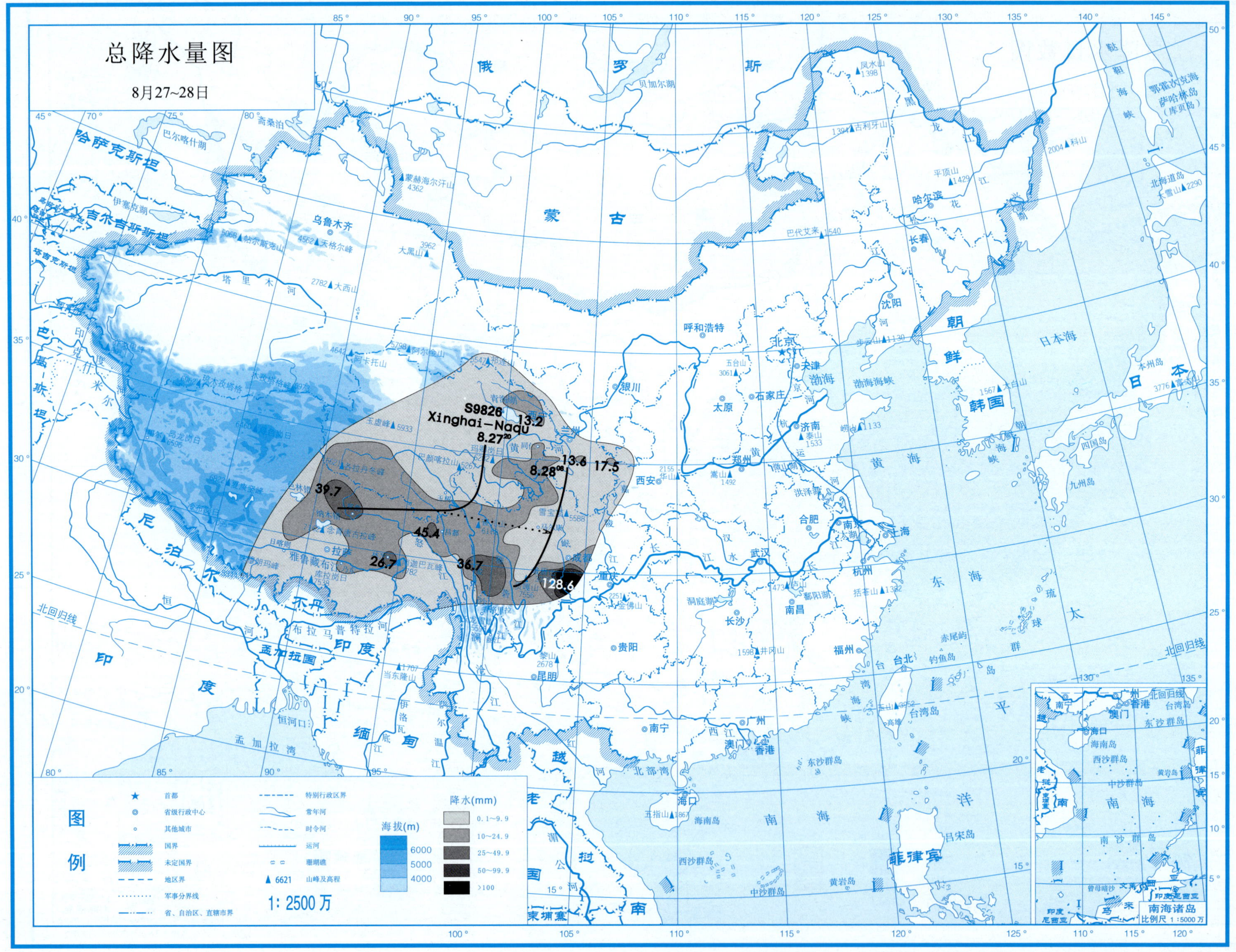
总降水量图
8月27~28日
S9826
Xinghai-Naqu
8.27[20]
8.28[08]
13.2
13.6
17.5
39.7
45.4
26.7
36.7
128.6
图例
首都
省级行政中心
其他城市
国界
未定国界
地区界
军事分界线
省、自治区、直辖市界
特别行政区界
常年河
时令河
运河
珊瑚礁
6621 山峰及高程
海拔(m)
6000
5000
4000
降水(mm)
0.1~9.9
10~24.9
25~49.9
50~99.9
>100
1: 2500 万
南海诸岛
比例尺 1:5000 万

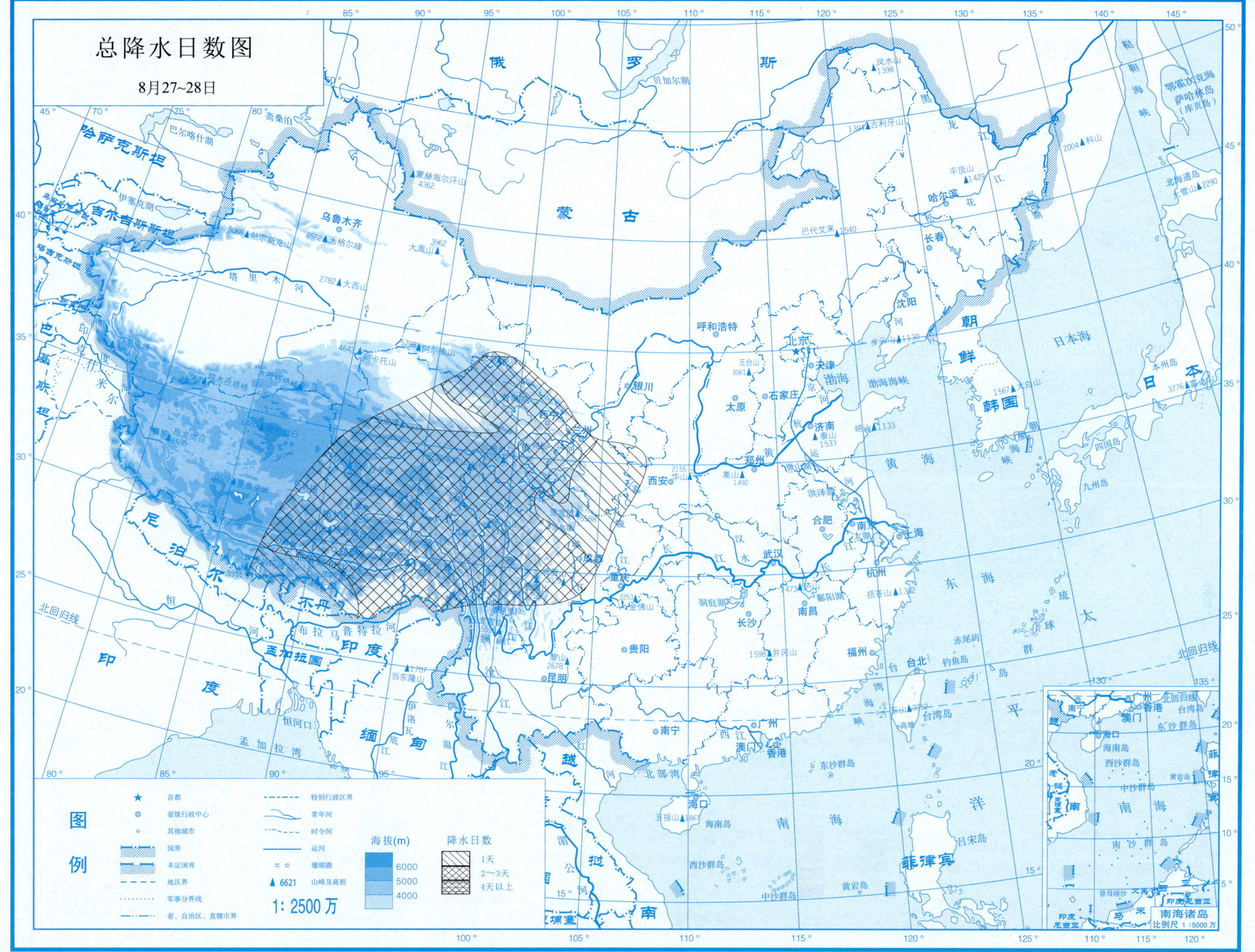

总降水日数图
8月27~28日
俄　罗　斯
蒙　古
哈萨克斯坦
吉尔吉斯斯坦
塔吉克斯坦
巴基斯坦
印度
尼泊尔
不丹
孟加拉国
缅甸
老挝
越南
泰国
柬埔寨
朝鲜
韩国
日本
菲律宾
贝加尔湖
巴尔喀什湖
斋桑泊
伊塞克湖
乌鲁木齐
呼和浩特
北京
天津
石家庄
太原
银川
西宁
兰州
西安
郑州
济南
合肥
南京
上海
杭州
武汉
南昌
长沙
福州
台北
成都
重庆
贵阳
昆明
南宁
广州
澳门
香港
海口
沈阳
长春
哈尔滨
塔里木河
黄河
长江
渤海
黄海
东海
南海
日本海
台湾岛
海南岛
东沙群岛
西沙群岛
中沙群岛
黄岩岛
钓鱼岛
赤尾屿
北回归线
南海诸岛
比例尺 1:5000万
图例
首都
省级行政中心
其他城市
国界
未定国界
地区界
军事分界线
省、自治区、直辖市界
特别行政区界
常年河
时令河
运河
珊瑚礁
6621 山峰及高程
1: 2500 万
海拔(m)
6000
5000
4000
降水日数
1天
2~3天
4天以上

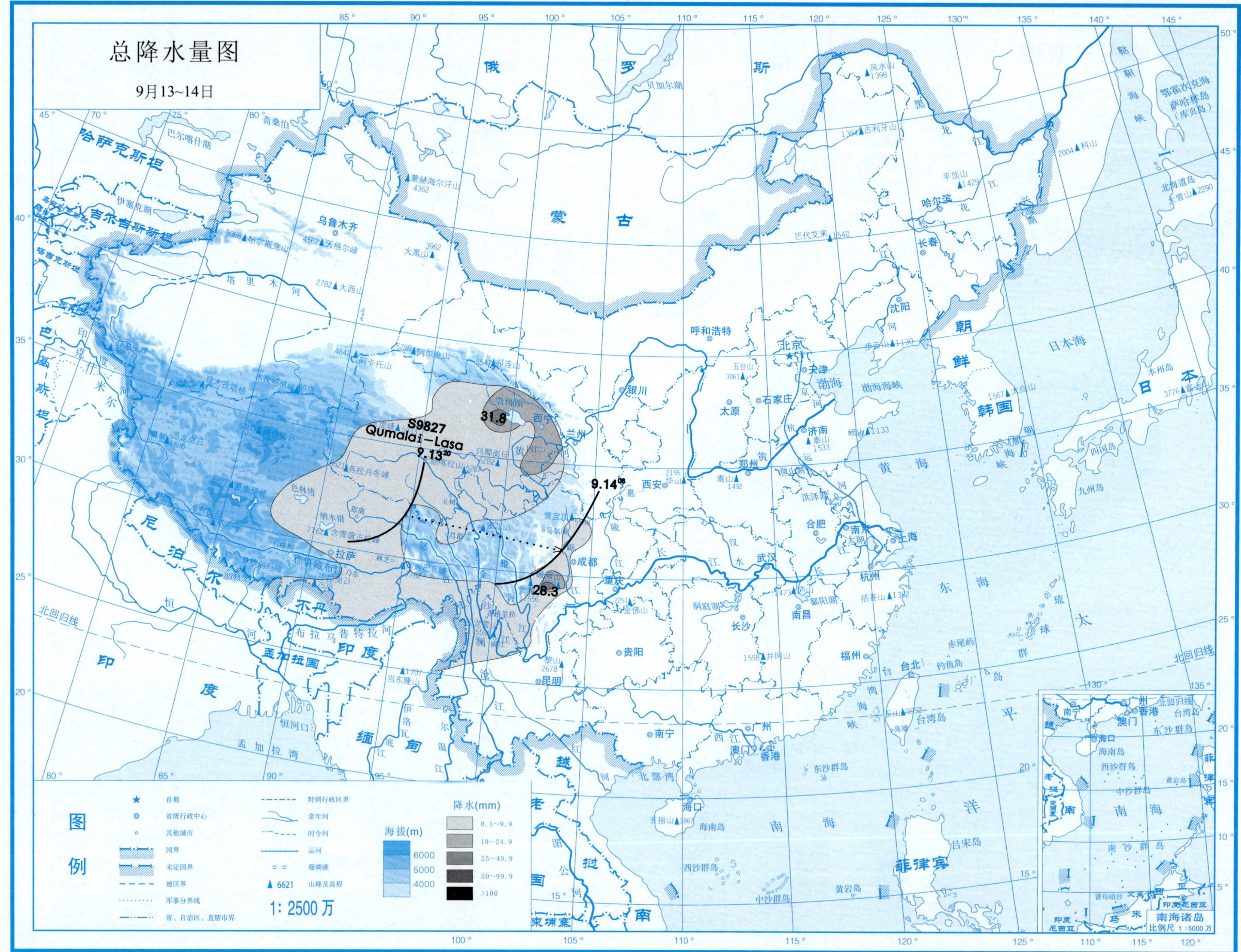

总降水量图
9月13~14日
S9827
Qumalai－Lasa
9.13 20
9.14 08
31.8
28.3
图例
首都
省级行政中心
其他城市
国界
未定国界
地区界
军事分界线
省、自治区、直辖市界
特别行政区界
常年河
时令河
运河
珊瑚礁
6621 山峰及高程
1: 2500 万
海拔(m)
6000
5000
4000
降水(mm)
0.1~9.9
10~24.9
25~49.9
50~99.9
>100
南海诸岛
比例尺 1 :5000 万

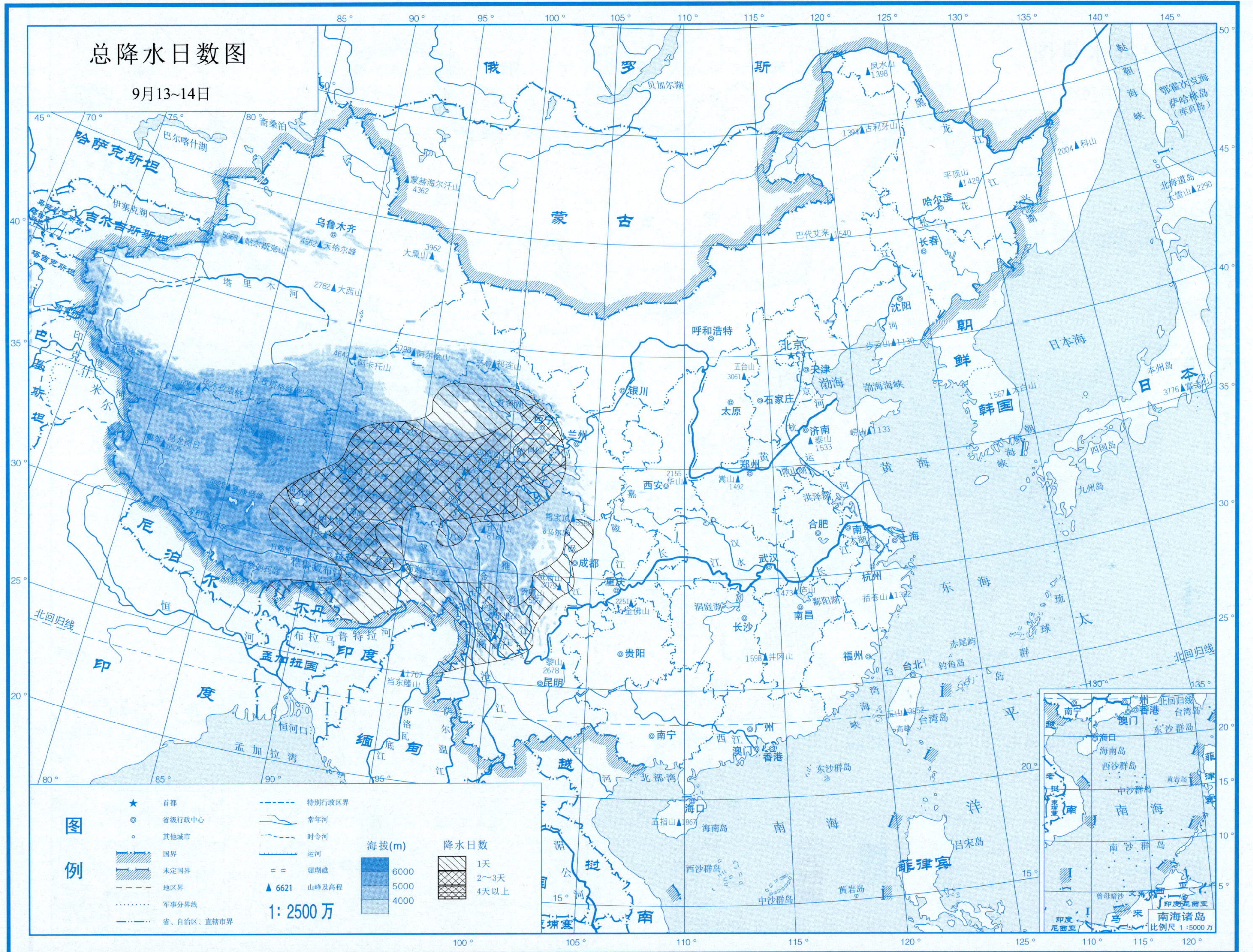
总降水日数图
9月13~14日
图例
首都
省级行政中心
其他城市
国界
未定国界
地区界
军事分界线
省、自治区、直辖市界
特别行政区界
常年河
时令河
运河
珊瑚礁
6621 山峰及高程
1∶2500万
海拔(m)
6000
5000
4000
降水日数
1天
2～3天
4天以上
南海诸岛
比例尺 1∶5000万

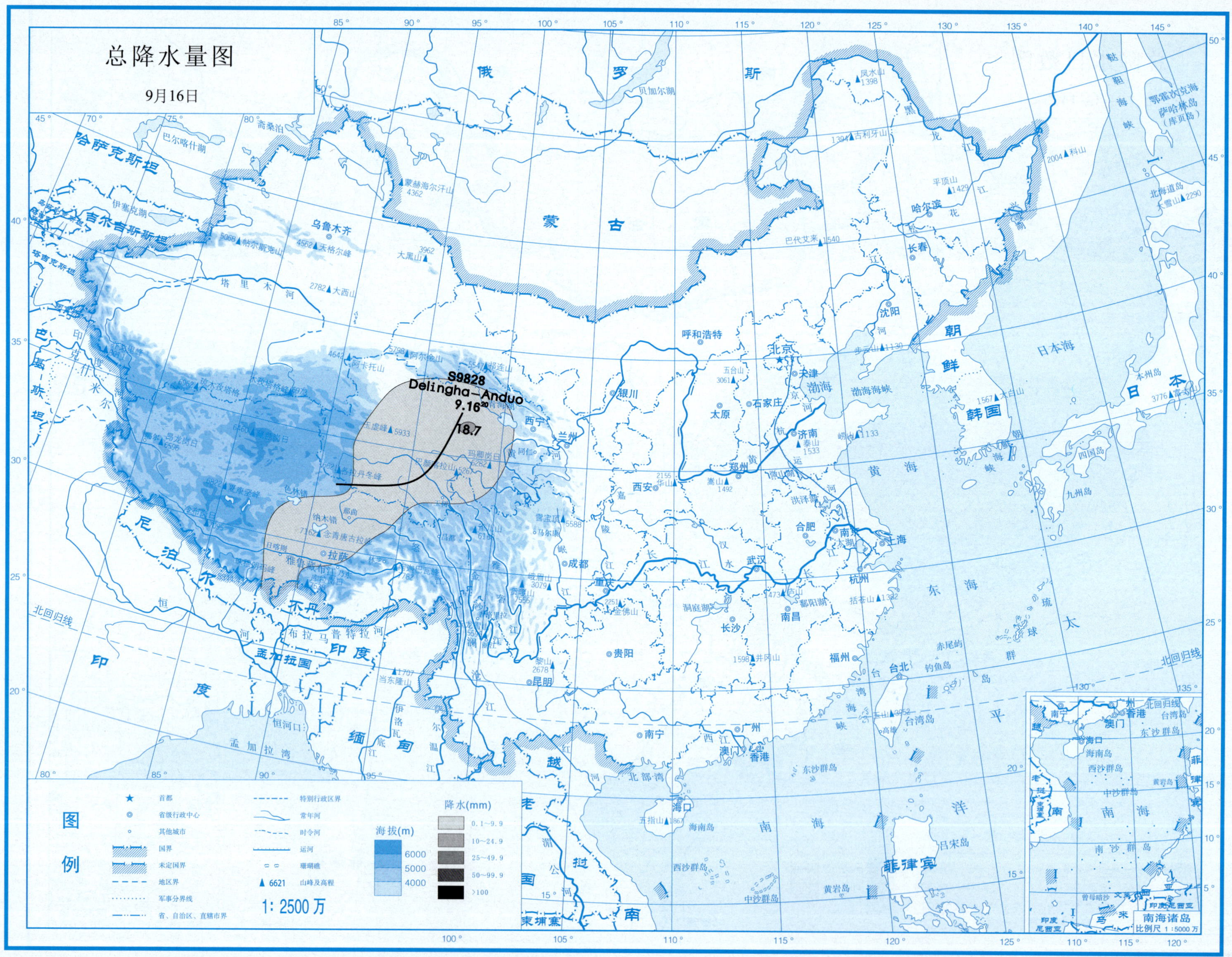
总降水量图
9月16日
S9828
Delingha–Anduo
9.16 20
18.7
图例
首都
省级行政中心
其他城市
国界
未定国界
地区界
军事分界线
省、自治区、直辖市界
特别行政区界
常年河
时令河
运河
珊瑚礁
6621 山峰及高程
海拔(m)
6000
5000
4000
降水(mm)
0.1~9.9
10~24.9
25~49.9
50~99.9
>100
1: 2500 万
南海诸岛
比例尺 1:5000 万

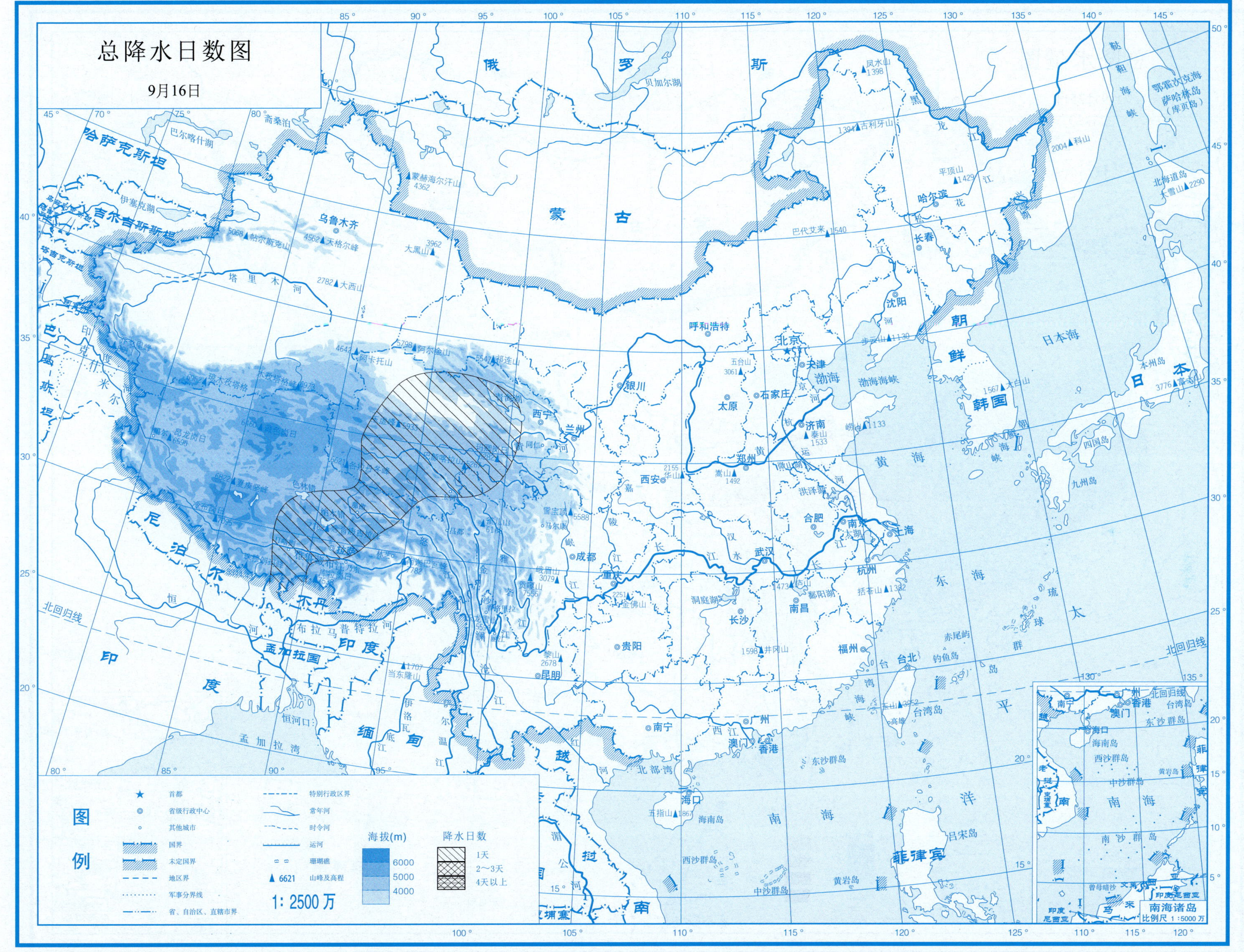

总降水日数图
9月16日
俄
罗
斯
蒙
古
哈萨克斯坦
吉尔吉斯斯坦
乌鲁木齐
呼和浩特
北京
天津
沈阳
长春
哈尔滨
银川
太原
石家庄
济南
西宁
兰州
西安
郑州
合肥
南京
上海
武汉
杭州
成都
重庆
长沙
南昌
贵阳
福州
台北
昆明
南宁
广州
香港
澳门
海口
朝
鲜
韩国
日本
日本海
渤海
黄海
东海
南海
太平洋
菲律宾
越
南
缅
甸
印度
尼泊尔
不丹
孟加拉国
北回归线
图例
首都
省级行政中心
其他城市
国界
未定国界
地区界
军事分界线
省、自治区、直辖市界
特别行政区界
常年河
时令河
运河
珊瑚礁
山峰及高程
1: 2500 万
海拔(m)
6000
5000
4000
降水日数
1天
2~3天
4天以上
南海诸岛
比例尺 1:5000 万

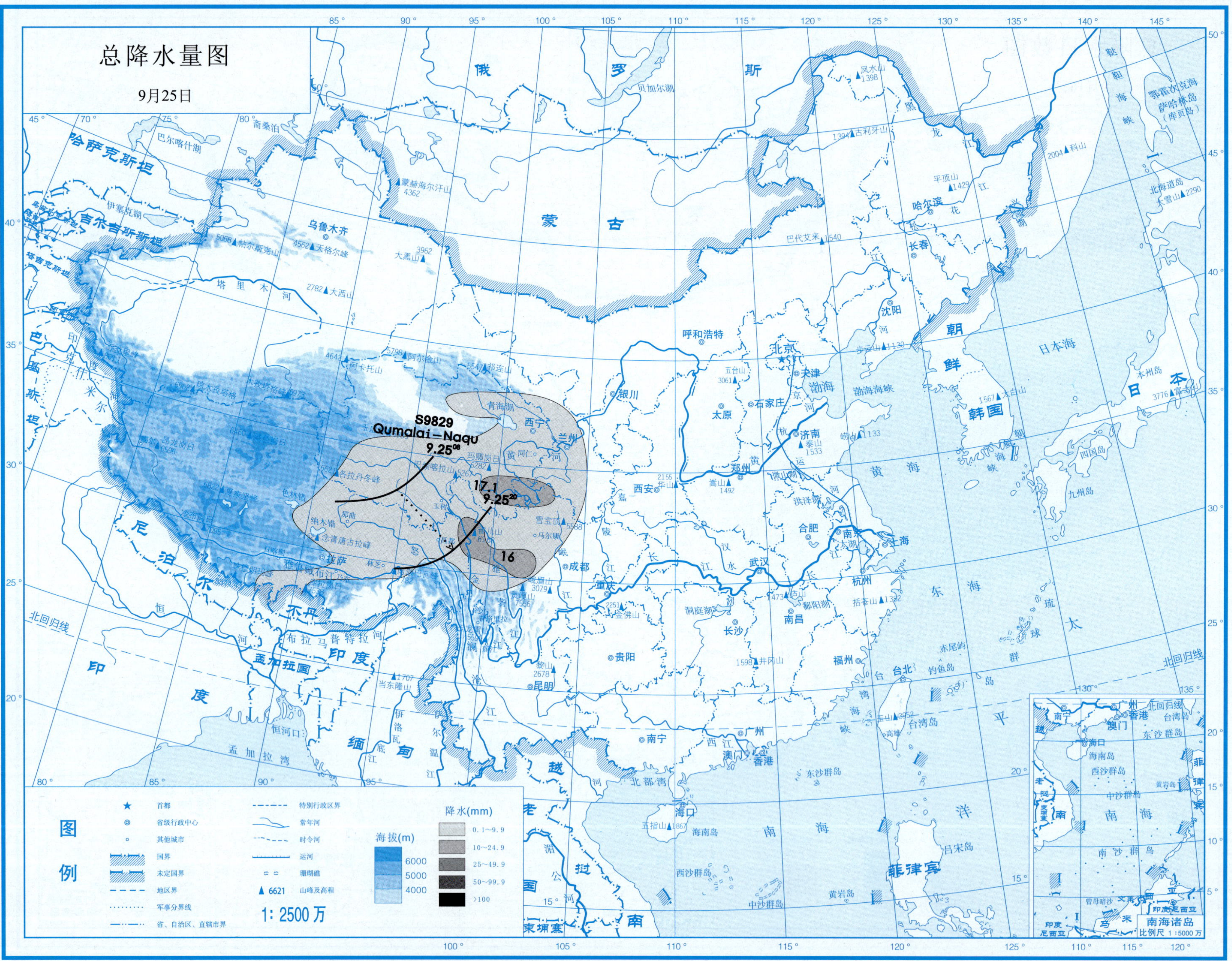

总降水量图
9月25日
S9829
Qumalai–Naqu
9.25[08]
17.1
9.25[20]
16
图例
首都
省级行政中心
其他城市
国界
未定国界
地区界
军事分界线
省、自治区、直辖市界
特别行政区界
常年河
时令河
运河
珊瑚礁
6621 山峰及高程
海拔(m)
6000
5000
4000
降水(mm)
0.1～9.9
10～24.9
25～49.9
50～99.9
>100
1: 2500 万
南海诸岛
比例尺 1:5000 万

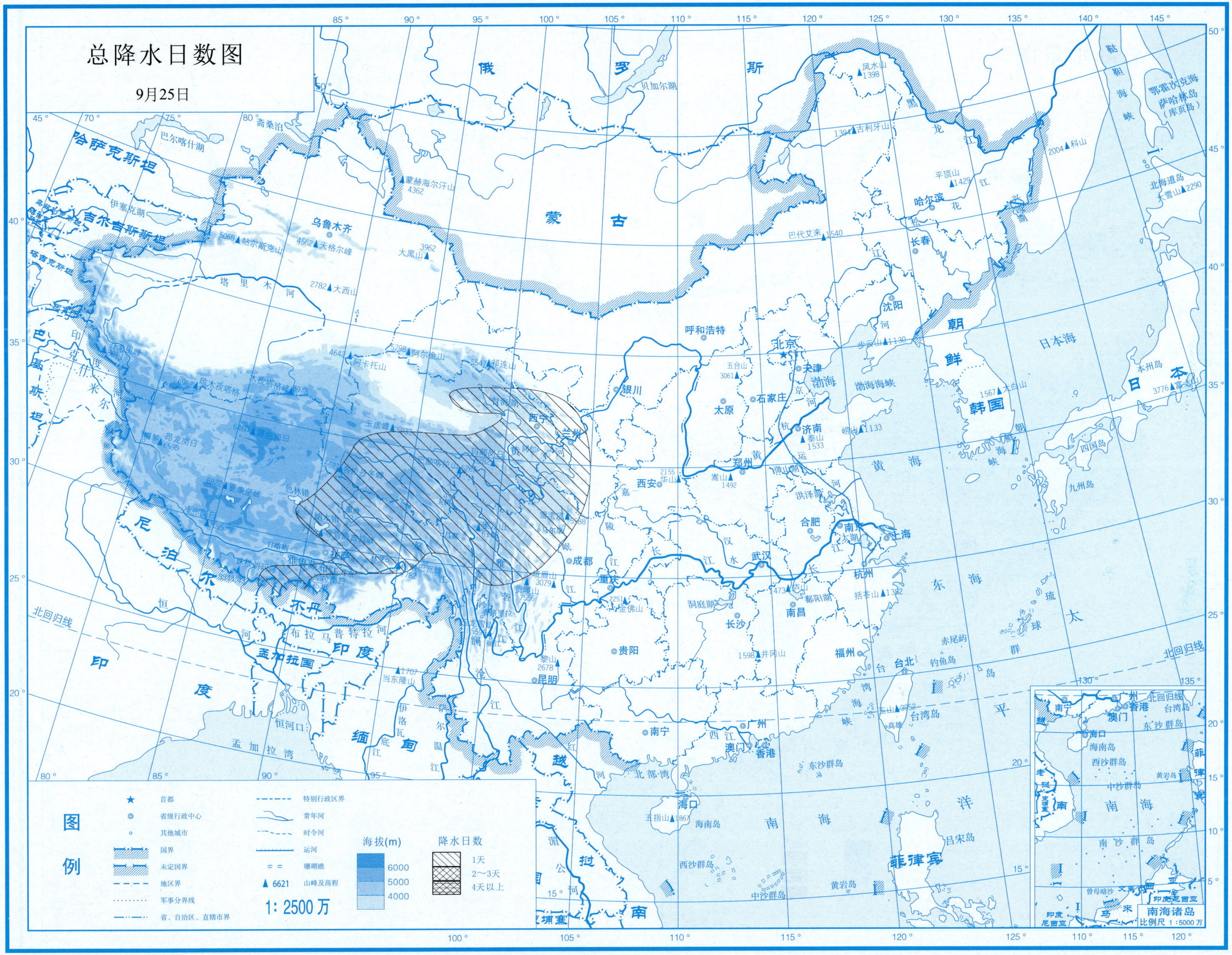

总降水日数图
9月25日
图例
首都
省级行政中心
其他城市
国界
未定国界
地区界
军事分界线
省、自治区、直辖市界
特别行政区界
常年河
时令河
运河
珊瑚礁
6621 山峰及高程
海拔(m)
6000
5000
4000
降水日数
1天
2~3天
4天以上
1: 2500 万
俄 罗 斯
蒙 古
哈萨克斯坦
吉尔吉斯斯坦
塔吉克斯坦
巴基斯坦
尼泊尔
不丹
印度
孟加拉国
缅甸
老挝
越南
朝鲜
韩国
日本
菲律宾
北京
天津
石家庄
太原
呼和浩特
沈阳
长春
哈尔滨
济南
郑州
西安
银川
西宁
兰州
乌鲁木齐
成都
重庆
贵阳
昆明
南宁
广州
长沙
武汉
南昌
合肥
南京
上海
杭州
福州
台北
香港
澳门
海口
渤海
黄海
东海
南海
日本海
太平洋
北回归线
南海诸岛
比例尺 1:5000万

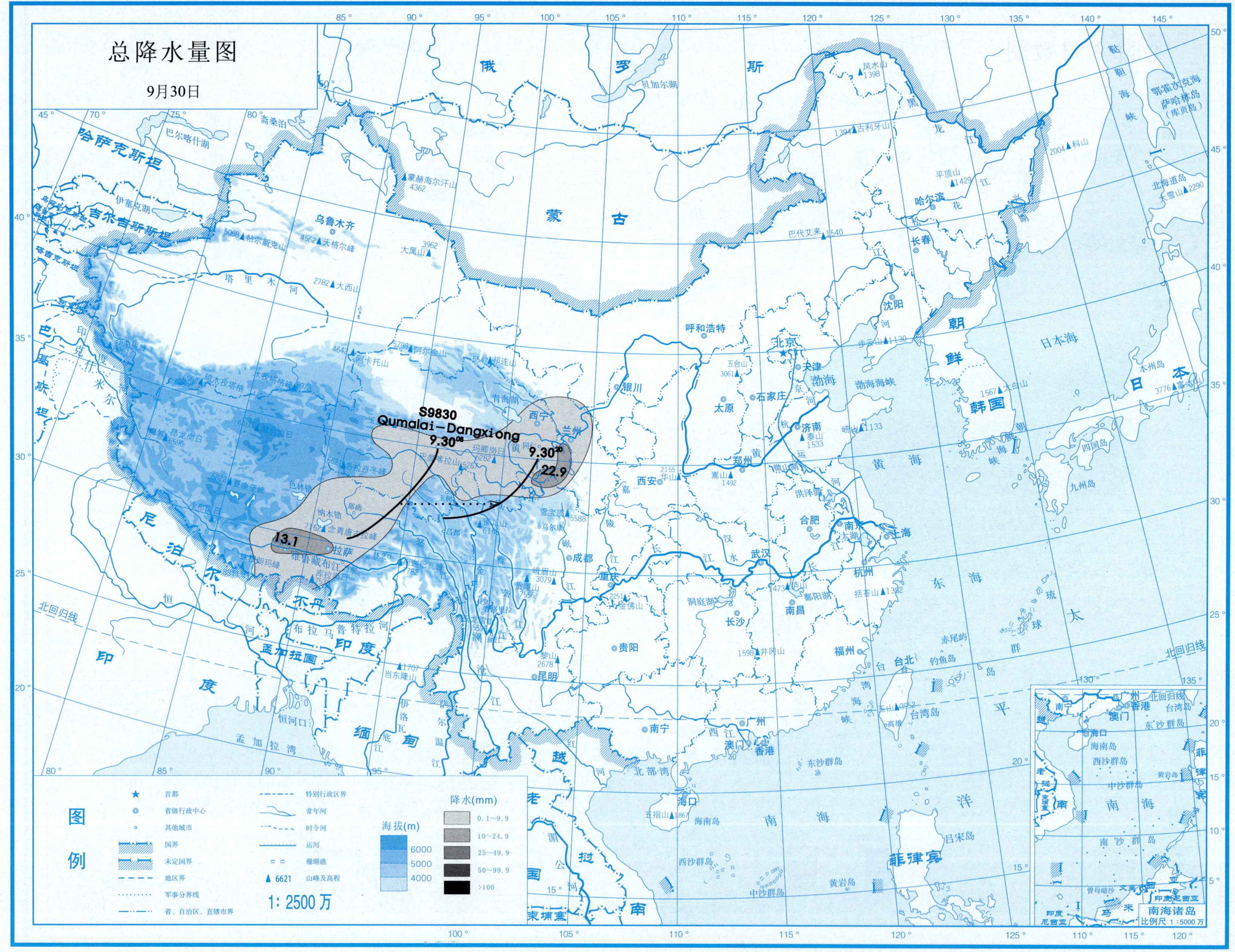

总降水量图
9月30日
S9830
Qumalai–Dangxiong
13.1
22.9
图例
首都
省级行政中心
其他城市
国界
未定国界
地区界
军事分界线
省、自治区、直辖市界
特别行政区界
常年河
时令河
运河
珊瑚礁
山峰及高程
海拔(m)
6000
5000
4000
降水(mm)
0.1~9.9
10~24.9
25~49.9
50~99.9
>100
1：2500万
南海诸岛

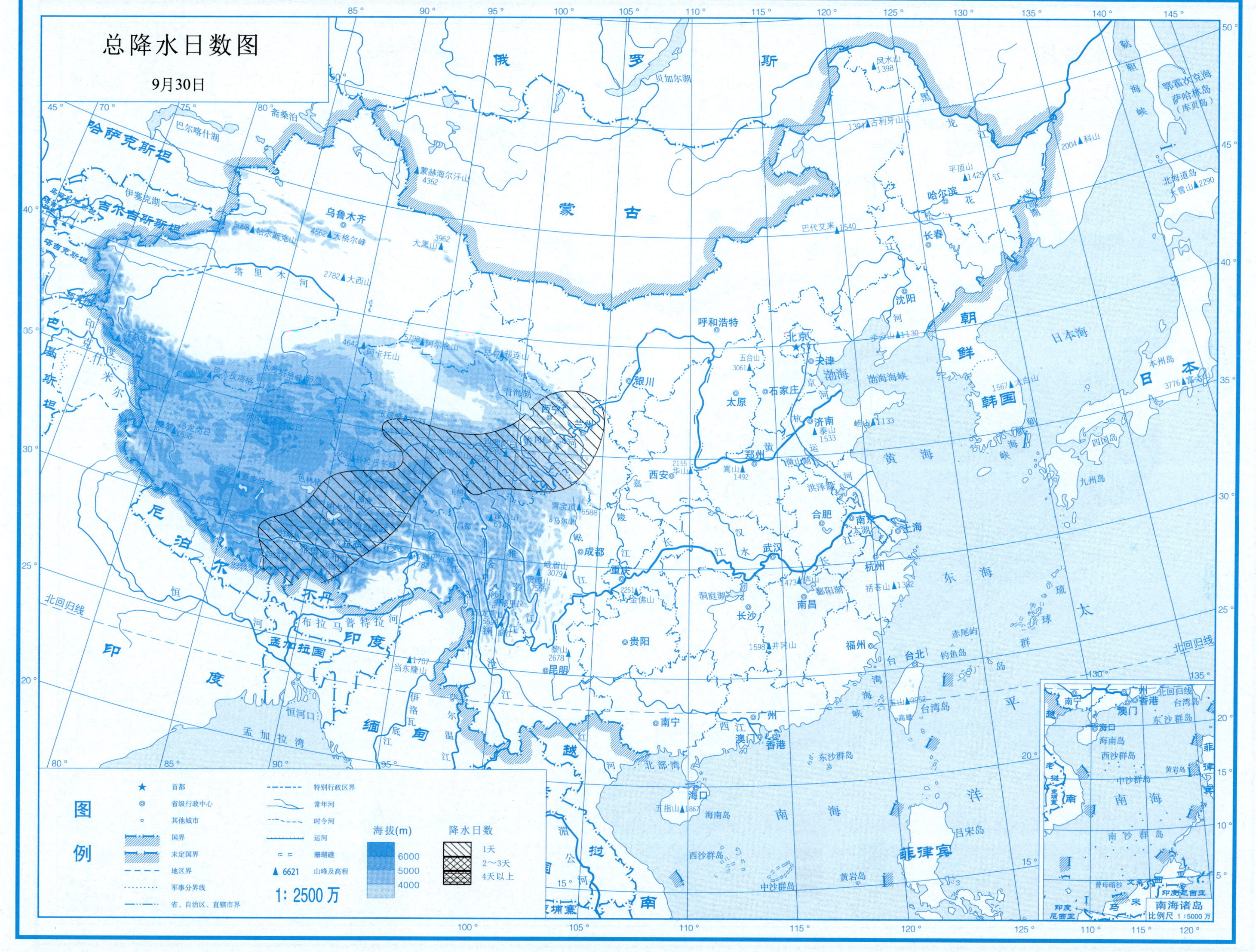
总降水日数图
9月30日
图例
首都
省级行政中心
其他城市
国界
未定国界
地区界
军事分界线
省、自治区、直辖市界
特别行政区界
常年河
时令河
运河
珊瑚礁
6621 山峰及高程
1: 2500万
海拔(m)
6000
5000
4000
降水日数
1天
2～3天
4天以上
俄罗斯
蒙古
哈萨克斯坦
吉尔吉斯斯坦
塔吉克斯坦
巴基斯坦
尼泊尔
不丹
孟加拉国
印度
缅甸
越南
老挝
泰国
柬埔寨
朝鲜
韩国
日本
菲律宾
北京
天津
上海
重庆
哈尔滨
长春
沈阳
呼和浩特
乌鲁木齐
银川
西宁
兰州
太原
石家庄
济南
郑州
西安
合肥
南京
杭州
武汉
长沙
南昌
福州
台北
成都
贵阳
昆明
南宁
广州
澳门
香港
海口
拉萨
日本海
渤海
黄海
东海
南海
太平洋
北回归线
南海诸岛
比例尺 1：5000万

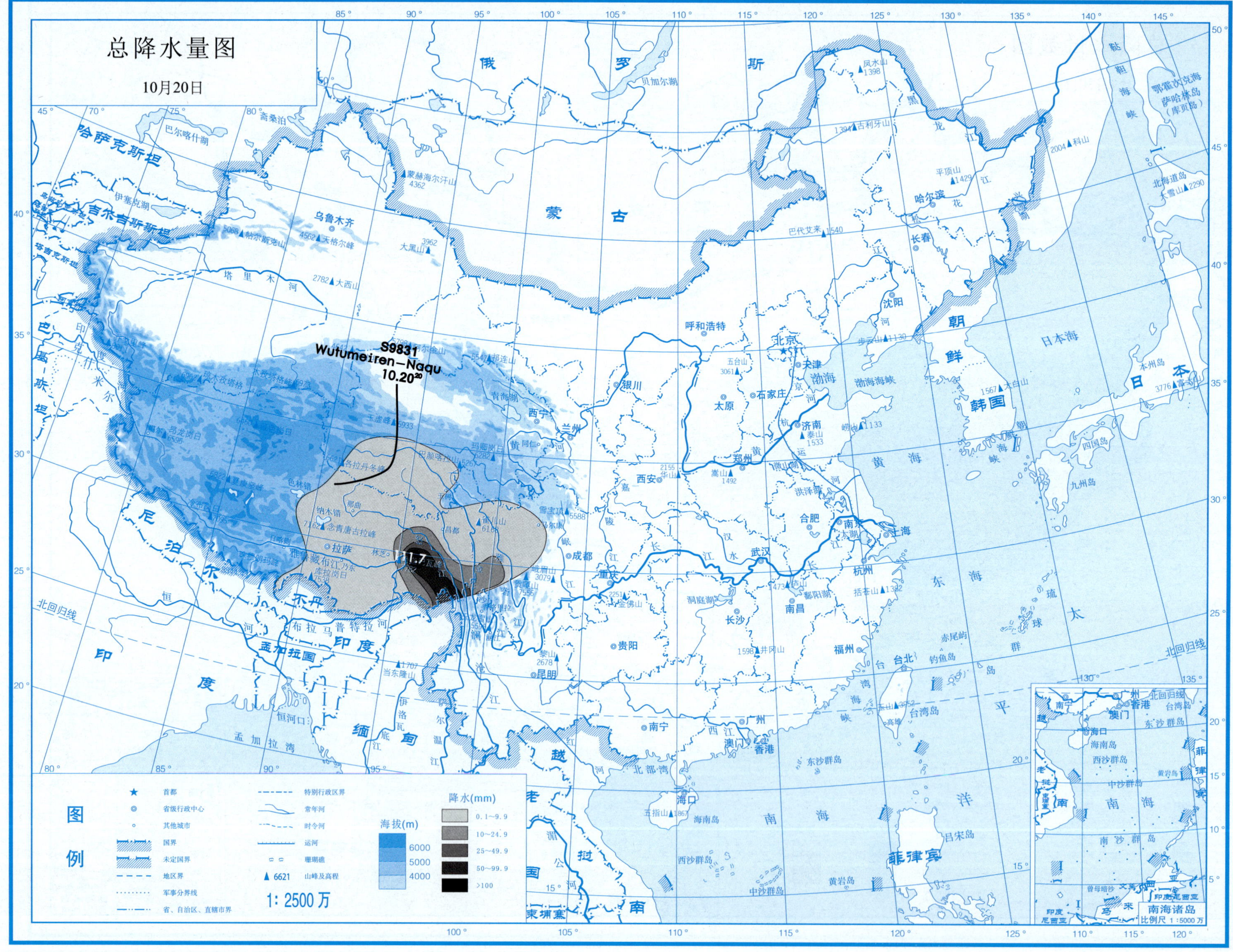
总降水量图
10月20日
S9831
Wutumeiren—Naqu
10.20[20]
111.7
图例
首都
省级行政中心
其他城市
国界
未定国界
地区界
军事分界线
省、自治区、直辖市界
特别行政区界
常年河
时令河
运河
珊瑚礁
6621 山峰及高程
1: 2500 万
海拔(m)
6000
5000
4000
降水(mm)
0.1~9.9
10~24.9
25~49.9
50~99.9
>100
南海诸岛
比例尺 1:5000 万

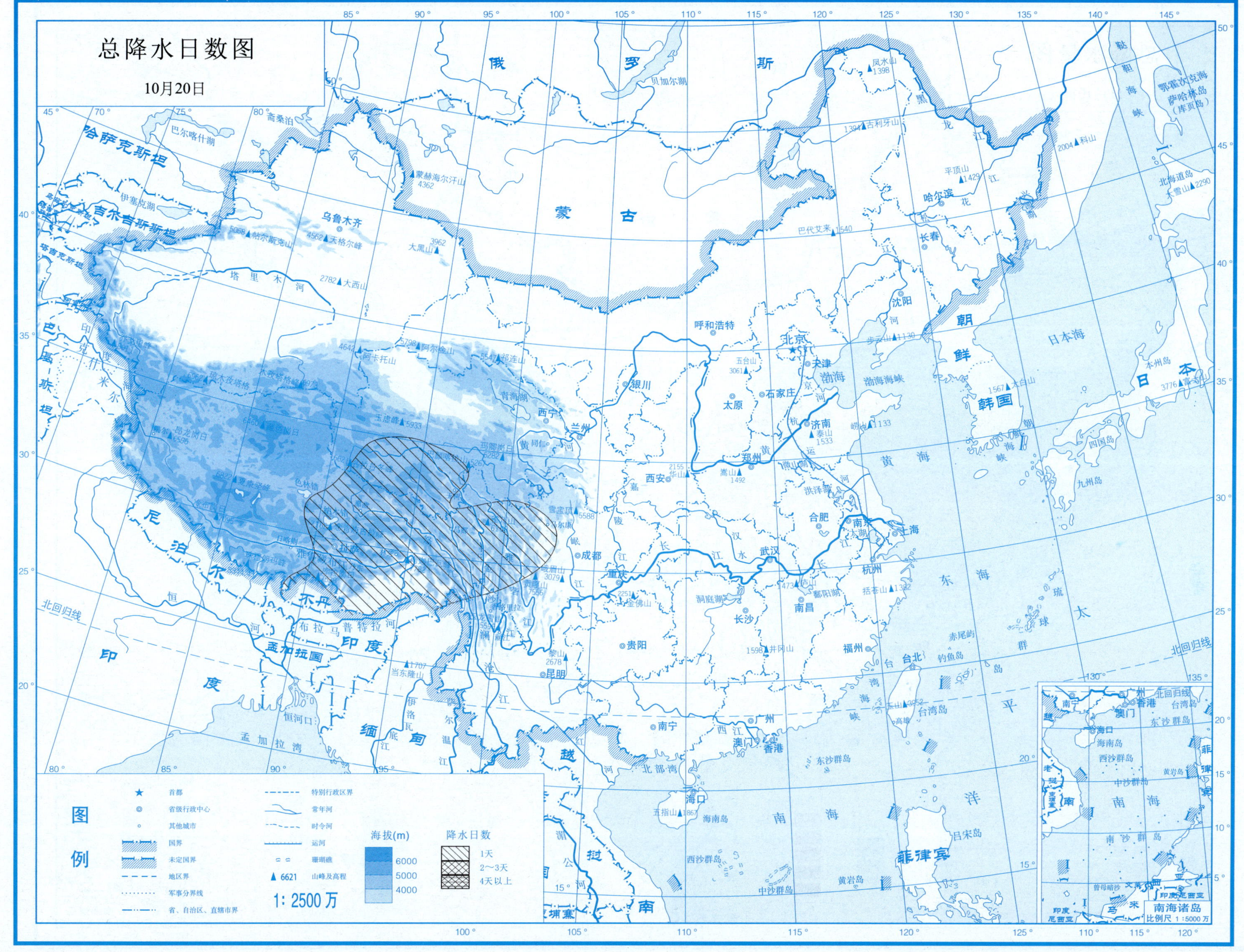
总降水日数图
10月20日
图例
首都
省级行政中心
其他城市
国界
未定国界
地区界
军事分界线
省、自治区、直辖市界
特别行政区界
常年河
时令河
运河
珊瑚礁
山峰及高程
海拔(m)
6000
5000
4000
降水日数
1天
2～3天
4天以上
1: 2500 万
南海诸岛
比例尺 1:5000 万

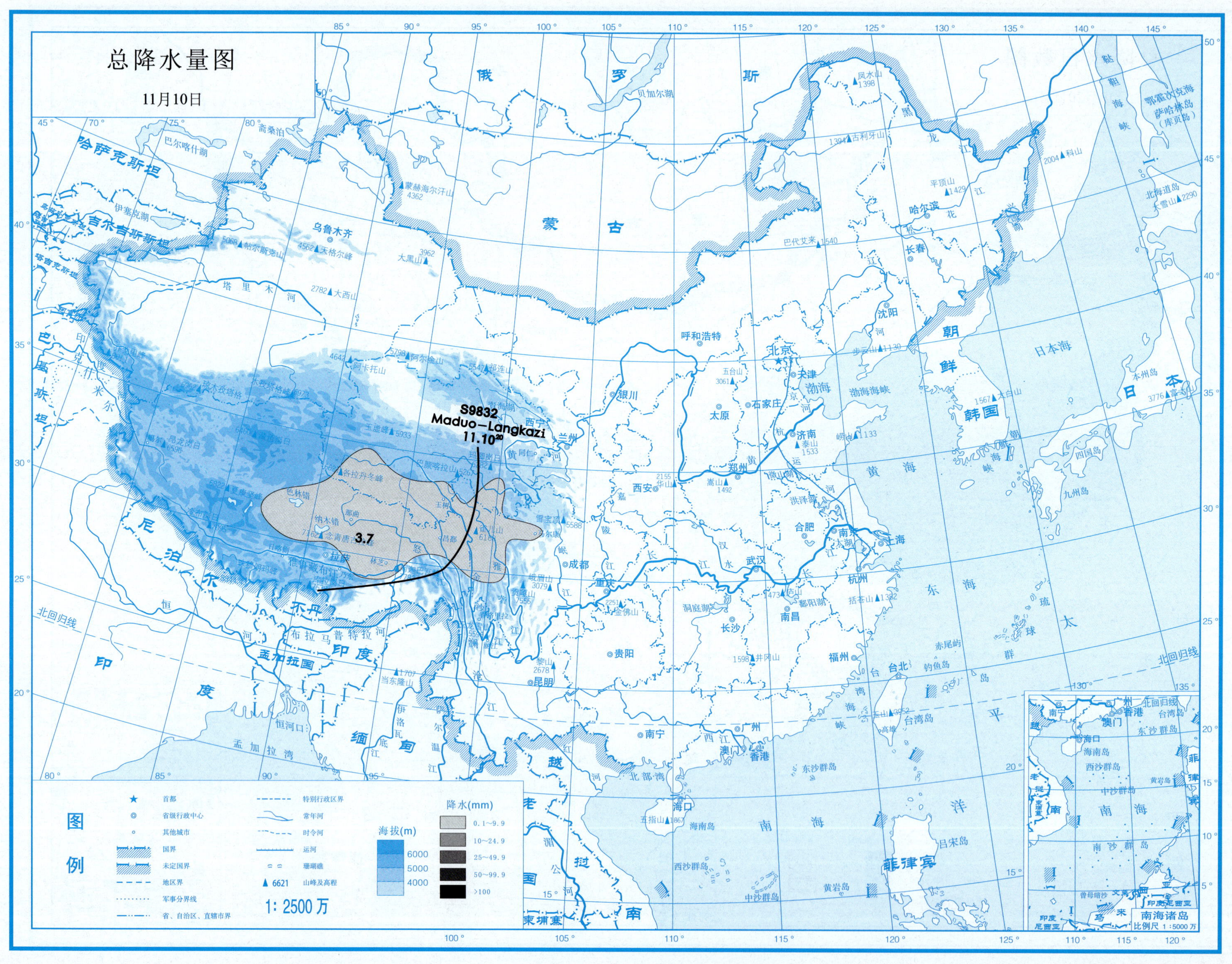
总降水量图
11月10日
S9832
Maduo—Langkazi
11.10
3.7
图例
降水(mm)
0.1～9.9
10～24.9
25～49.9
50～99.9
>100
海拔(m)
6000
5000
4000
1: 2500 万

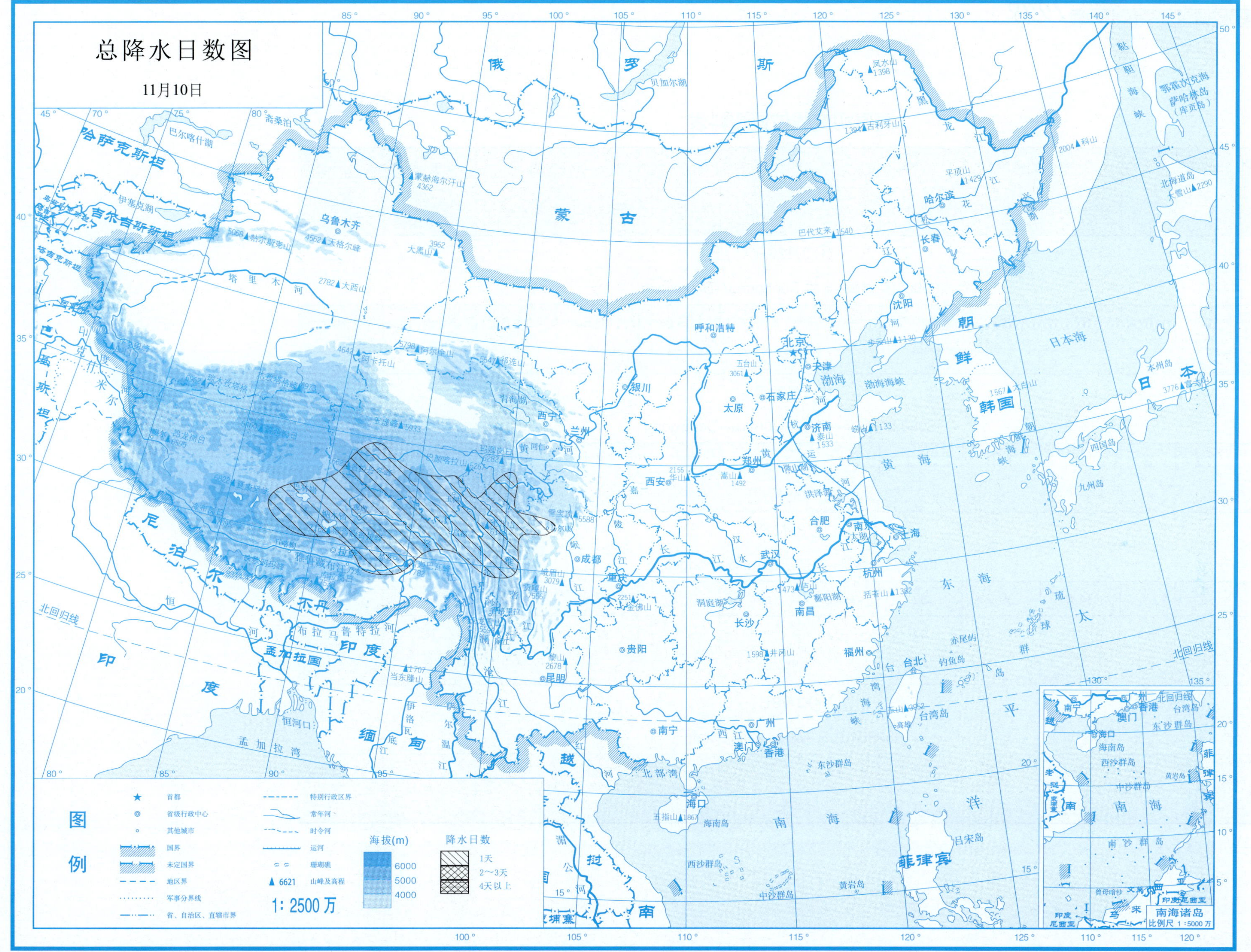
总降水日数图
11月10日
图例
首都
省级行政中心
其他城市
国界
未定国界
地区界
军事分界线
省、自治区、直辖市界
特别行政区界
常年河
时令河
运河
珊瑚礁
6621 山峰及高程
1: 2500 万
海拔(m)
6000
5000
4000
降水日数
1天
2～3天
4天以上
南海诸岛
比例尺 1 : 5000 万

## 高原切变线位置资料表

| 月 | 日 | 时 | 起点位置 | | 中点位置 | | 拐点位置 | | 终点位置 | | 切变线两侧最大风速 | |
|---|---|---|---|---|---|---|---|---|---|---|---|---|
| | | | 北纬/(°) | 东经/(°) | 北纬/(°) | 东经/(°) | 北纬/(°) | 东经/(°) | 北纬/(°) | 东经/(°) | 北侧 /(m/s) | 南侧 /(m/s) |
| ①2月20日 | | | | | | | | | | | | |
| (S9801)仁侯姆–当雄,Renhoumu–Dangxiong | | | | | | | | | | | | |
| 2 | 20 | 8 | 34 | 98 | 31.3 | 95.6 | 31.3 | 95.6 | 30.5 | 91.6 | 6 | 10 |
| 消失 | | | | | | | | | | | | |
| ②2月22日 | | | | | | | | | | | | |
| (S9802)曲麻莱–当雄，Qumalai–Dangxiong | | | | | | | | | | | | |
| 2 | 22 | 8 | 35 | 94.8 | 32.2 | 94.2 | | | 30.1 | 90.8 | 12 | 12 |
| 消失 | | | | | | | | | | | | |
| ③3月2日 | | | | | | | | | | | | |
| (S9803)曲麻莱–锋当，Qumalai–Fengdang | | | | | | | | | | | | |
| 3 | 2 | 8 | 34.5 | 95.7 | 32 | 94.8 | | | 29.5 | 92.6 | 8 | 18 |
| | | 20 | 33 | 105.6 | 32 | 102 | | | 31.3 | 97.2 | 10 | 18 |
| 消失 | | | | | | | | | | | | |
| ④3月8日 | | | | | | | | | | | | |
| (S9804)达日–尼木，Dari–Nimu | | | | | | | | | | | | |
| 3 | 8 | 8 | 33 | 100 | 31 | 95 | | | 29.5 | 90 | 6 | 12 |
| 消失 | | | | | | | | | | | | |

## 高原切变线位置资料表(续-1)

| 月 | 日 | 时 | 起点位置 | | 中点位置 | | 拐点位置 | | 终点位置 | | 切变线两侧最大风速 | |
|---|---|---|---|---|---|---|---|---|---|---|---|---|
| | | | 北纬/(°) | 东经/(°) | 北纬/(°) | 东经/(°) | 北纬/(°) | 东经/(°) | 北纬/(°) | 东经/(°) | 北侧 / (m/s) | 南侧 / (m/s) |
| ⑤3月28日 (S9805)德令哈–那曲，Delingha–Naqu | | | | | | | | | | | | |
| 3 | 28 | 8 | 37 | 96.8 | 34.3 | 95.4 | | | 31.8 | 92 | 8 | 16 |
| 消失 | | | | | | | | | | | | |
| ⑥4月5日 (S9806)玛多–嘉黎，Maduo–Jiali | | | | | | | | | | | | |
| 4 | 5 | 20 | 35.2 | 98.4 | 32.6 | 95 | | | 30.2 | 90.9 | 10 | 14 |
| 消失 | | | | | | | | | | | | |
| ⑦4月14日 (S9807)达日–那曲，Dari– Naqu | | | | | | | | | | | | |
| 4 | 14 | 8 | 33.4 | 101.1 | 32 | 96.9 | | | 30.9 | 92.1 | 6 | 10 |
| 消失 | | | | | | | | | | | | |
| ⑧4月21日 (S9808)曲麻莱–拉萨，Qumalai–Lasa | | | | | | | | | | | | |
| 4 | 21 | 8 | 35.2 | 96.1 | 32.5 | 94.7 | | | 29.8 | 92.2 | 8 | 8 |
| | | 20 | 36.5 | 100.4 | 33.5 | 100.1 | | | 30.8 | 93 | 10 | 12 |
| 消失 | | | | | | | | | | | | |

## 高原切变线位置资料表(续-2)

| 月 | 日 | 时 | 起点位置 | | 中点位置 | | 拐点位置 | | 终点位置 | | 切变线两侧最大风速 | |
|---|---|---|---|---|---|---|---|---|---|---|---|---|
| | | | 北纬/(° ) | 东经/(° ) | 北纬/(° ) | 东经/(° ) | 北纬/(° ) | 东经/(° ) | 北纬/(° ) | 东经/(° ) | 北侧 / (m/s) | 南侧 / (m/s) |
| ⑨ 5月2日 (S9809)治多–林芝，Zhiduo–Linzhi | | | | | | | | | | | | |
| 5 | 2 | 20 | 33.9 | 95.1 | 31.6 | 95 | | | 29.5 | 94 | 14 | 8 |
| 消失 | | | | | | | | | | | | |
| ⑩ 5月5日 (S9810)刚察–安多，Gangcha–Anduo | | | | | | | | | | | | |
| 5 | 5 | 8 | 37 | 100 | 33.9 | 97 | | | 32.3 | 91 | 8 | 16 |
| | | 20 | 35.9 | 102.2 | 34.9 | 98 | | | 35 | 94.3 | 10 | 12 |
| 消失 | | | | | | | | | | | | |
| ⑪ 5月23~24日 (S9811)吉迈–拉萨，Jimai–Lasa | | | | | | | | | | | | |
| 5 | 23 | 20 | 34 | 100.8 | 31.1 | 96.3 | | | 29 | 91 | 6 | 14 |
| | 24 | 8 | 30 | 102 | 28.6 | 96.8 | | | 27.7 | 91.3 | 12 | 18 |
| 消失 | | | | | | | | | | | | |
| ⑫ 5月27日 (S9812)班玛–安多，Banma–Anduo | | | | | | | | | | | | |
| 5 | 27 | 20 | 33 | 101 | 33 | 96.5 | | | 32.8 | 92 | 8 | 12 |
| 消失 | | | | | | | | | | | | |

## 高原切变线位置资料表(续-3)

| 月 | 日 | 时 | 起点位置 | | 中点位置 | | 拐点位置 | | 终点位置 | | 切变线两侧最大风速 | |
|---|---|---|---|---|---|---|---|---|---|---|---|---|
| | | | 北纬/(°) | 东经/(°) | 北纬/(°) | 东经/(°) | 北纬/(°) | 东经/(°) | 北纬/(°) | 东经/(°) | 北侧 / (m/s) | 南侧 / (m/s) |
| ⑬ 5月28日 (S9813)平武–察隅，Pingwu–Chayu | | | | | | | | | | | | |
| 5 | 28 | 20 | 33 | 105.3 | 30.3 | 101.8 | | | 28.8 | 97.3 | 12 | 20 |
| 消失 | | | | | | | | | | | | |
| ⑭ 5月30~31日 (S9814)玛多–那曲，Maduo–Naqu | | | | | | | | | | | | |
| 5 | 30 | 20 | 35.1 | 98.7 | 32.4 | 96.8 | 32.4 | 97.5 | 32.4 | 92 | 14 | 12 |
| | 31 | 8 | 32 | 105.8 | 28 | 102.9 | | | 25 | 98 | 20 | 20 |
| | | 20 | 30 | 106 | 27 | 102.5 | | | 25.3 | 97.8 | 14 | 16 |
| 消失 | | | | | | | | | | | | |
| ⑮ 6月23~24日 (S9815)果洛–当雄，Guoluo–Dangxiong | | | | | | | | | | | | |
| 6 | 23 | 20 | 35.3 | 98.8 | 32.3 | 96.2 | | | 30.5 | 91 | 10 | 6 |
| | 24 | 8 | 34 | 103.2 | 31.1 | 103.1 | | | 28.2 | 102.6 | 8 | 12 |
| 消失 | | | | | | | | | | | | |

## 高原切变线位置资料表(续-4)

| 月 | 日 | 时 | 起点位置 | | 中点位置 | | 拐点位置 | | 终点位置 | | 切变线两侧最大风速 | |
|---|---|---|---|---|---|---|---|---|---|---|---|---|
| | | | 北纬/(°) | 东经/(°) | 北纬/(°) | 东经/(°) | 北纬/(°) | 东经/(°) | 北纬/(°) | 东经/(°) | 北侧 /(m/s) | 南侧 /(m/s) |
| ⑯ 6月29~30日 (S9816)大柴旦–当雄，Dachaidan–Dangxiong | | | | | | | | | | | | |
| 6 | 29 | 20 | 37.3 | 93.4 | 33.9 | 93.7 | 32.2 | 93.5 | 30.5 | 91.8 | 4 | 6 |
| | 30 | 8 | 37 | 100 | 33 | 98.8 | 31 | 97.8 | 30.1 | 94.8 | 10 | 12 |
| | | 20 | 36.5 | 106 | 32 | 105.5 | | | 28.8 | 101 | 6 | 10 |
| 消失 | | | | | | | | | | | | |
| ⑰ 7月8日 (S9817)果洛–托托河，Guoluo–Tuotuohe | | | | | | | | | | | | |
| 7 | 8 | 8 | 35 | 98.9 | 33.6 | 96.3 | | | 33 | 92.9 | 4 | 14 |
| | | 20 | 34.7 | 106.4 | 34.1 | 103.2 | | | 34.6 | 98.9 | 6 | 8 |
| 消失 | | | | | | | | | | | | |
| ⑱ 7月11日 (S9818)都兰–昌都，Dulan–Changdu | | | | | | | | | | | | |
| 7 | 11 | 8 | 36.8 | 99.2 | 33.5 | 98.8 | | | 30.3 | 97.7 | 8 | 16 |
| | | 20 | 36.2 | 99.8 | 32.7 | 101.1 | | | 29 | 100.7 | 12 | 12 |
| 消失 | | | | | | | | | | | | |

## 高原切变线位置资料表(续-5)

| 月 | 日 | 时 | 起点位置 | | 中点位置 | | 拐点位置 | | 终点位置 | | 切变线两侧最大风速 | |
|---|---|---|---|---|---|---|---|---|---|---|---|---|
| | | | 北纬/(°) | 东经/(°) | 北纬/(°) | 东经/(°) | 北纬/(°) | 东经/(°) | 北纬/(°) | 东经/(°) | 北侧 / (m/s) | 南侧 / (m/s) |
| ⑲ 7月18日 (S9819)玛多–五道梁，Maduo–Wudaoliang | | | | | | | | | | | | |
| 7 | 18 | 20 | 35 | 98 | 35 | 95.3 | | | 35.3 | 92.2 | 6 | 8 |
| 消失 | | | | | | | | | | | | |
| ⑳ 7月26~27日 (S9820)久治–拉萨，Jiuzhi–Lasa | | | | | | | | | | | | |
| 7 | 26 | 8 | 33.7 | 101 | 31.5 | 96.1 | | | 29.5 | 90.5 | 6 | 16 |
| | | 20 | 34.5 | 101 | 31.2 | 101 | | | 28 | 100 | 10 | 12 |
| | 27 | 8 | 34 | 107.5 | 30.4 | 101.7 | | | 28 | 100 | 10 | 12 |
| 消失 | | | | | | | | | | | | |
| ㉑ 7月29日 (S9821)邓柯–那曲，Dengke–Naqu | | | | | | | | | | | | |
| 7 | 29 | 20 | 32.7 | 97.7 | 32.2 | 94.8 | | | 31.5 | 91.5 | 6 | 6 |
| 消失 | | | | | | | | | | | | |

## 高原切变线位置资料表(续-6)

| 月 | 日 | 时 | 起点位置 | | 中点位置 | | 拐点位置 | | 终点位置 | | 切变线两侧最大风速 | |
|---|---|---|---|---|---|---|---|---|---|---|---|---|
| | | | 北纬/(°) | 东经/(°) | 北纬/(°) | 东经/(°) | 北纬/(°) | 东经/(°) | 北纬/(°) | 东经/(°) | 北侧 / (m/s) | 南侧 / (m/s) |
| ㉒ 8月2~3日 (S9822)曲麻莱–林芝，Qumalai–Linzhi | | | | | | | | | | | | |
| 8 | 2 | 20 | 34.2 | 95.2 | 31.4 | 94.5 | | | 28.5 | 93.5 | 8 | 6 |
| | 3 | 8 | 35.4 | 98.7 | 32.5 | 97.5 | | | 30 | 95 | 16 | 8 |
| 消失 | | | | | | | | | | | | |
| ㉓ 8月10~11日 (S9823)黑水–申扎，Heishui–Shenzha | | | | | | | | | | | | |
| 8 | 10 | 20 | 32.5 | 103 | 31.5 | 96 | | | 30.5 | 89 | 8 | 12 |
| | 11 | 8 | 33.2 | 103.5 | 30.5 | 99.2 | 103 | 31.2 | 30 | 93 | 12 | 14 |
| 消失 | | | | | | | | | | | | |
| ㉔ 8月11日 (S9824)曲麻莱–错那，Qumalai–Cuona | | | | | | | | | | | | |
| 8 | 11 | 20 | 35 | 96 | 30.9 | 94.7 | | | 27.6 | 91.2 | 6 | 6 |
| 消失 | | | | | | | | | | | | |
| ㉕ 8月23日 (S9825)德格–那曲，Dege–Naqu | | | | | | | | | | | | |
| 8 | 23 | 20 | 32 | 97.9 | 31.9 | 95.2 | | | 32.5 | 92.4 | 4 | 6 |
| 消失 | | | | | | | | | | | | |

## 高原切变线位置资料表(续-7)

| 月 | 日 | 时 | 起点位置 | | 中点位置 | | 拐点位置 | | 终点位置 | | 切变线两侧最大风速 | |
|---|---|---|---|---|---|---|---|---|---|---|---|---|
| | | | 北纬/(°) | 东经/(°) | 北纬/(°) | 东经/(°) | 北纬/(°) | 东经/(°) | 北纬/(°) | 东经/(°) | 北侧 / (m/s) | 南侧 / (m/s) |
| ㉖ 8月27~28日 | | | | | | | | | | | | |
| (S9826)兴海–那曲，Xinghai –Naqu | | | | | | | | | | | | |
| 8 | 27 | 20 | 35.4 | 98.9 | 32.2 | 96.2 | 32.7 | 98.5 | 31.5 | 91.2 | 8 | 10 |
| | 28 | 8 | 34.8 | 103.7 | 31.8 | 103.1 | | | 29.2 | 101.2 | 12 | 16 |
| 消失 | | | | | | | | | | | | |
| ㉗ 9月13~14日 | | | | | | | | | | | | |
| (S9827)曲麻莱–拉萨，Qumalai–Lasa | | | | | | | | | | | | |
| 9 | 13 | 20 | 34.4 | 95.3 | 31.9 | 94.7 | | | 30.3 | 91.9 | 4 | 8 |
| | 14 | 8 | 33.9 | 105.3 | 31.1 | 103.5 | | | 29.5 | 100 | 6 | 12 |
| 消失 | | | | | | | | | | | | |
| ㉘ 9月16日 | | | | | | | | | | | | |
| (S9828)德令哈–安多，Delingha–Anduo | | | | | | | | | | | | |
| 9 | 16 | 20 | 37 | 97.5 | 34 | 96 | 34.7 | 95.4 | 33 | 91 | 14 | 8 |
| 消失 | | | | | | | | | | | | |

## 高原切变线位置资料表(续-8)

| 月 | 日 | 时 | 起点位置 | | 中点位置 | | 拐点位置 | | 终点位置 | | 切变线两侧最大风速 | |
|---|---|---|---|---|---|---|---|---|---|---|---|---|
| | | | 北纬/(°) | 东经/(°) | 北纬/(°) | 东经/(°) | 北纬/(°) | 东经/(°) | 北纬/(°) | 东经/(°) | 北侧/(m/s) | 南侧/(m/s) |
| ㉙ 9月25日 | | | | | | | | | | | | |
| (S9829)曲麻莱–那曲，Qumalai–Naqu | | | | | | | | | | | | |
| 9 | 25 | 8 | 35 | 96.1 | 33.3 | 94.5 | | | 32.2 | 91.3 | 8 | 10 |
| | | 20 | 33 | 99.8 | 30.9 | 98.2 | | | 29.8 | 95 | 16 | 14 |
| 消失 | | | | | | | | | | | | |
| ㉚ 9月30日 | | | | | | | | | | | | |
| (S9830)曲麻莱–当雄，Qumalai–Dangxiong | | | | | | | | | | | | |
| 9 | 30 | 8 | 35 | 96 | 32.3 | 94.5 | | | 30.3 | 91.9 | 8 | 12 |
| | | 20 | 35 | 101.8 | 32.7 | 100 | | | 31.9 | 97 | 8 | 6 |
| 消失 | | | | | | | | | | | | |
| ㉛ 10月20日 | | | | | | | | | | | | |
| (S9831)乌图美仁–那曲，Wutumeiren–Naqu | | | | | | | | | | | | |
| 10 | 20 | 20 | 37.4 | 93.3 | 34.4 | 93.7 | 33.7 | 93.8 | 32.5 | 90.8 | 6 | 20 |
| 消失 | | | | | | | | | | | | |
| ㉜ 11月10日 | | | | | | | | | | | | |
| (S9832)玛多–浪卡子，Maduo–Langkazi | | | | | | | | | | | | |
| 11 | 10 | 20 | 35.5 | 98.8 | 30.3 | 98 | 30 | 97.5 | 28 | 91 | 12 | 36 |
| 消失 | | | | | | | | | | | | |